电力电子器件开关特性及软开关技术

杨晓峰　宁圃奇　编

机 械 工 业 出 版 社

本书作为电力电子方向的特色专业教材，为电力电子技术从理论学习到真正工程实践提供衔接。本书深入分析电力电子器件的内部构造，解读器件的典型参数，揭示硬开关机理，系统梳理软开关技术。全书共7章，可分为4部分：①电力电子器件基础，即第1～3章，主要介绍电力电子器件的内部结构和等效电路模型、模块封装、电气特性等；②电力电子器件参数及其测试，即第4章，介绍电力电子器件数据手册及其基本测试方法；③电力电子硬开关和软开关技术，即第5、6章，介绍常见缓冲电路和软开关技术；④软开关技术的应用，即第7章，着重介绍移相控制ZVS全桥变换器及LLC谐振变换器的软开关实现方法。

本书可作为高等学校电力电子方向专业综合设计与实践等相关课程的教学参考书，亦可作为电力电子领域工程技术人员的参考书。

图书在版编目（CIP）数据

电力电子器件开关特性及软开关技术 / 杨晓峰，宁圃奇编 .—北京：机械工业出版社，2023.12（2025.1 重印）
ISBN 978-7-111-74204-3

Ⅰ.①电… Ⅱ.①杨… ②宁… Ⅲ.①电子开关–高等学校–教材 Ⅳ.①TM564

中国国家版本馆 CIP 数据核字（2023）第 217116 号

机械工业出版社（北京市百万庄大街22号 邮政编码100037）
策划编辑：路乙达　　责任编辑：路乙达　王　荣
责任校对：张勤思　王　延　　封面设计：张　静
责任印制：邓　博
北京盛通数码印刷有限公司印刷
2025年1月第1版第2次印刷
184mm×260mm・15印张・360千字
标准书号：ISBN 978-7-111-74204-3
定价：69.00元

电话服务　　网络服务
客服电话：010-88361066　机　工　官　网：www.cmpbook.com
010-88379833　机　工　官　博：weibo.com/cmp1952
010-68326294　金　书　网：www.golden-book.com

机工教育服务网：www.cmpedu.com

前　言

电力电子技术是利用功率半导体器件，对电能进行高效变换和控制的一门技术。作为构成电力电子装置和系统的基本要素之一，电力电子器件起着类似于电气开关的作用。传统电力电子技术教材通常把该类器件视作理想开关以简化理论分析，然而实际电力电子器件的开通和关断并非瞬间完成，而是呈现出特定的开关过程，在此期间电压和电流存在交叠区，导致了电力电子器件的开关损耗和硬开关现象。近年来，随着以碳化硅和氮化镓为代表的宽禁带电力电子器件技术日趋成熟，高频化逐渐成为电力电子技术领域的一大主流趋势，对电力电子器件开关特性的正确认识和软开关技术需求迫切。

作为电力电子方向的特色专业教材，本书将致力于衔接电力电子技术理论学习与工程实践。本书涵盖了电力电子器件理论特性和工艺基础、参数解读和测量、缓冲电路和软开关技术及应用等内容，并注重电力电子器件相关理论和技术的系统性，深入浅出地梳理了电力电子器件开关现象背后的基础理论、分析方法和对策。本书主要特色如下：

（1）从电力电子器件的内部结构出发，在对电力二极管、晶闸管、电力场效应晶体管、绝缘栅双极型晶体管等传统硅基器件的电气特性介绍基础上，引入了碳化硅、氮化镓等新型宽禁带电力电子器件，详细介绍了上述电力电子器件的模块封装技术，为广大读者提供设计参考。

（2）为帮助研究人员对电力电子器件的合理使用，本书详细介绍了电力电子器件数据手册解读方法，系统梳理了手册中的各类极限参数、推荐参数、特性曲线以及典型器件参数的基本测试方法，从而为掌握电力电子器件的电气特性和使用方法提供参考。

（3）为缓解电力电子器件开关过程中存在的电气应力和开关损耗问题，本书引入了缓冲电路和软开关技术两类措施。前者重点介绍了 RCD 缓冲电路、RLD 缓冲电路及无损缓冲电路，后者则系统介绍了准谐振变换器、零开关 PWM 变换器、零转换 PWM 变换器及有源钳位电路。上述措施能够有效减小电力电子器件电压及电流的交叠区，实现软开关的同时提高系统运行效率。

本书由杨晓峰和宁圃奇共同编写，其中第 1、2 章由宁圃奇编写，第 3 ~ 7 章由杨晓峰编写，杨晓峰对全书内容进行了统稿和反复修改，北京交通大学电力电子研究所的博士研究生刘妍，硕士研究生谭海霞、牟雯弢、廖李昕等共同参与了相关图表和材料的整理工作。在本书编写过程中，编者参考了国内外有关单位和学者的著作和文章，并获得了富士电机株式会社和艾德克斯电子（南京）有限公司的资金支持，在此谨表衷心感谢。

由于编者水平有限，书中难免有疏漏不妥之处，敬请读者批评指正。

编　者

目录

第 1 章

电力电子器件基础

电力电子学科是一门交叉学科，涉及电力、电机、电工、控制、信息、材料等多个学科领域。电力电子学科主要任务是通过多学科交叉融合衍生的理论和方法实现对电磁能量的产生、变换、输送、控制和存储，以达到各种形式电能节能、环保、高效、可靠的综合优化利用[1]。电力电子学科的应用面极其广泛，且应用对象和范围还在不断拓展。电力电子产业链覆盖了绝大多数与国民经济发展和国家长久安全相关的重点领域，如材料、制造业、通信、航空运输、能源和环境等，电力电子技术已经成为社会发展和国民经济建设中的关键基础性技术之一[2]。

电力电子学科的研究范围包括电力电子器件、电力电子电路及其应用、电力电子建模及其控制、电力电子电磁兼容及其可靠性等[3]。其中电力电子器件又被称为功率半导体器件，其研究对象主要包括：①半导体材料和特性研究；②高性能硅基电力电子芯片设计开发；③宽禁带半导体电力电子芯片设计开发；④电力电子器件的模块封装和应用等。电力电子器件的研究范围包括但不限于：①新型电力电子器件的新材料、新工艺、新原理、新结构和新设计；②大容量硅基电力电子器件及其串并联组合运行技术；③电力电子器件 / 无源元件的集成理论和方法；④电力电子器件的封装、驱动、保护、多物理场模型、可靠性设计等。

电力电子器件发展的历史较短，但经历了数代质的飞跃，芯片功率密度正以 10 年翻一番的速度提高。1904 年出现的电子管，能在真空中对电子流进行控制，并应用于通信和无线电，从而开启了电子技术的先河。紧接着出现了汞弧整流器（Mercury Vapor Rectifier），工程人员对封于管内的水银蒸气进行点弧操作，实现了对大电流的控制，其功能和晶闸管比较相似。20 世纪 30 年代至 50 年代，是汞弧整流器的大发展时期，曾广泛用于电化学工业、电气铁道牵引变电所以及轧钢用直流电动机的传动系统，也用于直流输电系统。这一时期，各种整流电路、逆变电路、周波变流电路的理论逐渐成熟并获得广泛应用。

20 世纪 50 年代初期，大功率半导体整流器（Semiconductor Rectifier，SR）获得广泛应用，开始取代汞弧整流器。其正向通态压降显著减小（约为 1V），大大提高了整流器电路的效率。普通电力二极管通常应用于低频（400Hz 以下）整流电路中，随着高频化整流应用的需求增长，人们又开发出快恢复二极管（Fast Recovery Diode，FRD）以及适合于低压高频整流应用的肖特基势垒二极管（Schottky Barrier Diode，SBD）。这些快速整流器件的研制，都是围绕着缩短二极管的反向恢复时间开展的，旨在降低开关损耗。为了进一步减少损耗，20 世纪 80 年代中后期，采用开关器件的同步整流电路应运而生。

1957—1958 年间，美国研制出世界上第一只普通的反向阻断型可控硅整流器件

（Silicon Controlled Rectifier，SCR），也称为晶闸管（Thyristor）。经过20世纪60年代的工艺完善和应用开发，20世纪70年代时晶闸管已形成从低压小电流到高压大电流的系列产品。在同一时期，世界各国还研制出一系列晶闸管派生器件，如不对称晶闸管（Asymmetrical Thyristor，ASCR）、逆导晶闸管（Reverse Conducting Thyristor，RCT）、三端交流开关（Triode AC switch，TRIAC，也称双向晶闸管）、门极辅助关断晶闸管（Gate Assisted Turn-off Thyristor，GATT）、光控晶闸管（Light Triggered Thyristor，LTT）以及在20世纪80年代迅速发展起来的门极可关断晶闸管（Gate Turn-Off Thyristor，GTO）。晶闸管及其衍生器件主要应用在低频（<400Hz）大容量领域，如高压直流输电、静止无功补偿、电解电镀、大容量同步电机起动、交流调功以及交直流电机调速等。晶闸管的应用可以解决传统电能变换装置中所存在的能耗大和装置笨重等问题，电能利用率大幅提高，工业噪声得到一定控制。

然而，晶闸管及其衍生器件多数属于流控型器件，其工作频率低，脉宽调制（Pulse Width Modulation，PWM）技术难以实施，存在网侧谐波成分高以及功率因数恶化等弊病。为解决这一问题，在高频功率器件方面，用于电力变换的双极结型晶体管（Bipolar Junction Transistor，BJT）在20世纪70年代进入了工业应用阶段。之后研究人员又在工艺改进、晶体管模块化以及驱动电路集成等方面进行了一系列研究，提升了双极结型晶体管的性能，应用更加方便，被广泛应用于数百千瓦以下功率等级的功率电路。双极结型晶体管的工作频率比晶闸管高，达林顿结构的双极结型晶体管可工作在10kHz以下，非达林顿结构的双极结型晶体管的工作频率高于20kHz。同时，PWM技术在晶体管变换电路中得到了广泛的应用，实现了电力装置性能的进一步提高和传统直流电源装置的革新，出现了所谓“20千周革命”，直流线性稳压电源迅速地被20kHz开关电源所取代，例如：中小功率电机变频调速、不间断电源设备（Uninterruptible Power Supply，UPS）、激光电源、功率超声电源、电磁灶、高频电子镇流器、中高频变频器等。然而，双极结型晶体管普遍存在着二次击穿、不易并联、容量较低以及门极驱动功率较大等问题，它的应用受到了限制，现在几乎被金属氧化物半导体场效应晶体管和绝缘栅双极型晶体管全面取代。

20世纪70年代后期，金属氧化物半导体场效应晶体管（Metal Oxide Semiconductor Field Effect Transistor，MOSFET）开始进入实用阶段，这是电力半导体器件在高频化进程中的一次重要进展。进入20世纪80年代，研究人员又在降低器件的导通电阻、消除寄生效应、扩大电压和电流容量以及驱动电路集成化等方面进行了大量的研究，取得了飞跃性的进展。电力MOSFET（也称功率MOSFET）中应用最广泛的是垂直结构芯片，它具有工作频率高（几十千赫至数百千赫，低压管可达兆赫级）、开关损耗小、安全工作区宽（几乎不存在二次击穿问题）、漏极电流为正温度特性（易并联）、输入阻抗高等优点。作为典型的压控型开关器件，MOSFET是目前高频化电力电子技术赖以发展的主要器件之一。商用化硅基MOSFET达到900V，研制水平达1200V，其电流容量还在不断增大。由于MOSFET器件的开关损耗远低于BJT器件，由其构成的开关电源工作频率可提高到数百kHz，其中500kHz左右的开关电源迅速占领了市场。在采用谐振开关技术后，其开关频率可进一步提高到数MHz至几十MHz，应用效率大于90%，出现了功率密度达到30～50W/in^3（1in^3=1.64×10^{-5}m^3）的“卡片式”开关电源，引发了空间站电源、宇航电源、计算机电源以及智能化仪表电源等装置的超小型化变革。尽管 MOSFET 的开关速度非常快，但大电流导通状态下的导通压降较高，限制了它在大功率领域的应用。

20 世纪 80 年代电力电子器件最引人注目的成就之一就是双极型复合器件的出现，该类器件的研发目的是实现器件高压、静态参数及其动态参数之间最合理的折中，使其兼有 MOSEFT 和双极型器件的突出优点。目前，被认为最有发展前途的复合器件是绝缘栅双极型晶体管（Insulated Gate Bipolar Transistor, IGBT）。1982 年美国率先研制出 IGBT 样品，并于 1985 年大规模生产，为工业大功率应用领域的高频化开辟了广阔的前景。目前，电压等级为 650V、1200V、1700V、3300V、4500V、6500V 的 IGBT 模块是市场应用的主流，电流容量高达 3000A。20 世纪 90 年代时，IGBT 就已在中大功率领域取代了 BJT，广泛应用于中、高频感应加热、高精度变频调速、UPS、开关电源、高频逆变式整流焊机、超声电源、高频 X 射线机电源、高频调制整流电源以及各种高性能、低损耗和低噪声的场合。

近年来，以碳化硅（Silicon Carbide, SiC）、氮化镓（Gallium Nitride, GaN）为代表的宽禁带半导体材料的出现，为器件性能的进一步大幅度提高提供了可能。宽禁带半导体芯片损耗小、耐高温、开关频率高。损耗小，使得碳化硅和氮化镓芯片单位面积负荷能力增强，同等功率的控制器所需芯片面积减小一半以上。硅基芯片的理论运行温度极限约为 230℃，而碳化硅芯片的理论运行极限在 600℃以上，配合高耐热能力的模块封装，可以减小现有冷却系统的体积和重量。例如，受硅基芯片运行特性限制，现有硅基车用电机驱动工作在 10kHz 附近，而碳化硅芯片能运行在 50kHz 以上，可以降低储能单元的体积和重量。氮化镓器件的栅电荷明显低于硅基 MOSFET 的栅电荷量，开通过程中的米勒平台时间减少，开关时间更短，特别适合高频小容量的高性能电源。以碳化硅、氮化镓为代表的新一代电力电子器件是当前新能源、汽车电机驱动、高性能电源等产业突破瓶颈的重要助力。

我国电力电子器件研发及其产业发展历史几乎与国际同步。目前，晶闸管类器件技术已达到国际先进水平，部分等级的 MOSFET、IGBT 器件具有自主知识产权，并实现了产业化，碳化硅、氮化镓等新型电力电子器件也初步占有了部分市场。

电力电子学科正沿着“应用驱动、强化基础研究、进一步大规模应用”的途径发展，电力电子器件的基础研究正在成为我国电力电子学科的重点和主要任务。当前的研究工作集中在新型开关器件原理、工艺和应用方面。在半导体材料和器件方面，国内各科研机构都在蓄力冲击国际领先地位；在新器件应用方面，不断提出有自主知识产权的拓扑；在电力电子系统分析和设计方面，提出新的研究方法，系统地形成能满足大功率、高可靠性要求的电力电子器件高效应用理论[4]。

1.1 半导体材料基础

自然界中的物质按其导电性能可分为三大类：导体、半导体和绝缘体。导体的原子模型外层电子受束缚力较弱，在外电场的作用下可自由运动形成电流。导体多由金属材料构成，具有很强的导电能力。绝缘体的原子模型外层没有自由电子，因而其导电能力很差。半导体的导电性能介于导体和绝缘体之间，在纯净的本征半导体中加入微量的杂质后，其导电能力会显著增强，可以用于制造各类电子器件。

按照量子理论，当原子凝聚成为固体时，由于原子间的相互作用，孤立原子的每个能级加宽成间隔极小的分立能级，并按照能量大小组成能带，能带之间隔着较宽的禁带。固体的电气性质由原子最外围电子（价电子）来决定，对于半导体材料，价电子几乎完全填满价带。当能带填满时，电子难以获得能量，几乎不能产生电流流动。除非能够使一些电子离开价带，否则无法导电。另一方面，少量电子进入邻近的较高能带（导带），导带中的电子将自由地获得能量，能够导电。

共价键中的一些价电子由于热运动获得能量，从而摆脱共价键的约束成为自由电子，同时在共价键上留下空位。随着温度的升高，载流子浓度上升，导电能力稍有增强。研究人员将共价键上流失一个电子，最后在共价键上留下空位的现象用“空穴”来表达。空穴带正电，可在外电场作用下运动，运动的方向与电子相反。载流子的运动是半导体器件导电的基础，电子和空穴都是能够导电的载流子。电子和空穴的定向运动都能形成电流，半导体的电流是这两种载流子的电流之和。

在较高的温度下，热振动会使一些结合强度一般的半导体价键破裂，少量价带电子能越过禁带进入导带，但这种本征激发过程的导电能力不足。用于电力电子器件的半导体材料主要是非本征的，在本征半导体中掺入特定类型杂质原子，产生导电用的大量载流子。如果载流子是导带中的电子，则杂质被称作施主，相应的半导体材料是 N 型。反之，如果半导体中含有大量能带来空穴的杂质，则杂质被称作受主，相应的半导体材料是 P 型。控制掺杂浓度就能控制半导体材料的导电性能，同时也会影响半导体器件关断时的漏电流大小。

对于 N 型半导体，以非本征硅为例，当原来被硅原子（基质原子）占据的某些格点被五价杂质原子（例如砷原子）占据时，砷的 5 个价电子中有 4 个参与同邻近的 4 个硅原子形成共价键。第 5 个价电子无法进入已经饱和的键，从杂质原子中分离出去，并像一个自由电子那样在整个晶体中运动，从能量上来说该电子进入导带。由于增加了带负电荷的载流子，所以称为 N 型半导体，砷原子称为施主。在 N 型半导体中，电子是多数载流子（多子），空穴是少数载流子（少子）。

对于 P 型半导体，仍以非本征硅为例，如果是三价原子（例如硼原子）占据了硅中某些硅原子的格点位置。当硼原子与邻近的硅原子形成共价键时，有一个键是空着的，此空键可能接受来自另一个键中的电子，失去电子的另一个键也将出现一个空位（空穴）。空穴可在整个晶体中自由移动，从能量上来说进入价带。由于硅中增加了带正电荷的载流子（空穴），所以称为 P 型半导体，硼原子称为受主。在 P 型半导体中，空穴是多数载流子（多子），电子是少数载流子（少子）。

多掺入杂质会提高多数载流子的浓度，电子与空穴两种载流子复合的概率也会增加。因此，对于杂质半导体来说，多子的浓度越高，少子的浓度越低。在计算过程中，多数载流子约等于掺杂原子的浓度，受温度影响较小，少数载流子尽管浓度相对较低，但是受到温度的影响较大。

PN 结与内部载流子分布如图 1-1 所示，通过物理、化学方法将 P 型半导体与 N 型半导体有机地结合为一体后，两种半导体的结合面将形成 PN 结。PN 结具有单向导电性，表现出非线性电阻的特性，这是大部分电力电子器件都具有的基础结构。

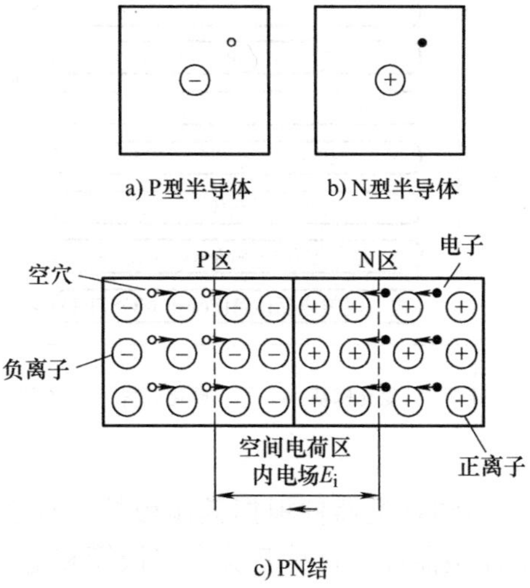

图 1-1　PN 结与内部载流子分布

在 P 型半导体和 N 型半导体结合后，交界处会出现电子的浓度差和空穴的浓度差，有一些电子从 N 区向 P 区扩散，也有一些空穴会从 P 区向 N 区扩散。其扩散的过程会使 P 区一边失去空穴，留下带负电的离子；N 区一边失去电子，留下带正电的离子。半导体中的离子不能任意移动，因此不参与导电，这些不能移动的带电粒子在 P 区和 N 区交界面附近集中，形成空间电荷区，空间电荷区的薄厚与掺杂物浓度有关。

在空间电荷区形成后，由于正负电荷之间的相互作用，会形成内电场，其方向是从带正电荷的 N 区指向带负电荷的 P 区。显然，内电场的方向与载流子扩散运动的方向相反，会抑制扩散运动。

另一方面，内电场还将使 N 区的少数载流子空穴向 P 区漂移，使 P 区的少数载流子电子向 N 区漂移，漂移运动的方向与扩散运动的方向相反。从 N 区漂移到 P 区的空穴补充了原来交界面上 P 区所失去的空穴，从 P 区漂移到 N 区的电子补充了原来交界面上 N 区所失去的电子，一定程度上使空间电荷减少，内电场减弱。因此，漂移运动的结果是使空间电荷区变窄，扩散运动加强。

最后，多子的扩散和少子的漂移达到动态平衡，在 P 型半导体和 N 型半导体的结合面两侧，留下离子薄层，一般把这个离子薄层形成的空间称为 PN 结。PN 结的内电场方向由 N 区指向 P 区。由于空间电荷区缺少多子，所以也称耗尽层。

1.2　常规硅基电力电子器件

根据控制程度、导电类型以及结构，主要电力电子器件分类如图 1-2 所示。

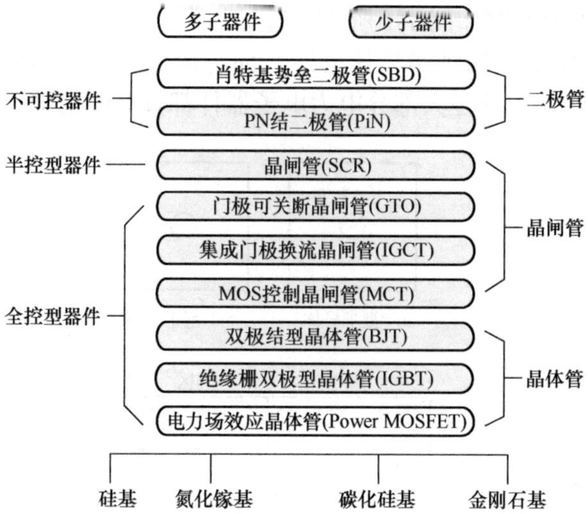

图 1.2　主要电力电子器件分类

二极管是不可控器件，晶闸管类器件根据其栅极控制程度可分为半控型器件和全控型器件，晶体管类器件是全控型器件。肖特基势垒二极管和电力场效应晶体管属于多子器件，因其体内只有一种载流子导电又被命名为单极型器件。多子器件开关速度快，但是其导通电阻随着耐压等级的提升而显著增加，通流能力较弱。其余的电力电子器件属于少子器件，少子器件体内两种载流子均参与导电，因此又被称为双极型器件。少子器件导通时体内存在高浓度的少数载流子（即电导调制效应），导通电阻低，通流能力强。然而，少子器件的开启需要其体内充满少数载流子，关断又需要其体内的少数载流子被彻底抽净，这就导致少子器件的开关速度远远慢于多子器件。除此之外，为了满足愈发苛刻的工作条件，追求更加优异的性能，制作电力电子器件的材料也更加多样化，除了硅、碳化硅、氮化镓外，金刚石等超宽禁带材料制作的电力电子器件也正在突破[5]。

在过去的70年间，以硅基电力电子器件为基础的电力电子技术广泛应用于国民经济、国防和航空航天等产业领域，实现电能生产、传输、分配及优化利用，大幅提高了生产效率和电能利用效率。目前，硅基电力电子器件依然是市场上的主流电力电子器件，但是采用现有结构的硅基电力电子器件的电气性能已逐步接近由材料特性决定的理论极限。因此，为了提高电力电子器件的性能，采用新型器件结构和采用新型半导体材料的电力电子器件是目前的发展趋势[6]。

电力电子器件及应用领域的研究包括但不限于：新型半导体材料的研制和功能解析；半导体材料的表面处理技术；更高电压等级、更大电流容量、更低导通电阻、更快开关速度的硅基电力电子器件的设计和制备；多芯片多模块的电力电子器件组合扩容和串并联技术；宽温度特性、高运行特性的新一代电力电子器件的新结构、新工艺、新原理和新设计；电力电子器件的先进封装、驱动、保护技术；电力电子器件的可靠性分析和应用技术等[7]。

1.2.1　电力二极管

电力二极管（Power Diode）是结构最为简单的一类电力电子器件，在本书中将电力二极管简称为“二极管”，大致上可分为电力整流二极管、快恢复二极管、超快恢复二极管、肖特基势垒二极管、齐纳二极管。

（1）电力整流二极管

电力整流二极管的通态压降较小，约为 1V，漏电流小，可支撑较高的额定电压和电流。由于主要适用于 50Hz/60Hz 的场合，反向恢复时间较长，可达几微秒至十微秒，多用于充电、电镀等对转换速度要求不高的电能变换装置中，其工作频率范围为几十至几百赫兹。

（2）快恢复二极管

快恢复二极管（Fast Recovery Diode，FRD）的显著特点是额定电压和电流相对较大，通态压降高于电力整流二极管，一般为几伏；反向恢复时间较短，可达到几百纳秒至几微秒，主要用于斩波器、逆变器等电路中，其工作频率范围为几至几十千赫兹。

（3）超快恢复二极管

超快恢复二极管（Superfast Recovery Diode，SRD）的性能特点类似于快恢复二极管，其主要特点是反向恢复时间极短，通常为几至几百纳秒，工作频率可达兆赫兹水平，多用于整流器或逆变器电路。

（4）肖特基势垒二极管

肖特基势垒二极管（Schottky Barrier Diode，SBD）简称肖特基二极管，与 PN 结二极管相比，具有导通压降更低、开关更快的优势。但是，其反向漏电流较大，耐压普遍在 150V 以下，在某些条件下容易导致热失控。肖特基二极管应用范围如图 1-3 所示，其典型用途是高效的低压直流（DC/DC）变换器或整流（AC/DC）变换器的二次侧。

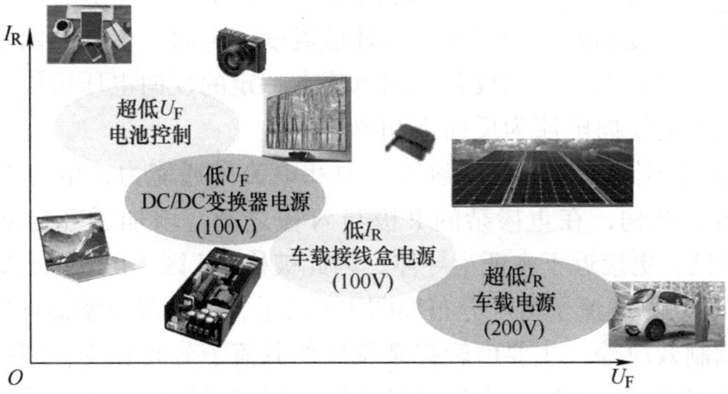

图 1-3 肖特基二极管应用范围

（5）齐纳二极管

齐纳二极管（Zener Diode）具有稳压作用，又称为稳压二极管。它利用 PN 结反向击穿状态，其电流可在很大范围内变化而电压基本不变，主要被作为稳压器或电压基准器件使用。该类二极管在临界反向击穿电压前都具有很高的电阻，在临界击穿点上电阻降到极低的数值，在低阻区中电流增加而电压保持恒定。稳压二极管是根据击穿电压来分档的，串联起来可以在更高的电压下使用。

1. 电力二极管的基本结构

电力二极管的核心部分就是 PN 结，二极管电气符号和载流子分布如图 1-4 所示。PN

结的 P 端引线称为阳极（Anode，电路中标注为 A），PN 结的 N 端引线称为阴极（Cathode，电路中标注为 K）。二极管最重要的特性就是单向导电性，当二极管接上正向电压（简称正偏）时，即阳极接电源正端、阴极接电源负端，二极管导电，电流可以从阳极流至阴极。当二极管接上反向电压（简称反偏）时，二极管不导电（也称为截止或阻断），只流过很小的漏电流。

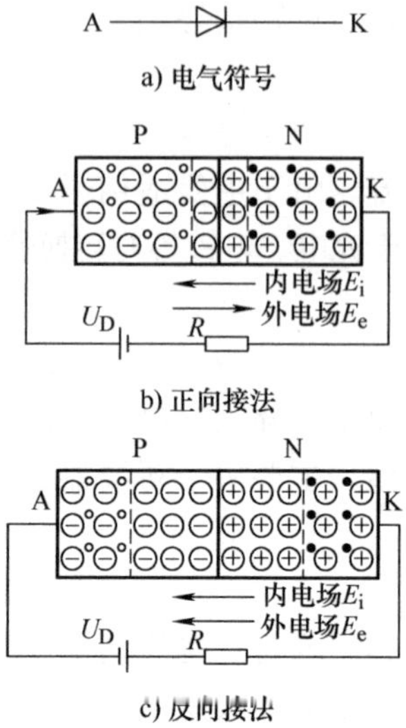

图 1-4　二极管电气符号和载流子分布示意图

二极管外接正向电压时，所产生的外电场与内电场方向相反，因此 PN 结的内电场被削弱。内电场所引起的多数载流子的漂移运动被削弱，意味着多数载流子的扩散运动的阻力降低，导致扩散运动超过了反方向的漂移运动。大量的多数载流子不断地扩散越过交界面，P 区带正电的空穴向 N 区扩散，N 区带负电的电子向 P 区扩散。这些载流子在正向电压作用下形成二极管正向电流，二极管在电路中相当于一个处于导通状态（通态）的开关。二极管导电时，其 PN 结等效正向电阻很小，二极管两端正向压降仅 1 ～ 2V（大电流硅二极管超过 2V，小电流硅二极管仅 0.7V，锗二极管约为 0.3V）。

二极管外接反向电压时，所产生的外电场与内电场方向相同，外电场使内电场增强。多数载流子（P 区的空穴和 N 区的电子）的扩散运动难以进行，这时少数载流子在电场力的作用下产生漂移运动相对较为明显。因此反偏时二极管电流极小，这个电流称为二极管的反向电流（也称漏电流），主要是由少数载流子的漂移运动产生的。这些少数载流子的数目有限，并随环境温度的升高而增大，当环境温度一定时，少数载流子的数目基本维持一定。因此，在一定的温度下，二极管反向电流在一定的反向电压范围内不随电压的升高而增大，此时二极管的反向电流为反向饱和电流。

与弱电用二极管不同，为了提高耐压能力和电流导通能力，电力二极管的基本结构多为 PiN（$P^+/N^-/N^+$）结构，在重掺杂的 P 极与 N 极之间，增加了轻掺杂的 N 型基区。基区的载流子浓度较低，更接近于本征半导体，因此被称为 i 区（Intrinsic Area），又称漂移区（Drift Region）。PiN 功率载流子浓度分布如图 1-5 所示，这种双极型器件的重要特性包括大注入现象、电导调制效应等，主要由轻掺杂基区的载流子分布和变化规律决定。

随着技术的不断进步，PiN 电力二极管的性能得到了极大改善，导通压降和反向恢复电流进一步降低，主要包括英飞凌公司 EMCON 系列二极管使用的端部控制技术（Emitter Controlled Tech）、富士公司的 Static Shielding 技术和三菱公司的改进 PiN 技术等。改进型 PiN 电力二极管的载流子浓度分布如图 1-6 所示，其中，端部控制技术通过增加 N^+ 基区和提高阴极载流子浓度（由 $10^{18}cm^{-3}$ 提高到 $10^{20}cm^{-3}$），控制二极管的基区载流子分布（基本为水平线性分布），控制载流子寿命，以实现基区载流子的快速注入及扫出，这项技术使得电力二极管的反向恢复损耗大大降低。

2. 电力二极管的基本特性

由半导体物理理论可知，在静态情况下，电力二极管的电流与电压之间的非线性关系为

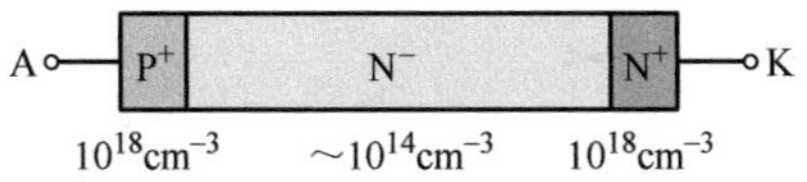

图 1-5 PiN 功率载流子浓度分布示意图

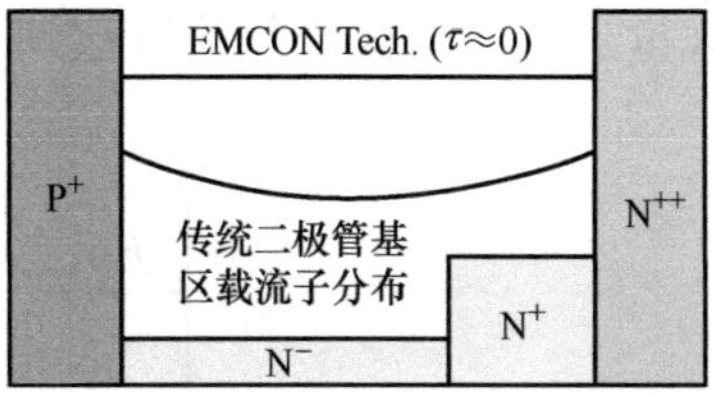

图 1-6 改进型 PiN 电力二极管载流子浓度分布示意图

$$i = I_s(e^{U_F/U_T} - 1) \tag{1-1}$$

式中，i 为二极管电流；I_s 为反向饱和电流；U_F 为作用在二极管上的电压，正向接法时 U_F 取正值，反向接法时 U_F 取负值；U_T 为热电压，是 PN 结受温度影响的最主要参数，在室温下 $U_T \approx 26\text{mV}$。由于键合线等封装元件的存在，电力二极管实际的导通压降略大于理论值。

在正向接法时，通常 $U_F \gg U_T$，则 $e^{U_F/U_T} \gg 1$，二极管电流 I_F 可简化为

$$I_F = I_s e^{U_F/U_T} \tag{1-2}$$

即二极管正向电流 I_F 与所加正向电压 U_F 呈指数函数关系，正向电流增大很多时，二极管端电压增加很少，如图 1-7 所示。

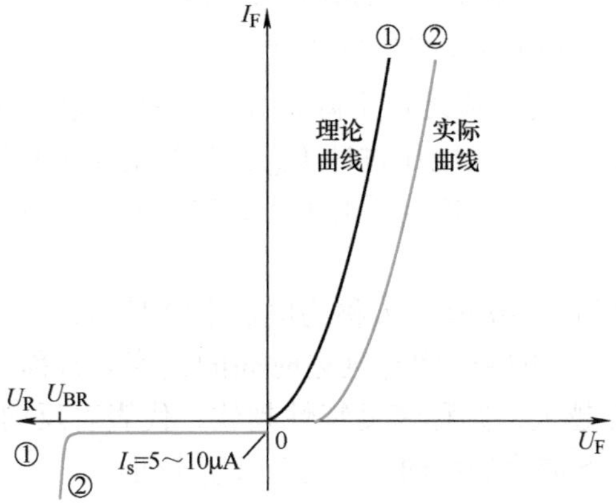

图 1-7 二极管的静态特性

在反向接法时 U_F 为负值，若 $|U_F| \gg U_T$，则 $e^{U_F/U_T} \approx 0$，因此二极管的反向电流 I_R 为反向饱和电流 I_s，也即 $I_R=-I_s$。

因为结电容的存在，电力二极管在零偏置（外加电压为零）、正向偏置和反向偏置三种状态之间转换的时候，必然经历一个过渡过程。在这些过渡过程中，PN 结需要一定时间来调整其带电状态，其电压 / 电流特性难以用静态伏安特性来直接描述，而是随时间变化的，这就是电力二极管的动态特性。

图 1-8 给出了电力二极管由正向偏置转换为反向偏置时其动态过程的波形。对于正向导通状态的电力二极管，当外加电压突然从正向变为反向时，该电力二极管并不能立即关断，而是经过一段短暂的时间才能重新获得反向阻断能力，进入截止状态。关断之前会有较大的反向电流出现，并伴随有明显的反向电压过冲，这是因为正向导通时在 PN 结两侧

储存的大量少子需要被清除掉以达到反向偏置稳态。

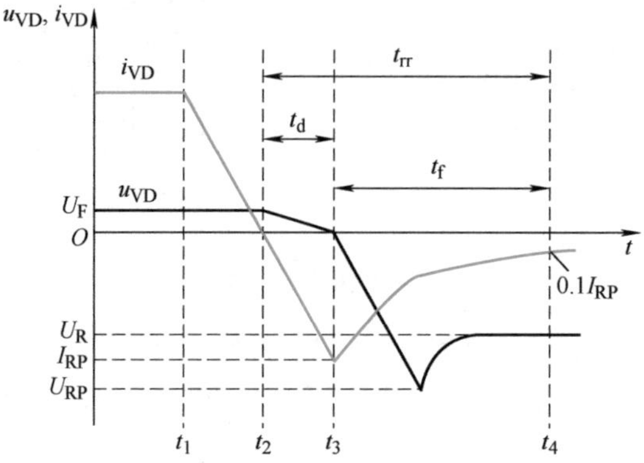

图 1-8 电力二极管的动态特性

当 t_1 时刻外加电压突然由正变负时，正向电流在反向电压作用下开始下降，下降速率由反向电压大小和电路中的电感决定，二极管管压降由于电导调制效应基本不变化，直至 t_2 时刻正向电流降为零。此时由于在 PN 结两侧储存有大量少子，电力二极管并没有恢复反向阻断能力，这些少子在外加反向电压的作用下被抽取出电力二极管，因而形成较大的反向电流。当空间电荷区附近储存的少子即将被抽尽时，管压降变为负极性，开始抽取离空间电荷区较远的浓度较低的少子。管压降极性改变后不久，在 t_3 时刻反向电流从其最大值 I_{RP} 处开始下降，空间电荷区开始迅速展宽，电力二极管开始恢复对反向电压的阻断能力。在 t_3 时刻以后，反向电流迅速下降，在外电路电感的作用下会在电力二极管两端产生比外加反向电压更大的反向电压过冲 U_{RP}。在电流变化率接近于零的 t_4 时刻，电力二极管两端承受的反向电压降至外加电压的大小，电力二极管完全恢复对反向电压的阻断能力。

这里，t_d 称为延迟时间，$t_d=t_3-t_2$；t_f 称为电流下降时间，$t_f=t_4-t_3$；t_{rr} 称为电力二极管的反向恢复时间 $t_{rr}=t_d+t_f$。其下降时间与延迟时间的比值 t_f/t_d 称为恢复特性的软度，或者恢复系数，用 S_r 表示。S_r 越大，则称恢复特性越软，代表着反向电流下降时间相对较长，因而在同样的外电路条件下造成的反向电压过冲 U_{RP} 较小。

3. 电力二极管模型

电力二极管基本结构示意图如图 1-9 所示，在电力二极管模型中，主要的方程可分类为电压关系方程和基区电流方程。

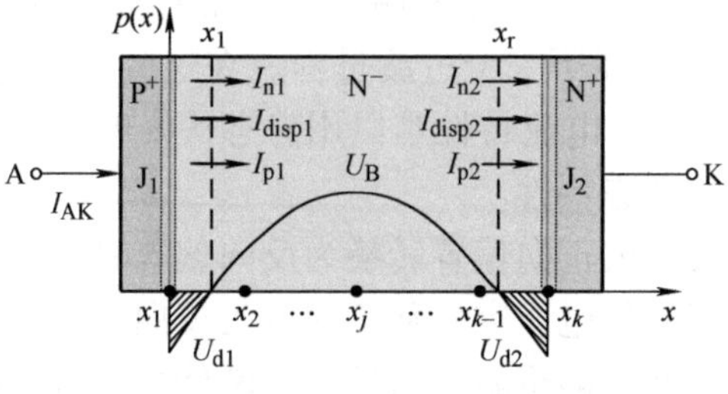

图 1-9 电力二极管基本结构示意图

由图 1-9 可知，电力二极管阳极 – 阴极之间的电压由以下方程给出：

$$U_{AK}=U_{j1}+U_{j2}+U_B-U_{d1}-U_{d2} \tag{1-3}$$

式中，U_{d1}、U_{d2} 分别为基区在阳极侧和阴极侧的耗尽层电压；U_{j1}、U_{j2} 分别为 P^+N^- 结和 N^-N^+ 结的结电压；U_B 为基区载流子存储区（Carrier Storage Region）电压。

与载流子存储区必须考虑分布效应不同，空间电荷区和耗尽层的特性可以用简单的准静态模型来描述。结电压 U_j 可由下式计算得出：

$$\begin{cases} U_{j1}=U_T\ln\left(\dfrac{p_1N_B}{n_i^2}\right) \\ U_{j2}=U_T\ln\left(\dfrac{p_k}{N_B}\right) \end{cases} \tag{1-4}$$

$$U_j=U_{j1}+U_{j2}=U_T\ln\left(\frac{p_1p_k}{n_i^2}\right) \tag{1-5}$$

式中，p_1、p_k 为边界载流子浓度；N_B 为衬底掺杂浓度；n_i 为本征载流子浓度；U_T 为热电压，由公式 $U_T=kT/q$ 计算，k 为玻尔兹曼常数，T 为器件结温。耗尽层电压 U_{d1} 和 U_{d2} 由下式计算得出：

$$\begin{cases} U_{d1}=\dfrac{qN_B+I_{p1}/(Av_{sat})}{2\varepsilon_{si}}x_1^2 \\ U_{d2}=\dfrac{qN_B+I_{n2}/(Av_{sat})}{2\varepsilon_{si}}(W_B-x_k)^2 \end{cases} \tag{1-6}$$

式中，v_{sat} 为载流子饱和迁移率；W_B 为基区制造宽度；x_1、x_k 分别为基区载流子的左右边界；I_{p1}、I_{n2} 分别为基区内载流子存储区左边界处的空穴电流和右边界处的电子电流；q 为单位电荷（$q=1.6\times10^{-19}$C）；A 为器件有效面积；ε_{si} 为相对介电常数。出现耗尽层时通常为小电流情况，在小电流情况下，$I_{p1}/(Av_{sat})$ 和 $I_{n2}/(Av_{sat})$ 远小于 qN_B。

为简化计算过程、降低计算复杂度、提高收敛性，载流子存储区电压 U_B 满足

$$U_B=\frac{I_{AK}}{Aq}\frac{x_k-x_1}{\mu_nN_B+(\mu_n+\mu_p)p_B}+2U_T\frac{D_p}{D_n+D_p}\ln\left(\frac{p_k}{p_1}\right) \tag{1-7}$$

式中，I_{AK} 为流过二极管阳极 – 阴极之间的电流；p_B 表示载流子存储区过剩载流子浓度的平均值；μ_n 和 μ_p 分别为电子、空穴迁移率；D_n 和 D_p 分别为电子、空穴扩散系数。这一方程可有效简化仿真计算复杂度。

基区的电流方程可用双极输运方程（Ambipolar Diffusion Equation，ADE）来表达，建立双极型器件物理模型的关键即为求解 ADE。能够描述双极型电力电子器件轻掺杂基区中载流子基本特性的是载流子电流密度方程和电流连续性方程：

$$\begin{cases} J_n=q\mu_nnE+qD_n\dfrac{\partial n}{\partial x} \\ J_p=q\mu_pnE-qD_n\dfrac{\partial n}{\partial x} \end{cases} \Rightarrow \begin{cases} J_n=\dfrac{b}{1+b}J_T+qD\dfrac{\partial n}{dx} \\ J_p=\dfrac{1}{1+b}J_T-qD\dfrac{\partial p}{dx} \end{cases} \tag{1-8}$$

$$\frac{\partial p}{\partial t}=-\frac{p}{\tau_{\mathrm{HL}}}-\frac{1}{q}\frac{\partial J_{\mathrm{p}}}{\partial x} \tag{1-9}$$

式中，J_n、J_p 为电子、空穴电流密度；n、p 为电子 / 空穴浓度，根据基区准中性（Quasi-Neutrality）特性，载流子浓度平衡时满足 $n=p$；E 为电场强度；b 为电子空穴迁移率之比；J_T 为总电流密度；D 为双极扩散系数（Ambipolar Diffusion Coefficient），$D=2D_nD_p/(D_n+D_p)$；t 为时间变量；x 为基区空间一维变量（$x\in[0,W_B]$），W_B 为基区制造宽度；τ_{HL} 为大注入条件下基区载流子寿命。联立方程推导得到描述轻掺杂基区中载流子产生、迁移和复合的关系方程为

$$D\frac{\partial^2 p}{\partial x^2}=\frac{p}{\tau_{\mathrm{HL}}}+\frac{\partial p}{\partial t} \tag{1-10}$$

为了快速、精确地求解这一方程，可采用有限差分方法。根据基区载流子边界条件，电力二极管的边界方程离散化为有限差分模型中的边界方程形式：

$$\begin{cases}-\dfrac{p_1}{\Delta x}+\dfrac{p_2}{\Delta x}+\dfrac{I_{\mathrm{VD}}-I_{\mathrm{disp1}}}{2qAD_{\mathrm{p}}}-\dfrac{h_{\mathrm{p}}}{D}p_1^2=0\\ -\dfrac{p_k}{\Delta x}+\dfrac{p_{k-1}}{\Delta x}+\dfrac{I_{\mathrm{VD}}-I_{\mathrm{disp2}}}{2qAD_{\mathrm{n}}}-\dfrac{h_{\mathrm{n}}}{D}p_k^2=0\end{cases} \tag{1-11}$$

式中，h_p、h_n 为边界载流子复合系数；I_{VD} 为二极管电流；I_{disp1} 和 I_{disp2} 为左右边界的耗尽层位移电流。联立以上方程就能建立电力二极管模型。

1.2.2 晶闸管及其衍生器件

1. 晶闸管的基本结构和特性

晶体闸流管（Thyristor）简称晶闸管，也称为可控硅整流器件（Silicon Controlled Rectifier，SCR）。晶闸管是三端四层半导体开关器件，共有 3 个 PN 结 J_1、J_2、J_3，其结构如图 1-10 所示，A 为阳极（Anode），K 为阴极（Cathode），G 为门极（Gate）或栅极。

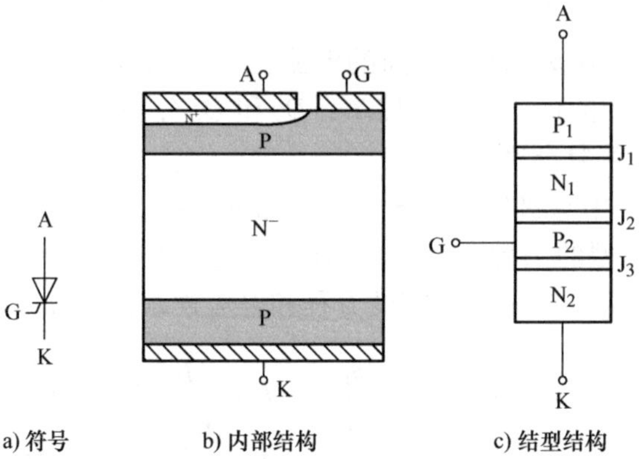

图 1-10 晶闸管结构示意图

为便于分析，通常把晶闸管看成由两个晶体管 V_1（$P_1N_1P_2$）和 V_2（$N_1P_2N_2$）构成的，如图 1-11a 所示。对晶体管 V_1 来说，P_1N_1 为发射结 J_1，N_1P_2 为集电结 J_2；而对于晶体管 V_2 而言，P_2N_2 为发射结 J_3，N_1P_2 仍为集电结 J_2，因此 J_2 为公共的集电结。当 A、K 两端加正电压时，J_1、J_3 结为正偏置，中间结 J_2 为反偏置。当 A、K 两端加反电压时，J_1、J_3 结为反偏置，中间结 J_2 为正偏置。晶闸管未导通时，加正压时的外加电压由反偏置的 J_2 结承担，加反压时的外加电压则由 J_1、J_3 结承担。

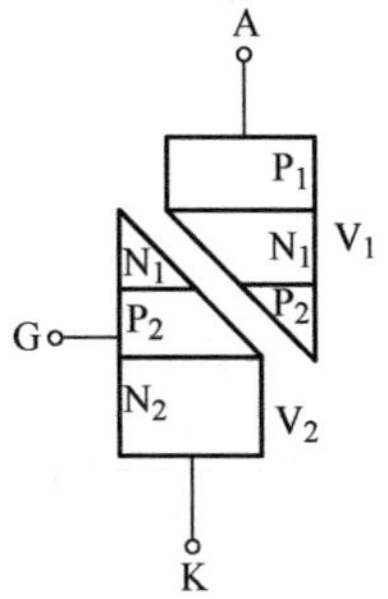

a) 分层模型

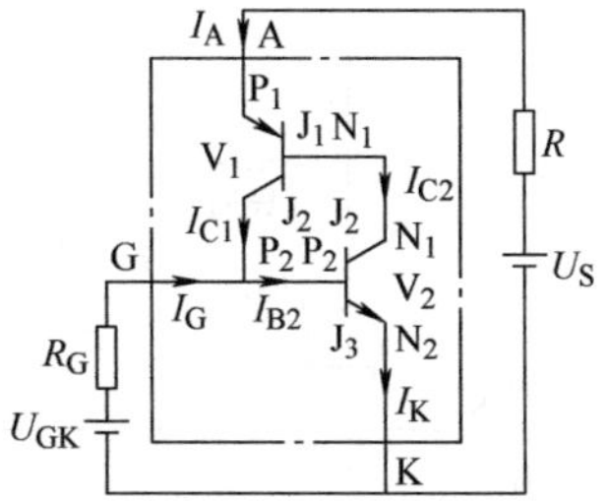

b) 等效电路

图 1-11　晶闸管等效电路

晶闸管等效电路如图 1-11b 所示，外电源 U_S 的正极经负载电阻 R 接至晶闸管阳极（A），U_S 的负极接晶闸管阴极（K），控制电压 U_{GK} 经电阻 R_G 接至晶闸管的门极（G）。如果 V_1 和 V_2 的集电极电流分配系数分别为 α_1 和 α_2，则对 V_1 而言，V_2 发射极电流 I_A 的一部分 αI_A 将穿过集电结 J_2，J_2 受反偏电压作用要流过反向饱和电流 I_{CBO1}，因此图中的 I_{C1} 可表达为

$$I_{C1} = \alpha_1 I_A + I_{CBO1} \tag{1-12}$$

同理，对 V_2 而言，V_2 的发射极电流 I_K 的一部分 $\alpha_2 I_K$ 将穿过集电结 J_2，J_2 结受反偏置电压作用要流过反向饱和电流 I_{CBO2}，因此图中 I_{C2} 可表达为

$$I_{C2} = \alpha_2 I_K + I_{CBO2} \tag{1-13}$$

代入 $I_A+I_G=I_K$，经整理可得

$$I_A = \frac{I_{CBO1} + I_{CBO2} + \alpha_2 I_G}{1-(\alpha_1+\alpha_2)} \tag{1-14}$$

晶闸管外加正向电压 U_{AK} 但门极断开时，I_G=0 时，中间结 J_2 承受反偏电压，阻断阳极电流，此时 I_A=I_K 很小，可以表达为

$$I_A = I_K = \frac{I_{CBO1} + I_{CBO2}}{1-(\alpha_1+\alpha_2)} \approx 0 \tag{1-15}$$

晶闸管的伏安特性如图 1-12 所示，在 I_A、I_K 很小时，晶闸管中电流分配系数 α_1、α_2 也很小，但 α_1、α_2 都会随电流 I_A、I_K 的增大而增大。一旦引入了门极电流 I_G，将使 I_A、I_K 增大，电流分配系数 α_1、α_2 也随之变大；而 α_1、α_2 变大后，I_A、I_K 进一步变大，又使 α_1、α_2 更大。在这种正反馈作用下，$\alpha_1+\alpha_2$ 将逐渐接近 1，晶闸管从断态转为通态。此时，内

部的两个等效晶体管都会进入饱和导电状态，晶闸管的等效电阻变得很小，其通态压降仅 1 ～ 2V，这时的电流大小由外电源 U_S 和负载电阻 R 决定，有 $I_A \approx I_K \approx U_S/R$。一旦晶闸管从断态转为通态后，因 I_A、I_K 已经很大，$\alpha_1+\alpha_2 \approx 1$，即使撤除门极电流 I_G，由式（1-15）可知，I_A=I_K 仍然会很大，晶闸管仍继续处于通态，并保持由外部电路所决定的阳极电流，这种现象也被称为擎住现象，所需要的最小导通电流叫作擎住电流。所以，要使承受正向电压的晶闸管从断态转入通态，需要在其门极加一个能量达到阈值的脉冲触发电流。使晶闸管导通的条件归纳为：晶闸管承受正向阳极电压，并在门极施加触发电压，即 U_{AK}>0 且 U_{GK}>0。

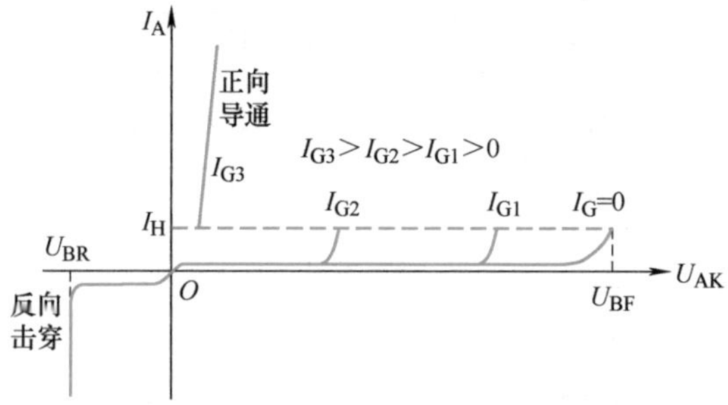

图 1-12 晶闸管的伏安特性

晶闸管导通首先发生在门极附近的局部导通，然后由局部导通区横向扩展到整个阴极面全面导通。因此，擎住电流不仅要维持两个晶体管的正反馈作用，还要为导通区的横向扩展提供足够的载流子。另一个重要参数维持电流 I_H，是晶闸管充分导通后，均匀分布在整个阴极面上的电流，它的作用是维持两个晶体管正反馈所需的最小电流。

当门极开路，阳极 – 阴极间施加迅速上升的电压时，器件有可能在比它的正向转折电压低得多的电压下导通，所以晶闸管具有承受 du/dt 的能力，这就是器件的 du/dt 耐量，它表示承受阳极电压上升速率的极限值。如果电路上的 du/dt 值超过器件所允许的极限值，则晶闸管就会误导通而失去阻断能力。

晶闸管在外加正向电压时，其开始导通的起点取决于门极触发电流 I_G 的引入时刻，因此晶闸管是可以控制其开通时刻的单向开关。但是一旦转入通态后，晶闸管不会因撤除了门极触发电流而转到断态，即其从断态到通态是可以通过加入 I_G 来控制，但不能靠撤除 I_G 使其从通态转到断态，因此晶闸管是一种半控型开关器件，相应开关条件见表 1-1。

表 1-1 晶闸管开关条件

开关条件	门极的作用
承受反向阳极电压时	不管门极承受何种电压，晶闸管都处于反向阻断状态
承受正向阳极电压时	仅在门极承受正向电压的情况下才导通，即晶闸管的闸流特性
在导通情况下	门极只起触发作用，即只要有一定的正向阳极电压，不论门极电压如何，晶闸管保持导通，即晶闸管导通后，门极失去作用； 当主回路电压（或电流）减小到接近于零时，晶闸管关断

晶闸管的开通和关断动态过程如图 1-13 所示。开通过程描述的是晶闸管门极在坐标原点时刻开始受到理想阶跃触发电流触发的情况；关断过程描述的是对已导通的晶闸管，在外电路所施加的电压在某一时刻突然由正向变为反向的情况。

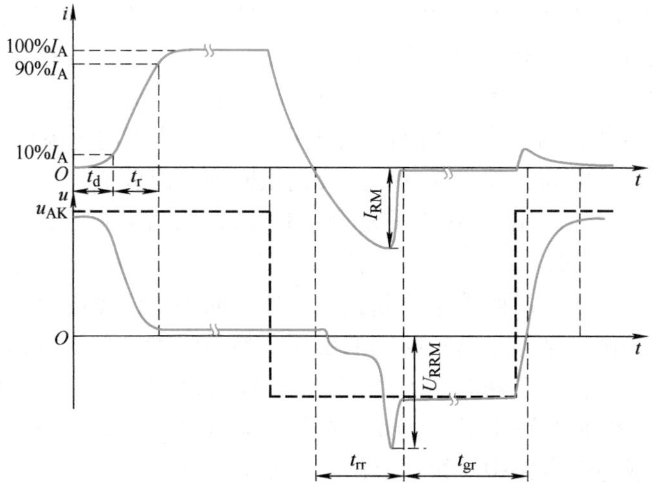

图 1-13　晶闸管开通和关断动态过程

晶闸管的主要参数见表 1-2。晶闸管的开通过程就是载流子不断扩散的过程，主要参数是晶闸管的开通时间 t_{on}。由于晶闸管内部的正反馈过程以及外电路电感的限制，晶闸管受到触发后，其阳极电流只能逐渐上升。从门极触发电流上升到额定值的 10% 开始，到阳极电流上升到稳态值的 10%，这段时间称为触发延迟时间 t_d，对于阻性负载相当于阳极电压降到额定值的 90%。阳极电流从 10% 上升到稳态值的 90% 所需要的时间，称为上升时间 t_r，对于阻性负载相当于阳极电压由 90% 降到 10%。开通时间 t_{on} 定义为两者之和，即 $t_{on}=t_d+t_r$。通常晶闸管的开通时间与触发脉冲的上升时间、脉冲峰值以及加在晶闸管两极之间的正向电压有关。

表 1-2　晶闸管主要参数

主要参数	参数解释
断态（反向）重复峰值电压 U_{DRM}（U_{RRM}）	在门极断路而结温为额定值时，允许重复加在器件上的正向（反向）峰值电压。通常取晶闸管的 U_{DRM} 和 U_{RRM} 中较小的标值作为该器件的额定电压
通态平均电流 $I_{T(AV)}$	国际规定通态平均电流为晶闸管在环境温度 40℃和规定的冷却状态下，稳定结温不超过额定结温时所允许流过的最大工频正弦半波电流的平均值。这也是其额定电流参数
维持电流 I_H	是指晶闸管维持导通所必需的最小电流，一般为几十到几百毫安。I_H 与结温有关，结温越高，则 I_H 越小
擎住电流 I_L	是晶闸管刚从断态转入通态并移除触发信号后，能维持导通所需的最小电流。对同一晶闸管来说，通常 I_L 为 I_H 的 2 ～ 4 倍
浪涌电流 I_{TSM}	浪涌电流是指由于电路异常情况引起的使结温超过额定结温的非重复性最大正向过载电流
断态电压临界上升率 du/dt	是指在额定结温、门极开路的情况下，不能使晶闸管从断态到通态转换的外加电压最大上升率
通态电流临界上升率 di/dt	指在规定条件下，晶闸管能承受的最大通态电流上升率。如果 di/dt 过大，在晶闸管刚开通时会有很大的电流集中在门极附近的小区域内，从而造成局部过热而使晶闸管损坏

当处于导通状态的晶闸管外加电压突然由正向变为反向时，由于外电路电感的存在，其阳极电流在衰减时存在过渡过程。阳极电流将逐步衰减到零，并在反方向流过反向恢复电流，经过最大值 I_{RM} 后，再反方向衰减。同时，在恢复电流快速衰减时，由于外电路电感的作用，会在晶闸管两端引起反向的尖峰电压 U_{RRM}。从正向电流降为零，到反向恢复电流衰减至接近于零的时间，就是晶闸管的反向阻断恢复时间 t_{rr}。

反向恢复过程结束后，由于载流子复合过程比较慢，晶闸管要恢复其对反向电压的阻断能力还需要一段时间，这叫作反向阻断恢复时间 t_{gr}。在反向阻断恢复时间内如果重新对晶闸管施加正向电压，晶闸管会重新正向导通，而不受门极电流控制而导通。所以在实际应用中，需对晶闸管施加足够长时间的反压，使晶闸管充分恢复其对正向电压的阻断能力，电路才能可靠工作。关断时间 t_{off} 定义为 t_{rr} 与 t_{gr} 之和，即 $t_{off}=t_{rr}+t_{gr}$。

晶闸管按其关断速度可分为普通晶闸管和快速晶闸管，可分别应用于 400Hz 和 10kHz 以上的斩波或逆变电路中。快速晶闸管是专为快速应用而设计的晶闸管，又可分为常规的快速晶闸管和工作在更高频率的高频晶闸管。其他如双向晶闸管、逆导晶闸管和光控晶闸管等衍生器件也都在特殊场合中发挥着重要的作用。

在电力电子的产业中，晶闸管类器件仍然是高压、大电流电能变换技术及应用的主要电力电子器件。我国晶闸管器件的发展沿着引进→消化→跟踪→创新的技术路线，研发能力和产品质量已达到世界先进水平。西安电力电子技术研究所在 ABB 公司的技术基础上，实现了 5in（1in=25.4mm）7200V/3000A 电控晶闸管的产业化，并为 5in 7500V/3125A 光控晶闸管、6in 8500V/4000 ～ 4750A 电控晶闸管提供芯片；株洲中车时代电气股份有限公司成功研制 6in 晶闸管和 4500V/4000A 高压的集成门极换流晶闸管（Integrated Gate Commutated Thyristors，IGCT），都是国内晶闸管类器件的标志性成果。

2. 门极可关断晶闸管

门极可关断晶闸管（Gate Turn-Off Thyristor，GTO）也被称为门控晶闸管，GTO 的电气符号、关断等效电路和多元胞结构如图 1-14 所示，其主要特点为，当门极加负向触发信号时晶闸管能自行关断。GTO 克服了常规晶闸管的缺陷，既保留了普通晶闸管耐压高、电流大等优点，又具有自关断能力，因而在使用上比普通晶闸管方便，是理想的高压、大电流开关器件。GTO 的容量及使用寿命均超过双极结型晶体管（BJT），但工作频率比 BJT 低。目前，GTO 的最大容量已超过 3000A/4500V，并广泛应用于斩波调速、变频调速、逆变器电源等领域，显示出强大的生命力。

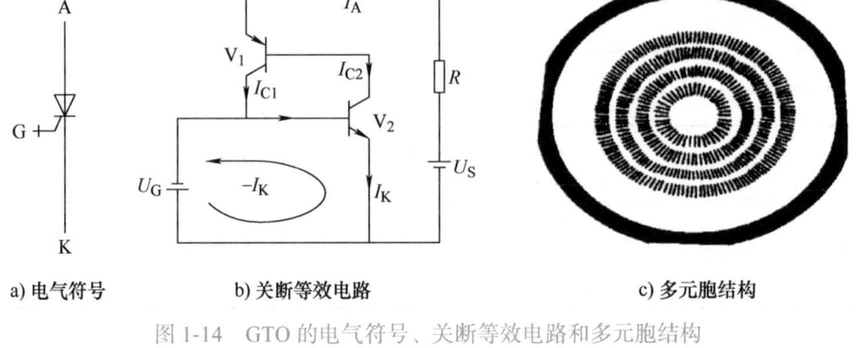

图 1-14　GTO 的电气符号、关断等效电路和多元胞结构

GTO 处于断态时，如果有阳极正向电压，在其门极加上正向触发脉冲电流后，GTO 可由断态转入通态。已处于通态时，门极加足够大的反向脉冲电流时，GTO 可由通态转入断态。由于无需外部电路强迫阳极电流为零而使之关断，仅由门极负脉冲电流就能关断器件，所以在直流电源供电的直流变换器和逆变器电路中应用时，无须设置强迫关断电路。这就简化了电能变换主电路，减少关断损耗，与普通晶闸管相比还可提高电力电子变换器的工作频率。

尽管 GTO 与普通晶闸管的触发导通原理类似，但二者的关断原理及关断方式有所不同。这是由于普通晶闸管在导通之后即处于深度饱和状态，而 GTO 在导通后只能达到临界饱和，所以 GTO 门极上加负向触发信号即可关断。具体来讲，GTO 可以通过门极负偏压关断的原因在于：① $N_2P_2N_1$ 管的 α_2 较大，相对于普通晶闸管来说，$N_2P_2N_1$ 控制灵敏、易于关断；② GTO 饱和导通较浅，$\alpha_1+\alpha_2$ 略大于 1；③ GTO 是多元胞结构，阴极窄，且门极 – 阴极间距小，横向电阻小，使通过门极抽出电流成为可能。

当 P 基区中额外载流子存储量因门极电流的抽取下降到不能维持 NPN 晶体管的饱和状态时，GTO 的阳极电流开始迅速下降，阳极电压开始回升，关断过程进入下降期。在下降期的后阶段，阳极电流较高的下降速率往往会通过感性负载产生尖峰电压。

通常情况下，大容量 GTO 的关断增益很小，在 3 ～ 5 范围内，通常关断阳极电流 I_A 则需要门极负脉冲电流峰值达到 I_A 的 1/3 ～ 1/5。例如，2000A 的 GTO 关断需要门极负脉冲峰值达到 400A，这正是 GTO 的不足，需要复杂的门极驱动装置。

3. 集成门极换流晶闸管

集成门极换流晶闸管（Integrated Gate Commutated Thyristors，IGCT）也是晶闸管的衍生器件。IGCT 是将 GTO 芯片、反并联二极管和门极驱动电路集成在一起，再与其门极驱动器在外围以低电感方式连接，结合了晶体管的稳定关断能力和晶闸管低通态损耗的优点，在导通阶段发挥晶闸管的性能，关断阶段呈现晶体管的特性。IGCT 具有电流大、阻断电压高、开关频率高、结构紧凑、导通损耗低等特点，同时成本可控，成品率高，有良好的应用前景。目前 IGCT 已成功用于电力系统换流装置和工业驱动装置。由于 IGCT 的高速开关能力无需缓冲电路，因而所需的功率元件数目更少，运行可靠性提高。目前，基于 IGCT 的变流器装置在功率、可靠性、开关速度、效率、成本、重量和体积等方面都取得了巨大进展，为电力电子成套装置提供了新选择。

1993 年，ABB 公司对 GTO 的结构设计进行了重大改进，研制出了门极换流晶闸管（Gate Commutated Thyristors，GCT），然后又将门极驱动电路集成在 GCT 旁，从而开发出新型的集成门极换流晶闸管（IGCT），目前 ABB 公司与日本三菱公司一起占有主要市场份额，IGCT 典型产品如图 1-15 所示。

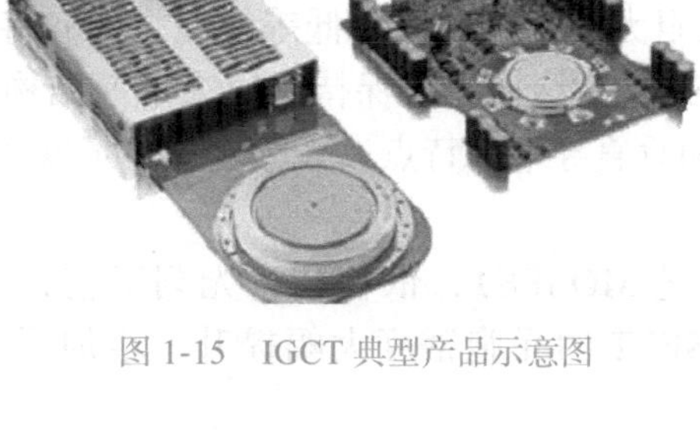

图 1-15　IGCT 典型产品示意图

IGCT 的主要结构特点包括：

1）缓冲层结构：在 N^-P^+ 层之间引入 N^+ 缓冲层，并降低 N^- 区掺杂浓度，由于电场被 N^+ 缓冲层阻挡，形成一个四边形电场分布。采用较薄的硅片即可达到相同的阻断电压，从而提高了器件的效率，降低了通态损耗和开关损耗。例如，在 4.5kV 的 IGCT 中，采用缓冲层设计使芯片所需的厚度大约减少了 40%。

2）可穿透发射区：IGCT 在 GTO 结构的基础上，使用了可穿透发射区技术（透明阳极），即掺杂均匀且掺杂水平较低的薄发射极。部分电子在金属接触界面复合而不引起空穴的注入，在关断时电子可以迅速穿过阳极，有效降低了关断时间（小于 3μs）和关断损耗。

3）反并联续流二极管：厂家将反并联续流的快恢复二极管集成在 IGCT 器件中，这个二极管与 IGCT 芯片有相同的阻断电压和相同的电流容量，可降低开关损耗、抑制浪涌电压。

4）集成门极驱动电路：IGCT 关断增益 β_{off} 为 1，初始导通增益也接近于1，门极会流过大电流，这要求门极单元与 GCT 集成在一起，因而被称为 IGCT。由于关断过程中电流换向时间很短，门极电路必须具有较低的电感。现有产品多通过印制电路板（Printed Circuit Board，PCB）把许多低压 MOSFET 与 IGCT 集成到一起，并尽可能地靠近，其门极驱动电路的最大杂散电感约为 20nH。

IGCT 依然存在开断电流小、驱动功率大、黑启动困难、$\mathrm{d}i/\mathrm{d}t$ 耐受能力差等关键瓶颈。为此，增加器件有源区面积、降低通态损耗及器件热阻、提高 IGCT 的关断能力是今后的研究重点。

1.2.3 电力场效应晶体管

电力场效应晶体管（Power MOSFET）是中小功率电能变换领域主要器件，具有工作频率高、开关损耗小、安全工作区宽（几乎不存在二次击穿问题）、漏极电流为负温度特性（易并联）、输入阻抗高等优点，是一种压控型开关器件，在电力电子领域也被简称为 MOSFET。由于电力场效应晶体管驱动电路简单、开关速度快，大量应用于电动车、开关电源、无人机、节能灯等领域，是目前高频化电力电子技术赖以发展的主要电力电子器件之一。

由于电力场效应晶体管的开关损耗远小于电力晶体管，由其构成的开关电源的工作频率迅速地提高到数百 kHz 及以上。目前，MOSFET 发展的主要目标是降低管压降和降低成本，主要通过提升设计和工艺、集成化和先进封装来实现。

20 世纪 80 年代，研究人员在降低 MOSFET 器件的导通电阻、消除寄生效应、扩大电压和电流容量以及驱动电路集成化等方面开展了大量的研究工作，取得了显著进展。早期的 MOSFET 存在通态电阻大和硅片利用率低等缺点，人们将用于大规模集成电路的垂直导电结构移植到 MOSFET，该结构不仅保持了原来平面结构的优点，而且由于具有短沟道、高电阻漏极漂移区和垂直导电等特点，大幅度提高了器件的电压阻断能力、载流能力和开关速度。

对于主流平面栅极工艺 MOSFET，依赖精密光刻工艺技术的迅猛发展，特征线宽越来越小，使得电力 MOSFET 的元胞密度大幅提升，增加了并联的沟道数量，有效减小了沟道电阻。对于沟槽栅极工艺 MOSFET，通过沟槽工艺优化进一步弱化结型场效应晶体管区，应用于射频的横向扩散工艺技术又成功移植到电力 MOSFET，工艺特征尺寸迅速降低进一步提升了元胞密度，沟道的宽度 / 长度比也有所增加，实现了电气特性的显著提高。其中，1000V/100A 的纵向双扩散器件（Vertical Double-diffused Metal Oxide Semiconductor，VDMOS）已商用化，研制水平达 1200V/250A，其容量还有继续增大的趋势。

与此同时，超级结技术的实用化使得高压电力 MOSFET 的导通电阻也大幅降低。尽管 MOSFET 器件的开关速度非常快，但其导通电阻却与额定电压成正比，这就限制了它在高频、中大功率领域的应用。超级结 MOSFET 的出现，打破了这个瓶颈，该种结构由我国的陈星弼院士率先提出，1998 年德国西门子的英飞凌公司推出的 COOLMOS 器件工程化实现。相对于传统技术，在相同的芯片面积上，其导通电阻（主要是漂移层电阻）大幅度降低，打破了硅基电力电子器件极限，提高了开关速度。

自 2007 年起，在国家发改委、科技部、工信部的重点支持下，国产电力 MOSFET 器件研发和产业化进程速度加快。目前，100 ～ 200V 的 MOSFET、600 ～ 900V 超级结 MOSFET 均已批量生产，广泛应用于光伏电源、老年代步车等领域。

1. MOSFET 基本结构与特性

横向型 MOSFET 的结构如图 1-16 所示，场效应晶体管有 3 个电极：栅极（G，Gate）、漏极（D，Drain）和源极（S，Source），由栅极电位控制漏、源极之间的导电性或等效电阻，使场效应晶体管处于截止或导通状态。场效应晶体管有两大类：结型场效应晶体管和绝缘栅型场效应晶体管。绝缘栅型场效应晶体管是利用栅极、源极之间电压形成电场来改变半导体表面感生电荷的多少，来改变导电沟道的导电能力和等效电阻，从而控制漏极和源极之间的导电电流，因此，绝缘栅型场效应晶体管又称为表面场效应晶体管。

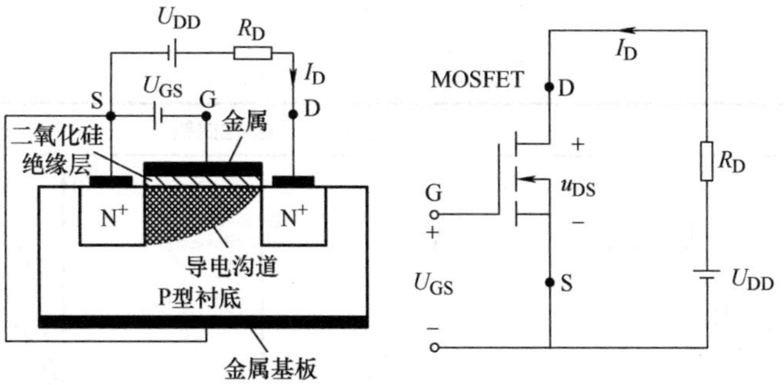

图 1-16 横向型 MOSFET 结构示意图

弱电应用中的横向型 MOSFET 以一块杂质浓度低的 P 型硅材料作衬底，其上有两处高掺杂的 N 型区，并分别引出作为源极（S）和漏极（D）。相互隔离的两个 N 区的表面覆盖着金属氧化物二氧化硅（SiO_2）绝缘层，栅极（G）与两个 N 区被 SiO_2 绝缘层隔开，故 G 被称为绝缘栅极。漏极（D）、源极（S）对应的两个 N 型区之间是 P 型半导体。当漏 – 源极间电压 u_{DS} 为 0，栅 – 源极间电压 U_{GS} 也为 0 时，N 型半导体与 P 型半导体之间会形成 PN 结（耗尽层）阻挡层，此时 G–S 之间和 D–S 间都是绝缘的。

当漏－源极之间有外加电压 u_{DS} 时，如果栅－源极外加电压 $U_{GS}=0$，由于漏极（D）与源极（S）之间是两个背靠背的 PN 结，无论 u_{DS} 是正电压还是负电压，都有一个 PN 结反偏，故漏－源极之间不可能导电。

当栅－源极之间外加正向电压 $U_{GS}>0$ 时，会在 G–P 之间形成电场，在电场力的作用下，P 区的电子移近 G 极，或者说 G 极的正电位吸引 P 区的电子至邻近栅极的一侧。当 U_{GS} 增大到超过某一阈值 U_{th} 时，在两个 N 型区中间地区靠近 G 极处，被 G 极正电位所吸引的电子数超过该处的空穴数以后，栅极下面空穴多的 P 型半导体表层就变成电子数目多的 N 型半导体，也就是说栅极下由栅极正电位所形成的这个 N 型半导体表层感生了大量的电子，形成一个电子浓度很高的沟道（称为 N 沟道）。这个沟道将两个 N 型区连在一起，成为漏极（D）和源极（S）之间的导电沟道，一旦漏－源极间外加正向电压 u_{DS}，就会形成漏极电流 I_D。开始出现导电沟道的栅－源极间电压 U_{th} 称为开启电压，一般为 2 ～ 4V。

当 $U_{GS}=0$ 时，u_{DS} 不能产生电流，$I_D=0$。当 U_{GS} 增大到 U_{th} 以后，才会使 G–P 之间的外电场增强，形成自由电子导电沟道，产生漏极电流 I_D，所以称这种半导体器件为 N 沟道增强型绝缘栅金属氧化物电力场效应晶体管，简写为 N–MOS。

由于在 MOSFET 中，两个 N 区及导电沟道 N 区中均仅为多数载流子——电子导电，故称 MOSFET 是单极型器件。这些电子靠电场效应生成，一旦电场消失也随之消失，不存在少数载流子的存储效应，因而开关时间短，一般为纳秒级。也因此，其工作频率在所有电力电子器件中是最高的。此外，MOSFET 通态导电时的等效电阻具有正温度系数，电流具有负温度系数，即温度升高时等效电阻加大，电流减小。因此结温升高后，其等效电阻变大，电流减小，不易产生内部局部热点，该特点有利于多个器件并联工作时实现自动调节、均分负载电流。

MOSFET 分类见表 1-3，按照 MOSFET 的沟道类型、结构和工作模式可以分为 4 种基本类型。

表 1-3　MOSFET 分类

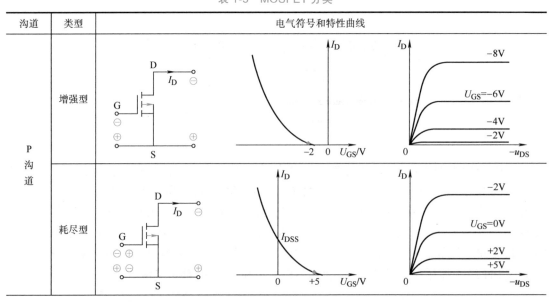

沟道	类型	电气符号和特性曲线
P沟道	增强型	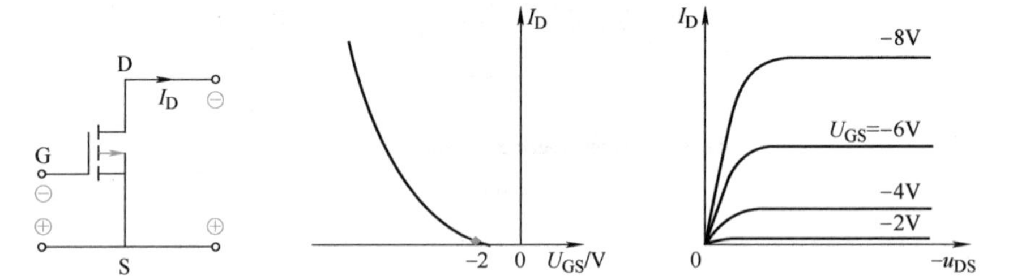
	耗尽型	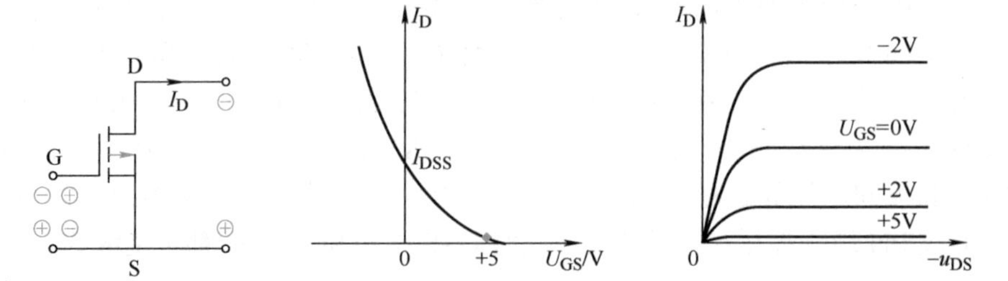

（续）

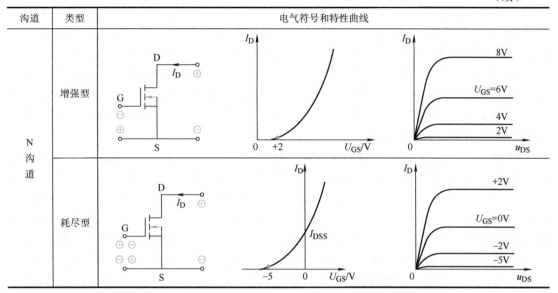

沟道	类型	电气符号和特性曲线		
N 沟道	增强型	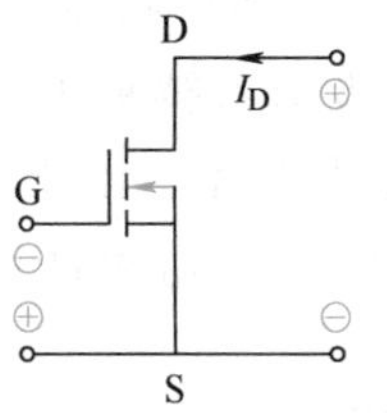	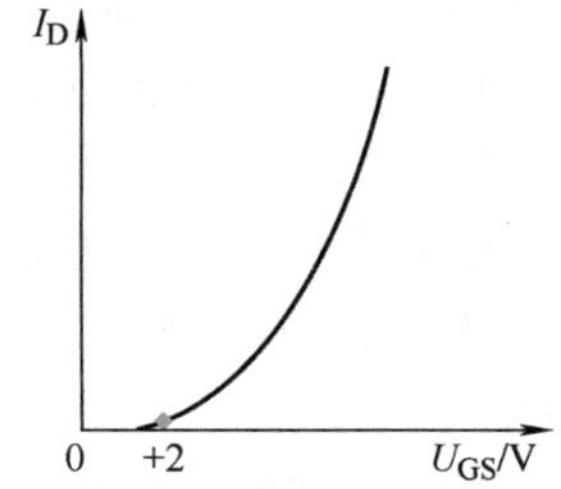	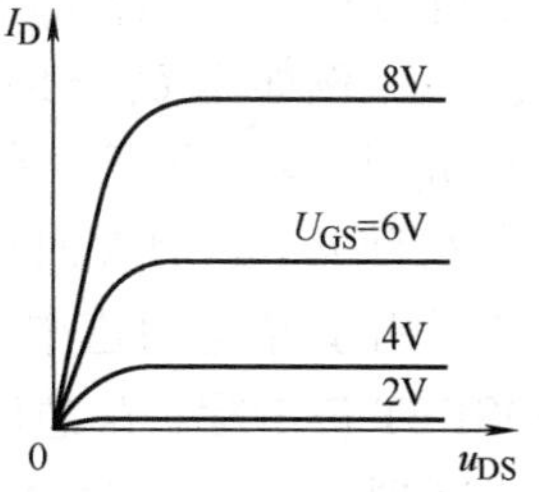
	耗尽型	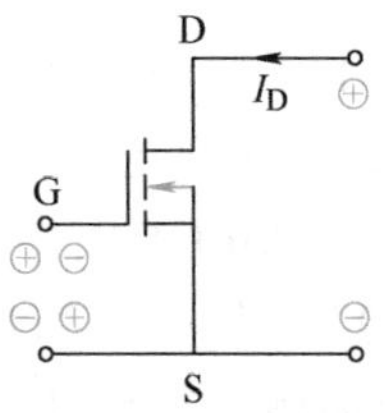	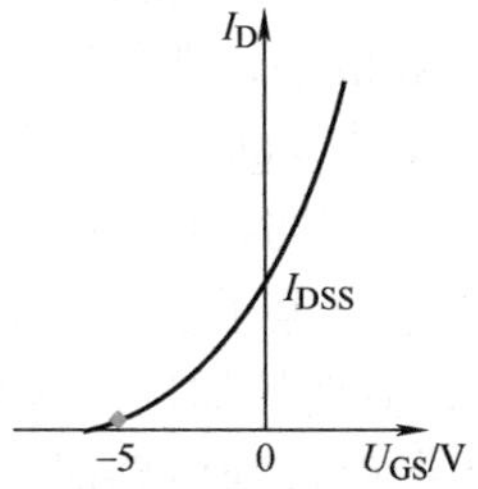	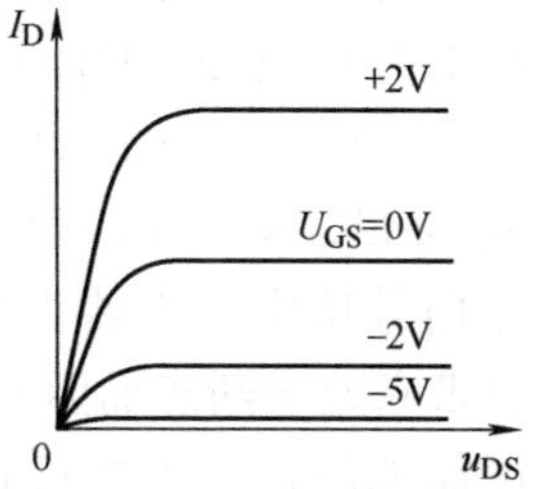

电力电子技术中常用的 MOSFET 是纵向型器件，基本结构与上述介绍的横向型 MOSFET 器件类似，纵向型电力 MOSFET 结构如图 1-17 所示。

2. MOSFET 电气特性

MOSFET 的典型特性曲线如图 1-18 所示，其中漏极电流 I_D 与栅 – 源极间电压 U_{GS} 之间的关系称为 MOSFET 的转移特性，斜率 I_D/U_{GS} 表示 MOSFET 栅极电压对漏极电流的控制能力。MOSFET 绝缘栅极的输入电阻很高，可等效为一个电容，故在突加 U_{GS} 时，不会形成很大的输入电流，而后 U_{GS}>0 形成电场，但栅极电流基本上为零，因此 MOSFET 驱动功率很小。U_{GS} 越高，通态时的等效电阻越小，管压降也越小。为保证通态时漏 – 源极之间的等效电阻、管压降尽可能小，栅极电压 U_{GS} 通常设计为 12 ～ 15V。

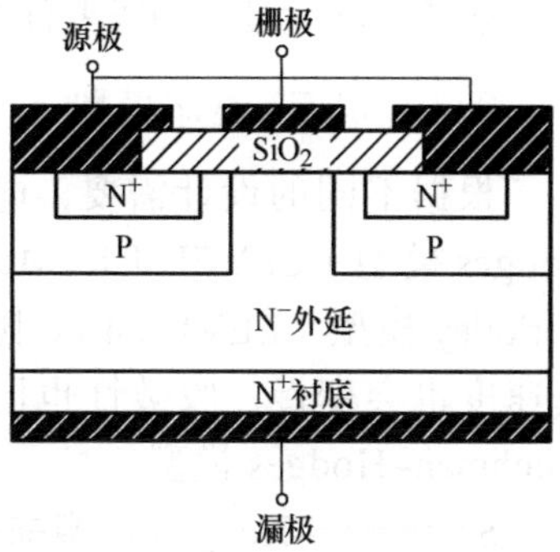

图 1-17　纵向型电力 MOSFET 结构图

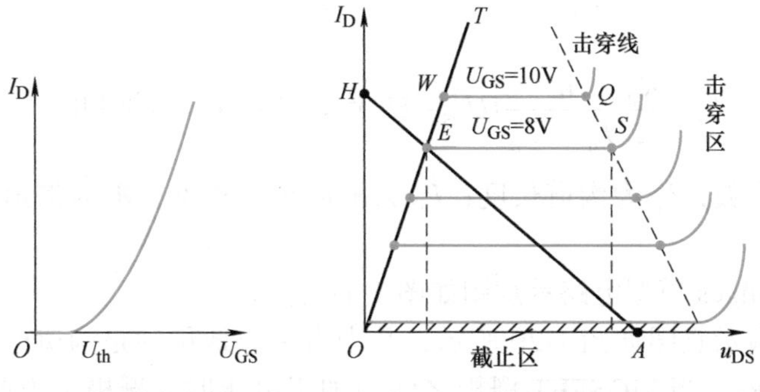

a) 转移特性曲线　　b) 输出特性曲线

图 1-18　MOSFET 的典型特性曲线

在一定的 U_{GS} 下，漏极电流 I_D 与漏-源极间电压 u_{DS} 之间的关系曲线定义为 MOSFET 的输出特性，类似于双极结型晶体管的输出特性。当 $U_{GS}<U_{th}$ 时，MOSFET 处于截止状态（断态）。此时若 u_{DS} 超过击穿电压 U_{BR}，器件将被击穿，进而导致 I_D 急剧增大。当 $U_{GS}>U_{th}$，例如当 $U_{GS}=8V$ 时，在 U_{GS} 形成的电场作用下，沟道中感应一定的电子载流子。随着 u_{DS} 从零上升至 E 点，漏极正电位对电子载流子的吸引力越来越强，所形成的漏极电流 I_D 随 u_{DS} 的增大而线性上升至 E 点，此后从转折点 E 开始，由于 u_{DS} 已经较大，几乎已吸引了导电沟道中能感应的所有电子载流子，u_{DS} 再增大 I_D 会保持不变，直到 S 点 MOSFET 被击穿，I_D 急剧加大。

同理，U_{GS} 从 8V 增大到 10V 时，输出特性可由 $OEWQ$ 几个点来表达。输出特性与线性上升直线 OT 重合时，u_{DS} 一般很小，即等效电阻 R_D 很小且恒定不变。OT 线是最小电阻线，在转折点 W 之后的水平线段 WQ。u_{DS} 上升时 I_D 不变，等效电阻随 u_{DS} 线性增大，且 I_D 与 U_{GS} 成正比，而与 u_{DS} 无关。在弱电模拟电路中，工作在这一区域的 MOSFET 可作为信号功率放大器件使用。在电力电子变换电路中，MOSFET 仅作为开关器件使用，当要求它处于断态而阻断电路时，应使外加栅-源极间电压 $U_{GS}=0$，或加载负电压，使其更可靠地截止。当要求它处于通态而接通电路时，应外加栅-源极间电压 U_{GS} 应大于产品说明书推荐的典型门极驱动电压。

安全工作区能够反映 MOSFET 在开关过程中的参数极限范围，一般由最大漏极电流、最小漏源击穿电压和最高结温所决定。在实际使用过程中，最大漏极电流与散热能力关系紧密，设计过程中需要注意热电耦合设计。

3. MOSFET 基本模型

根据不同的设计需要，电路仿真中通常将 MOSFET 器件模型分为 4 类：Shichman-Hodges 模型（LEVEL 1）、Meyer 模型（LEVEL 2）、半经验短沟道模型（LEVEL 3）和 Berkeley 模型（LEVEL 4）。随着模型等级的升高，考虑的半导体物理效应也越多，但仿真速度也会变慢，收敛性也同样会变差。对于 MOSFET 器件来说，最常用的模型就是 Shichman-Hodges 模型。

Shichman-Hodges 模型描述了 MOSFET 器件的电流-电压平方率特性，并且考虑了衬底调制效应和沟道长度调制效应，其表达式为

$$I_D = K_P \frac{W}{L_0 - 2L_D}\left[(U_{GS} - U_{th})u_{DS} - \frac{1}{2}u_{DS}^2\right](1+\lambda u_{DS}) \quad \text{(线性区)} \tag{1-16}$$

$$I_D = \frac{K_P}{2}\frac{W}{L_0 - 2L_D}(U_{GS} - U_{th})^2(1+\lambda u_{DS}) \quad \text{(饱和区)} \tag{1-17}$$

式中，K_P 为跨导系数；L_0 为沟道长度；L_D 为横向扩散长度；W 为沟道宽度；λ 为沟道长度调制系数。

Shichman-Hodges 模型电路示意图如图 1-19 所示。

MOSFET 元胞示意图如图 1-20 所示，其中占主导地位的是沟道电阻 R_{CH}、累积电阻 R_A 和漂移区电阻 R_D。当 MOSFET 栅极之间施加正电压时，栅极下方吸引载流子并形成反型层，从而形成导电沟道连通 N^+ 和 N^- 区。对于 MOSFET 沟道电阻，其表达式为

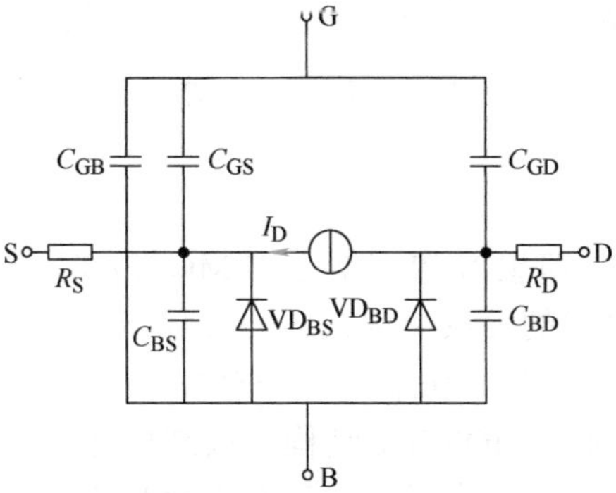

图 1-19　Shichman–Hodges 模型电路示意图

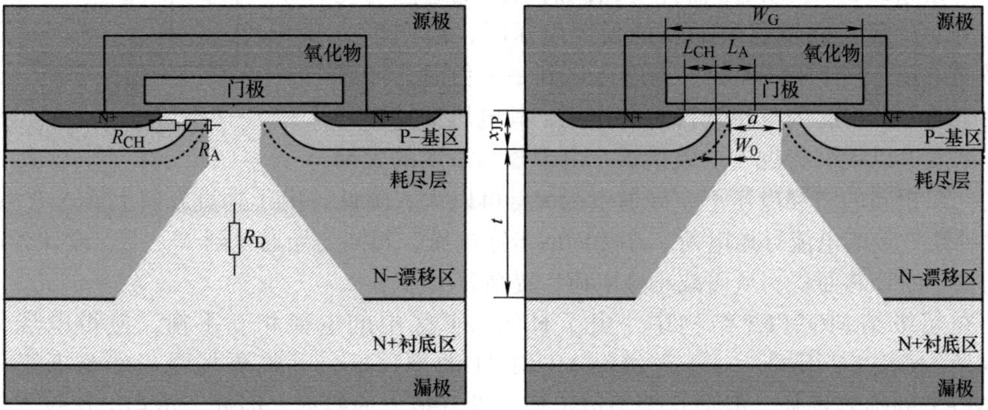

a) 阻抗分布　　b) 结构参数

图 1-20　MOSFET 元胞示意图

$$R_{CH}=\frac{L_{CH}}{Z\mu_n C_{OX}(U_{GS}-U_{th})} \tag{1-18}$$

式中，L_{CH} 为沟道长度；C_{OX} 为氧化层电容；Z 为元胞长度；μ_n 为电子迁移率。在 MOSFET 元胞结构中，电流通过反型层沟道后进入 P 型基区的边缘的漂移区。由于栅极施加正电压时器件才能开通，因此电流扩散现象会在栅极氧化层下方形成累积层，其表达式为

$$R_A=\frac{L_A}{Z\mu_n C_{OX}(U_{GS}-U_{th})} \tag{1-19}$$

式中，L_A 为 MOSFET 元胞中心到 P 型基区边缘的水平间距。漏极电流在 MOSFET 元胞中以红色阴影部分所表示的锥形路径流过，当载流子在漂移区中扩散的角度与元胞垂直轴呈 45° 时，其漂移区电阻为

$$R_D=\frac{1}{2Zq\mu_n N_B}\ln\left(\frac{a+2t}{a}\right) \tag{1-20}$$

式中，q 为单位电荷（q=1.6×10^{-19}C）；N_B 为衬底基区掺杂浓度；a 和 t 为 MOSFET 芯片半导体结构参数。

MOSFET 总导通电阻 R_{ON} 一般可以表示为以上 3 项之和，即

$$R_{ON} \approx R_D + R_A + R_{CH} \tag{1-21}$$

4. 超级结 MOSFET

研究表明，对于普通的理想 N 沟道增强型 MOSFET，如果 R_{ON} 只考虑漂移层电阻 R_D，导通电阻与击穿电压之间的关系为 $R_{ON}=5.93\times10^{-9}U_B^{2.5}$。随着电压的升高，导通压降很难降低，超级结 MOSFET 的出现破解了这一难题。

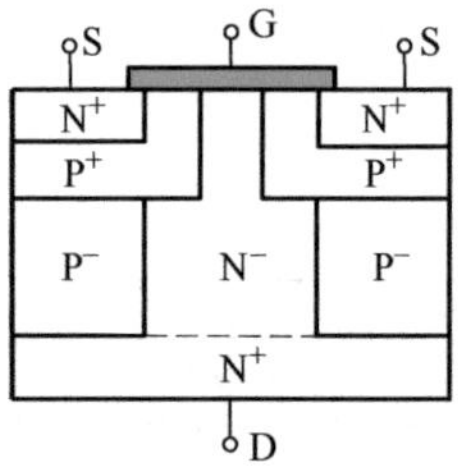

图 1-21　典型超级结 MOSFET 结构

图 1-21 所示为典型超级结 MOSFET 结构，该结构导通过程中依然只有多数载流子——电子，而没有少数载流子的参与，该器件没有双极型器件开关时的电流拖尾现象，所以超级结 MOSFET 器件可以同时实现低通态功耗和高开关速度。在漂移层加反向偏置电压时，将产生一个横向电场，使 PN 结耗尽。当电压达到一定值时，漂移层完全耗尽，将起到电压支持层的作用，其电压支持层的掺杂浓度可以提高将近一个数量级。由于掺杂浓度的大幅提高，在相同的击穿电压下，导通电阻 R_{ON} 可以大大降低。由于垂直方向上插入 P 型区，可以补偿过量的电流导通电荷。在相同的击穿电压、相同的导通电阻 R_{ON} 下，设计者可以使用更小的管芯面积，从而减小栅电荷，提高开关频率。

在超级结 MOSFET 结构中，由于 N 区与 P 区中的电荷相互平衡，使得电场分布与普通 MOSFET 不同。对于超级结 MOSFET 的漂移区，其临界场强虽然略低于传统 MOSFET 的临界场强，但是几乎为恒定值，没有很大的斜率。因此，击穿电压仅仅依赖于外延层的厚度，而与掺杂浓度无关，这使得导通电阻 R_{ON} 与击穿电压的关系得到很大改进，由传统的平方关系变为接近线性的关系，R_{ON} 正比于 $U_B^{1.32}$。

然而，超级结 MOSFET 存在体二极管反向恢复硬度高、制造工艺难度大等问题，各机构正在通过研发各种新工艺和新结构加以解决。

1.2.4　绝缘栅双极型晶体管

绝缘栅双极型晶体管（Insulated Gate Bipolar Transistor，IGBT），可以看成由 BJT 和 MOSFET 组成的复合全控型压控电力电子器件。BJT 饱和压降低，载流密度大，但驱动电流较大；MOSFET 驱动功率很小，开关速度快，但导通压降大，载流密度小。IGBT 兼有 MOSFET 的高输入阻抗和 BJT 的低导通压降两方面的优点，驱动功率小而通态饱和压降低。

IGBT 器件已经发展了 40 余年，基本设计理念已经较为成熟。由于涉及的参数多达十几个，多数参数之间存在相互影响，主要的技术瓶颈在于平衡各种参数，设计新型局部结构并使工艺成熟，达到完美折中。面向高端应用的 IGBT 器件研发目标包括：提高载流能力、增加功率等级、加快开关速度、降低功耗、提高可靠性等，其核心技术主要包括芯片设计与工艺、模块封装、高压隔离等。

自 IGBT 出现以来，为降低其通态损耗和开关损耗，芯片技术的演进过程主要发展了

几个里程碑式的技术：低掺杂 / 高掺杂工艺、集电极透明技术（缓冲层 / 穿通型）、平面栅 / 沟槽栅结构、场终止结构。按照较为通用的划分方法，IGBT 芯片技术已由第 1 代发展到了第 6 代，其技术演进及技术特点见表 1-4。

表 1-4　IGBT 技术演进及技术特点

代别	技术特点	芯片面积（相对值）	工艺尺寸 /μm	导通压降 /V	关断时间 /μs	功率损耗（相对值）	出现时间（年份）
1	平面栅穿通型	100	5	3.0	0.50	100	1988
2	改进平面栅穿通型	56	5	2.8	0.30	74	1990
3	沟槽栅型	40	3	2.0	0.25	51	1992
4	非穿通型	31	1	1.5	0.25	39	1997
5	场终止型	27	0.5	1.3	0.19	33	2001
6	沟槽栅场终止型	24	0.3	1.0	0.15	29	2003

图 1-22是英飞凌公司 IGBT 技术性能发展示意图，包括第 4 代（IGBT4）、第 5 代（IGBT5）及 High Speed IGBT 技术性能发展，以此解释 IGBT 技术发展过程中的代际发展和代内差别。在同一代技术内，一般至少有两种芯片：高速开关器件和大功率开关器件，前者运行在点 P_{4B} 或 P_{5B} 附近（即曲线族右下部），后者运行在点 P_{4A} 或 P_{5A} 附近（即曲线族左上部）。可以看出，随着器件工艺的发展，IGBT 的总损耗在不断下降，整体性能上升。

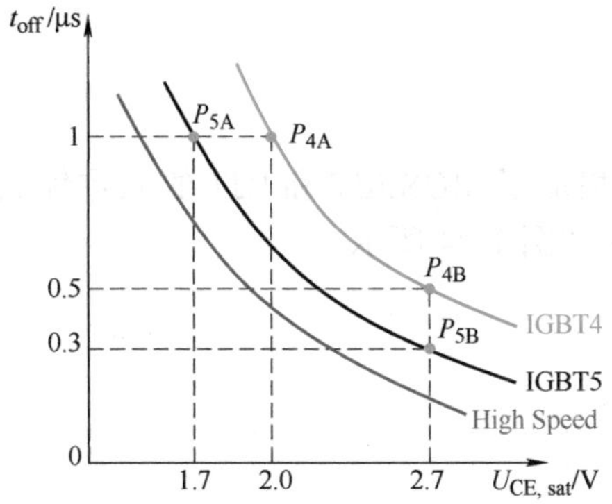

图 1-22　英飞凌公司 IGBT 技术性能发展示意图

典型 IGBT 栅极结构如图 1-23 所示，沟槽栅和密集沟槽栅的结构区别实现了 IGBT5 到 High Speed 的改进。需要说明的是，沟槽栅结构使得通态基区载流子浓度上升，通态压降降低，通态损耗降低。但该技术也使阻断状态下的短路电流耐受能力变差：平面栅约为 $7I_{CM}$，沟槽栅约为 $5I_{CM}$，密集沟槽栅约为 $2I_{CM}$，其中 I_{CM} 为 IGBT 的集电极峰值电流。基区结构的非穿通型（Non Punch Through，NPT）、穿通型（Punch Through，PT）和场终止型（Field Stop，FS）结构也有类似的优缺点：PT/FS 结构关断时间短，关断损耗低，但 NPT 结构可耐受的高压短路电流更高。

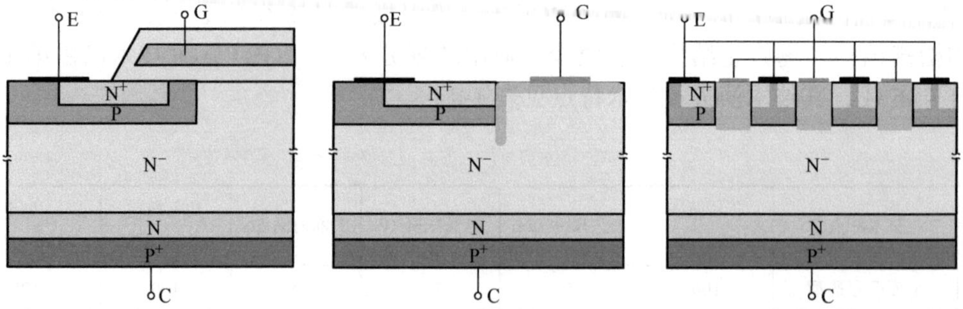

a) 平面栅　　b) 沟槽栅　　c) 密集沟槽栅

图 1-23　典型 IGBT 栅极结构

IGBT 的研究重点是提升功率等级和可靠性，研究方向包括但不限于：①降低功耗，包括减小通态电阻和缩短开关时间；②改善温度特性，包括扩大饱和压降正温度系数区域以利于芯片并联，以及提高芯片结温的工作范围等；③扩展安全工作区，提高芯片电流电压和功率等级等。

近年来，国产 IGBT 器件开发的趋势包括使用载流子存储层、优化空穴阻挡层结构、提升芯片结温适应性、改善动态钳制性能等。主要技术突破包括：设计上采用具有自主知识产权的蜂巢阵列型元胞结构来实现瞬态电流的均衡；终端环采用场环加场板的复合场板技术来确保器件耐压性能；减少终端保护环区域的面积，使有效芯片区面积增加；工艺上采用激光退火工艺，实现对背面 P 型发射层的有效激活，使 IGBT 的背面发射效率控制在理想值范围内；控制 P 型发射层的结深和修复芯片背面由于注入工艺带来的晶格缺陷。经过一系列发展，场终止型技术和沟槽栅结构的 IGBT 器件已成为中低压 IGBT 模块的主流技术。

1. IGBT 基本结构和特性

绝缘栅双极型晶体管集成了 MOSFET 和 BJT 的双重优点，获得了广泛的认可和推广，其电气符号和特性曲线如图 1-24 所示。

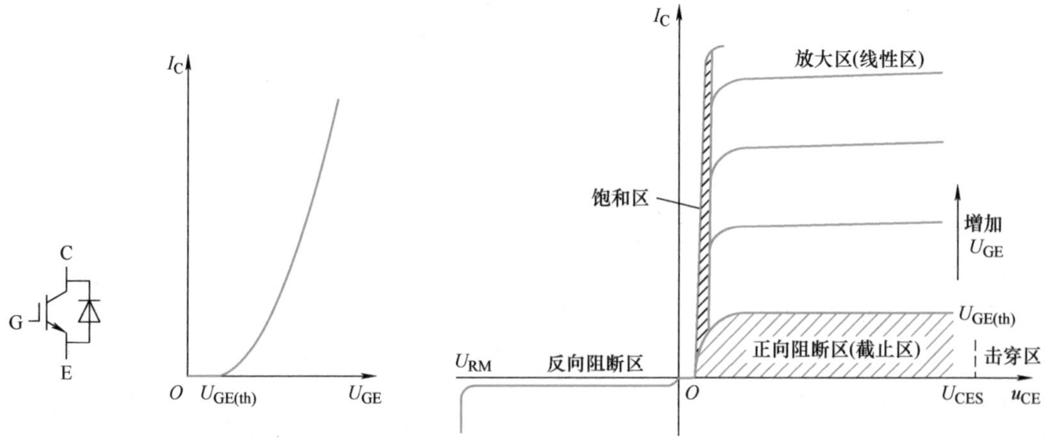

a) 电气符号　　b) 转移特性曲线　　c) 输出特性曲线

图 1-24　IGBT 的电气符号和特性曲线

图 1-25 为 IGBT 结构示意图，N^+ 区称为源区，附于其上的电极称为发射极（E）。器件的控制区为栅区，附于其上的电极称为栅极（G），沟道在紧靠栅区边界形成。在漏区另一侧的 P^+ 区称为注入区，是 IGBT 特有的功能区，附于注入区上的电极称为集电极（C）。在 C、E 两极之间的 P 型区称为亚沟道区。漏区和亚沟道区一起形成 PNP 双极晶体管，起发射极的作用，向漏极注入空穴，进行电导调制，以降低器件的通态电压。

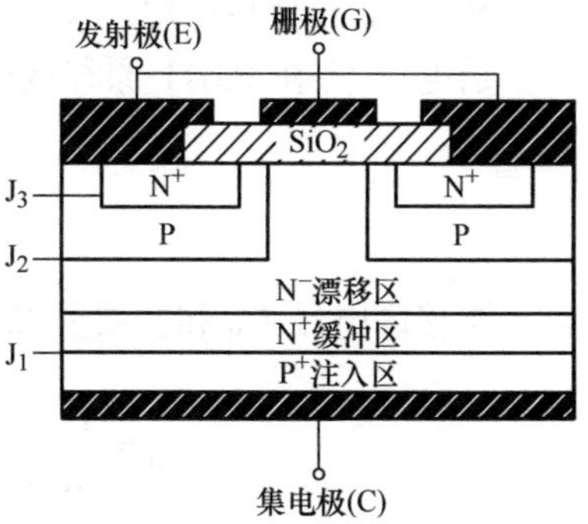

图 1-25　IGBT 结构示意图

IGBT 的驱动方法和 MOSFET 基本相同，只需控制输入极 N^- 沟道 MOSFET，具有高输入阻抗特性。当 MOSFET 的沟道形成后，从 P^+ 基极注入 N^- 层的少数载流子空穴，对 N^- 层进行电导调制，减小 N^- 层的电阻，使 IGBT 在大电流导通时，也具有低的通态电压。开启 IGBT 时，需要向栅极加正电压形成沟道，给 PNP 型晶体管提供基极电流，使 IGBT 导通。反之，加反向栅极电压或者短路栅极消除沟道，切断基极电流，使 IGBT 关断。

对于已经处于正向导通状态的 IGBT，控制 U_{GE} 降至零时，P 基区表面正对栅极处不再能维持反向状态，因而导电沟道消失，切断了 N^+ 发射区对 N 基区的电子供给，关断过程开始。由于 IGBT 导通时，由 P^+ 发射区向 N 基区注入少数载流子空穴，这些少数载流子在向 J_2 结方向扩散的同时，在 N 基区靠近 J_1 结的一定范围内存储起一定的浓度梯度。与其他双极器件关断过程相同，IGBT 的关断过程也不能立即结束，这些少数载流子需要一定的时间来通过复合而消失，也即集电极电流需要一定的时间逐渐衰减，形成拖尾电流。具体的 IGBT 动态特性和开关特性分析见本书第 3 章。

2. IGBT 等效电路模型

在图 1-26 所示的 IGBT 等效电路中，MOS 部分作为开关控制部分，为 BJT 部分提供基区驱动电流，影响 IGBT 的开关瞬态特性。BJT 部分决定大注入现象、电导调制效应等，影响基区载流子浓度和分布，MOS 部分和 BJT 部分共同影响 IGBT 的相关特性。由于在实际运行中，MOS 部分开关速度远高于 BJT 部分，所以在快速计算仿真的应用中，一般使用行为模型对 MOS 部分建模，见式（1-22）：

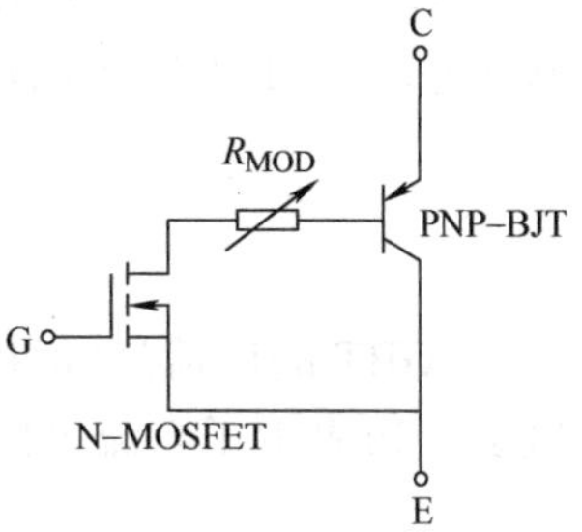

图 1-26　IGBT 等效电路

$$I_{mos}=\begin{cases}0, & 当U_{GS}<U_{GE(th)}时\\ K_p\left[(U_{GS}-U_{GE(th)})U_{DS}-\dfrac{U_{DS}^2}{2}\right], & 当U_{DS}\leqslant U_{GS}-U_{GE(th)}时\\ K_p\dfrac{(U_{GS}-U_{GE(th)})^2}{2}, & 当0<U_{GS}-U_{GE(th)}<U_{DS}时\end{cases} \tag{1-22}$$

式中，I_{mos} 为 MOS 部分沟道电流；U_{GS} 为 MOS 部分栅 – 源极间电压；$U_{GE(th)}$ 为 MOS 部分的栅极阈值电压；K_p 为 MOS 跨导；U_{DS} 为漏 – 源极间电压。

如何高效、准确地表征 BJT 部分中轻掺杂基区中的载流子的变化，成为 IGBT 物理建模的主要问题。从半导体物理机理上来说，IGBT 电压降由 3 部分组成：结电压 U_j、漂移区电压 U_B 和耗尽层电压 U_d。

结电压 U_j 在 IGBT 漂移区电流密度较低时的值很小，具体表达式为

$$U_j = U_T \ln\left(\frac{p_r p_l}{n_i^2}\right) \tag{1-23}$$

漂移区电压 U_B 和主要受漂移区边界的载流子浓度分布影响，具体表达式为

$$U_B = \frac{I_C}{Aq}\frac{x_r - x_l}{\mu_n N_B + (\mu_n + \mu_p)p_B} + 2U_T\frac{D_p}{D_n + D_p}\ln\left(\frac{p_k}{p_l}\right) \tag{1-24}$$

式中，p_l 和 p_k 分别为 IGBT 漂移区左、右边界载流子浓度；p_B 为漂移区平均载流子浓度；n_i 为本征载流子浓度；A 为 IGBT 芯片的面积；x_l 和 x_r 分别为漂移区载流子的左、右边界；μ_n 和 μ_p 分别为电子、空穴迁移率；D_n 和 D_p 分别为电子、空穴扩散率；q 为单位电荷（$q=1.6\times10^{-19}$C）。热电压 U_T 表达式为

$$U_T = \frac{kT}{q} \tag{1-25}$$

耗尽层电压 U_d 表达式为

$$U_d = \frac{qN_B + \dfrac{I_{n2}}{Av_{sat}}}{2\varepsilon_{si}}(W_B - x_r)^2 \tag{1-26}$$

式中，v_{sat} 为载流子饱和迁移率；W_B 为漂移区宽度；ε_{si} 为相对介电常数。当 P 型基区和漂移区形成的 PN 结反偏时耗尽层外扩，此时式（1-26）中 I_{n2}/Av_{sat} 比 qN_B 要小得多，因此式（1-26）可以进一步简化为

$$U_d = \frac{qN_B}{2\varepsilon_{si}}(W_B - x_r)^2 \tag{1-27}$$

IGBT 的电流连续性方程如式（1-28）所示，高掺杂发射极可以看成少子电流的汇合区域，边界少子电流可以分别表达为式（1-29）和式（1-30）。

$$I_C = I_{n1} + I_{p1} = I_{n2} + I_{p2} + I_{disp2} + I_{GC} \tag{1-28}$$

$$I_{n1} \approx qh_p A p_l^2 \tag{1-29}$$

$$I_{p2} \approx qh_n A p_k^2 \tag{1-30}$$

式中，h_n 和 h_p 分别为电子和空穴复合系数。式（1-28）中由于漂移区耗尽变化而产生的位移电流 I_{disp2} 由式（1-31）给出：

$$I_{disp2} = \frac{A\varepsilon_{si}}{W_B - x_2}\frac{dU_d}{dt} \tag{1-31}$$

集电极－栅极电流 I_{GC} 与米勒电容 C_{GC} 有关。C_{GC} 由栅极氧化层电容 C_{OX} 与耗尽层电容 C_{dep} 串联得到，经过推导简化，I_{GC} 可以由式（1-32）表达：

$$I_{GC}=C_{GC}\left(\frac{dU_d}{dt}-\frac{dU_{GE}}{dt}\right) \tag{1-32}$$

轻掺杂基区是 IGBT 的主要特性结构之一，式（1-24）可高效、准确地表征了轻掺杂基区中载流子的变化。在表征基区载流子变化，建立电流电压方程的基础上，结合抽取得到的建模参数来表征具体器件的开关瞬态过程。该模型既可用于电路仿真软件，也可以应用在器件设计、特性预测等场合。

与电力二极管类似，IGBT 基区的载流子变化的描述依靠求解双极性方程，主要包括 Hefner 模型、傅里叶模型、集总电荷模型和有限差分模型等。Hefner 经典模型中对 IGBT 漂移区载流子分布进行了线性简化，并以此为基础求解双极扩散方程，如式（1-33）所示：

$$p(x,t)=P_0\left(1-\frac{x}{W}\right)-\frac{P_0}{WD}\left(\frac{x^2}{2}-\frac{Wx}{6}-\frac{x^3}{3W}\right)\frac{dW}{dt} \tag{1-33}$$

式中，W 为线性等效后基区载流子右边界；P_0 为线性等效后基区载流子左边界浓度，$D=2D_nD_p/(D_n+D_p)$。

载流子浓度分布 $p(x, t)$ 是决定双极型器件特性最重要的因素，Hefner 模型对双极型器件漂移区的载流子浓度分布进行了线性简化，故仅适用于平面栅 IGBT，而不适用于漂移区载流子浓度呈悬垂型分布的沟槽栅 IGBT 和电力二极管。IGBT 载流子浓度分布如图 1-27 所示。

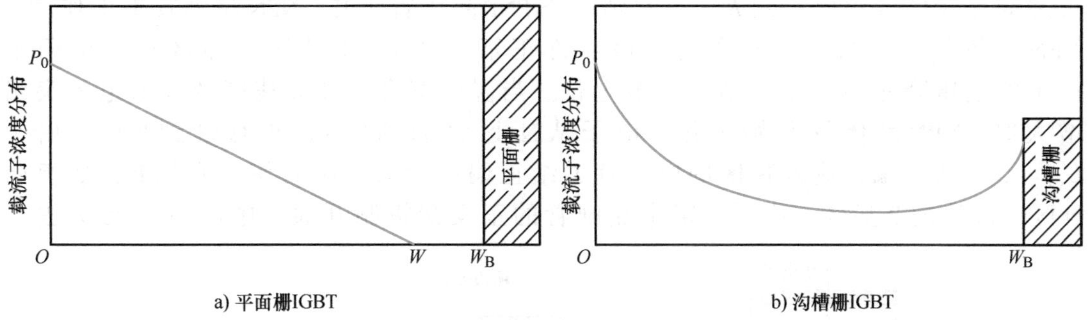

图 1-27　IGBT 载流子浓度分布

傅里叶模型采用傅里叶级数描述基区载流子分布，傅里叶级数可以表征任意曲线，所以傅里叶模型的适用性比 Hefner 模型更广；但傅里叶模型计算复杂，模型收敛性较差，用于电路仿真较为困难。集总电荷模型将功率芯片的结构分为不同的区域，并将每个区域中的电荷用集总点的电荷代替，从而将电流连续性方程转换为集总电荷点间的方程在电路中求解。集总电荷模型所需的物理参数较少，但仿真精度较差。

在电路仿真中，有限差分方法是求解这一区域的有效方法，可用于求解 IGBT 漂移区的双极扩散方程。对漂移区载流子浓度进行均一化有限差分网格划分：$x_1,\cdots,x_{j-1},x_j,x_{j+1},\cdots,x_k$，则第 j 个网格载流子浓度的一阶和二阶微分项可以等效为

$$\frac{\partial p_j}{\partial x}=\frac{p_{j+1}-p_j}{\Delta x} \tag{1-34}$$

$$\frac{\partial^2 p_j}{\partial x^2}=\frac{p_{j+1}+p_{j-1}-2p_j}{\Delta x^2} \tag{1-35}$$

将以上微分项代入即可得到降阶后的双极扩散方程：

$$\frac{\partial p_j}{\partial t}=\frac{D}{\Delta x^2}p_{j-1}-\left(2\frac{D}{\Delta x^2}+\frac{1}{\tau_{\mathrm{HL}}}\right)p_j+\frac{D}{\Delta x^2}p_{j+1} \tag{1-36}$$

每一个差分节点都可以等效为如图 1-28 所示的一个子电路，其中差分节点的载流子浓度 p_j 用节点电压 e_j 来表征，一阶微分项采用电容 C 的充放电电流来表征，与前一节点和后一节点的载流子浓度 p_{j-1} 和 p_{j+1} 的耦合项采用压控电流源来表征，其中电流源的增益系数为载流子浓度耦合系数。

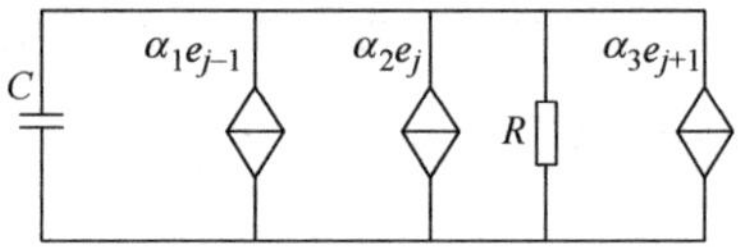

图 1-28　采用 SPICE 仿真求解 ADE 原理

3. IGBT 的擎住效应

IGBT 擎住效应如图 1-29 所示，IGBT 内部寄生着一个 N^-PN^+ 晶体管和作为主开关器件的 P^+N^-P 晶体管组成的寄生晶闸管，其中 NPN 晶体管的基极与发射极之间存在体区短路电阻 R_s，正常情况下 PNP 晶体管工作，NPN 晶体管不工作[21]。NPN 晶体管的 J_3 结为短路器件，该器件正常工作时，P 基区的体区短路电阻上产生的电压降必须大于 J_3 结的扩散电位。当温度突升、开关速度及导通电流突然增大时，NPN 晶体管开始工作，电子从 N^+ 区移动到 P 区，再移动到 N 区，由于 $U_{CE}>0$，J_1 结正偏，流入 N 区的电子使 J_1 结正偏压增大，从而使空穴从 P 衬底流向 N 区，再流向 P 基区。这时，寄生晶闸管的正反馈机制开通，栅极的 MOS 失去了

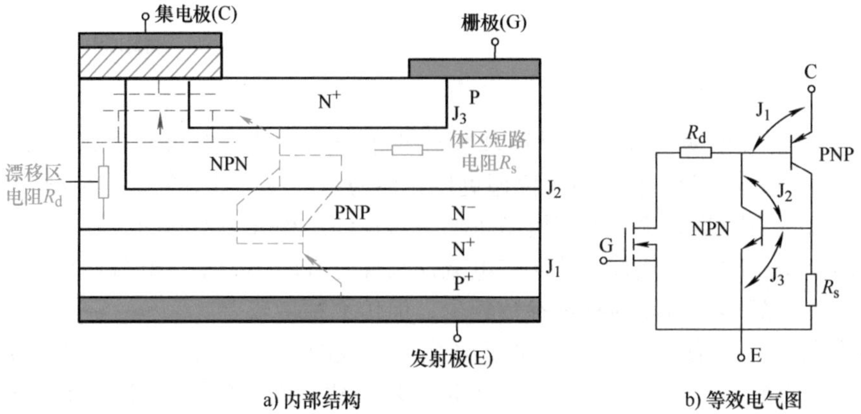

图 1-29　IGBT擎住效应示意图

对 I_C 的控制作用，导致集电极电流增大，从而因为功耗过大损坏器件，这种现象称为擎住效应或自锁效应。

引发擎住效应的原因，可能是集电极电流过大导致的静态擎住电流（静态擎住效应），dU_{CE}/dt 过大导致动态擎住电流（动态擎住效应）或温度升高。其中，动态擎住电流比静态擎住电流还要小，因此所允许的最大集电极电流实际上是根据动态擎住效应而确定的。擎住效应的产生必须具备以下两个条件：

1）栅极电流 I_G 在体区短路电阻 R_s 上产生的电压降大于 NPN 晶体管的发射结正向导通电压 $U_{BE,NPN}$，即：$I_G R_s \geqslant U_{BE,NPN}$。

2）NPN 和 PNP 晶体管的共基极电流增益之和必须大于 1，在栅极电流 I_G 消失后，两个等效晶体管过饱和而导通。

此外，当温度升高时，晶体管的电流放大系数增大，将加重 IGBT 发生擎住效应的危险。擎住效应曾经是限制 IGBT 电流容量提高的重要因素，在 20 世纪 90 年代中后期被逐渐解决。

1.2.5　其他硅基电力电子器件

1. 电力晶体管

电力晶体管（Giant Transistor，GTR），英文直译为巨型晶体管，是一种高压大电流的双极结型晶体管（BJT），可看作将两个 PN 结结合在一起形成 PNP 或 NPN 晶体管器件。BJT 靠从外部输入基极电流改变其导电性，从而控制外电路电流。BJT 工作时参与导电的既有电子又有空穴，也属于双极型半导体器件，BJT 结构示意图如图 1-30 所示。

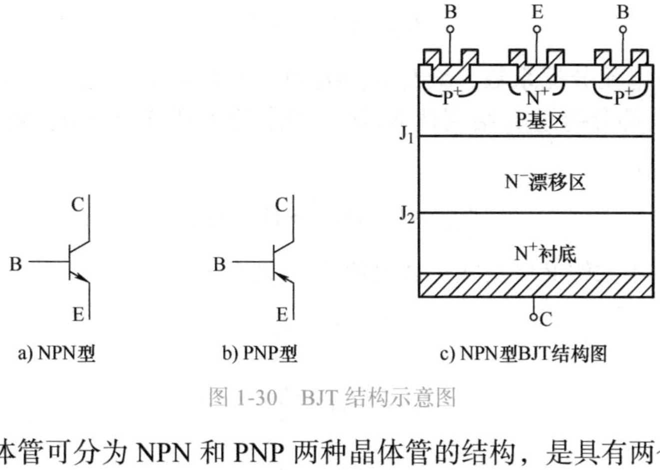

图 1-30　BJT 结构示意图

双极结型晶体管可分为 NPN 和 PNP 两种晶体管的结构，是具有两个 PN 结的三层结构半导体器件。中间层称为基区 B，基区两边分别称为发射区 E 和集电区 C。基区 B 与发射区 E 之间的 PN 结为发射结 J_1，基区 B 和集电区 C 之间的另一个 PN 结为集电结 J_2，由晶体管的 3 个区所引出的电极分别称为基极（B）、发射极（E）和集电极（C）。

BJT 的电流分配如图 1-31 所示，若外电路电源 U_C、U_B 使 C 点电位高于 B 点，且 B 点电位高于 E 点，这时晶体管内部的电流分布情况为：U_C 高于 U_B，因此集电结 J_2 反偏，在集电极（C）与基极（B）之间仅有反向饱和电流 I_{CBO} 从 N_2 区流向 P 区。

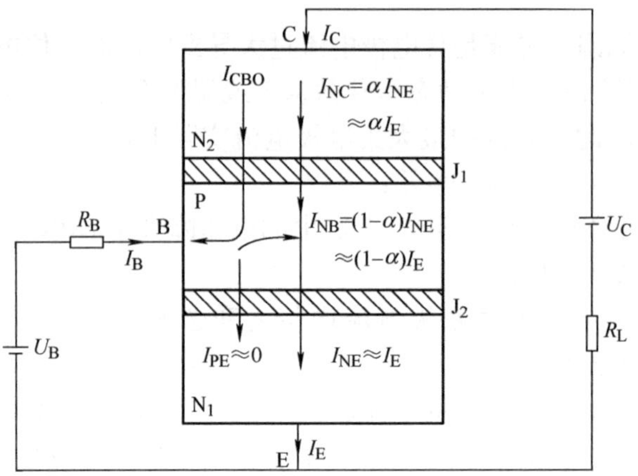

图 1-31　BJT 电流分配示意图

当 $U_B>U_E$ 时，发射结 J_1 正偏，P 区的多数载流子——带正电的空穴虽然也可以向 N_1 区扩散形成空穴电流 I_{PE}，从 P 区流向 N_1 区，但由于晶体管的基区做得很薄（仅几微米到十几微米），基区体积不大，空穴数不多，因而它向 N_1 区扩散形成的电流 I_{PE} 也不大，可近似认为 $I_{PE}\approx0$。但发射区 N_1 被掺杂浓度很高，N_1 区有大量多数载流子——电子，N_1 区的电子可以经 J_1 结不断地扩散到 P 区形成电子流 I_{NE}。发射极电流 I_E 应是 I_{PE} 和 I_{NE} 之和，由于 $I_{PE}=0$，故可以认为 $I_{NE}=I_E$。

由于基区 P 很薄，从 N_1 区扩散到 P 区的绝大多数电子都能冲过集电结 J_2 被集电极－基极正电压 U_{CB} 所形成的电场所吸引，或者说被电源 U_C 的正极性高电位所吸引而形成电流 I_{NC}，I_{NC} 占 I_{NE} 中的绝大部分，即

$$I_{NC}=\alpha I_{NE}\approx\alpha I_E \tag{1-37}$$

式中，α 为集电极电流分配系数，$\alpha=I_{NC}/I_{NE}=I_{NC}/I_E$，$\alpha$ 数值上接近于 1。从发射区 N_1 扩散到 P 区电子的绝大部分越过 J_2 结到达 N_2 区，剩余的小部分 $(1-\alpha)I_{NE}$ 则流向基极外电源，所形成的电流 I_{NB} 为

$$I_{NB}=(1-\alpha)I_{NE}\approx(1-\alpha)I_E \tag{1-38}$$

如果忽略数值不大的 P 区空穴扩散电流 I_{PE}，则有

$$I_E=I_C+I_B \tag{1-39}$$

$$I_C=I_{CBO}+I_{NC}=I_{CBO}+\alpha I_E \tag{1-40}$$

化简得到

$$I_C=I_B\cdot\alpha/(1-\alpha)+I_{CBO}/(1-\alpha) \tag{1-41}$$

如果令

$$\beta=\alpha/(1-\alpha) \tag{1-42}$$

并忽略反向饱和电流 I_{CBO}，则有

$$I_C = \beta I_B \tag{1-43}$$

晶体管最基本的特性是基极电流 I_B 对集电极电流 I_C 的控制作用。外电路输入信号电压 U_B 经基极电阻 R_B 产生基极驱动电流 I_B，外电源电压 U_C 经负载电阻 R_L 接至集电极（C），集电极 – 发射极电压 U_{CE} 为

$$U_{CE} = U_C - R_L I_C \tag{1-44}$$

电流 I_C 可由式（1-45）计算：

$$I_C = (U_C - U_{CE}) / R_L = U_C / R_L - U_{CE} / R_L \tag{1-45}$$

晶体管的静态特性分为输入特性和输出特性两部分。

（1）输入特性

输入特性表示在 U_{CE} 一定时，基极电流 I_B 与基极 – 发射极电压 U_{BE} 之间的函数关系。晶体管的输入特性与二极管 PN 结的正向伏安特性曲线相似。BJT 典型特性曲线如图 1-32 所示，U_{CE} 增大时，输入特性向右移动。环境温度改变时输入特性会发生变化，环境温度升高，半导体中载流子数目增多，等效电阻下降，因此要产生同样的 I_B，所需 U_{BE} 要降低。

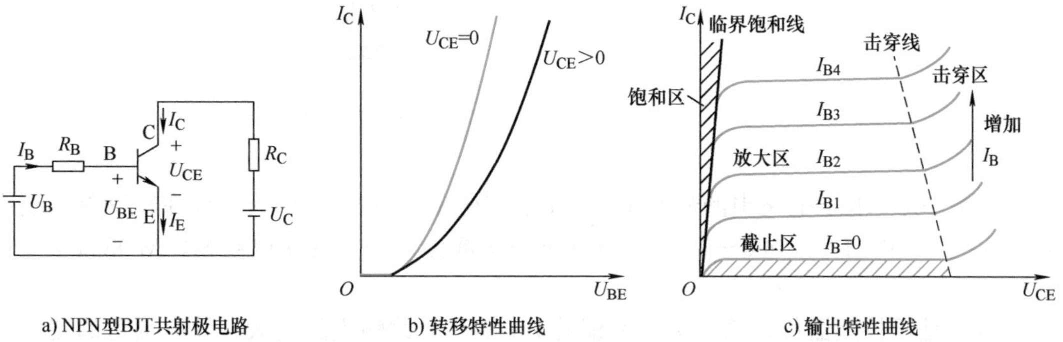

图 1-32　BJT 典型特性曲线

（2）输出特性

输出特性表示在一定的基极电流 I_B 时，集电极电流 I_C 与 U_{CE} 之间的函数关系。输出特性曲线可近似地由直线上升段、水平段和击穿段三段组成。

由于电力晶体管集电极电流增益并不很大，单个电力晶体管较少用于电力电子变换电路，而常采用 2 个甚至 3 个晶体管组合构成达林顿晶体管。两级达林顿晶体管电流增益可达几百，三级达林顿晶体管电流增益可高达几千，这样外加很小的驱动电流即可控制很大的集电极电流。在电力电子变换电路中，电力晶体管仅作为开关器件使用，当需要它阻断电路时，应切除基极电流甚至施加反向基极电流，使其等效电阻近似为无限大而处于断态，可靠地阻断电路。电力晶体管可以通过外电源电路来控制其通断状态，是一种全控型开关器件。

电力晶体管的击穿可分为两种，其中一次击穿是集电极电压升高至击穿电压时，I_C

迅速增大，出现雪崩击穿；只要 I_C 不超过限度，DJT 一般不会损坏，工作特性也不变。二次击穿是一种发热导致的击穿，在一次击穿发生时，如果继续增高外接电压，则 I_C 继续增大，当达到某个临界点时，U_{CE} 会突然降低至一个较小值，同时导致 I_C 急剧上升，这种现象称为二次击穿。二次击穿时存在局部电流过大现象，最后导致过热点的晶体熔化，在相应集电极－发射极间形成低阻通道，导致 U_{CE} 下降，I_C 剧增二次击穿的持续时间很短，一般在纳秒至微秒范围，常常立即导致器件的永久损坏，故应用中必须加以避免。

2. 结型场效应晶体管

结型场效应晶体管（Junction Field-Effect Transistor，JFET）是由栅极（G）、源极（S）和漏极（D）构成的一种具有放大功能的三端有源器件，如图 1-33 所示。JFET 的工作原理就是通过电压改变沟道的导电性来实现对输出电流的控制。JFET 是电压控制的多子导电器件，没有少子存储与扩散问题，开关速度高。此外，该类器件具有负温度系数。

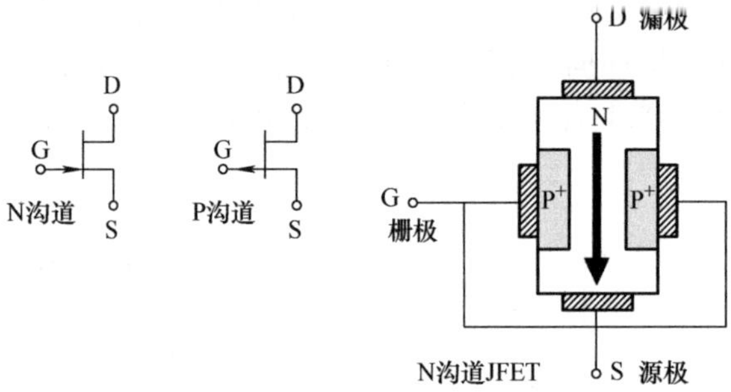

图 1-33　JFET 结构示意图

当前，电力电子电路中的硅基 JFET 几乎被硅基 MOSFET 取代，仅在特殊领域仍有应用，而 SiC JFET 在 2000—2010 年占领过一小部分市场，现在也被 SiC MOSFET 全面取代。

JFET 是压控型器件，输入端是反偏的 PN 结，因此输入阻抗大。导电沟道的宽度可以通过 PN 结反向电压对耗尽层厚度的控制来实现，进而控制漏、源极之间的导电性、等效电阻和电流的大小。

JFET 分类见表 1-5，最常见的是耗尽型 JFET（D-JFET），一般由 N 型半导体形成沟道，在零栅极电压时就存在沟道。耗尽型 JFET 的沟道掺杂浓度较高、厚度较大，导致栅 PN 结的内建电压无法完全耗尽沟道。U_{DS} 和 U_{GS} 都会影响栅 PN 结势垒的宽度及相应沟道的长度和厚度。栅极电压 U_{GS} 使沟道厚度均匀变化，源漏电压 U_{DS} 使沟道厚度不均匀变化。对于耗尽型 JFET，在零栅极电压时，沟道电阻最小，在栅极两端加载负压时，沟道会变窄，导通电阻增大，通流能力降低；当栅极电压达到关断电压时，器件完全关断。

另一种 P 型半导体形成沟道多为增强型 JFET（E-JFET），在零栅偏压时不存在沟道，此时无法导电。增强型 JFET 沟道的掺杂浓度较低、厚度较小，栅 PN 结的内建电压能够完全耗尽沟道。P 型半导体中多子为空穴，相对电子来说载流能力较弱。

表 1-5　JFET 分类表

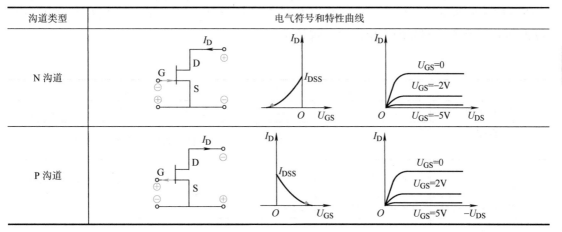

沟道类型	电气符号和特性曲线
N 沟道	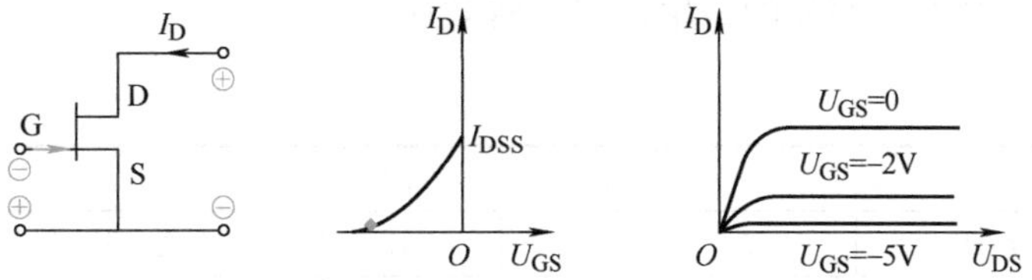
P 沟道	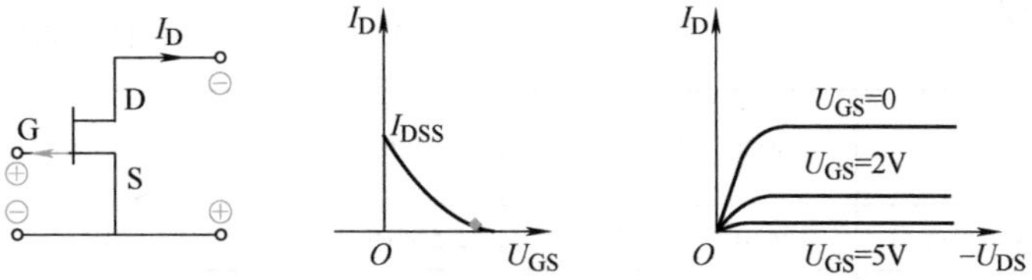

1.3　宽禁带电力电子器件

近年来，宽禁带半导体材料的出现，提高了电力电子器件的综合性能。全球新一轮的产业升级已经开始，以碳化硅（SiC）和氮化镓（GaN）为代表的宽禁带半导体器件已成为高科技领域中的战略性产业，国际领先企业已经开始部署市场。由于具有优良的热学、力学、电气性能，宽禁带半导体材料在电力系统、交通运输、航空航天、石油开采等方面展现出广泛的应用前景，特别是在航天、军工、核能等极端环境应用领域有着不可替代的优势[8]，可以弥补传统硅基半导体材料器件在实际应用中的缺陷，正逐渐成为电力电子器件的主流。

宽禁带电力电子器件的优势主要表现在：①宽禁带电力电子器件的比导通电阻理论极限接近硅基器件的 1%，可大幅降低器件的导通损耗；②宽禁带电力电子器件的开关频率可高达硅基器件的 100 倍，可有效减小电路中储能元件的体积，从而减小设备体积，降低了原材料消耗；③宽禁带电力电子器件理论上可以在高温条件下工作，并有抗辐射的优势，特别适用于环境恶劣的场合，可以大幅提高系统的可靠性，在高效能源转换领域具有巨大的技术优势和应用价值[9, 10]。

SiC 是Ⅳ－Ⅳ族二元化合物半导体材料，也是元素周期表中Ⅳ族元素中唯一的固态碳化物。SiC 由碳原子和硅原子组成，其晶体结构具有同质多型体的特点，半导体领域最常用的是 4H-SiC 和 6H-SiC 两种。SiC、GaN 与硅特性对比见表 1-6，可以看出，与硅材料相比，SiC 的击穿场强为硅的 10 倍，具有更高的电压承受能力和更低的通态电阻；热导率为硅的 2.5 倍，具有更高电流密度；禁带宽度为硅的 3 倍，具有更高的工作温度范围。这些关键特性使得基于 SiC 的电力电子器件损耗小、耐高温、并能高频运行，适合电动汽车变频器应用，有望为其带来革命性变化。

对于同样结构的器件，GaN 器件有着更高的击穿电压、更小的导通电阻和栅极电荷，这意味着 GaN 器件转换效率更高。GaN 器件可将极化效应产生的二维电子气（Two-Dimensional Electron Gas，2DEG）作为载流子，实现沟道导通。相比于硅基 MOSFET，GaN 器件的迁移率高出 2 倍以上，且二维电子气可以实现沟道双向导通，无反向恢复时间，器件工作频率可以提升 20 倍，工作速度更快。另外，相比于 SiC 器件，GaN 器件的阈值电压和栅源电压均较低，死区时间内无反向导通的寄生体二极管，即使在高 d*i*/d*t* 和 d*u*/d*t* 下也不会产生明显的寄生体二极管效应。

表 1-6 SiC、GaN 与硅特性对比

<table>
<tr><th>项目</th><th>硅</th><th>4H–SiC</th><th>GaN</th><th>特性分析</th></tr>
<tr><td>禁带宽度 /eV</td><td>1.12</td><td>3.26</td><td>3.41</td><td>禁带越宽，则工作温度越高，可以简化控制器散热</td></tr>
<tr><td>击穿场强 /（MV/cm）</td><td>0.23</td><td>2.2</td><td>3.3</td><td>击穿场强越高，则导通损耗越小，提升控制器效率</td></tr>
<tr><td>电子迁移率 /［cm^2/（V・s）］</td><td>1450</td><td>950</td><td>1500</td><td rowspan="2">迁移率和漂移速率越高，则开关损耗越小，可以提升控制器开关频率</td></tr>
<tr><td>电子漂移速率 /（cm/s）</td><td>1×10^7</td><td>2.7×10^7</td><td>2.5×10^7</td></tr>
<tr><td>热导率 /［W/（cm・k）］</td><td>1.5</td><td>3.8</td><td>1.3</td><td>热导率高，便于器件散热</td></tr>
</table>

“中国制造 2025”中明确提出要大力发展宽禁带半导体产业，特别设立了国家新材料产业发展领导小组，各省市也纷纷发布对于宽禁带半导体产业发展的相关政策，以支持 SiC 相关产业链。目前，我国已具备了开展 SiC 和 GaN 的材料、器件和装置研发的基础，在中低压领域已逐渐走向成熟，在高压大功率器件方面仍处于深入研究阶段。随着我国输变电技术的迅猛发展，未来以电力电子器件为核心的电力电子装置容量将达到 10GW 级，对器件提出了更高电压、更大容量、更高效率的需求，亟待开展更加系统更加深入的研究。为匹配更高频、更大功率等级运行的宽禁带半导体器件，高频磁材料、膜电容和超级电容的国产化也正在成为无源元件制备的主要方向之一[11，12]。

在电力电子器件芯片发展方面，SiC 的目前研究重点是 SiC SBD（<5kV）、PiN 二极管（>5kV）、SiC MOSFET，也有部分机构侧重 SiC IGBT 和 SiC GTO 的研究。其中，SiC SBD 器件关断时仅有肖特基势垒电容的充放电，相比于 PiN 二极管的电荷存储效应，其反向恢复速度更快，电荷量更小，开关损耗也更小，在中低压领域优势明显。SiC MOSFET 作为单极型器件，具有低开关损耗、高工作频率、高开关速度等优势[12]。

1.3.1 碳化硅肖特基势垒二极管

SiC 肖特基势垒二极管（SBD）的耐压可达 4.5kV，足以满足中低压电力电子装置的需求，作为单极型器件不存在反向恢复过程，开关速度快且损耗低。开启电压受肖特基势垒影响小于 PiN 二极管，导通损耗更小。

SiC SBD 器件研究的核心任务是降低导通压降、提高开关速度并防止振荡，主要通过漂移区掺杂浓度设计、抑制漏电流、改进理论模型等方法来实现。具体来讲，需要突破器件芯片有源区优化、表面电场优化、抑制电气特性随温度变化、芯片正向 / 阻断特性优化等技术。为了获得更低的导通压降，SBD 的关键工艺包括肖特基接触、衬底减薄，以及采用沟槽型结构增加肖特基接触面积。另外，采用新型终端设计结构、优化内部元胞布局也是国产电力电子器件研发的重点方向。

为了融合 PN 结二极管的阻断特性及 SBD 的低导通压降，J.Baliga 教授在 1984 年提

出了结势垒肖特基（Junction Barrier Controlled Schottky，JBS）二极管结构。SiC JBS 二极管结构如图 1-34 所示，在 N^- 漂移区中注入形成 P 阱，位于肖特基接触下方并连为网络。反偏时，P 阱与 N 漂移区形成 PN 结，夹断 P 阱间漏电流，可有效屏蔽肖特基结的低势垒高度。在正偏时，P 阱不参与导通，导通特性仍由肖特基势垒决定。该种结构可以充分发挥肖特基接触和 PN 结的优势，采用 PN 结结构提高反向击穿电压，采用肖特基接触保证高正向电流密度。当前 JBS 产品研究的主要方向是进一步增大单芯片载流能力和提高可靠性。

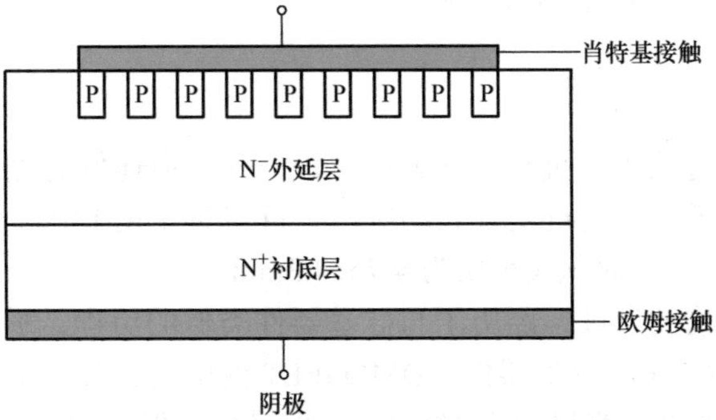

图 1-34　SiC JBS 二极管结构示意图

混合 PiN 结肖特基（Merged PiN Schottky，MPS）二极管结构与 JBS 二极管类似，但金属化层与 P 阱网络形成欧姆接触，在正偏时具有少数载流子注入，其电导调制效应可增强抗浪涌电流能力。但存储电荷将增加反向恢复时间和损耗，需要根据不同应用场合优化具体结构。

SiC JBS 二极管的正向特性的设计过程中，为了获得低正向导通压降，同时不增大反向泄漏电流，需要对 P 阱的宽度和间距进行优化设计。P 阱宽度的增加，会减小肖特基接触面积的比例，影响到器件的正向导通特性。P 阱的间距对降低肖特基的表面电场有重要的影响，间距较宽无法起到有效降低表面电场的作用。因此利用半导体器件数值分析软件，通过调整势垒区参数包括 P 阱的宽度及间距，对 SiC JBS 二极管表面电场进行合理调制，分析势垒区结构参数对器件的反向击穿电压和正向导通电阻的影响关系，可在保证 SiC JBS 二极管的击穿电压的前提下，提高器件单位芯片面积的电流导通能力，从而获得器件的击穿电压、导通电阻特性之间的合理折中。此外，SiC JBS 二极管的“反向恢复”电荷与有源区面积有关，为获得较大的器件电流密度和合理的反向恢复电荷，除有效掺杂激活 P 阱区域外，需合理设计 P 阱的间距等结构参数，保证反向保护屏蔽电场有效的前提下，使肖特基势垒区域最大化。

在 SiC JBS 二极管的设计中，耐压性能是衡量电力二极管性能的一个重要指标。碳化硅二极管临界击穿电场远高于硅基二极管，其击穿电压也远高于同类型的硅基快恢复二极管。然而，由于 SiC JBS 二极管受到曲率效应的严重影响，若不采取有效的结终端技术提高二极管的击穿电压，那么碳化硅材料的高耐压特性就不能充分发挥出来。因此 SiC JBS 二极管的结终端设计显得尤为重要。

由于 PN 结表面曲率效应的影响，表面电场更加密集，表面的最大电场常高于器件体内的最大电场，器件的击穿电压常常由表面击穿来决定。而且，当碰撞电离发生于表面时，电离过程所产生的热载流子易进入二氧化硅，在那里形成固定电荷，改变电场分布，导致器件性能不稳定，可靠性下降。为此，对于有一定耐压要求的器件，不但材料参数、结构参数等要在给定电压下不发生体击穿，还要采取一些特殊结构，使表面最大电场减小，符合表面击穿电压要求。这些特殊结构称为结终端技术或简称为终端技术，各种终端技术的作用一般可用改变电荷产生附加电场来解释。目前，结终端保护措施可分为增加曲面结的曲率半径与降低器件表面电荷及界面电荷两大类，前者有场板、浮空场限环、结终端扩展、斜表面与腐蚀轮廓等，后者有各种钝化消除界面电荷技术，上述两类结终端保护措施可根据实际情况，单独或结合使用。

1.3.2 碳化硅场效应晶体管

SiC MOSFET 具有输入阻抗高、开关速度快、开关损耗低的优势，可达到 50kHz 以上的开关频率，适用于车用电机变频驱动应用。目前商业化 1200V SiC MOSFET 器件芯片的导通电阻约为 13mΩ，面积大小仅为 $4.7 \times 4.3\text{mm}^2$。

SiC MOSFET 结构的发展，经历了与硅基器件类似的历程，平面栅的 DMOSFET 器件是目前最成熟的 SiC MOSFET 器件。DMOSFET 的电气性能更为稳定，通过阱区屏蔽层可有效保护栅氧，典型元胞尺寸为 10μm，一般采用条形元胞，也可选择其他元胞布局如矩形、方形、菱形等。此外，部分 SiC 器件采用了沟槽栅结构，即 SiC UMOSFET，以进一步提升器件的元胞集成度，其典型间距为 5μm。该技术普遍采用新型保护沟槽底部栅介质的结构，来降低 SiC 栅介质电场，提升器件的反向阻断可靠性。

SiC MOSFET 栅极结构如图 1-35 所示，目前商业化的 SiC MOSFET 多为平面栅极结构。为进一步提高沟道密度，降低导通电阻，ROHM 和英飞凌公司分别开发出沟槽型 SiC MOSFET，而 Wolfspeed 公司仍坚持采用平面结构。

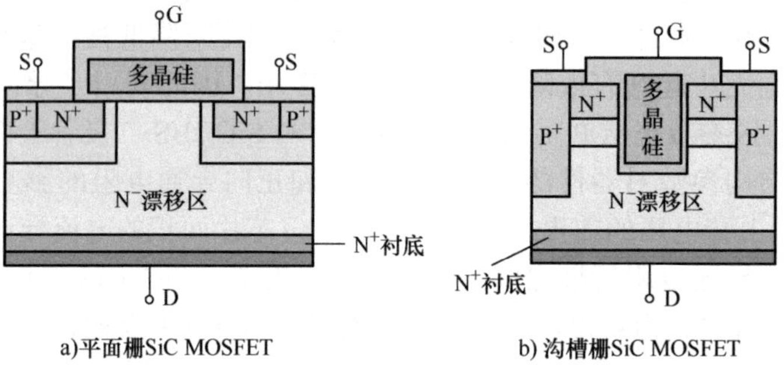

图 1-35 SiC MOSFET 栅极结构示意图

SiC MOSFET 的研究目标是继续降低芯片导通电阻和提高可靠性。导通电阻的降低有赖于沟道电阻、JFET 区电阻和漂移区电阻的降低，具体来说需要优化漂移区、沟道区域、JFET 区等。在提高芯片可靠性方面，近年来的主要研究包括高温栅氧可靠性、栅结构界面变化、近界面陷阱变化和失效分析等。

在降低导通电阻方面，由于漂移区掺杂浓度及厚度直接关系到芯片的导通电阻大小与耐压，主要依靠迭代优化设计。P 沟道表面区域是芯片元胞中的关键区域之一，需要设计形成低表面掺杂和高体内掺杂，并依靠多步离子注入实现精确控制。SiC MOSFET 体内电场强度不应超过雪崩击穿临界值，还需对栅氧层电场强度进行限制，研究 JFET 区优化可以实现栅氧化层电场和导通电阻的平衡。降低导通电阻的其他措施还包括但不限于：添加电流扩展层（Current Spreading Layer，CSL）、在 JFET 区中引入 P^+ 掺杂区域或使用沟槽栅结构等方法。

在提高 SiC MOSFET 可靠性方面，主要是降低界面状态的影响。近年来的研究重点主要包括高能离子注入激活对表面晶体质量的影响、金属化及退火工艺对金属 - 半导体界面状态的调控、钝化工艺及终端保护结构设计对介质 - 半导体界面状态的调控等多个方面。

SiC MOSFET 的开关性能和电路结构、负载性质、栅极信号、开关方式等电路条件密切相关，这些条件对参数所带来的影响较大，单独追求某一项参数的优化无实际意义，通常需要在不同性能参数间进行协调折中考虑。

1.3.3　氮化镓电力电子器件

与 SiC 材料不同，GaN 除了可以利用 GaN 衬底制作芯片外，还可以生长在硅、SiC 及蓝宝石上。在价格低、工艺成熟且直径大的硅衬底上生长，可大幅降低 GaN 器件的成本，是研究人员和制造商的开发重点。常用的 GaN 器件具有导通电阻小和运行频率高的优势，但对寄生参数较为敏感，高频使用时容易产生振荡。

较为常见的 GaN 器件是高电子迁移率晶体管（High Electron Mobility Transistor，HEMT），该类器件通过异质结形成高电子迁移率的二维电子气沟道，又分为增强型（Enhancement Mode，E-Mode）和耗尽型（Depletion Mode，D-Mode）两种，增强型 GaN FET 又分单体 GaN 和 Cascade GaN（共栅共源）结构。与 JFET 和 MOSFET 类似，增强型是常关器件，而耗尽型则是常开器件。

市场上耗尽型 GaN HEMT 器件较为成熟，其器件结构如图 1-36 所示，多采用 Si 材料作为衬底，生长出高阻性的 GaN 晶体层，即氮化镓通道层（GaN Channel）。一般会在 GaN 层和 Si 衬底层之间添加氮化铝（AlN）绝缘层作为缓冲层，将器件和衬底隔离开来。AlGaN 层位于 GaN 层和栅极（G）、源极（S）和漏极（D）之间，AlGaN 层和 GaN 层之间可以产生具有高电子迁移率、低电阻特性的二维电子气，其浓度随 AlGaN 厚度先线性增加，然后达到饱和。

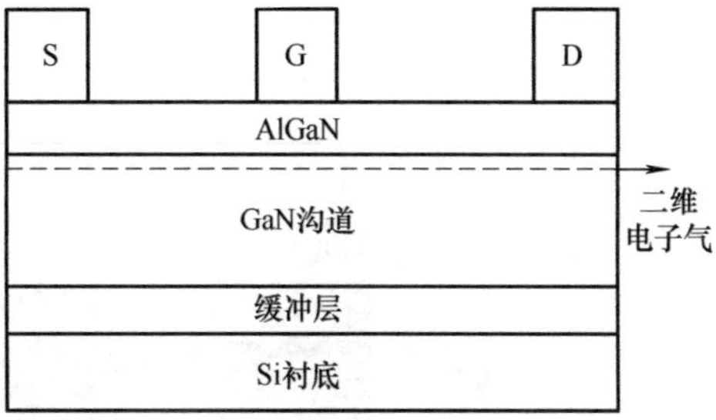

图 1-36　耗尽型 GaN HEMT 器件结构示意图

在零栅压下，耗尽型 GaN FET 器件处于导通状态，因此需要负压关断。不同于硅基 MOSFET 的是，由于其栅极下方不存在与 S 极连接的 P 型寄生双极性区，因此没有寄生体二极管，故而器件开关损耗小、具有对称的传导特性。因此 GaN FET 可由正栅源电压 U_{GS} 或正栅漏电压 U_{GD} 驱动。

GaN HEMT 器件已经达到 650V/100A 的性能，主要生产厂家包括 Transphorm、EPC、Navitas 等。其中美国 Transphorm 公司将 HEMT 与低压硅基 MOSFET 串联，从而达到“准”增强型工作模式。EPC 公司推出的 eGaN 功率晶体管，以 MOSFET 器件的价格实现更优越的性能、更小的尺寸及高可靠性的 GaN 器件。Navitas 公司使用 AlGaN 衬底制造 GaN 驱动集成电路，实现了单片集成并解决了阻抗匹配问题。

氮化镓电力电子器件开发的目标是降低损耗和提高开关稳定性，具体研究方向包括：提高击穿电压、实现增强型器件、抑制电流崩塌效应和新制造工艺，使 GaN 器件向高耐压、高结温、高工作频率和高线性度等方向发展。在电力电子应用中，常开器件会带来安全方面的问题，故增强型 GaN 器件逐渐成为发展重点。

中国电子科技集团公司第五十五所、十三所、中国科学院微电子所、西安电子科技大学等单位近年来研发，使硅基 GaN 电力电子器件性能达到了国际先进水平，为产业的发展积累了丰富的经验。厦门三安光电、江苏晶湛半导体、东莞中镓半导体等公司在材料和器件方面也开展了一系列卓有成效的产业化工作。国产 GaN HEMT 电压也已经达到 650V/30A 以上，GaN HEMT 产品在性能上已具备较大竞争力。

1.3.4 宽禁带电力电子器件的应用

近年来，随着 SiC 器件市场的逐步扩大和器件制造工艺从 4in 逐步升级到 8in，SiC 器件成本的迅速下降，也助推了 SiC 器件产业化水平的进步。目前国际上主要的 SiC 器件产业化公司有美国 Wolfspeed、通用电气、德国英飞凌、日本罗姆、富士、丰田和三菱等以及欧洲的意法半导体等公司，其产品电压等级有 600V、650V、900V、1200V、1700V、3300V、6500V、10000V 等，低压单芯片的电流容量已接近 200A。

随着 SiC 芯片制造技术取得突飞猛进的发展，更高电压的 SiC 器件也被研发出来。国际上已经开发了 10kV 以上的 JBS 二极管、MOSFET、JFET、GTO 等器件，以及 20kV 以上的 PiN 二极管和 IGBT 器件。受到 SiC 材料缺陷水平、器件设计技术、芯片制造工艺、器件封装驱动技术以及市场需求的制约，高压器件实现大规模产业化面临一系列挑战。

SiC 器件的主要应用如图 1-37 所示。

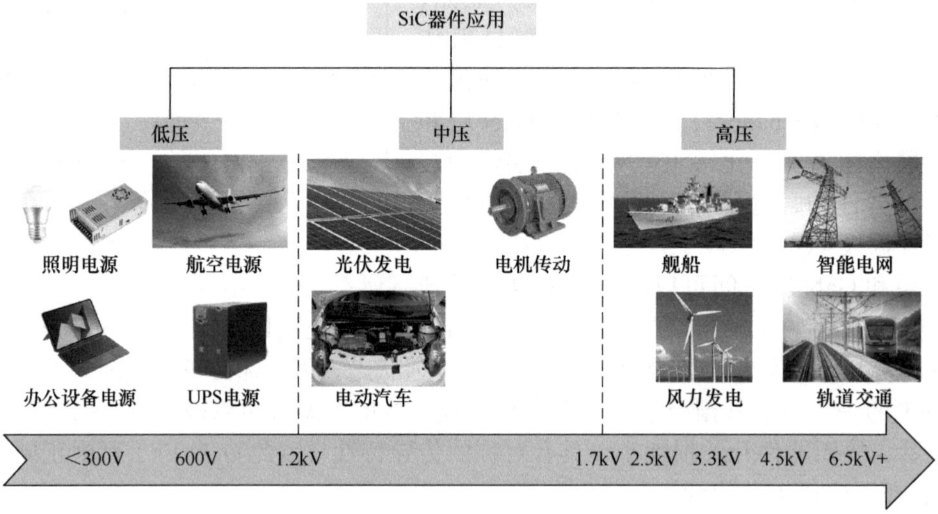

图 1-37 SiC 器件的主要应用

预测到 2025 年，面向新能源汽车、新能源并网、轨道交通、智能电网等领域，我国将形成 600V ～ 10kV 的 SiC MOSFET 生产能力，最大单芯片能力达到 250A 以上；并建立起国际领先的 SiC 材料、器件、模块和应用全产业链，成为国际上 SiC 技术研发和产业强国，引领国际 SiC 技术研发和产业方向。

现阶段 GaN 器件的电压等级较低，多应用在低压电力电子变换电路，如 USB 充电器、导航仪、无线充电等。GaN 快充产品具有更高的功率密度，体积小、重量轻、转换效率高、发热低、安全性强，较普通充电器有显著优势，成为近年来市场的热点。我国已先后涌现出十余家 GaN 快充厂商和超过 50 款 GaN 快充产品，能满足大部分手机、平板电脑的充电功率需求。

可以预见，在政策和市场的双重推动下，我国 GaN 电力电子器件产业发展迅速，已经迎来了从追赶到超越的历史机遇，相关产业将随着市场的发展快速进步。

1.3.5　宽禁带电力电子器件带来的技术进步

宽禁带电力电子器件技术的挑战和进步主要集中在高效散热、高温驱动、系统集成和可靠性提升 4 个方面。

1. 高效散热

散热是影响电力电子设备可靠性的重要因素之一，电力电子器件的工作温度如果超过一定的限制范围，其性能将显著下降，甚至无法稳定工作，影响系统的可靠性。元器件失效率与结温成指数关系，其性能随结温升高而降低。此外，过热引起的"电子迁移"现象会对芯片造成不可逆的永久性损伤，影响芯片和器件寿命。因此电力电子设备的散热技术越来越受到关注。

目前电力电子变换器散热主要采用水冷和风冷这两种方式，其中，大功率 SiC 器件主要利用水冷系统进行散热，以进一步发挥其高频工作优势。这是因为水的对流换热系数是空气自然换热系数的 150 倍以上，具有更高的散热效率。

功率模块散热发展分为三代：第一代是传统引线键合模块单面冷却，通过导热硅脂匹配散热片或水冷板；第二代采用底板集成 Pinfin 冷却设计，有效地增大了散热的效率；宽禁带器件多采用集成型双面冷却，目的是增强单体散热能力，使芯片取得翻倍的散热效果，进一步推动芯片面积缩小，实现降低成本的目标。

现有 SiC 芯片损耗较硅芯片小，但较小的芯片面积导致热流密度较大。以 Wolfspeed 公司 13mΩ 芯片为例，150℃时芯片电流可以到 90A，有效面积为 0.183cm^2，在开关频率 20kHz 时芯片的热流密度达到 230W/cm^2，远大于普通硅基 IGBT 芯片。提高 SiC 器件散热性能的研究集中在微通道换热器、热管散热器、半导体制冷、热态金属散热等方面。

微通道换热器的通道直径为 10 ～ 1000μm。这种换热器的扁平管内有数十条至数百细微流道，在扁平管的两端与圆形集管相连。与常规散热器相比，微通道换热器体积小、换热系数大、换热效率高，需要研发循环液体的过滤流程以防止微通道阻塞而降低效果。

热管散热器由密封管、吸液芯和蒸汽通道组成。热管运行时，蒸发段吸收电力电子模块产生的热量，使液体沸腾气化向冷却段移动，在冷却段冷凝成液体。冷凝液再依靠吸液芯的毛细作用返回蒸发段。这种冷却方式具有极高的热导率（为铜的 500 ～ 1000 倍），热响应速度快、体积小、重量轻，不需外加电源。需要进一步研发冷却段的二次对流散热，并解决功率模块定制化封装的问题。

半导体制冷器件基于热电偶的逆现象，当两块不同金属连接时接通电流，一端温度降低，另一端温度升高，若用 N 型半导体和 P 型半导体代替金属，温差效应更加明显。

现有半导体制冷器通常由多对热电元件串并联组合而成，可得到 30 ～ 60℃的温差，增加级数可进一步增加温差。该方法无噪声、无振动、不需制冷剂、体积小、重量轻，但它电耗量相对较大，需要从系统出发优化设计。

液体金属具有远高于水或乙二醇（50 ～ 700 倍）的热导率，因此液态金属散热相对于传统水冷可实现更加高效的散热。液态金属需要电磁泵来驱动，具有效率高、能耗低、无噪声等特点，冷却用液态金属大多还具有不易蒸发、不易泄漏等优势。目前的研究趋势为进一步提升电磁泵的性能，保证其高效稳定运行。

2. 高温驱动

为充分发挥宽禁带电力电子器件的高温特性，各国研究人员还希望其驱动电路也能工作在相应的高温。早在 2006 年美国阿肯色州立大学的研究团队（APEI）就曾经使用绝缘衬底上硅（Silicon-On-Insulator，SOI）分立器件搭建了驱动电路，并在 300℃结温工作的功率芯片附近工作，成功应用于 4kW 永磁同步电机的驱动。2013 年，美国弗吉尼亚理工大学在报道了适用于 110℃环境温度运行的整套变频器系统，对比尝试了多种高压磁隔离电路。但以上研究均使用分立器件，驱动电路的体积是常规硅基器件的 10 倍，可靠性研究较少。在进一步的研究中，需要用 SOI 材料制作专用的驱动芯片，来承受 200℃以上的长期运行，并集成过电流、过温保护等功能，以充分发挥碳化硅器件高速开关的优势。

耐高温传感器也是碳化硅器件高温应用的关键，如果高温下无法获得电力电子器件的电压、电流、温度等数据，就无法对整个系统进行控制和保护。为了解决这个问题，现有研究基于微电子机械系统（Micro Electro Mechanical Systems，MEMS）来构成电力电子变换器电路，预计未来可实现 300℃下稳定工作。

3. 系统集成

变频器主要组成部分如图 1-38 所示，主电路由功率器件、母线、电容、传感器、门极驱动以及散热等部件。

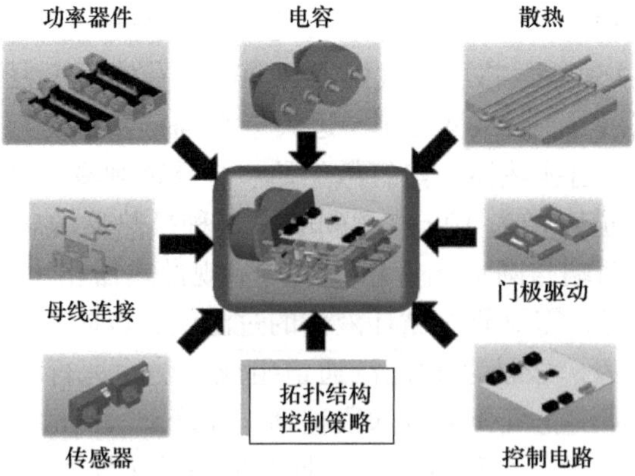

图 1-38　变频器主要组成部分

以电机驱动为例，现代变频器内部的结构组件集成特点如下：

1）采用全桥设计使模块更加紧凑，同时根据应用需求，优化安装和连接方式，便于电容、驱动电路等布置，减小系统体积。

2）采用功率模块一体化设计，直接水冷技术有效降低系统热阻，提高系统功率密度，部分散热与电感、电容等无源器件结合在一起。电容连接采用叠层母排以减小线路杂散电感，部分驱动板与功率模块采取插接的方式直接安装。

3）为了提高电路板的电磁兼容（Electro-Magnetic Compatibility，EMC）性能，预留了接地端，在安装好功率模块和驱动板后，接地端与散热箱体进行良好的电气连接。

4）低压电源的冗余设计、多重隔离、多级过电流保护，使系统工作更加稳定。

4. 可靠性提升

SiC MOSFET 目前比较突出的问题是栅氧问题，SiC 材料能够通过原位氧化形成热氧化层作为栅介质层，和硅基器件的栅氧工艺具有高度的兼容性，但其氧化的过程比硅氧化过程要复杂很多。高密度的界面缺陷和界面陷阱电荷，对 SiC 界面中载流子输运和复合具有重要的影响，造成损耗的增大和器件迁移率的退化。器件的栅介质在高温情况下会发生一定的改变，导致器件阈值电压不稳定，同时界面缺陷引起器件栅极漏电流的升高。

高温器件应用的主要挑战包括但不限于：①当温度升高时，载流子高温散射增强、迁移率降低，MOSFET 沟道内载流子迁移率在高电场下的饱和特性等会制约 SiC 芯片通流能力的提升；②高温高电场下，PN 结势垒的耗尽区内电子 - 空穴对数量增多，增大了漏电流；③高温栅界面载流子俘获与释放会影响器件稳定性和可靠性，高温下电子被加速，通过碰撞将产生多余的空穴，其中部分空穴会被氧化层俘获，使得氧化层局部缺陷处电场增大，形成隧穿电流，导致氧化层击穿，影响器件稳定性和可靠性。

另外，对比于硅基 IGBT 芯片，SiC MOSFET 单芯片电流小，高温下载流能力骤减问题突出。以 1200V/600A IGBT 模块为例，每个桥臂由 3 个 200A IGBT 反并联 3 个二极管而成。若采用 SiC 芯片，则需要至少 6 个 MOSFET 和 12 个二极管并联，SiC 功率模块结构复杂度大大增加，模块杂散电感的增加将导致电应力加大、开关过程振荡和电磁兼容问题，进而影响电机变频器的性能。因此，提升 SiC 芯片的高温载流能力和可靠性十分重要。

习　题

1-1　为什么肖特基二极管没有反向恢复电流？

1-2　试从结构特点角度解释电力二极管为何能具有耐受高电压和大电流的能力。

1-3　晶闸管的擎住电流和维持电流有什么区别？

1-4　IGBT 和晶闸管同为 PNPN 结构，为什么 IGBT 能够自关断，而普通晶闸管不能呢？

1-5　试分析 MOSFET 的开关频率高于 IGBT 的原因。

1-6　试分析超结 MOFSET 的优缺点。

1-7　试分析 IGBT 和功率 MOSFET 在内部结构和开关特性方面的异同。

1-8　试分析 BJT 几乎被 MOSFET 和 IGBT 取代的原因。

1-9　碳化硅电力电子器件有哪些种类？

1-10　相比于硅基器件，碳化硅电力电子器件的优势有哪些？

1-11　相比于碳化硅器件，氮化镓电力电子器件的特点是什么？

第2章 电力电子器件模块封装

较大功率的电力电子器件通常以特定的模块封装形式供用户使用，模块封装具有电气连接、绝缘、散热及机械支撑等作用，直接影响电力电子器件和模块的电气性能、热学性能、寄生参数及电磁特性。本章将详细介绍电力电子器件的模块封装技术，包括封装结构、材料和工艺等，在此基础上，还将介绍碳化硅及氮化镓等新型宽禁带电力电子器件的模块封装技术。

2.1 电力电子器件模块封装基础

电力电子器件模块的封装工艺可分为焊接型与压接型两类。焊接型模块中的功率模块采用焊接形式连接，主要包括功率端子、功率芯片、绝缘衬底、底板、互连材料、键合线、灌封材料等几大部分。压接型模块中的功率芯片采用压接形式连接，具有无键合线、双面散热和失效短路的特点，从而具有更低的热阻、更高的工作结温、更低的寄生电感、更宽的安全工作区和更高的可靠性，在高电压大功率等应用领域具有竞争优势。

焊接型模块主要以英飞凌、赛米控、艾赛斯、三菱、富士、东芝等公司的产品为代表，其中英飞凌硅基 IGBT 器件的市场占有率极高。上述公司陆续开发出了铜键合线、无键合线、低温烧结、弹簧压力接触端子、无底板、无钎焊等多项先进封装技术。

2008 年以来，依托国家的大力扶持，我国已初步形成了十余个电力电子器件的大型制造中心，主要制造企业包括中车集团、嘉兴斯达、江苏宏微、南京银茂、威海新佳、比亚迪等公司，基本掌握了 600 ～ 6500V 电压等级的 IGBT 模块焊接式封装技术，并推出了带有驱动、控制及保护功能的智能功率模块，在部分领域开始逐步替代国外产品。由于发展时间尚短，目前国内企业正在努力提升对国外同类产品的市场竞争优势。

2.1.1 键合型功率模块封装结构和材料

引线键合型功率模块的封装结构如图 2-1 所示，常规制造工艺主要基于真空回流焊以及超声键合机进行功率互连。为增强可靠性并提高电热性能，新型功率模块的制造工艺可使用全焊接装配。

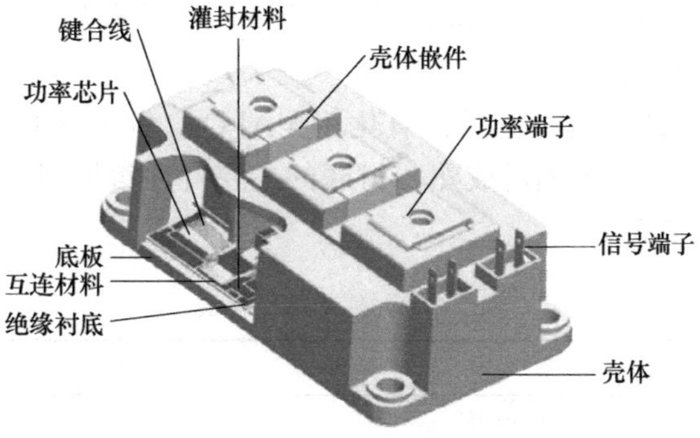

图 2-1　引线键合型功率模块的封装结构

键合型功率模块封装结构选择主要考虑热学性能、电气性能、力学性能、化学性能、成本、技术成熟度等因素。其中，热学性能是最主要的因素，在热疲劳测试和温度循环测试中，材料热膨胀系数不同将会直接导致热应力的产生。如果热应力超过材料的机械强度限制，则容易产生断裂失效。同时，在正常运行时，电力电子器件功率芯片会产生大量的热损耗，需要通过底板传导，以确保芯片的结温被控制在一定的范围内。通常认为较低的芯片结温能延长模块的寿命，功率模块的失效概率会随着结温上升而大幅增加。据统计，每上升 9℃，模块失效概率会增加约 1 倍，因此良好的热设计对功率模块至关重要。

键合型功率模块的叠层材料见表 2-1，设计功率模块时通常需要考虑材料的热学特性、电气特性、力学特性和化学特性，以及材料的成本和技术成熟度等因素。主要封装材料包括绝缘衬底、底板、互连材料、键合线、灌封材料、功率 / 信号端子、壳体和壳体嵌件等。

表 2-1　叠层材料

组成部分	可选材料 / 构成
功率芯片	硅、碳化硅、氮化镓
绝缘衬底	陶瓷或者硅化合物构成的绝缘层，上面覆盖由金、银、铜等构成的金属层
底板	由铜、铜合金、碳基强化混合物、碳化硅铝等构成
互连材料	含铅焊锡和无铅焊锡两类
键合线	铝线、铜线、铜包铝线、铝包铜线等
灌封材料	硅胶覆盖层，负责提供与外界的绝缘和机械支撑
功率 / 信号端子	铜
壳体和壳体嵌件	耐热塑料

1. 绝缘衬底

绝缘衬底作为功率模块机械支撑的结构，需要能够耐受不同的工作环境。一方面绝缘衬底主要作为芯片的底座，另一方面在绝缘衬底上沉积导电材料、绝缘材料和阻性材料的表面，还能形成无源电路元器件。

为防止短路，衬底还具有隔断各个导电通路的能力，低压模块中衬底应该能够承受端子与壳体间 2500V、频率为 50 ～ 60Hz 的交流电压，并有足够的热导率能将电力电子器件产生的热量快速传递出去。

绝缘衬底最常用的材料主要包括：氧化铝（Al_2O_3，96% 纯度或 99% 纯度）、氮化铝（AlN）、氮化硅（Si_3N_4），工艺相对成熟，衬底的主要特性参见表 2-2，其热学、电气、力学和化学性能需求见表 2-3。

表 2-2 衬底的主要特性

特性	描述
成本	成本比较低
性能	热学特性、电气特性、力学特性、化学特性
易于表层处理	薄膜技术、厚膜技术、电镀铜技术、直接键合铜（Direct Bonding Copper，DBC）技术
与硅的热膨胀系数匹配好	硅的热膨胀系数为 2.8×10^{-6}/℃，AlN 的热膨胀系数为 4.6×10^{-6}/℃，Si_3N_4 的热膨胀系数为 3.0×10^{-6}/℃

表 2-3 衬底的热学、电气、力学和化学性能需求

特性	描述
热学特性	高热导率：一般要求高于 200W/（K·m）
	高热疲劳抗性：与绝缘衬底的热膨胀系数匹配，在 40 ～ 100℃之间循环 1000 次以上时，与衬底交界处不出现缺陷
	高热稳定性：能耐 1000℃以上高温，适应直接敷铜和钎焊操作
电气特性	载流能力强：电阻率低，通常情况下通过金属镀膜的电压降不能超过器件导通压降的 1/10
力学特性	与衬底的附着力强：抗剥离强度高，适于铝线键合
	适合焊接：可以配合 95Pb/5Sn①等钎料
	与绝缘衬底兼容：可匹配 Al_2O_3、AlN、Si_3N_4、BeO 等陶瓷
	与现有工艺设备兼容：方便制造，降低生产成本
化学特性	易于刻蚀成形，无毒性，并具有良好的抗腐蚀性

① 95Pb/5Sn 表示焊料中的铅锡质量比为 95∶5。

衬底的金属化技术主要包括厚膜技术、薄膜技术、金属化敷铜技术。薄膜技术和厚膜技术都有金属化厚度的限制，通常都限定在 25μm 以内，其载流能力有限。金属化敷铜技术具有以下 3 个优点：足够厚的金属化层、足够大的载流能力、足够大的导热效率。

金属化敷铜技术可以通过以下 4 种基本方法实现：电镀铜、直接敷铜、活化钎焊覆铜、常规硬钎焊敷铜法。直接敷铜技术是最常见的选择，它利用高温工艺实现铜和陶瓷的紧密直接连接，铜和陶瓷之间的连接界面不需要任何助焊剂或其他任何催化剂。加工时，铜和陶瓷在氮气中被加热到 1070℃，略低于铜的熔点。在此温度下，铜氧化物薄膜可形成共熔晶体润湿连接界面，冷却后可以实现铜与陶瓷的紧密连接。

此种方法获得的金属化铜层的厚度通常介于 8 ～ 20mil（$1\text{mil}=25.4\times10^{-6}$m）之间，可以通过光刻工艺配合化学腐蚀获得目标电路。直接敷铜工艺首先需要一层氧化膜，AlN 和 Si_3N_4 陶瓷必须先进行一定的工艺处理，通常采用 125℃左右的氧化过程。铜和陶瓷连

接后表现为一个具有均匀热膨胀系数的整体，其热膨胀系数比纯铜小很多，更接近于陶瓷。一般敷铜材料纯度很高，无氧且导电能力强，敷铝层也是功率模块衬底金属化的有效选择。选用合适的线宽和厚度，金属层可获得非常低的电阻，能承受 600A 以上的电流。

2. 底板

底板为功率模块衬底提供机械支撑，吸收功率模块产生的热量，并将热量传递到散热器冷却系统，要求具有很高的热导率。同时，底板应具有较高的表面光洁度，能与衬底紧密接触，否则空隙处会形成热点，造成底板开裂。此外，底板应具有一定的形变能力，可与散热器紧密接触。其中半强化的高导电无氧铜是首选材料，多数高性能衬底采用复合材料制作，通过控制复合材料合金成分、粉末颗粒尺寸和成分组成来控制底板性能。几乎所有衬底材料都会选择铝层或者铜层作为金属化部分，这两种材料多需要表面镀镍、镍/银或镍/金层来提高可焊性，同时进行保护免受腐蚀。

碳化硅铝复合材料具有较小的热膨胀系数，与铜相比更加接近硅材料，能与许多衬底材料搭配使用，是较为新型的底板材料。然而，它的导热性能仅有铜的 1/2 左右，而且是各向异性材料，使用时需要加以注意。

3. 互连材料

作为功率模块制造过程中的重要互连材料，钎料通常采用两种或两种以上的金属合金，当金属合金化后，其熔点会低于其中任一单金属元素的熔点，这种现象使得钎料可被应用在钎焊过程中。钎料被放置在两块金属所需焊接的表面，熔化的钎料冷却后形成焊接界面，将两块金属表面连接在一起。焊接界面的冶金保护使得界面强度要远强于环氧树脂和银微粒注入型玻璃等其他互连方式。

功率模块封装中最常用的合金系列是金锡合金（Au/Sn）硬钎料与锡铅合金（Sn/Pb）软钎料。熔点范围与使用温度有关。由于功率芯片、绝缘衬底和金属底板间热膨胀系数不完全匹配，钎料的熔化温度应该尽可能低，以抑制热膨胀系数差异引起的热应力，最好在 350℃以下。此外，硅基 IGBT 芯片的温度可以达到 150 ～ 175℃，SiC MOSFET 芯片的温度可能到达 250℃，钎料的熔点至少比这个温度高 10℃，以降低失效风险。常用的钎料有 63Sn/37Pb、SAC305（96.5%Sn、3.0%Ag、0.5%Cu）、SAC307（99%Sn、0.3%Ag、0.7%Cu）、5Sn/92.5Pb/2.5Ag、80Au/20Sn、88Au/12Ge 等材料。

大部分功率模块需要通过多次焊接，即先使用高温钎料将功率芯片焊接到衬底上（一次焊接），然后用相对低温的钎料将衬底焊接在金属底板上（二次焊接），以防止前者发生重熔。为保持两个焊接面的分立性，各层钎料的熔点至少应相差 40℃。推荐一次焊接的钎料熔点范围为 200℃～ 310℃，二次焊接的钎料熔点范围为 160℃～ 270℃。

钎料通常包括焊片和焊锡膏两种形式。用于功率芯片和衬底间的钎料通常使用焊片，方便控制厚度和覆盖面积，以大幅度减少空洞的形成，焊片可选择附带助焊剂的类型或无助焊剂的类型。位于端子、绝缘衬底和金属底板之间的钎料则可选择焊锡膏，由于涉及的表面要比前者大很多，需要考虑底板的翘曲、热应力和成本等问题，选择焊锡膏可沉积较厚的一层，具有良好的应力吸收能力，并且能够降低成本。焊锡膏通常通过扩散或丝网印刷的方式涂覆，也可以使用喷涂的方式，但层厚较薄。

随着焊接技术和焊料的进步，可以耐受电力电子器件高温应用（250℃）的烧结型金属焊膏和瞬时液态扩散焊（Transient Liquid Phase Bolding，TLP）技术逐渐被业界所采用。

烧结型金属焊膏主要采用银、金等材料，通过对微米级或纳米级的金属颗粒烧结实现互连。为防止在微纳尺寸颗粒在未烧结时就发生团聚现象，需要在其中添加有机成分。这些有机成分在烧结时一部分挥发，另一部分与氧气反应，互连层几乎是纯金属。当前绝大多数制造商采用微米级银颗粒实现这一目标，可在250℃左右实现烧结，使用温度可超过500℃。形成的互连层中微孔结构可充分吸收热应力，但烧结过程中需要施加15～30MPa压力，有可能损坏功率芯片。部分制造商采用纳米级银粉颗粒，可实现无压低温烧结过程，允用温度超过600℃，可满足SiC基芯片的高温、高可靠性的需求，需要较复杂的工艺参数优化。

TLP技术将低熔点金属（锡）与两侧高熔点金属（铜、镍等）形成三明治结构，高温下低熔点金属熔化与高熔点金属发生固液扩散，形成近乎完全的界面金属间化合物的焊接互连。这种技术的互连层厚度一般小于35μm，可提高封装的散热性能，也能降低一般焊接互连中界面混合物过多而造成的可靠性下降问题。

4. 键合线

键合线是功率芯片表面功率互连的常用方法，一般常用铝线或铜线。在功率模块中，键合线能把芯片上表面的铝镀层和陶瓷衬底的金属层通过超声楔形键合的方式连接在一起。与微电子中常使用的金键合线不同，功率模块的键合中多使用铝线，主要有以下3个原因：①功率元件中的较大电流需要较粗的导线，多条金线并联才能达到一条铝线的电流承载力，且铝线的电阻率很低（$2.65\times10^{-10}\Omega\cdot cm$）；②铝线比金线便宜；③功率芯片的结温过高会加速金属化合物的形成，铝线键合在功率芯片的铝镀层上不会产生科肯德尔孔隙，相比金线更可靠。

键合点除了铜、铝材料，铝线键合在功率模块其他部件的表面镍镀层上同样具有很高的可靠性。相较于纯铝，铝合金（Al/1%Mg，Al/1%Si）的应用更加广泛，Al/1%Mg比Al/1%Si具有高抗疲劳抗性和耐高温性能的优势。

选用铜键合线容易损坏芯片，现在仅有英飞凌等少数公司的芯片能够支持，多数厂家的芯片需要采用贺利氏公司的芯片上表面处理技术。因此，多数铜键合线仅用于衬底与衬底、衬底与端子之间的互连。因为铜键合线对芯片有特殊要求，“内铝外铜”或“内铜外铝”的键合线也是工业界的常规选择。

5. 灌封材料

对硅芯片来说潮湿引起的腐蚀具有约1eV的活化能，每增加9℃，腐蚀反应的速率会增加一倍，这将影响芯片的使用寿命。为此，芯片必须受到相应的保护，除了注塑方法，功率模块多采用灌封材料进行保护。

灌封材料的作用是保护恶劣环境下如潮湿、化学品、气体中的功率芯片和引线接点，同时可为导体提供额外的绝缘保护，以防止电压过高。灌封材料的特性需求见表2-4。如果灌封层含有氢氧化铝粉末填料，还能防止模块在高压下产生电弧。在条件允许的情况下，灌封材料也可以作为散热介质。

表 2-4　灌封材料特性需求

物理性能	特性需求
高纯度	与半导体芯片直接接触
低吸水率	低气体渗透性
热性能	良好的热导率和热膨胀系数，合适的使用温度范围（-50 ～ 150℃）
高绝缘度	介电强度大于 250V/mil
高抗化学腐蚀性	优良的使用性能
易于应用	通过渗透或浇注

灌封材料还需要具有使用寿命长、性价比高、无毒性、环境无污染等优点，一般由硅酮树脂、硅酮、聚对二甲苯、氮化硅、丙烯酸、聚氨基甲酸乙酯、环氧树脂等材料制备。

2.1.2　键合型功率模块封装工艺

常规功率模块的制造包括清洗、焊接、功率互连、组装等步骤，部分功率模块内部还有 PCB，需要增加特殊的工艺。在封装过程中必须仔细调节工艺的具体参数，并在整个装配线上设置多个检测点实时监测，才能确保最终成品符合设计目标。成品还应经过应力筛选、全面检测和样品寿命抽样等测试来保障其长期可靠性。同样，为实现无空洞焊接并避免对功率芯片的栅极造成损坏，制造设备也必须经过严格检修和调试。

整个生产应在千级洁净间或更好的环境中进行，由于维护千级的大型洁净间较为昂贵，一些研究机构或者小厂家多使用万级主处理区，内部设置多个千级的小型孤立可控环境单元，这些单元可以是小型洁净室、洁净棚或层流罩。

功率模块封装的一般工艺顺序见表 2-5。

表 2-5　功率模块封装一般工艺顺序

工序	具体操作
预处理	芯片与其他部件的分类、归组、清洗，焊膏的涂覆或焊片的准确放置
一次焊接	将芯片放置在准确的位置，芯片焊接到衬底形成子单元
一次键合	通过键合线在子单元内部将芯片上表面连接至相应金属层
二次焊接	将多个衬底子单元焊接到金属底板
贴壳	粘贴塑料壳体和壳体嵌件
二次键合	通过键合线或超声互连将多个子单元互连，或将子单元与端子互连
灌封	灌封硅凝胶和环氧树脂
压铆	采用压铆机将辅助定位金属圈固定
打标	粘贴带有条形码或二维码的标签
检测	按照出厂要求进行各类检测

1. 焊接工艺

焊接的最常用设备是传输带式回流焊炉，有红外型、强制对流型和真空型等。对于红外型回流焊炉来说，热源温度比所需加热的模块温度高很多，因此模块上的温度分布很大程度上取决于其局部材料特性，如热导率和热负荷。强制对流型回流焊炉能够较好地解决这一问题，加热过程中的热源是被加热的气体（通常为氮气），其温度可以被控制到稍高于模块加热所需温度的范围。与前两者相比，真空型回流焊炉有许多优点，见表 2-6。

表 2-6　真空型回流焊炉特性对比

对比类型	优势
相比于红外型	加热更加均匀；无隔离区域的连通；准确和恒定的回流温度曲线
相比于强制对流型	消耗气体量低；气体中氧气含量可控；真空环境可辅助实现无空洞焊接

助焊剂的规范使用尤为重要，回流焊炉配备有助焊剂自动清洗和循环提取系统，可使维护量减小。在回流焊炉中，焊料和部件加热时会处在工作气体（氮气、甲酸、氢气等）环境或真空中，其加热过程可由回流温度曲线进行控制。回流温度曲线和所用气体对产量、焊点完整性、微观结构和模块的可靠性都有直接影响，焊接是温度与气压变化的配合过程，主要有先抽真空与后抽真空两种方式，焊炉温度与气压配合示意图如图 2-2 所示。

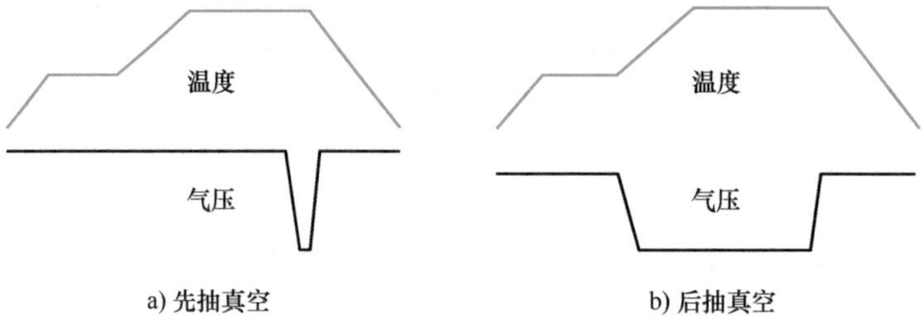

图 2-2　焊炉温度与气压配合示意图

在批量生产时，芯片连接通常由位于回流焊炉入口处的自动芯片贴片机完成。焊料被丝网印刷或涂覆到底板和陶瓷衬底上，或使用预成型焊片。功率芯片被准确放置在焊膏或焊片上后，衬底被自动移动到回流焊炉传送带上实施焊接。焊接定位工具一般采用具有可拆卸部分的块状石墨治具，或采用钱、不锈钢等金属治具，上面蚀刻有开口，用于放置不同的部件。配合导向销及控制各层定位板高度的挡块，以固定底板、陶瓷衬底、端子和互连桥。按照工艺的不同选择，石墨自重或弹簧夹都可用于确保良好焊接。

2. 超声键合工艺

在超声键合工艺中，铝线通过键合楔头送进，键合时楔头将引线压在金属焊盘上，然后将超声能量（通常为 20 ～ 60kHz）施加在楔头上。引线在接触面上摩擦，引起局部加热和冶金熔接。铝线上的薄氧化物涂层会首先破裂，氧化物有助于摩擦加热过程，从而形成可靠的键合。第一键合点形成后，衬底相对于楔头移动，使引线通过楔头上的孔拉出，衬底的移动一般沿着送丝方向。当引线到达第二个焊盘时衬底停止移动，然后重复上述键合过程。第二键合点完成后，引线被夹断远离键合点，并留有尾丝。在较为先进的键合机中，键合头可以在 4 个维度上移动：X 方向、Y 方向、Z 方向、旋转 360°。键合角也可独立于引线方向，其键合工艺远能够更加灵活。

需要注意的是，过大的键合力会损坏芯片，特别是源极的键合。在 IGBT 芯片的结构中，源极键合焊盘在栅极金属的上方，它们之间用一层 SiO_2 隔开。过大的键合力会破坏这一氧化层，使得栅极和源极短路导致失效。

在键合工艺的调试过程中，需要优化第一键合点和第二键合点的参数，包括时间、功率、压力等。第一键合点一般放置在 IGBT 上，为避免过大的力损坏芯片，一般使用较低的设置值，直到形成一个良好稳固的键合点。之后，通过拉伸实验测量强度，对于直径为 350μm 的引线，拉伸强度应大于 2.5N，断裂应发生在引线中段而不是键合点处。如果键合点断裂，应重新调整设置值。如果引线可以连接上并能通过拉伸测试，可以进行电气测试来确保芯片没有受到损坏。如果芯片不能通过电气测试，还需要继续调整设置值，降低力或功率的设置，直到能形成良好稳固的键合点为止。

2.1.3 智能功率模块

随着功率芯片的不断发展，功率模块也在不断进步，20 世纪 90 年代出现了智能功率模块（Intelligent Power Module，IPM，或 Smart Power Module，SPM）。智能功率模块是将功率芯片、传感器和必要的外围电路封装在绝缘塑封体内的模块，包括控制电路、驱动电路、过电压、过电流、过热和欠电压保护电路以及自诊断电路。IPM 的优点包括：开关速度快、驱动电流小、控制驱动简单。IPM 内含电流传感器，可以高效迅速地检测出过电流和短路电流，能对功率芯片实施有效保护，故障率大大降低。由于优化了器件内部电源电路和驱动电路的配线设计，IPM 改善了浪涌电压、门极振荡、噪声干扰等问题。IPM 保护功能丰富，如电流保护、电压保护、温度保护一应俱全，并日臻完善。另外，IPM 的售价已逐渐接近于普通模块，在许多场合其性价比更高。开发人员只需设计简单的绝缘接口和供电电源等外围电路，就能够很好地满足电力电子变换器对高功率密度的要求。智能功率模块一般功率较小，普遍于家电产品和小功率电源等场合，如 10 ～ 600A 电流范围内的通用变频器均有采用 IPM 的趋向。

智能功率模块有六管三相全桥封装和对管封装等电路结构，但各制造商对大功率模块的驱动方法存在差异。常规智能功率模块包括功率和控制两部分。功率部分一般由电力电子芯片对高压大电流输入进行开关操作和能量转换；而控制部分则由低压小功率的集成芯片构成，提供驱动、热保护、短路保护等功能。功率部分通过封装技术集成在衬底和底板上，控制部分一般集成在位于顶部的 PCB 或另一块衬底上。当 IPM 快速关断时，储存在杂散电感中的能量耗散在开关器件上，从而在开关器件上产生过冲电压。因此，功率部分的换流电路设计必须尽可能地降低杂散电感。

2.1.4 平面型功率模块

目前，中低压焊接型功率模块的高端封装技术主要掌握在英飞凌、赛米控、艾赛斯、国际整流器、三菱、东芝、日立等公司手中，其围绕芯片背面焊接固定与正面电极互连两方面不断改进，已将无焊接、无引线键合、无衬底、无底板等先进封装理念及技术结合起来，将芯片的上、下表面均通过烧结或压接方式固定及电极互连，并在模块内部集成更多其他功能元件，如温度传感器、电流传感器及驱动电路等。上述公司还在不断提高功率模块的功率密度、集成度及智能度。

在平面型低压模块中，芯片上、下表面都通过焊接或烧结的方式互连到铜导片或直接键合铜（Direct Bonding Copper，DBC）上，大幅降低了传统键合线带来的杂散阻抗，可将寄生电感控制在 10nH 以内。此外，平面型封装是双面散热的前提，也能解决由键合线导致的高温和可靠性问题。近年来批量生产的典型平面型封装见表 2-7。

表 2-7　典型平面型封装

制造商 / 型号系列	外观图
三菱 CT600CJ1A060	
英飞凌 FF400R07A01E3_S6	
日立 DWDSCPM 系列	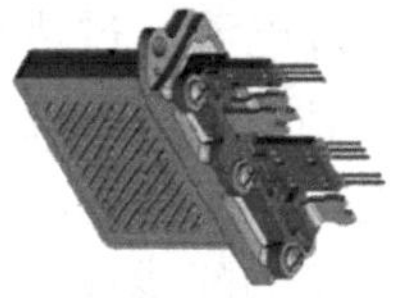

平面型封装的研究方向主要集中在芯片上表面互连方法和封装结构设计两方面。在芯片上表面互连方面，主要研究包括钼片缓冲互连方法、钝化层覆盖后生长焊接触点方法、内嵌式 DBC 结构方法、多层溅射与多层烧结协同方法等。在双面互连集成结构设计方面，部分学者正在探索采用基于遗传算法的多目标优化方法，可突破常规工程试凑法的设计局限，使功率模块能够更加匹配 SiC 芯片的高温高频优势。平面型封装结构、银焊膏烧结、双面散热的充分结合，也是 SiC 功率模块封装发展的主要趋势。

2.1.5　压接型功率模块

压接型 IGBT 功率模块主要有 ABB 公司的 StakPak 系列、东芝公司的 IEGT 系列、西码公司的 Press Pack IGBT 系列，3 种系列器件的最高电压 / 电流等级均已经达 4.5kV/3kA，典型压接型功率模块结构如图 2-3 所示。ABB 公司采用弹簧装置部分解耦了芯片上的机械压力与施加在整个器件上的外部机械压力，具有易于串联、适合冗余设计、失效短路及防爆等特点。通过优化芯片与封装结构，ABB 公司进一步提升了器件的正常开关安全工作区、短路安全工作区以及长期运行可靠性。东芝公司的 IEGT 封装中，通过在压接凸台边缘切出棱角的方式解决了芯片边缘应力过于集中的问题，同时提高了压接型器件在强机械压力下的关断能力。西码公司的压接封装中没有任何键合线，除集电极和发射极通过机械压接方式外，栅极也通过弹簧顶针与外界连接。

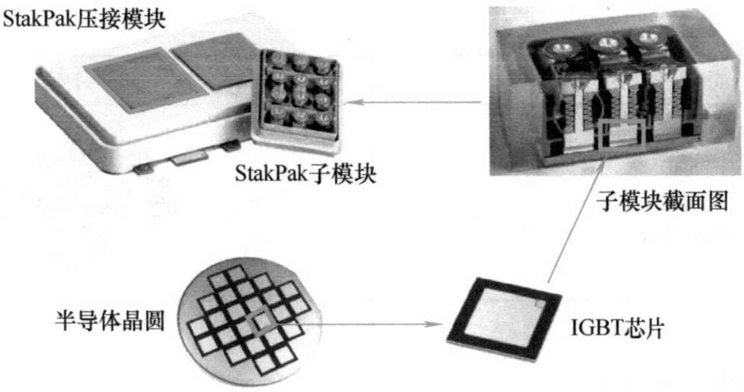

图 2-3　典型压接型功率模块结构示意图

压接型 IGBT 功率模块的研究重点是并联芯片的电气特性、热学特性、机械压力均衡，需要合理设计凸台、钼片等尺寸及其结构形状，使得芯片表面的机械压力合理分布，防止栅极、钝化层等区域的机械损坏。为此，需要选择合适的机械压力，并平衡损耗、热阻、芯片表面机械压力等参数。绝缘方面要注意与键合型模块的区别，注重绝缘材料和绝缘气体的联合使用。均流方面要考虑到芯片差异、寄生阻抗差异、温度差异和压力的共同影响，提高模块的绝缘能力及安全工作区，最终提升功率模块的整体水平。预计到 2025 年，我国可量产 4500V/5000A 压接型 IGBT 功率模块，实现高压大功率 IGBT 在电网中的应用。

2.2　碳化硅器件封装

碳化硅功率芯片可运行于 200℃以上，使电力电子变换器的功率密度倍增，但目前高温电力电子器件封装技术尚未成熟，存在着材料和工艺整合等一系列挑战。SiC 高频工作特性要求进一步减小芯片间、芯片与功率端子间的寄生阻抗，并匹配新型驱动电路。同时，远高于硅基芯片的载流能力也带来了高热流密度问题，需要匹配高效的散热方法，并进一步与 SiC 功率模块封装进行集成。

最初的 SiC 功率模块是传统硅基 IGBT 芯片和 SiC JBS 二极管芯片的混合 SiC 功率模块产品。随着 SiC MOSFET 器件的成熟，Wolfspeed、英飞凌、罗姆、三菱等公司分别开发了全 SiC 功率模块，典型大功率 SiC 功率模块见表 2-8。

表 2-8　典型大功率 SiC 功率模块

制造商 / 型号规格	外观图
罗姆 BSM600D12P3G001 1200V/600A	
Wolfspeed CAB425M12XM3 1200V/425A	

（续）

制造商 / 型号规格	外观图
三菱 FMF800DX-24A 1200V/800A	
英飞凌 FF2MR12W3M1H 1200V/600A	

现有小功率 SiC 器件通常采用传统分立封装形式，而大电流器件通常采用模块形式，内部具有多个芯片。目前大多数 SiC 器件套用传统硅基器件的封装形式和规格，工作结温一般不超过 175℃。受制于较大的杂散阻抗和封装材料的限值，传统封装难以发挥 SiC 芯片的优势。

为解决这一问题，平面型封装成为 SiC 模块的发展重点之一，典型国产平面型 SiC 模块如图 2-4 所示。

图 2-4　典型国产平面型 SiC 模块

我国功率模块封装产业快速发展，SiC 功率模块的产业化水平紧跟国际先进水平，国内主要的 SiC 功率模块企业有嘉兴斯达半导体、南京银茂微电子、阜新嘉隆电子、株洲中车时代电气、西安永电电气、泰科天润等公司。另一方面，国内 SiC MOSFET 芯片产品已经逐步实现产业化，开始部分替代进口 SiC 模块。

SiC 模块近期研究热点是设计开发能满足高温、高频需求的可靠封装，包括：

1）使用高温封装材料。除耐高温特性外，绝缘衬底、互连层等封装结构需要选择与 SiC 芯片热膨胀系数匹配的材料。目前研究较多的是金属焊膏烧结技术、Si_3N_4 衬底的使用、超声端子焊接技术、高温灌封胶开发等。

2）信号检测功能集成。越来越多的系统要求变频器能够在优质的输出条件下提供准确监测，实现控制和保护的功能，需要对多个参数进行采样，如输出电流、直流母线电压、芯片结温等。将上述检测功能集成在功率模块内部，有助于减小系统体积，提高系统可靠性，降低系统成本。

3）与系统匹配的模块优化设计。如果使用标准化硅基器件封装，系统集成多停留在几何布局层面。在与其他元器件的匹配集成设计中，目标与参数之间的关系较为模糊，约束条件多不清晰，集成过程通常基于机械设计人员的经验，难以兼顾电磁特性和散热细节，限制了 SiC 器件优越性能的充分发挥。接下来的研究重点是 SiC 功率模块及系统的映射建模、高效准确的评估、高效可靠的优化算法等。

2.3　氮化镓器件封装

由于氮化镓器件的开关速度快，在开关瞬变中高频振荡引起的高 du/dt 和 di/dt 会增大传导电磁干扰、近场耦合以及辐射电磁干扰等的影响。封装是从源头上减小电磁干扰的方法，其中减小封装布局带来的寄生电感，可以有效改善电流及电压的过冲现象。同时，在热管理和高速开关之间寻求平衡，才能减小封装对 GaN 芯片的电气和热学性能带来的束缚，使其与硅技术相比具有竞争力。

现有 GaN 器件主要以分立器件封装为主，根据其内部电路拓扑以及功率等级差异，需要选择合适的封装类型及结构，以保证其优异的电热性能得以充分发挥。常见的封装类型有通孔式封装（如 TO 系列）、有引脚表面贴装（如 DSO 系列）以及双平面无引脚（Dual Flat No-lead，DFN）、方形扁平无引脚（Quad Flat No-lead，QFN）、平面网格阵列（Land Grid Array，LGA）、球形网格阵列（Ball Grid Array，BGA）封装等。TO 和 DSO 封装中通常使用尺寸较大的 GaN 芯片和较厚的引线框架来降低阻抗，无引脚封装经常用于高频应用场合。贴片式封装的外部引脚寄生效应影响较小，但不利于散热；直插式封装则相反，其散热能力较好，但高频时往往易受寄生参数影响。市场上还出现了功率型方形扁平无引脚（Power Quad Flat No-Lead，PQFN）封装的级联式 GaN HEMT 器件，其源极通过引线键合连接到硅基 MOSFET 漏极相连的铜底板上，其他各极通过键合线连接到信号引出端。

表 2-9 总结了 GaN HEMT 主流产品的封装形式，由此可知，增强型 GaN 器件的封装结构中贴片式的使用较多，直插式的较少。此外，除单体 GaN 器件，还有集成式 GaN 模块产品。目前 GaN 集成形式最多的是 GaN 半桥模块，EPC 和 GaN Systems 均有产品。

表 2-9　GaN HEMT 主流产品的封装形式

制造商	封装	实物图
CREE/Wolfspeed	440196	
GaN Systems	GaNPX（嵌入式晶片封装）	
EPC	BGA、LGA	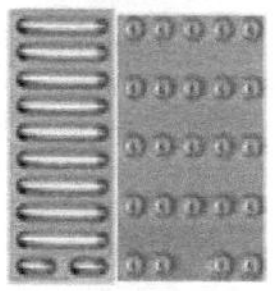
松下 （Panasonic）	DFN8 × 8	
Transphorm	TO−220、TO−247、PQFN	

德州仪器采用了 QFN 单列直插式封装的 GaN 器件模块，可有效减小寄生电感，有助于高频电源设计。600V 以上的 GaN 器件封装需要在满足爬电距离和间隔要求的基础上，尽量减小封装电感，新型引线框架技术能够在二者之间寻求平衡。在芯片焊点和高压引脚之间实现短键合，从而减小寄生电感，实现高频开关性能。

塑模复合材料的选择也是高压 GaN 模块封装的研究热点，因为高压焊点产生的高电场会引起塑模化合物中的电荷迁移现象，影响器件的击穿电压、漏电流等关键参数，因此要选择体积电阻率高、玻璃化转变温度高、可塑性和黏合性好的塑模材料。

从 PCB 及可靠性角度看，还需要考虑引脚焊盘的版图设计。由于高耐压 GaN 器件有爬电距离和间隔的要求，因此高压漏极引脚要和其他引脚分开，保证最小的爬电距离，但这样容易导致不对称的引脚分布现象。在进行表面贴装的模块可靠性测试时，很容易因为 PCB 焊盘焊点之间的应力不均匀而导致器件失效。因此，需针对不同的引线框架设计调整 PCB 上的焊盘尺寸，使焊点密度在可行范围内尽可能减小。

习题

2-1　功率芯片为什么需要封装才能使用?

2-2　功率模块封装材料的特点有哪些?

2-3　键合型功率模块的重要封装工艺有哪些?

2-4　平面型功率模块封装的优势有哪些?

2-5　为什么较大功率的功率模块极少使用智能功率模块（IPM）技术呢?

2-6　高压的压接模块有哪些发展趋势?

2-7　碳化硅器件封装有哪些发展趋势?

2-8　氮化镓器件封装有哪些特点?

第3章 电力电子器件的电气特性

传统电力电子技术教材通常把构成电路的元件（电阻、电容、电感）和开关器件均视作理想元器件，以简化理论分析。然而，实际电路的输出波形中存在各类电压 / 电流过冲等暂态现象，成为广大研究人员初次步入工程实践面临的挑战之一。实际上，不同于以冲量相等原则为基础的传统电力电子技术，电力电子器件的开关动作属于典型的暂态过程，弄清楚实际电力电子器件的开关过程及典型电气特性，有助于研究人员完善电力电子暂态电路理论，并为开展相应的电磁暂态仿真打下基础。为此，本章接下来将详细介绍电力二极管、IGBT 等典型电力电子器件的电气特性和动态开关过程。

3.1 电力二极管的电气特性

作为典型的不可控电力电子器件，电力二极管在电力电子功率变换器中应用十分广泛，常用于整流、续流、钳位等电路。在本书中，电力二极管简称为“二极管”，接下来将分别从电力二极管的主要参数和动态特性两方面进行介绍。

3.1.1 电力二极管的主要参数

1. 正向导通压降

二极管的正向导通压降 U_F 通常指的是在特定温度下，二极管流过某一稳态正向电流时对应的正向电压降。对硅基二极管而言，该电压降具有负温度特性，即 U_F 随温度升高而减小。

2. 正向导通电流

二极管的正向导通电流 I_F 通常指的是在特定温度下，二极管允许流过的最大正向平均电流。该电流跟正向导通压降引起的损耗使得结温升高，此温度不得超过最高允许结温。

3. 反向重复峰值电压

二极管的反向重复峰值电压 U_{RRM} 通常指二极管工作时允许重复施加的反向最高峰值电压，一般是反向雪崩击穿电压的 2/3。电路设计中通常按照电路中二极管关断时所承受最高反向电压应力的 1.5 倍选取二极管的额定电压。

4. 反向恢复时间

二极管的反向恢复时间 t_{rr} 通常指从正向电流过零到反向电流下降到其反向峰值 10%

的时间间隔，与反向电流上升率、结温和关断前最大正向电流有关。

5. 最高允许结温

结温 T_j 指 PN 结的平均温度，二极管的最高允许结温 T_{jM} 指 PN 结不损坏所能承受的最高平均温度。硅基二极管最高允许结温一般为 150℃，宽禁带二极管结温最高可到 175℃以上。

图 3-1 为典型二极管的伏安特性曲线，图中 U_{TO} 是二极管的阈值电压，r 是二极管的正向电阻。在额定电流 $I_{F,\ nom}$ 处作切线，切线与横坐标的交点就是 U_{TO}，一般电力二极管的阈值电压为 0.2 ～ 0.5V。

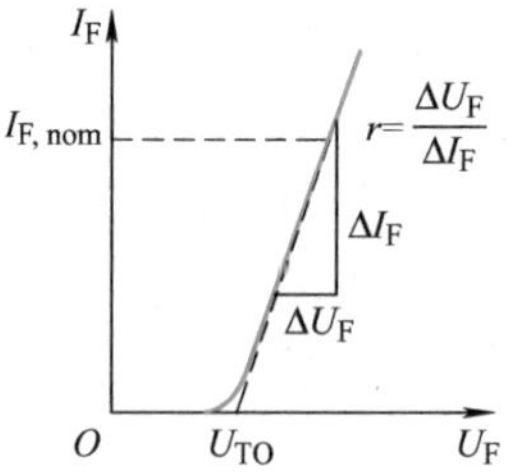

a) 理论曲线

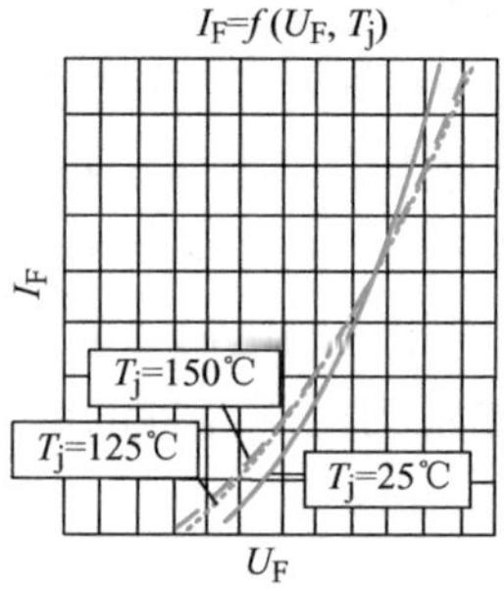

b) 实际曲线

图 3-1　典型二极管的伏安特性曲线

3.1.2　电力二极管的动态特性

由于 PN 结电容效应的存在，电力二极管在正向导通和反向截止之间的转换存在一个过渡过程。在此过程中，二极管的电压 – 电流特性与前述典型伏安特性不同，这就是电力二极管的动态特性。

最为典型的就是电力二极管的反向恢复特性。从关断机理角度看，电力二极管从导通状态进入截止状态的过程中，其 PN 结两端所加电压由正向变成反向，与此同时，空间电荷区电场增强，会把正向注入的空穴抽取走。这些空穴的密度比基区的平衡空穴密度高出很多，因此在反向偏置瞬间会引起一个很大的反向恢复电流，此电流远大于反向漏电流，直到基区中所积累的多余载流子完全消失后，反向电流才下降，并稳定到反向漏电流，这个过程称为反向恢复。典型电力二极管的反向恢复过程如图 3-2 所示。在 t_1 时刻之前，二极管处于正向导通状态，其正向导通压降为 U_F。

在 t_1 时刻二极管施加反偏电压，二极管电流开始下降。考虑电路寄生电感参数，二极管电流不会瞬时下降到零。此时 PN 结电容存储电荷并不能立即消失，二极管两端电压仍然是正向导通压降 U_F。

在 t_2 时刻，二极管电流下降至零，在反偏电压作用下，反向电流从零开始反向增加，在 t_3 时刻反向电流达到最大值 I_{RP}，该反向电流使 PN 结电容存储电荷逐渐消失，二极管两端电压下降至零。

此后，二极管反向阻断能力逐渐恢复，二极管两端电压反向增加到最大值 U_{RP} 后逐

渐减小至稳态值 U_R，反向电流则从 I_{RP} 逐渐衰减，当反向电流降至 I_{RP} 的 10% 时，近似认为反向恢复过程结束。

从图 3-2 可以看出二极管的反向恢复时间 t_{rr} 一般包括延迟时间 t_d 和下降时间 t_f 两部分。这里把 t_f 和 t_d 的比值定义为柔度因数 S_F，即

$$S_F = t_f / t_d \tag{3-1}$$

S_F 越小，意味着电流下降越快，即 di/dt 越大。考虑到电力二极管电路中的寄生电感和寄生电容，过高的 di/dt 容易造成严重的电磁干扰和反向过冲电压现象，导致电路器件损坏。因此通常希望采用 S_F 稍大的电力二极管。

除上述反向恢复外，电力二极管也存在正向导通过程，如图 3-3 所示。当施加正偏电压后，二极管电压从零快速上冲，形成一个很高的尖峰，然后降至正向导通压降 U_F，这个电压尖峰称为可重复正向峰值电压 U_{FRM}。从内在机理角度看，二极管反偏电压下空间电荷区加宽，势垒电容充入一定电荷；施加正偏电压后必须先将势垒电容的电荷放掉，然后正向电压上升到阈值电压以上，PN 结才有正向电流流过，这就需要一定的时间，称为正向导通时间。需要注意的是，根据二极管的类型和应用环境，U_{FRM} 的值可以达到几十伏甚至几百伏。

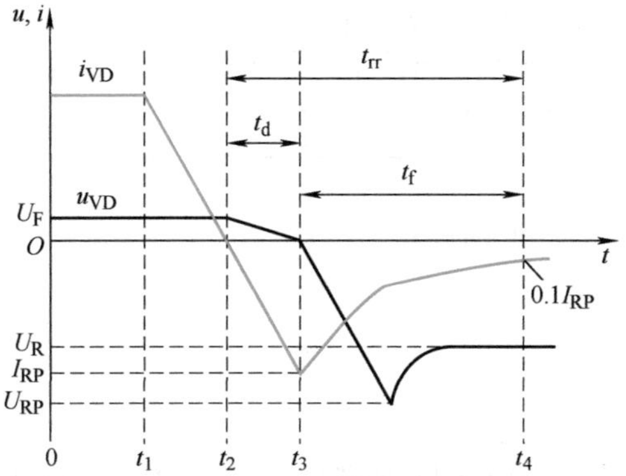

图 3-2　二极管的反向恢复过程

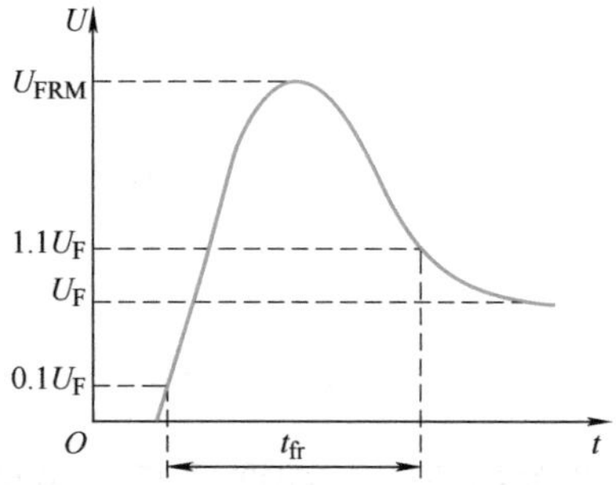

图 3-3　二极管的正向导通过程

3.2　IGBT 的电气特性

作为应用最广泛的全控型电力电子器件之一，IGBT 常用于整流、逆变、直流变换等电力电子功率变换电路。接下来将分别从 IGBT 的主要参数、开通过程、关断过程、安全工作区、米勒效应等方面进行介绍。

3.2.1　IGBT 的主要参数

1. 饱和压降

饱和压降 $U_{CE,sat}$ 通常指的是在饱和导通条件下，IGBT 集电极与发射极两端之间的电压差，一般为 2 ～ 3V。

2. 击穿电压

击穿电压 U_{CES} 通常指栅极处于开路状态下，IGBT 集电极 – 发射极两端可承受的最大电压。通常按照电路中 IGBT 关断时所承受最高电压应力的 1.5 倍选择 IGBT 的额定电压。

3. 集电极最大电流

集电极最大电流 $I_{C\,(max)}$ 指饱和导通状态时，IGBT 集电极允许流过的最大电流。通常按照电路中 IGBT 开通时电流应力的 1.5 倍来选择 IGBT 的额定电流。

图 3-4 为典型 IGBT 的伏安特性曲线，在额定电流 $I_{C,nom}$ 处作一条切线，切线与横坐标轴的交点就是 IGBT 的阈值电压 U_{CE0}，此外，r 是 IGBT 的正向电阻。

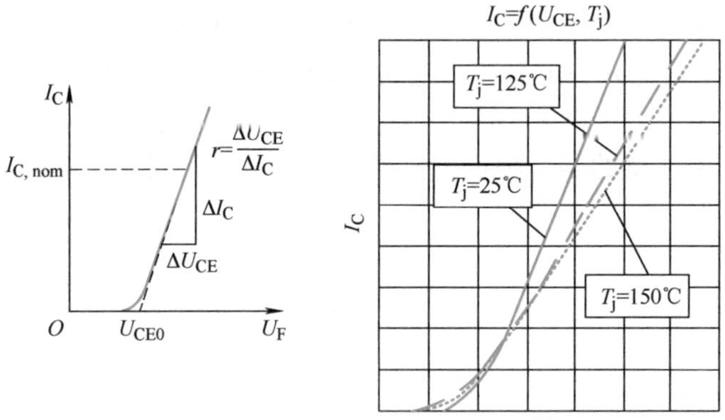

a) 理论曲线　　b) 实际曲线

图 3-4　典型 IGBT 的伏安特性曲线

3.2.2　IGBT 的开通过程

硬开关拓扑中，IGBT 半桥模块是最常用的电力电子器件模块之一，接下来将选取图 3-5a 所示的半桥拓扑分析 IGBT 的开关特性。感性负载下 IGBT 的开关等效电路如图 3-5b 所示，驱动电路提供栅极驱动电压 U_{GE+} 或 U_{GE-}，假定直流母线电压 U_{in} 和负载电流 I_L 恒定，功率回路的寄生电感集中等效为杂散电流 L_s。IGBT 等效电路中还包括栅极 – 发射极电容 C_{GE}、栅极 – 集电极电容 C_{GC}、集电极 – 发射极电容 C_{CE}。根据 IGBT 数据手册可知 C_{GE}、C_{GC}、C_{CE} 存在如下关系：

$$\begin{cases} C_{ies} = C_{GC} + C_{GE} \\ C_{oes} = C_{GC} + C_{CE} \\ C_{res} = C_{GC} \end{cases} \tag{3-2}$$

式中，C_{ies}、C_{oes}、C_{res} 分别为输入电容、输出电容、反向传输电容。

IGBT 的开通过程如图 3-6 所示，相应 IGBT 的工作点变化轨迹如图 3-7 所示。图中，U_{CE} 和 I_C 分别是 IGBT 的集射极电压和集电极电流；U_{GE} 和 I_G 分别是栅极驱动电路的电压和电流。

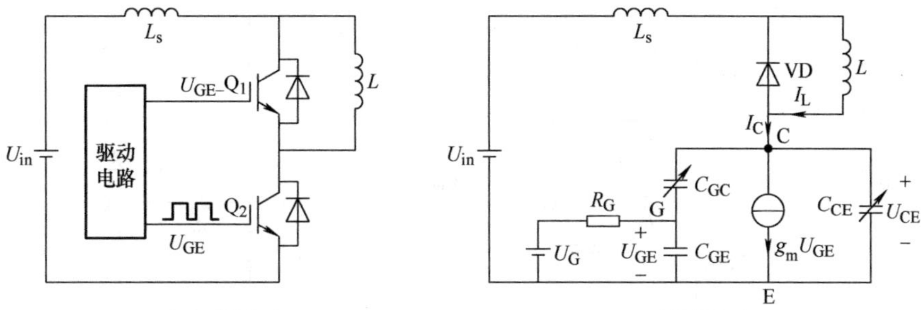

a) 双脉冲测试电路　　b) 开关等效电路

图 3-5　感性负载下 IGBT 的开关等效电路

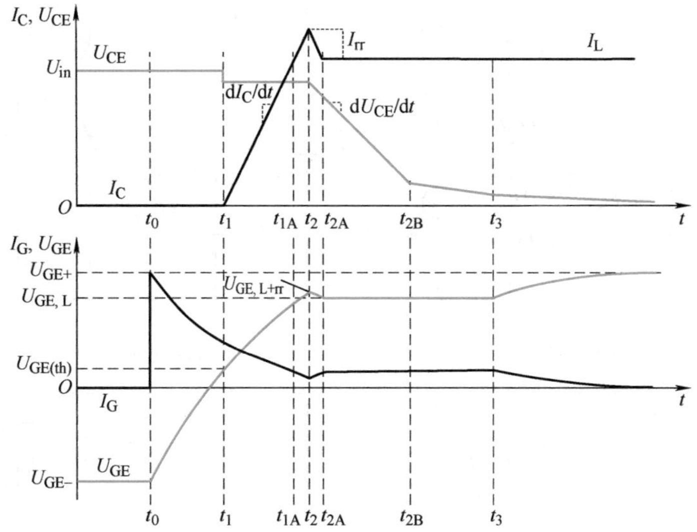

图 3-6　IGBT 的开通过程

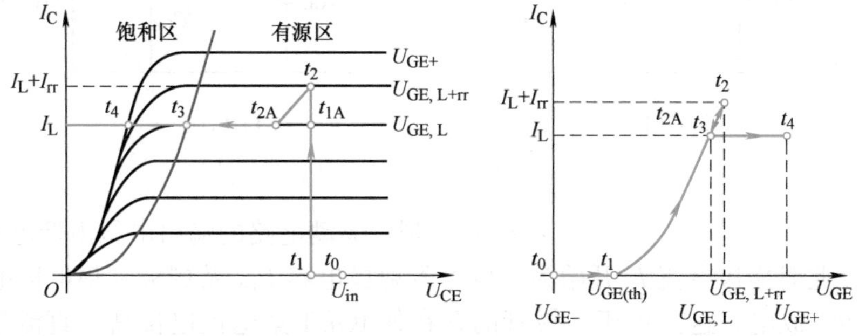

a) 输出特性曲线变化轨迹　　b) 转移特性曲线变化轨迹

图 3-7　典型工作点变化轨迹

接下来将通过图 3-8 所示等效电路详细介绍 IGBT 的开通过程。

1）初始状态 $(-\infty, t_0]$：在 t_0 时刻之前，IGBT 关断状态时，栅极电压为负向驱动电压，没有电流流过，即 $U_{GE}=U_{GE-}$，$U_{CE}=U_{in}$，$I_G=0$，$I_C=0$，负载电流 I_L 通过二极管 VD 续流，如图 3-8a 所示。

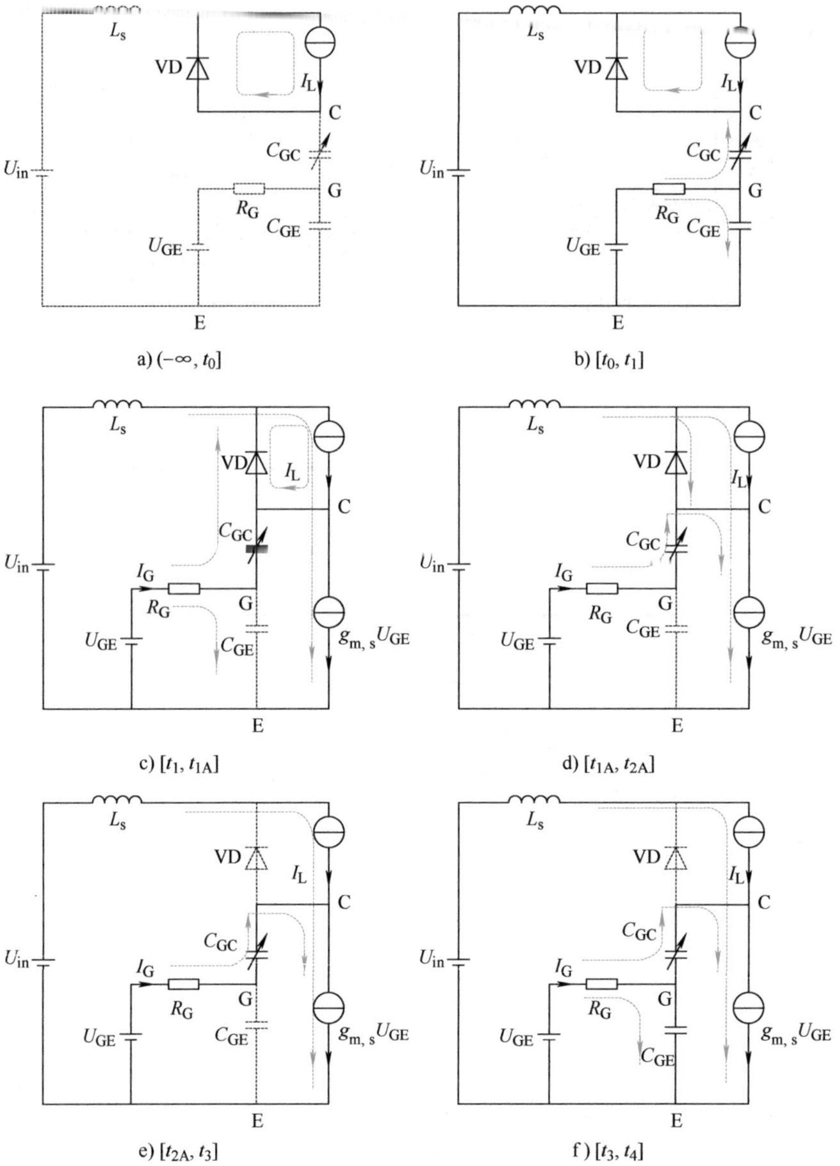

图 3-8　IGBT 开通过程等效电路中的流通路径

2）栅极充电延迟阶段 $[t_0, t_1]$：在 t_0 时刻，驱动电路的输出电压由低电平 U_{GE-} 变为高电平 U_{GE+}，此时栅极电流 I_G 开始为栅极 - 发射极电容 C_{GE} 及栅极 - 集电极电容 C_{GC}（也称为米勒电容）放电，这是由于二极管的存在使 IGBT 集电极电位高于直流母线电压 U_{in} 造成的。

这个过程等效为 RC 电路充电过程，即

$$U_{GE}(t) = U_{GE-} + \Delta U_{GE}(1 - e^{-(t-t_0)/\tau_{G,S}}) \tag{3-3}$$

式中，$\Delta U_{GE}=U_{GE+}-U_{GE-}$，即正、负栅极驱动输出电压之差，且有

$$\tau_{G,S} = R_G C_{ies} = R_G(C_{GE} + C_{GC,S}) \approx R_G C_{GE} \tag{3-4}$$

可以看出，对应于较高 U_{CE} 值时，充电时间常数 $\tau_{G,S}$ 仅与栅极电阻 R_G 及栅极电容 C_{GE} 的大小相关。当 U_{CE} 值较高时，栅极电容 C_{GE} 的值远大于米勒电容 C_{GC}。因此，米勒电容 C_{GC} 可以近似认为等于一个小电容值 $C_{GC,S}$，如图 3-9 所示。

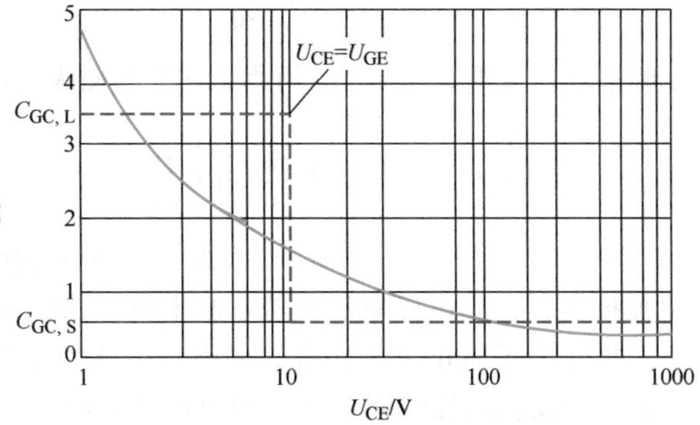

图 3-9　IGBT 米勒电容与集电极电压 U_{CE} 的关系

随着栅极电压上升，栅极电流 I_G 首先达到其正向最大值，然后开始衰减，即

$$I_G(t)=\frac{U_{GE+}-U_{GE}(t)}{R_G}=\frac{\Delta U_{GE}}{R_G}e^{-(t-t_0)/\tau_{G,S}} \tag{3-5}$$

IGBT 的栅极电压 U_{GE} 低于其开启阈值电压 $U_{GE(th)}$ 时，IGBT 一直处于关断状态。开通过程中存在栅极充电延迟时间 $t_{d,gc}$，即从栅极施加正向电压 U_{GE+} 到栅极电压达到阈值电压 $U_{GE(th)}$，可以计算出此时间为

$$t_{d,gc}=t_1-t_0=\tau_{G,S}\ln\left(\frac{\Delta U_{GE}}{U_{GE+}-U_{GE(th)}}\right) \tag{3-6}$$

当栅极电压 U_{GE} 达到开启阈值电压 $U_{GE(th)}$ 时，IGBT 就会按照其转移特性和输出特性而导通电流。

3）电流上升阶段［t_1，t_{1A}］：栅极充电仍在继续，由于栅极电压 U_{GE} 高于开启阈值电压 $U_{GE(th)}$，负载电流 I_L 开始从二极管流向 IGBT，如图 3-8c 所示。集电极电流 I_C 可以定义为

$$I_C(t)=g_{m,s}\left[U_{GE}(t)-U_{GE(th)}\right] \tag{3-7}$$

式中，$g_{m,s}$ 为 IGBT 的跨导。

由图 3-7 可知，此时 IGBT 工作点位于有源区。对式（3-7）两端取微分可得 I_C 的上升率 dI_C/dt，其与栅极电压 / 电流及输入电容满足函数关系，即

$$\frac{dI_C}{dt}=g_{m,s}\frac{dU_{GE}}{dt}=g_{m,s}\frac{I_G}{C_{ies}}\approx g_{m,s}\frac{I_G}{C_{GE}} \tag{3-8}$$

因此，二极管电流 I_D 以 I_C 的增速负向衰减，即

$$\frac{dI_D}{dt}=-\frac{dI_C}{dt} \tag{3-9}$$

由于集电极电流迅速上升，会在功率回路的寄生电感上感应出一个电压降，导致 IGBT 集电极电压 U_{CE} 低于直流母线电压 U_{in}，如图 3-6a 所示，其中

$$U_{CE}=U_{in}-L_s\frac{dI_C}{dt} \tag{3-10}$$

当 I_C 达到负载电流 I_L 时，根据式（3-7），可得 IGBT 的栅极电压为

$$U_{GE}\Big|_{I_C=I_L}=U_{GE,L}=U_{GE(th)}+\frac{I_L}{g_{m,s}} \tag{3-11}$$

4）二极管的反向恢复阶段［t_{1A}，t_{2A}］：在 t_{1A} 时刻，二极管中的电流变为反向，二极管存储的电荷 Q_{rr} 迅速被抽走，而集电极电流依然不断上升，这种现象称为二极管的反向恢复。如图 3-10 所示，此处为了简化分析过程，假设反向恢复波形近似为对称三角形，则反向恢复电荷 Q_{rr} 可表示为反向恢复时间 t_{rr} 和峰值反向恢复电流 I_{rr} 的函数，即

$$Q_{rr}=\frac{t_{rr}I_{rr}}{2} \tag{3-12}$$

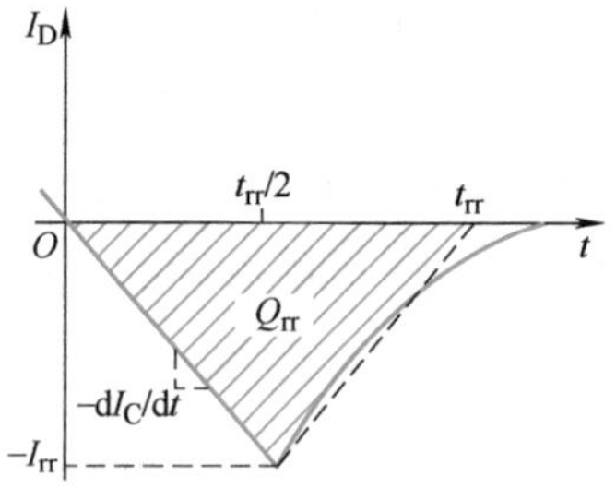

图 3-10　二极管关断时电流与 dI_C/dt 的关系波形图

峰值反向恢复电流 I_{rr} 也可以用 dI_C/dt 和反向恢复时间 t_{rr} 来表示，即

$$I_{rr}=\frac{t_{rr}}{2}\frac{dI_C}{dt} \tag{3-13}$$

反向恢复时间 t_{rr} 可以为表示为 Q_{rr} 和 dI_C/dt 的函数，即

$$t_{rr}=2\sqrt{\frac{Q_{rr}}{dI_C/dt}} \tag{3-14}$$

最后，将式（3-14）代入式（3-13），得到峰值反向恢复电流为

$$I_{rr}=\sqrt{Q_{rr}\frac{dI_C}{dt}} \tag{3-15}$$

当集电极电流 $I_C=I_L+I_{rr}$ 时，二极管反向截止，IGBT 的集电极电压 U_{CE} 开始下降。此时，根据式（3-8）可以得出此刻栅极电压 U_{GE} 为

$$(U_{GE})_{I_C=I_L+I_{rr}}=U_{GE,L+rr}=U_{GE(th)}+\frac{I_L+I_{rr}}{g_{m,s}} \tag{3-16}$$

5）电压下降阶段［t_{2A}，t_3］：集电极电流 I_C 达到 I_L+I_{rr} 后会退回到 I_L 大小，如图 3-6 所示。由于此阶段 IGBT 工作点位于有源区，I_C 保持恒定，栅极电压被钳位在 $U_{GE,L}$，此阶段称为米勒平台。此时栅极电流 I_G 输出也保持在一个恒定值，即

$$I_G = \frac{U_{GE+} - U_{GE-}}{R_G} \tag{3-17}$$

此时 I_G 对米勒电容 C_{GC} 充电，U_{CE} 开始下降，下降速率满足

$$\frac{dU_{CE}}{dt} = -\frac{dU_{GC}}{dt} = -\frac{I_G}{C_{GC,S}} \tag{3-18}$$

而实际上，米勒电容 C_{GC} 在 U_{CE} 作用下呈非线性变化。如图 3-9 所示，当 U_{CE} 较大时，C_{GC} 近似认为是一个小电容值 $C_{GC,S}$；当 U_{CE} 较小时，C_{GC} 则近似认为是一个较大电容值 $C_{GC,L}$。当 U_{CE} 接近 U_{GE} 时（$t=t_{2B}$），C_{GC} 迅速增大，dU_{CE}/dt 随之变得非常小。因此，U_{CE} 下降斜率不是恒定值，但栅极电流 I_G 一直为 C_{GC} 恒流充电，IGBT 持续运行在有源区内。

6）栅极充电阶段［t_3，t_4］：在 t_3 时刻，IGBT 工作点跨越有源区的边界进入饱和区，栅极电压突破米勒平台继续为 IGBT 的输入电容 C_{ies} 充电，则栅极充电的时间常数 $\tau_{G,L}$ 为

$$\tau_{G,L} = R_G(C_{GE} + C_{GC,L}) \tag{3-19}$$

由于该阶段 U_{CE} 较低，C_{GC} 值较大，此处不能忽略。该阶段 IGBT 的正向压降最终到达能保持导通负载电流 I_L 时的最低通态压降；IGBT 的反并联二极管承受全部的直流母线电压。

3.2.3　IGBT 的关断过程

IGBT 的关断过程如图 3-11 所示，相应 IGBT 的工作点变化轨迹如图 3-12 所示，接下来将利用图 3-13 所示等效电路以及栅极电流的路径对 IGBT 的关断过程进行详细分析。

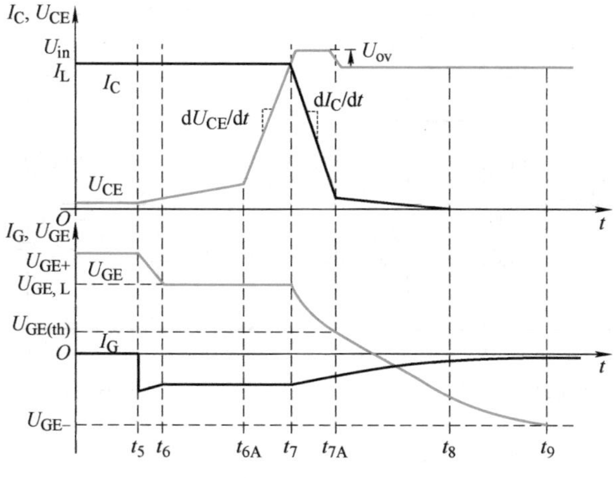

图 3-11　IGBT 的关断过程

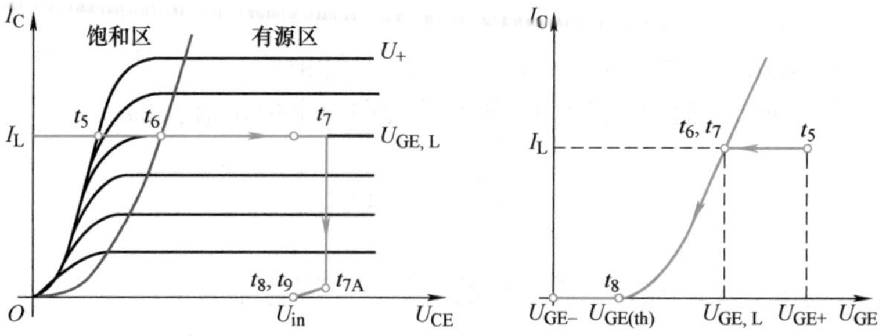

a) 输出特性曲线变化轨迹　　b) 转移特性曲线变化轨迹

图 3-12　典型工作点变化轨迹

1）导通阶段 [t_4，t_5]：IGBT 导通状态时，栅极电压为正向驱动电压，保持着正向饱和压降，即 $U_{GE}=U_{GE+}$、$U_{CE}=U_{CE,sat}$、$I_G=0$、$I_C=I_L$，如图 3-11 和图 3-13a 所示。在 $t=t_5$ 时刻，驱动电路的输出电压为恒定的负向电压 U_{GE-}，IGBT 关断由此开始。

2）栅极放电延迟阶段 [t_5，t_6]：IGBT 的输入电容被放电，栅极电压变为

$$U_{GE}(t)=U_{GE+}-\Delta U_{GE}[1-e^{-(t-t_5)/\tau_{G,L}}] \tag{3-20}$$

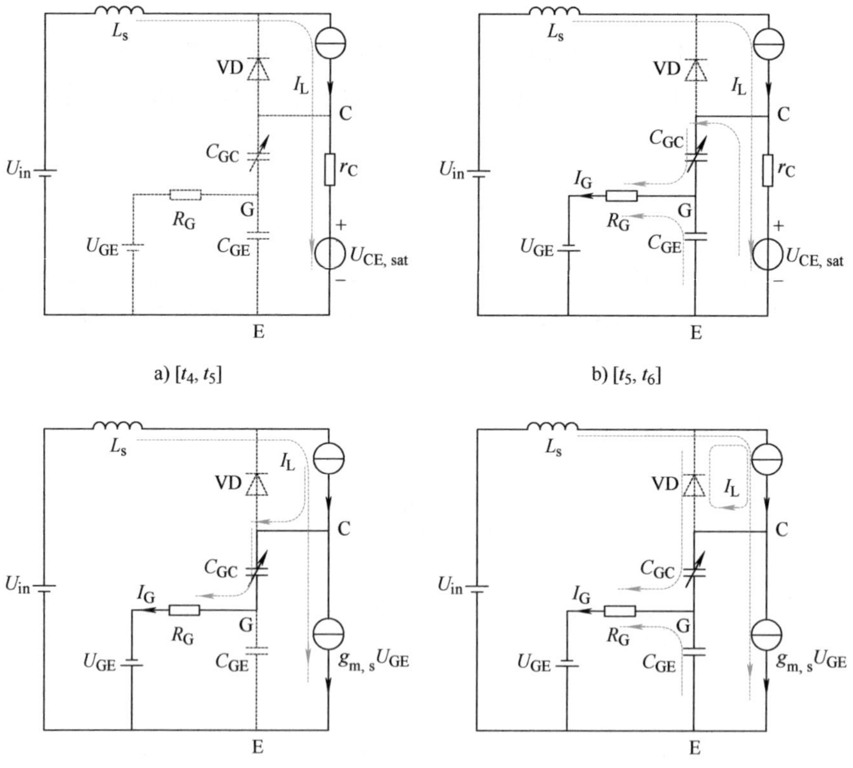

a) [t_4, t_5]　　b) [t_5, t_6]

c) [t_6, t_7]　　d) [t_7, t_{7A}]

图 3-13　关断过程中不同阶段相应电流在等效电路中的流通路径

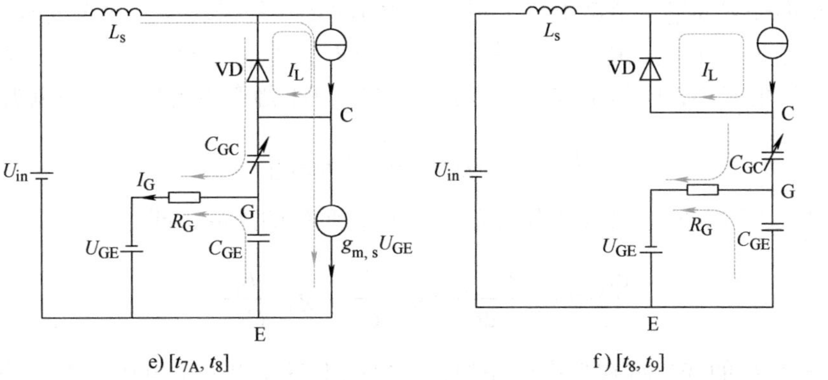

图 3-13　关断过程中不同阶段相应电流在等效电路中的流通路径（续）

随着栅极电压下降，栅极电流首先达到其负向最大值，然后开始衰减，即

$$I_G(t)=\frac{U_{GE-}-U_{GE}(t)}{R_G}=-\frac{\Delta U_{GE}}{R_G}e^{-(t-t_5)/\tau_{G,L}} \tag{3-21}$$

在 $t=t_6$ 时刻，栅极电压 U_{GE} 达到可以维持负载电流的最小值 $U_{GE,L}$，IGBT 工作点进入有源区，栅极电压被钳位在米勒平台。该阶段决定了关断过程栅极放电延迟时间 $t_{d,GD}$，即

$$t_{d,GD}=t_6-t_5=\tau_{G,L}\ln\left(\frac{\Delta U_{GE}}{U_{GE,L}-U_{GE-}}\right) \tag{3-22}$$

3）电压上升阶段 $[t_6, t_7]$：当栅极电压被钳位在米勒平台时，栅极电压为

$$U_{GE}=U_{GE,L} \tag{3-23}$$

在采用电阻型驱动电路的情况下，栅极电流 I_G 保持恒定输出值，即

$$I_G=\frac{U_{GE-}-U_{GE,L}}{R_G} \tag{3-24}$$

此时，栅极电流 I_G 为米勒电容 C_{GC} 充电，由于集电极电压 U_{CE} 较低，C_{GC} 近似等于较大的 $C_{GC,L}$，如图 3-9 所示，故 U_{CE} 上升很慢。当 $U_{CE}=U_{GE}$ 时，C_{GC} 的值急剧减小。此时，U_{CE} 开始迅速上升。关断延迟时间 $t_{d,GC}$ 可近似计算为

$$t_{d,GC}=t_{6A}-t_6=\left[U_{CE,sat}-U_{GE,L}\right]\frac{C_{GC,L}}{I_G} \tag{3-25}$$

从 $t=t_{6A}$ 开始，U_{CE} 逐渐高于 U_{GE}，米勒电容可近似为较小的电容值 $C_{GC,S}$，这时 IGBT 退饱和正式开始，U_{CE} 开始快速上升，上升斜率近似表示为

$$\frac{dU_{CE}}{dt}=-\frac{dU_{GC}}{dt}=-\frac{I_G}{C_{GC,S}} \tag{3-26}$$

由于关断过程中栅极电流 I_G 为负，此处 U_{CE} 上升斜率为正。

4）电流下降阶段 $[t_7, t_{7A}]$：在 $t=t_7$ 时刻，集电极电压 U_{CE} 上升至直流母线电压 U_{in}，

续流二极管正向偏置导通。负载电流 I_L 开始从 IGBT 向二极管转移。输入电容 C_{ies} 中电荷被逐渐抽走，栅极电压 U_{GE} 退出米勒平台，从电压 $U_{GE}=U_{GE,L}$ 开始下降。由于 U_{CE} 回到较高值，米勒电容值变小，时间常数 $\tau_{G,S}$ 变小。根据 IGBT 静态传输特性，集电极电流为

$$I_C(t)=g_{m,s}\left[U_{GE}(t)-U_{GE(th)}\right] \tag{3-27}$$

通过对式（3-27）两端取微分得到 I_C 关于 U_{GE} 或 I_G 的函数，即

$$\frac{dI_C}{dt}=g_{m,s}\frac{dU_{GE}}{dt}=g_{m,s}\frac{I_G}{C_{ies}}\approx g_{m,s}\frac{I_G}{C_{GE}} \tag{3-28}$$

集电极电流 I_C 的变化将在功率回路的寄生电感上感应出一个电压降 U_{ov}，因此 IGBT 两端的电压将超过直流母线电压，即

$$U_{CE}=U_{in}-L_s\frac{dI_C}{dt}=U_{in}+U_{ov} \tag{3-29}$$

式中，dI_C/dt 为负值。

5）拖尾电流阶段［t_{7A}，t_8］：在 $t=t_{7A}$ 时刻，栅极电压 U_{GE} 继续下降，集电极电流 I_C 下降到拖尾电流的大小后就不再像之前那样减小了。在直流母线电压作用下，IGBT 中剩余的载流子被慢慢抽走，同时 IGBT 存储的电荷被逐渐复合，这种现象主要依赖于 IGBT 的制造技术和电荷载流子的寿命、变化的结温 T_j、导通状态下集电极电流 I_C 的大小以及关断持续时间。

6）栅极放电阶段［t_8，t_9］：随着拖尾电流减小，栅极电压 U_{GE} 继续下降，直到 U_{GE} 达到负向驱动电路输出电压 U_{GE-}。至此，IGBT 的关断过程结束。

3.2.4 IGBT 的安全工作区

IGBT 的安全工作区（Safe Operation Area，SOA）描述了 IGBT 承受反向偏置电压时能够安全工作的区域，反映了其承受高电压和大电流的能力，安全工作区越宽，则表明其可靠性越高。IGBT 的安全工作区可以分为以下 3 个主要区域。

1. 正向偏置安全工作区

正向偏置安全工作区（Forward Bias Safe Operation Area，FBSOA）也称正向导通区，由以下特性决定：最大集电极电流、最大集电极 – 发射极间电压和最大功耗。其中最大集电极电流的值应该小于引发动态锁定的电流值，最大集电极 – 发射极电压应该避免 IGBT 中的寄生 NPN 晶体管发生击穿，IGBT 所能承受的最高结温决定了其最大功耗。在 IGBT 运行中，若导通时间越长，总功耗就越多，产生热能也就越多，安全工作区就越窄，如图 3-14a 所示。

2. 反向偏置安全工作区

IGBT 在关断时，即 U_{GE} 等于零或者为负压时，由于器件内部的载流子还未完全复合，集电极电流 I_C 依然存在，反向偏置安全工作区（Reverse Bias Safe Operation Area，RBSOA）即为 IGBT 关断时能够安全工作的区域。该区域由以下特性来决定：最大集电

极电流、最大集电极－发射极间电压和最大允许电压上升率 dU_{CE}/dt。IGBT 的反向偏置安全工作区如图 3-14b 所示，它随 IGBT 关断时最大集电极－发射极间的电压变化率而变化，dU_{CE}/dt 越大，RBSOA 越窄。

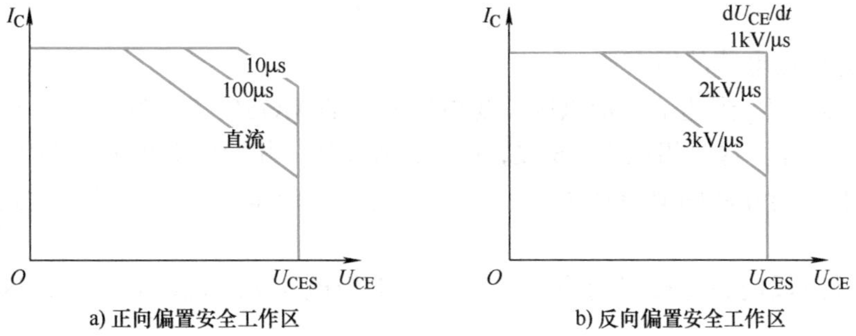

图 3-14　IGBT 的安全工作区

3. 短路安全工作区

在 IGBT 的 U_{CE} 两端加额定电压后，突然给栅极施加电压 U_{GE}，且 $U_{GE}>U_{GE(th)}$，IGBT 立刻进入短路状态，短路电流是额定电流的 8 ～ 10 倍，所测得的驱动电路控制 IGBT 的最大短路时间即为短路安全工作区（Short Circuit Safe Operation Area，SCSOA）。在此区域内，IGBT 耗能非常大，出现损坏的概率也非常大。

3.2.5　IGBT 的米勒效应

IGBT 栅极对外显示出类似电容的特性，其电压由充电电荷和电容决定，即

$$Q=CU \tag{3-30}$$

可见，在固定电容值条件下，电荷与施加在电容两端的电压呈线性关系。但 IGBT 的等效电容与此不同，图 3-15 给出了栅极电荷 Q_G 标幺值和栅极电压 U_{GE} 的关系，最终充电电荷到达 E 点。栅极电荷充电过程可以分为 4 个区域。

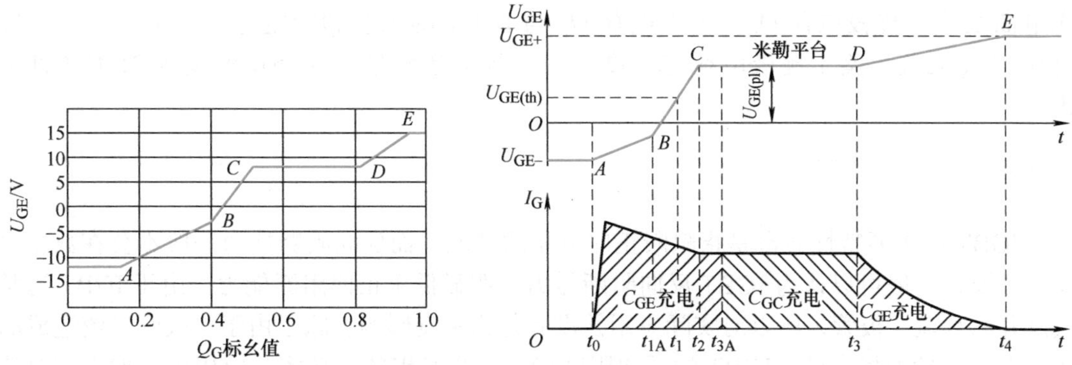

图 3-15　栅极电荷 Q_G 标幺值和栅极电压 U_{GE} 的关系

第 1 阶段［t_0，t_1］：栅极电流对电容 C_{GE} 进行充电，栅极电荷处于积累模式，U_{GE} 根

据式（3-31）上升。在实际的应用之中，该阶段持续时间 t_{01A} 由驱动电阻（包括内部和外部电阻）和等效栅极电容决定，所以 C_{GE} 不是线性上升。

$$U_{GE}=\frac{I_G t_{01A}}{C_{GE}}=\frac{Q_{G,B}}{C_{GE}} \tag{3-31}$$

式中，$Q_{G,B}$ 为栅极电荷的标幺值。

在 t_{1A} 时刻，U_{GE} 到达了平带电压，受电压影响的 MOSFET 电容（属于 C_{GE} 的一部分）不再影响充电过程。这时相比于 AB 段，C_{GE} 的值降低。相应的栅极充电斜率上升。在 BC 段栅极电压上升到开启阈值电压 $U_{GE(th)}$。这个过程电流很大，甚至可以达到几安的瞬态电流。

此外，该阶段内集电极没有电流流过，集电极电压 U_{CE} 也没有变化，这段时间也称为死区时间。

第 2阶段［t_1，t_2］：栅极电流对 C_{GE} 和 C_{GC} 充电，栅极的充电过程由米勒电容 C_{GC} 决定，IGBT 开始导通，集电极电流增加，U_{CE} 不断降低，I_{GC} 通过 C_{GC} 给栅极放电，这部分栅极电流需要驱动电流 I_{Driver} 来补偿。这时栅极出现一个恒定的电压，这种现象称为米勒电压或米勒平台。

$$I_G=I_{Driver}+I_{GC}=I_{Driver}+C_{GC}\frac{dU_{CE}}{dt} \tag{3-32}$$

IGBT 一旦进入饱和，此时的电压为饱和压降 $U_{CE,sat}$，dU_{CE}/dt 会下降到零，也没有任何反馈。

第 3 阶段［t_2，t_{3A}］：栅极电流对 C_{GE} 和 C_{GC} 电容充电，这个时候 U_{GE} 是完全不变的，值得注意的是 U_{CE} 的变化非常快。

第 4 阶段［t_{3A}，t_3］：栅极电流对 C_{GE} 和 C_{GC} 电容充电，随着 U_{CE} 缓慢变化成稳态电压，米勒电容也随着电压的减小而增大，此时 U_{GE} 仍旧维持在米勒平台上。

第 5 阶段［t_3，t_4］：这个时候栅极电流 I_G 继续对 C_{GE} 充电，U_{GE} 开始上升，IGBT 完全导通。

如果确定了 IGBT 栅极 - 发射极之间的推荐电容 C_{GE}，就可以根据该电容找到栅极充电曲线或者栅极电荷 Q_G。栅极电荷 Q_G 与 IGBT 的工艺和额定电流有关，与其击穿电压 U_{CES} 无关。鉴于栅极电荷与温度无关，故上述测量均在环境温度为 25℃条件下进行。

3.2.6 IGBT 的阻断特性

IGBT 的阻断特性通常是指阻断正向电压的情况，而反向阻断能力一般不会在数据手册中提及，一般可以认为 IGBT 反向阻断能力要明显低于正向阻断能力。由于 IGBT 通常会反并联续流二极管，所以对实际应用并没有什么不良影响。除了由于二极管换流造成的反向电压过冲的场合外，IGBT 的反向阻断能力不是必需的。在实际应用中，如果需要特别的反向阻断能力，可以把 IGBT 和一个二极管串联使用，从而获得反向阻断能力。

IGBT 的正向阻断能力通常决定了其电压等级。不论是动态电压还是静态电压，IGBT

的工作电压不可以超过数据手册中给出的 U_{CES}。

当 IGBT 关断时，由于热能的作用，会产生一个很小的集电极截止电流 I_{CES}。实际应用中的 I_{CES} 通常达不到数据手册中给出的数值。数据手册给出的通常是 IGBT 模块生产终测时设备所能检测到的最小电流，而这个下限电流比实际的截止电流要高出几个数量级。相应地，由 U_{CES} 和 I_{CES} 相乘而得到的断态损耗功率非常小。断态损耗功率相比于其他损耗（通态损耗或开关损耗）来说可以忽略不计。

除了热能外，宇宙射线也可以产生漏电流 I_{CES}。宇宙射线的影响与器件工作环境的海拔相关，也与结温、断态电压及额定电压相关。海拔越高，器件损坏的可能性就越高。

3.2.7　IGBT 的雪崩击穿特性

如果 IGBT 工作在高于 U_{CES} 时，就可能会出现雪崩击穿。如果 PN 结中 P 区和 N^- 区之间漂移区电场强度过大，那么 PN 结 J_2 就会失去电压阻断能力。如果出现雪崩击穿，晶体中会产生大量的载流子。这样，在正向阻断方向会产生大电流。这种类型的雪崩击穿常常发生于 IGBT 静态关断时，通常会导致器件损坏，如图 3-16 所示。

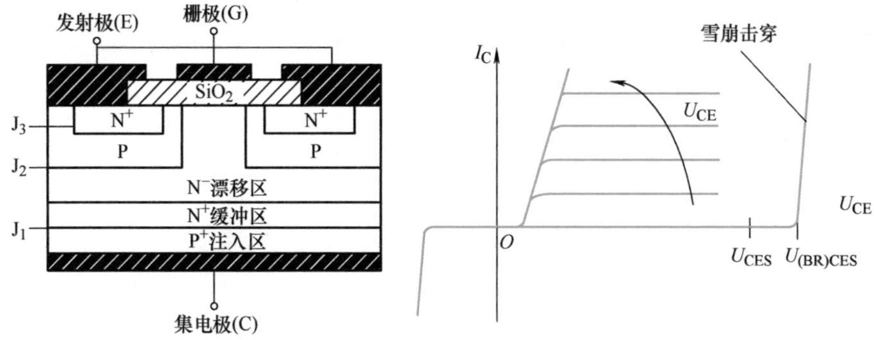

a) 内部结构　　b) 电气特性

图 3-16　IGBT 静态雪崩击穿

在 IGBT 关断时，伴随着大电流和高电压的出现可能会导致动态雪崩击穿，类似于二极管的雪崩击穿。如果此时没有超出 IGBT 的安全工作区，那么器件就不会损坏。非穿通型（Non Punch Through，NPT）和场终止型（Field Stop，FS）IGBT 在动态雪崩时会将最大过冲电压限制在某个值，而这个值一般会高于 IGBT 的击穿电压 U_{CES}。最新的 IGBT 技术以降低动态电压限制为目标，使其低于击穿电压从而保护 IGBT 不被损坏。这类技术被称作“动态钳位”或者“开关自钳位模式”。

与 IGBT 类似，续流二极管也可能发生雪崩击穿现象。续流二极管关断期间，尽管已开始形成反向阻断能力，但仍会导致明显的反向恢复电流。反向恢复电流以空穴的形式穿过空间电荷区，流向正极。由于空穴电流产生的载流子浓度 P_D 和漂移区的载流子浓度 N_D 相加，从而降低了二极管的阻断能力。

动态雪崩击穿会在低于二极管实际阻断电压的情况下发生（与二极管的静态击穿特性相反）。IGBT 在换流过程中开通得越快，且换流电流的变化率越高，动态雪崩击穿就发生得越快。但是这种效应实际上已经被补偿了一部分，因为雪崩击穿时产生的电子（电子和空穴成对出现），通过 PN 结向 N 区（阴极）漂移并与 N 区的空穴复合。如果发生二次击穿，二极管可能被损坏。

习　题

3-1　电力二极管的典型电气特性包括哪些？

3-2　电力二极管反向恢复发生的前提条件是什么？

3-3　简述电力二极管的反向恢复过程中，其 PN 结中电子和空穴的移动方向。

3-4　为什么电力二极管正向导通时存在电压尖峰？

3-5　IGBT 的典型电气参数包括哪些？

3-6　试分析 IGBT 开通过程中为什么会出现电流尖峰。IGBT 的开通电流尖峰与哪些因素有关？

3-7　什么是米勒平台？请简述出现米勒平台的原因。

3-8　IGBT 中为什么存在拖尾电流？请提出几种缓解拖尾电流的方案。

第 4 章 电力电子器件的参数及测试基础

近年来，传统硅基电力电子器件已经发展到相对成熟的地步，为了进一步适应高频率、高温域、高功率密度等应用场景，以碳化硅、氮化镓等为代表的宽禁带半导体电力电子器件近年来获得了迅猛发展。然而，无论何种电力电子器件，均具有独特的电气特征参数和极限参数，能否正确理解这些参数，对器件和电力电子装置的安全可靠运行至关重要。读懂电力电子器件的各类参数、掌握器件参数测试方法，有助于技术开发人员和研究人员对电力电子器件的合理使用，设计出性能更好的电力电子系统。为此，本章将重点围绕电力电子器件的数据手册解读、参数测试基础开展详细的介绍。

4.1 解读电力电子器件的数据手册

读懂数据手册是掌握电力电子器件基本电气参数的有效途径之一。尽管不同制造商的数据手册之间存在差异，但对于同类电力电子器件产品，这些数据手册往往包括类似的参数条目信息。为此，本节将选择 IGBT 功率模块为例介绍数据手册给出的相关参数信息。IGBT 的特性参数大致分为静态参数和动态参数两类，静态参数包括饱和压降 $U_{CE,sat}$、截止漏电流 I_{CES}、阈值电压 $U_{GE(th)}$ 及反并联二极管的正向导通电压 U_F 等；动态参数则包括开关时间、开关损耗和二极管反向恢复时间及损耗等。

IGBT 功率模块的数据手册主要包括 4 部分内容：极限参数、推荐参数、特性曲线及封装信息。接下来将主要介绍数据手册中的关键参数。

4.1.1 极限参数

极限参数表征了 IGBT 功率模块在不损坏前提下，能够承受的电、热、机械方面的最大值，任何情况下，都应在 IGBT 极限参数范围内使用，否则将对 IGBT 功率模块造成永久损坏。表 4-1 列出了 IGBT 功率模块的典型极限参数。

表 4-1　IGBT 功率模块的典型极限参数

符号	项目	定义或说明
U_{CES}	集电极 – 发射极击穿电压	在允许的结温范围内，栅极 – 发射极短路状态下，确保 IGBT 集电极与发射极之间的关断状态最高电压
U_{GES}	栅极 – 发射极最大电压	在允许的结温范围内，集电极 – 发射极短路状态下，允许短时间内加在 IGBT 栅极和发射极间的最高电压
I_C	集电极最大电流	在集电极功耗允许的范围内，允许流过集电极端子的最大直流电流

（续）

符号	项目	定义或说明
I_{CM}	集电极峰值电流	在允许的结温范围内，在规定的脉冲持续时间和占空比条件下，允许的最大集电极电流
I_F	FWD[①]正向电流	在一定温度条件下，允许流过的最大正向平均电流
I_{FRM}	FWD 正向重复峰值电流	在规定脉宽条件下，续流二极管的最大允许电流
P_{tot}	最大耗散功率	在一定温度条件下，允许连续施加于集电极的最大功耗
t_{psc}	短路耐受时间	在短路状态下 IGBT 能承受的最长时间，一般为 10μs
U_{iso}	绝缘耐压	功率和控制端子全部短路状态下，功率端子与模块绝缘底板之间的最大允许电压有效值
T_j	结温	IGBT 芯片和二极管芯片允许的温度范围
T_{stg}	存储温度	断电状态下允许存储 IGBT 的环境温度范围，包括最高允许温度和最低允许温度
M_d	安装扭矩	端子与固定螺栓间最大允许扭矩

① FWD——Free Wheeling Diode，续流二极管。

1. 集电极 – 发射极击穿电压

集电极 – 发射极击穿电压 U_{CES} 是在任何情况下允许施加到集电极 – 发射极间的最大电压。将栅极 – 发射极回路短接之后测量集电极 – 发射极之间的最大阻断电压，是测量 IGBT 击穿电压的一种方式。超过此值，器件可能会因过电压而损坏。U_{CES} 与温度有关，在结温范围内，温度越高，U_{CES} 越大。大部分 IGBT 模块都能在额定结温范围内保持额定击穿电压值，当结温过低时，U_{CES} 也会相应降低。

在电路设计应用中，设计工程师往往必须对施加在 IGBT 集电极 – 发射极两端的电压加以限制，即对其进行降额使用。一般情况下，降额系数为 80%。

2. 栅极 – 发射极最大电压

栅极 – 发射极最大电压 U_{GES} 是在任何情况下允许施加到栅极发射极间的最大电压，超过此值会导致栅极金属氧化膜击穿而造成器件损坏。U_{GES} 由栅极氧化层厚度和特性决定，一般限制在 20V 以内，这是为了限制故障状态下的电流值。

3. 集电极最大电流

集电极最大电流 I_C 是在一定条件下，IGBT 可以流过集电极的最大直流电流，与结温有关，超出 I_C 可能导致器件过热损坏。

4. 集电极峰值电流

集电极峰值电流 I_{CM} 是在给定温度和脉冲宽度（通常为 1ms）条件下允许的集电极电流峰值，通常定义为额定电流值的 2 倍，这与关断安全工作区（RBSOA）的电流上限是对应的，因此超过 I_{CM} 可能导致关断失败或器件过热损坏风险。

5. 续流二极管正向电流

续流二极管（FWD）正向电流 I_F 是在特定温度下，二极管允许流过的最大正向平均电流。

6. 续流二极管正向重复峰值电流

续流二极管（FWD）正向电流 I_{FRM} 是在给定脉冲宽度（通常为 1ms）条件下，续流二极管的最大允许峰值电流。

7. 最大耗散功率

最大耗散功率 P_{tot} 是在一定条件下，IGBT 正常工作时允许的最大功耗，即

$$P_{tot} = \frac{T_v - T_C}{R_{th(j\text{-}C)}} \tag{4-1}$$

8. 短路耐受时间

短路耐受时间 t_{psc} 是在短路状态下 IGBT 能承受的最长时间，一般为 10μs。

9. 绝缘耐电压

绝缘耐电压 U_{iso} 是在 IGBT 所有端子（包括功率端子和控制端子）短接后，功率端子与模块绝缘底板之间的最大允许电压有效值，如图 4-1 所示。U_{iso} 值取决于芯片底部绝缘底板的材料、厚度、均匀度及外壳材料和安全距离的设计等。

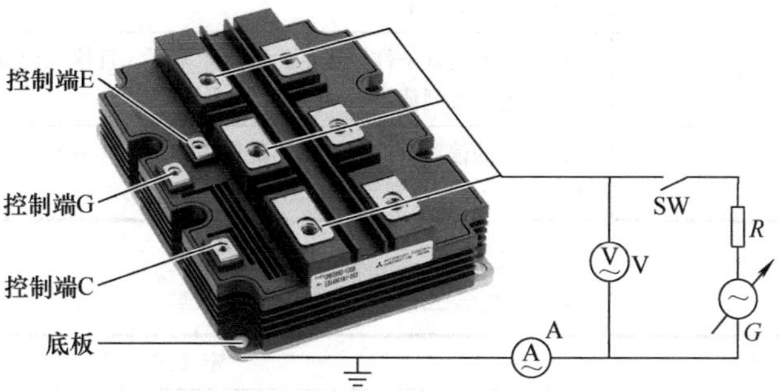

图 4-1　绝缘耐电压测试原理图

10. 结温

结温 T_j 是 IGBT 芯片和二极管芯片允许的温度范围。在任何情况下，都不能使模块的结温超过最大的允许结温，否则可能会因过热而导致模块损坏。

11. 存储温度

存储温度 T_{stg} 是允许存储 IGBT 的温度最大值和最小值范围。长期在高温下存储对模块外壳材料的强度影响很大，同时对热塑性材料防火使用的阻燃剂存在威胁。长期在低温下存储会使模块内部凝胶硬化，失去绝缘作用。最低存储温度也会对模块外壳性能产生影响，可能导致外壳出现裂缝。标准的存储温度限制在 −40 ～ 125℃，多数材料具有稳定的性能。

4.1.2 推荐参数

推荐参数包括确保电力电子器件长期可靠运行的电气参数、热参数和机械参数，表 4-2 ～表 4-5 列出了电力电子器件的典型推荐参数。

表 4-2 IGBT 的典型推荐参数

符号	项目	定义或说明
$U_{CE,sat}$	集电极 – 发射极饱和压降	流过特定集电极电流时，集电极与发射极电压的饱和值
$U_{GE(th)}$	栅极 – 发射极阈值电压	集电极电流达到设定值所需的栅极 – 发射极电压
I_{CES}	集电极截止电流（漏电流）	U_{CE}=U_{CES} 和栅极 – 发射极短路条件下，集电极 – 发射极之间的截止电流
I_{GES}	栅极 – 发射极漏电流	U_{GE}=U_{GES} 和集电极 – 发射极短路条件下，流经栅极的漏电流
$t_{d(on)}$	开通延迟时间	开通时，从栅极电压正偏压的 10% 开始到集电极电流上升至最终值的 10% 的时间区间
t_r	开通上升时间	开通时，集电极电流从最终值的 10% 上升到 90% 的时间区间
$t_{d(off)}$	关断延迟时间	关断时，从栅极电压下降至其开通值的 90% 开始到集电极电流下降到开通值的 90% 的时间区间
t_f	关断下降时间	关断时，集电极电流由开通值的 90% 下降到 10% 的时间区间
E_{on}	开通损耗	单次开通损耗的能量
E_{off}	关断损耗	单次关断损耗的能量
C_{ies}	输入电容	在规定的偏置条件和规定的测量频率下，且输出交流短路，共发射极小信号下的输入电容典型值
C_{oes}	输出电容	在规定的偏置条件和规定的测量频率下，且输入交流短路，共发射极小信号下的输出电容典型值
C_{res}	反向传输电容	在规定的偏置条件和规定的测量频率下，共发射极小信号下的反向传输电容典型值

表 4-3 续流二极管的典型推荐参数

符号	项目	定义或说明
U_F	正向压降	FWD 的通态压降，也即栅极 – 发射极短路条件下，发射极与集电极之间的电压降
I_{rr}	反向恢复电流	FWD 反向恢复时的电流最大值
t_{rr}	反向恢复时间	感性负载下，FWD 电流从正电流向负电流转换时，反向恢复电流流过的时间
Q_{rr}	反向恢复电荷	FWD 反向恢复电流的时间积分
E_{rec}	反向恢复损耗	FWD 反向恢复时产生的损耗

1. 集电极 – 发射极饱和压降

集电极 – 发射极饱和压降 $U_{CE,sat}$ 是电流流过指定集电极时集电极 – 发射极电压（简称集电极电压）的饱和值，它是在“芯片级”条件下定义的，即包括键合线的电阻，但不包括端子的电阻。

表 4-4　典型热参数

符号	项目	定义或说明
R_{th}	热阻	芯片消耗功率并达到热平衡状态时，消耗单位功率导致结温相对于指定点的温度上升的值，单位为℃/W，表明了热能传输过程中遇到的阻力。热阻越小，代表导热效率越高
$R_{th\,(j-c)}$	结 - 壳的热阻	每个开关芯片同模块底板之间的热阻。$R_{th\,(j-c)}$ 的大小与芯片的几何尺寸和模板的封装形式有关
$R_{th\,(c-f)}$	接触电阻	模块底板与散热器之间的热阻，其大小取决于模块的几何尺寸、底板和散热器的表面状况、模块与散热器之间导热硅脂的厚度及安装螺栓的紧固扭矩
R_G	外接栅极电阻	连接模块单元和驱动回路间的栅极电阻允许范围
T_a	周围温度	自然冷却或风冷场合，不受发热体影响的空气温度
T_C	外壳温度	模块底板上规定点的温度

表 4-5　典型机械参数

符号	项目	定义或说明
CTI	相对电痕指数	模块绝缘材料在标准测试中由漏电而引起的电压值
d_a	电气间隙	两相邻导电端子或端子与底板之间沿空气测量的最短空间距离
d_s	爬电距离	相邻导电端子或端子与底板之间沿绝缘表面测量的最短沿面距离
$R_{CC'-EE'}$	内部寄生电阻	模块内部的寄生电阻
$L_{CE\,(int)}$	内部寄生电感	集电极与发射极之间的寄生电感
$R_{G\,(int)}$	内部栅极电阻	模块内部集成的栅极电阻

2. 栅极 – 发射极阈值电压

栅极 – 发射极阈值电压 $U_{GE\,(th)}$ 是集电极电流达到设定值所需的栅极 – 发射极电压。

3. 集电极截止电流

集电极截止电流 I_{CES} 是在指定集电极 – 发射极电压下，栅极与发射极短路时的集电极电流，也称为漏电流。

4.栅极 – 发射极漏电流

栅极 – 发射极漏电流 I_{GES} 是在指定集电极 – 发射极电压下，集电极与发射极短路时流经栅极的漏电流。

5. 开通时间和开通损耗

开通延迟时间 $t_{d\,(on)}$ 指栅极电压达到终值 10% 的时刻与集电极电流达到终值 10% 的时刻之间的时间；开通上升时间 t_r 指集电极电流从终值的 10% 上升到终值的 90% 所需的时间。总的开通时间等于开通延迟时间 $t_{d\,(on)}$ 与开通上升时间 t_r 之和，如图 4-2 所示。

开通损耗 E_{on} 指单次开通损耗的能量。开通损耗是根据式（4-2）得到的，通过集电极电流与集电极 – 发射极电压的乘积在［t_1，t_2］积分计算得到，如图 4-2 所示。

$$E_{on} = \int_{t_1}^{t_2} \left[I_C(t) U_{CE}(t) \right] dt \tag{4-2}$$

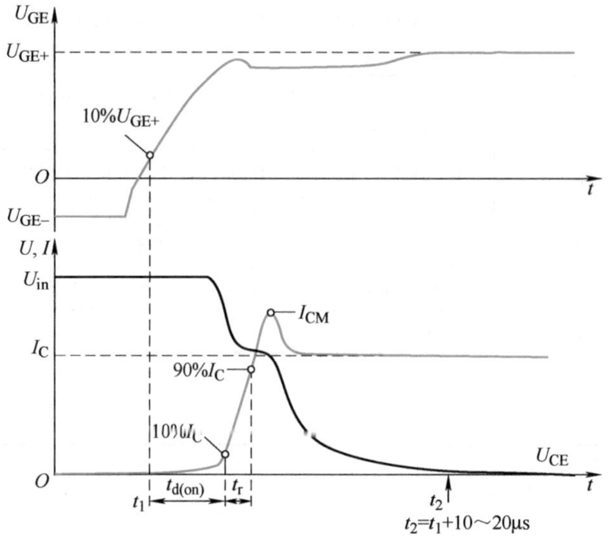

图 4-2　IGBT 开通参数示意图

6. 关断时间和关断损耗

关断延迟时间 $t_{d(off)}$ 指栅极电压达到初始值的 90% 的时刻与集电极电流下降到初始值 90% 的时刻之间的时间；关断下降时间 t_f 指集电极电流从初始值的 90% 下降到初始值的 10% 所需的时间，这个时间通过集电极达到初始值的 90% 时与达到初始值的 60% 时的电流曲线估算得到。总的关断时间等于关断延迟时间 $t_{d(off)}$ 与关断下降时间 t_f 之和，如图 4-3 所示。

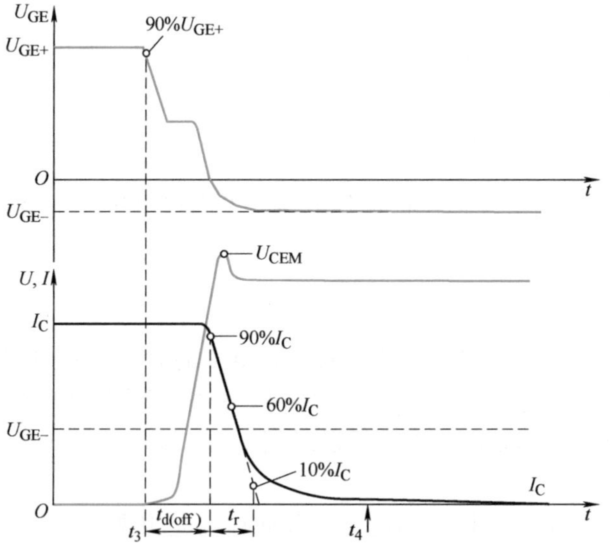

图 4-3　IGBT 关断参数示意图

关断损耗 E_{off} 指单次关断损耗的能量。关断损耗是根据式（4-3）得到的，通过集电极电流与集电极 – 发射极电压的乘积在［t_3，t_4］积分计算得到，如图 4-3 所示。

$$E_{off} = \int_{t_3}^{t_4} [I_C(t)U_{CE}(t)]dt \tag{4-3}$$

7. 寄生电容

IGBT 等效电路中还包括栅极 – 发射极电容 C_{GE}、栅极 – 集电极电容 C_{GC}、集电极 – 发射极电容 C_{CE}，如图 4-4 所示[14]。

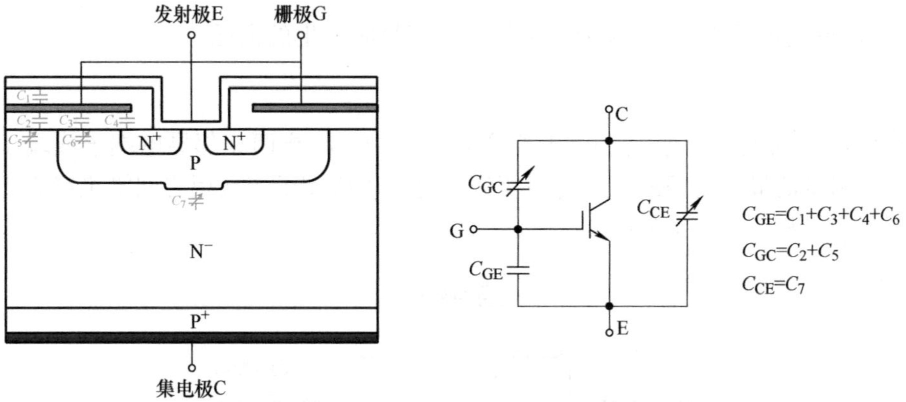

图 4-4　IGBT 电容示意图

IGBT 数据手册同时给出了另外 3 个扩散电容参数 C_{ies}、C_{oes} 和 C_{res}，它们分别定义为：

1）输入电容 $C_{ies}=C_{GC}+C_{GE}$，是集电极 – 发射极回路对交流短路及栅极电压 $U_{GE}=0$ 时，栅极 – 发射极之间的等效电容。

2）输出电容 $C_{oes}=C_{GC}+C_{CE}$，是栅极 – 发射极短路的条件下，集电极 – 发射极之间的等效电容。

3）反向传输电容 $C_{res}=C_{GC}$，是集电极 – 发射极回路对交流短路及栅极电压 $U_{GE}=0$ 时，集电极 – 栅极之间的等效电容。反向传输电容通常也被称为米勒电容。

图 4-5 为寄生电容参数 C_{ies}、C_{oes} 和 C_{res} 与集电极 – 发射极电压 U_{CE} 之间的关系曲线。可以看到，C_{ies} 对 U_{CE} 的依赖性较低，几乎不随 U_{CE} 的变换而变化[18]，而 C_{ies} 及 C_{oes} 在 U_{CE} 变化时均随着 U_{CE} 增大而降低，且随着 U_{CE} 增大，寄生电容的下降趋势减缓。

8. 续流二极管的反向恢复参数

续流二极管（FWD）在 IGBT 的工作中发挥着重要作用，其参数对器件的使用具有重要意义。表 4-3 给出了续流二极管的典型推荐参数，其中：

1）正向压降 U_F，即栅极 – 发射极短路条件下，发射极与集电极之间的电压降。

2）反向恢复电流 I_{rr}，即续流二极管反向恢复时的电流最大值，如图 4-6 所示。

3）反向恢复电荷 Q_{rr}，即续流二极管反向恢复电流的时间积分，如图 4-6 所示。

4）反向恢复时间 t_{rr}，即感性负载下，续流二极管的电流从正电流向负电流转换时，反向恢复电流流过的时间，如图 4-6 所示。

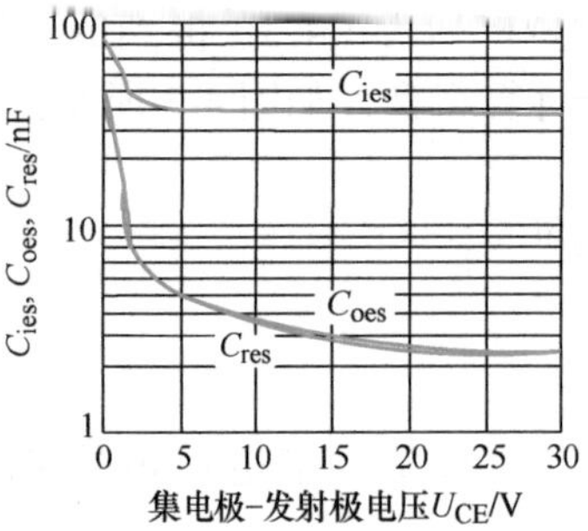

图 4-5 寄生电容和 U_{CE} 的关系

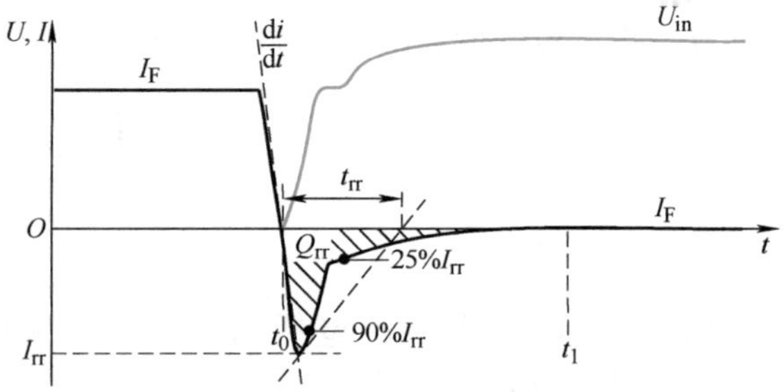

图 4-6 二极管反向恢复特性示意图

5）反向恢复损耗 E_{rec}，即续流二极管反向恢复时产生的损耗。

9. 安全距离

安全距离包括电气间隙 d_a 和爬电距离 d_s。其中，d_a 指两相邻导电端子或端子与底板之间沿空气测量的最短空间距离；d_s 指相邻导电端子或端子与底板之间沿绝缘表面测量的最短沿面距离。相应的定义如图 4-7 所示。

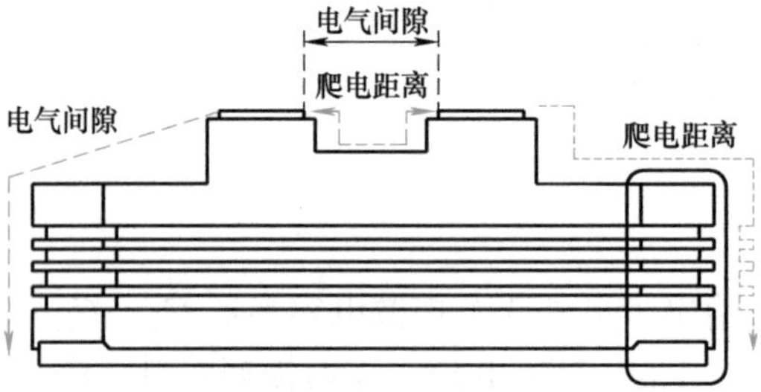

图 4-7 爬电距离和电气间隙示意图

10. 内部寄生电阻

内部寄生电阻 $R_{CC'-EE'}$ 指由模块封装引起的等效回路电阻，如一个 4500V/1200A 的 IGBT 模块内部寄生电阻为 0.18mΩ，则该寄生电阻在流过 1200A 电流时会产生 0.216V 的附加电压降。若该模块的集电极－发射极饱和压降 $U_{CE,\ sat}$ 的典型值为 3.5V，则封装引起的附加电压降大约占总电压的 6%。

11. 内部寄生电感

IGBT 模块内部存在中不同的连接，如芯片与芯片、芯片与端子之间的连接等，均不可避免地产生内部寄生电感 $L_{CE(int)}$。内部寄生电感的存在不仅会使模块关断时产生过电压，并影响开通时的电流上升速度，一定程度上内部寄生电感比内部寄生电阻对 IGBT 模块性能的影响更显著。典型二合一 IGBT 半桥模块内部寄生电感如图 4-8 所示，其中 L_{P1}

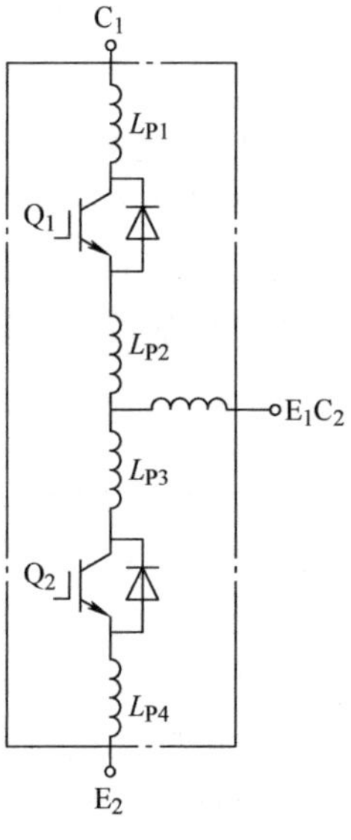

图 4-8 模块内部寄生电感示意图

和 L_{P2} 分别是 Q_1 的集电极和发射极寄生电感，L_{P3} 和 L_{P4} 分别是 Q_2 的集电极和发射极寄生电感。模块内部寄生电感可表示为

$$L_{CE(int)} = L_{P1} + L_{P2} + L_{P3} + L_{P4} \tag{4-4}$$

12. 内部栅极电阻

模块内部通常有集成的栅极电阻 $R_{G(int)}$，用于抑制内部并联芯片之间的振荡。

4.1.3 特性曲线

1. 输出特性曲线

输出特性曲线即伏安特性曲线，是指以栅极电压 U_{GE} 为参考变量时，集电极电流 I_C 与集电极电压 U_{CE} 之间的关系曲线，如图 4-9 所示，纵坐标为 I_C，横坐标为 U_{CE}。IGBT 的伏安特性可以分为截止区、放大区或线性区、饱和区、击穿区。截止区即正向阻断区，是由于栅极电压没有达到阈值电压 $U_{GE(th)}$。放大区内输出集电极电流 I_C 受 U_{GE} 控制，U_{GE} 越高，I_C 越大，两者呈线性关系。饱和区内，U_{CE} 很低，为饱和压降 $U_{CE,sat}$。击穿区内，由于 U_{CE} 超过了模块的击穿电压 U_{CES}，是被禁止的工作区域。

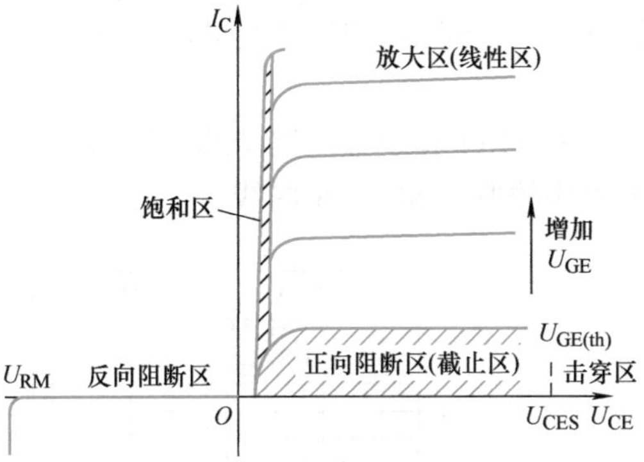

a) 理论曲线

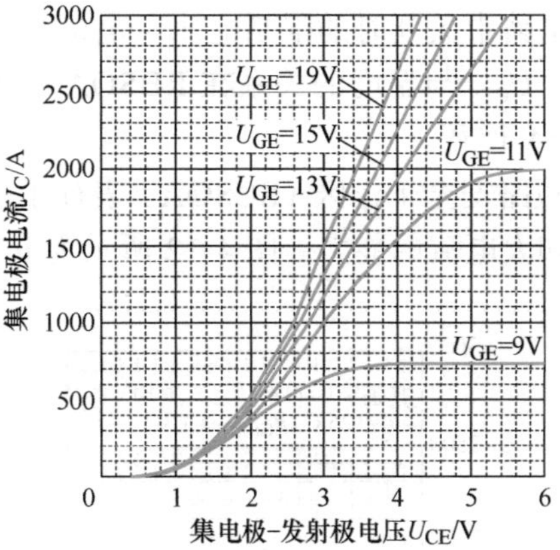

b) 实际曲线

图 4-9 伏安特性曲线

2. 转移特性曲线

转移特性曲线是指在 U_{CE} 一定的条件下，输出集电极电流 I_C 与栅极电压 U_{GE} 之间的关系曲线，如图 4-10 所示。与 MOSFET 的转移特性类似，当小于阈值电压 $U_{GE(th)}$ 时，IGBT 处于截止状态。在 IGBT 导通后的大部分集电极电流范围内，I_C 与 U_{CE} 呈线性关系。

3. 安全工作区域

安全工作区是确保电力电子器件安全运行的电压－电流动作区域，由最大集电极－发射极电压 U_{CE} 和集电极电流 I_C 界定。IGBT 通常包括 3 个安全工作区：反向偏置安全工作区（RBSOA）、短路安全工作区（SCSOA）和二极管反向恢复安全工作区

（RRSOA）。随着现代电力电子技术的发展，优化的元胞设计及寿命控制技术已使 IGBT 的安全工作区性能得到了极大提升。

反向偏置安全工作区（RBSOA）也称为关断安全工作区，表征了 IGBT 关断工作状态下的 U_{CE}–I_C 极限范围，最大关断电流通常被限制为额定电流的两倍，需要注意的是，关断电流是受集电极－发射极电压尖峰 $U_{CE\ (peak)}$ 限制的。

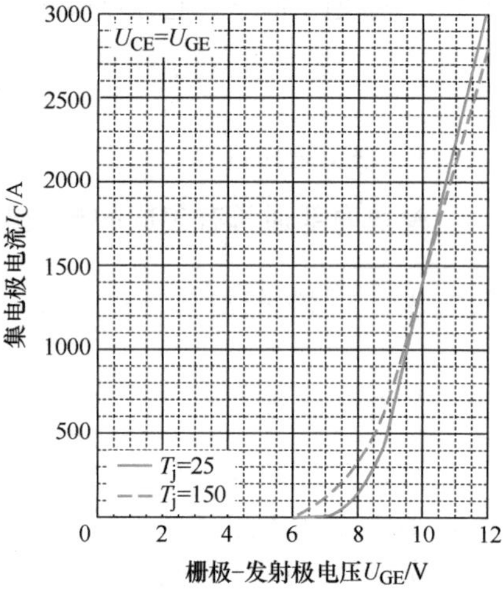

图 4-10 典型转移特性曲线

图 4-11 所示为 IGBT 模块的典型 RBSOA 曲线。曲线包括实线和虚线两部分，实线是在模块外部端子上测得的 RBSOA，因此存在测试线路杂散电感和模块内部寄生电感，这些电感之和与电流变换率 di/dt 产生关断浪涌电压。在模块端子上测得的 RBSOA 是由最大集电极电流 I_C、最大集电极－发射极电压 U_{CES} 和电压变化率 du/dt 这 3 条极限边界线围成的。如前所述，过高的 du/dt 会使 IGBT 产生动态擎住效应。du/dt 越高，RBSOA 越窄。虚线是在模块芯片上测试得到的结果，不存在上述寄生电感，也就不受电压变化率 du/dt 的限制。需要注意的是，RBSOA 实际上是模块在感性负载电路中关断时的限制电压－电流轨迹，其曲线是通过高压 IGBT 模块的关断试验来获得的。U_{CES} 与温度的关系在 RBSOA 中也很重要。相同条件下，结温越高，U_{CES} 值越大，RBSOA 越宽。

短路安全工作区（SCSOA）表征了一个高压 IGBT 模块在短路持续时间内同时承受大电压和大电流的能力。图 4-12 所示为 IGBT 模块的典型 SCSOA 曲线。

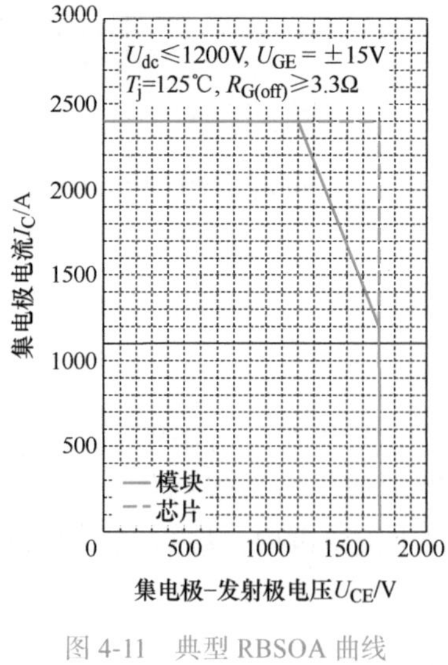

图 4-11 典型 RBSOA 曲线

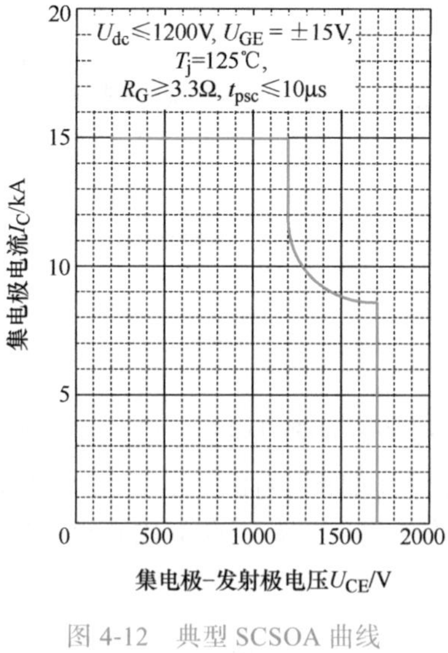

图 4-12 典型 SCSOA 曲线

鉴于 IGBT 模块中包含有续流二极管，必须考虑二极管反向恢复过程的 di/dt 和 du/dt 应力，因此定义二极管的反向恢复安全工作区（RRSOA）是非常重要的。在续流二极管整个反向恢复过程中，必须保证最大反向恢复电流 I_{rr} 和最大反向恢复电压 U_R 在 RRSOA 以内。同时还需保证续流二极管的结温 $T_j \leqslant T_{jop(max)}$ 和最大电流变化率 di/dt 不能太大。图 4-13 所示为 IGBT 模块的典型 RRSOA 曲线。

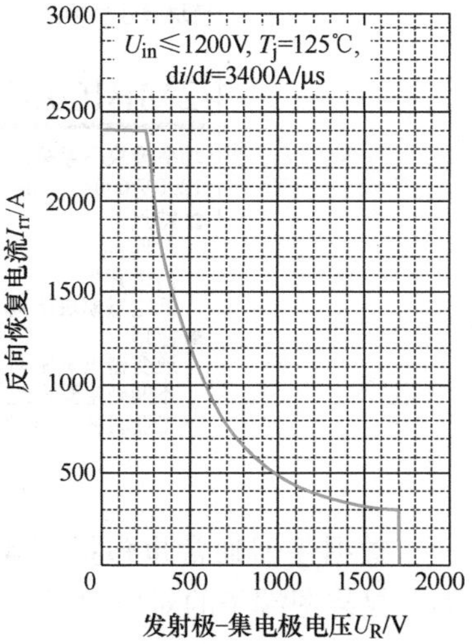

图 4-13 典型 RRSOA 曲线

4. 瞬态热阻特性曲线

为了更准确地分析功率半导体器件的散热状态与过程，建立器件热模型是必要的。数据手册中的瞬态热阻曲线是基于福斯特模型得出的，如图 4-14 所示。其中，热阻 R_{thx} 反映器件传热过程中的温升 ΔT 与功耗 P 的关系；热容 C_{thx} 反映在热量的传递过程中对热容量 Q_{th} 的吸收与存储，以及对温升 ΔT 与传热的延缓作用。

在数据手册中，通常会列出 R_{thx} 和 τ_x 的值，图 4-15 所示为典型瞬态热阻曲线，其中 $\tau_x=R_{thx}C_{thx}$。

$$\begin{cases} R_{th} = \dfrac{\Delta T}{P} \\ C_{th} = \dfrac{Q_{th}}{\Delta T} \end{cases} \tag{4-5}$$

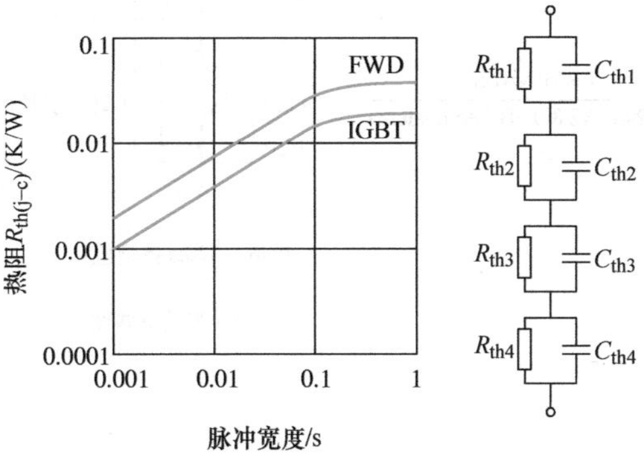

图 4-14 典型热阻曲线及等效热路图

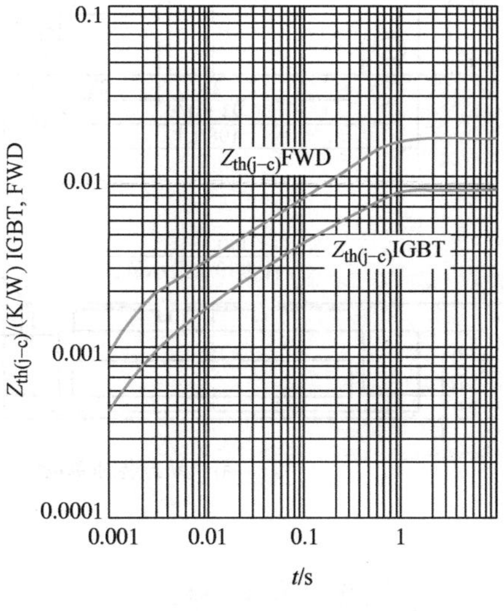

图 4-15 典型瞬态热阻曲线

$$Z_{th(j\text{-}c)}(t) = \sum_{i=1}^{n} R_i(1 - e^{-t/\tau_i}) \tag{4-6}$$

4.1.4 封装信息

数据手册首页通常提供如图 4-16 所示的器件型号、封装信息、特点、推荐应用场合以及实物照片效果图。

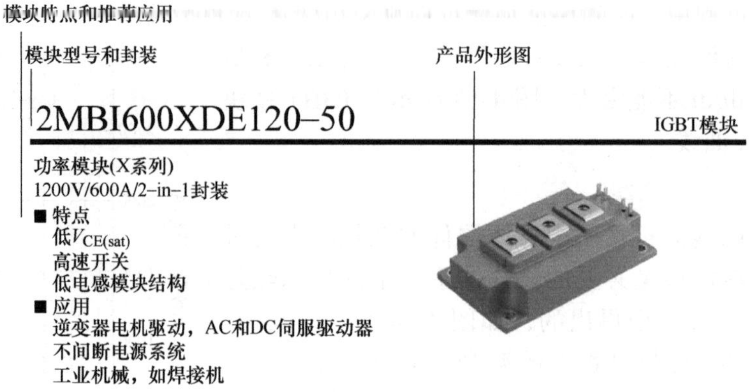

图 4-16 数据手册首页

数据手册通常也包括图 4-17 所示的模块封装图和等效电路图，再现了等效电路各引脚与封装图端子的对应关系，其中前者详细给出了包括公差在内的封装尺寸。

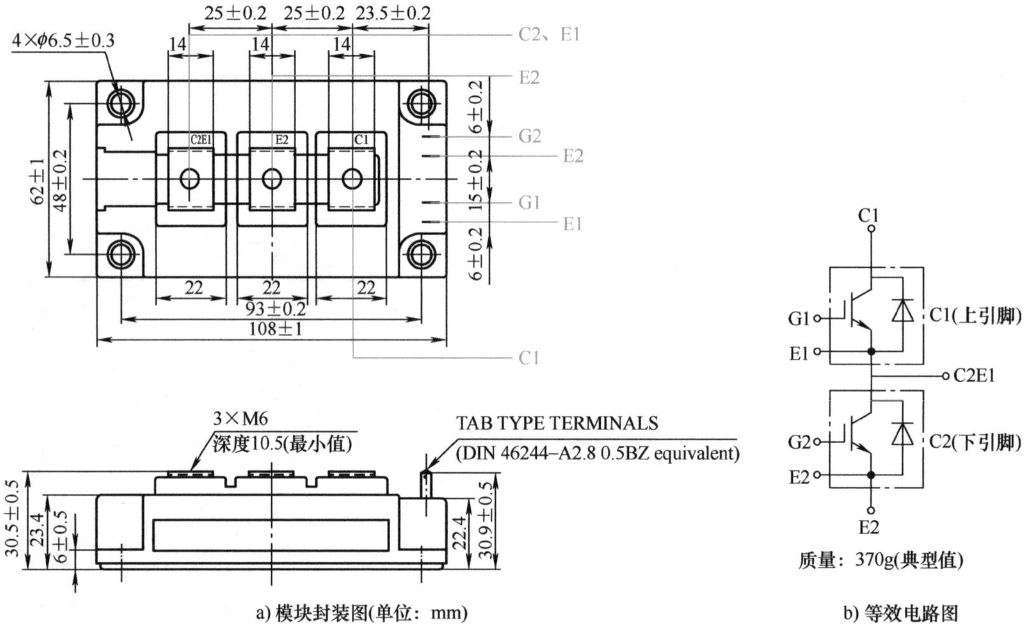

图 4-17 模块封装图和等效电路图

4.2 动态参数的测试

双脉冲测试方法是获取 IGBT 器件的典型动态特性参数的有效手段。下面将主要介绍双脉冲测试的基本原理和分析过程。

4.2.1 双脉冲测试方法

1. 双脉冲测试的意义

目前电力电子设备中，绝大多数呈现感性负载电流特征，IGBT 关断后负载电流一般不会迅速消失，而是通过续流二极管续流。如果此时开通同一桥臂的 IGBT，将会出现二极管反向恢复现象。因为单脉冲实验中无法观测二极管反向恢复过程，所以双脉冲实验比单脉冲实验更能展现 IGBT 开关过程中的各种现象。通过双脉冲测试可测量评估电力电子器件的如下参数和功能：

1）器件的开通特性，包括开通时间和开通损耗等电气特性参数。

2）器件的关断特性，包括关断时间和关断损耗等电气特性参数，以及关断安全工作区（RBSOA）。

3）二极管反向恢复特性，包括反向恢复时间和损耗等电气特性参数，以及反向恢复安全工作区（RRSOA）。

4）电力电子装置中母线的杂散电感量。

5）驱动器性能及驱动条件对器件暂态过电压 / 过电流性能的影响。

6）温度对器件特性的影响。

7）器件并联均流特性。

8）短路保护的可靠性评估测试。

9）死区测试与评估。

10）主电路参数匹配实验，包括吸收电容过电压吸收效果、支撑电容大小对电路的影响等。

2. 双脉冲测试的基本原理

双脉冲测试拓扑如图 4-18 所示，由两个 IGBT 构成一个半桥，控制上管 Q_1 的栅极电压 U_{GE1} 输出关断脉冲，因此 Q_1 在测试过程时始终关断，只有续流二极管 VD_1 在起作用，下管 Q_2 和上管的续流二极管 VD_1 为被测对象。利用高压隔离探头测量集电极 - 发射极电压，利用罗戈夫斯基线圈电流探头测量集电极电流 I_C 和续流二极管电流 I_{VD}，用普通探头测量下桥臂 IGBT 的栅极电压 U_{GE2}。下管 Q_2 的驱动控制信号 U_{GE2} 通过双脉冲的方式发出，得到对应双脉冲波形如图 4-19 所示。电路工作原理是：当施加第一个开通脉冲使 Q_2 开通时，电流以 $U_{in}/(L+L_s)$ 的斜率线性上升；当达到预期电流时，通过施加关断脉冲使 Q_2 关断，由于负载电感 L 上的电流不能突变，故通过 VD_1 续流。在短暂的间隔后，实际施加第二个开通脉冲使 Q_2 再次开通，负载电感 L 上的电流流向 Q_2 的瞬间，同时叠加了二极管 VD_1 的反向恢复电流。在 Q_2 第二次开通过程中，电流再次上升，直至 Q_2 被再次关断。

1）t_0 时刻：栅极 - 集电极电压 U_{GE2} 变为正驱动电压 U_{GE+}，Q_2 的栅极接收到第一个开通脉冲信号，被测 IGBT（Q_2）进入饱和导通状态，直至母线电压 U_{in} 施加在负载电感和线路等效杂散电感（$L+L_s$）上，电感电流 I_L 从零开始线性上升，如图 4-20a 所示，考虑负载电感上的等效串联电阻 R_{ESL}，此时负载电流满足

$$\frac{dI_L}{dt}=\frac{U_{in}-I_L R_{ESL}}{L+L_s} \tag{4-7}$$

实际测试电路中的 R_{ESL} 一般很小，忽略其上面的电压降，定义第一脉冲宽度 T_1，满足

$$I_{set}=I_{L1}=U_{in}T_1/(L+L_s) \tag{4-8}$$

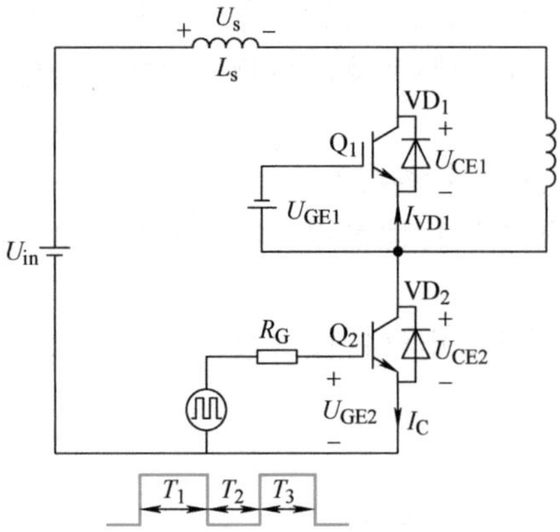

图 4-18　双脉冲测试拓扑

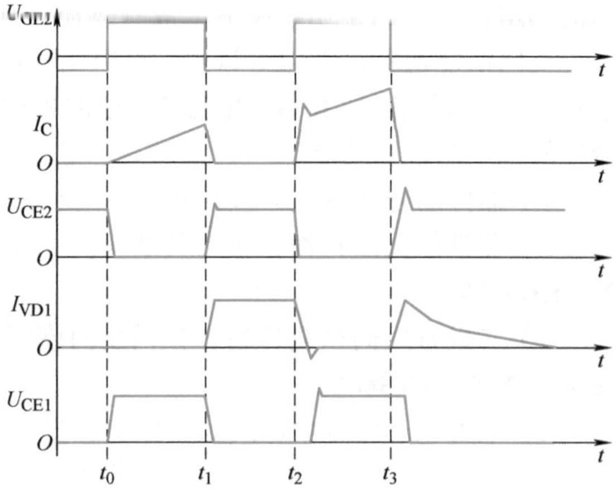

图 4-19　双脉冲波形

可见，当母线电压 U_{in} 和电感值都确定时，第一脉冲结束时的负载电流值 I_{set} 跟 T_1 直接相关，T_1 越大，则 I_{set} 越大，因此可以通过设定第一脉冲宽度来调整 I_{set} 的电流值。

2）t_1 时刻：U_{GE2} 变为负驱动电压 U_{GE-}，Q_2 被关断，电流 I_C 迅速降为 0，负载电感电流 I_L 由二极管 VD_1 续流，$I_{VD}=I_L$。考虑负载电感上的等效串联电阻 R_{ESL}，I_L 按照式（4-9）规律缓慢下降：

$$\frac{dI_L}{dt}=\frac{U_F+I_LR_{ESL}}{L} \tag{4-9}$$

式中，U_F 为续流二极管 VD_1 的正向压降。

若忽略 R_{ESL} 上面的电压降，则 I_L 保持近似保持恒定，如图 4-20b 所示。

3）t_2 时刻：U_{GE2} 再次变为正驱动电压 U_{GE+}，Q_2 的栅极接收到第二个开通脉冲信号，Q_2 再次导通。二极管电流 I_{D1} 迅速减小并进入反向恢复阶段，如图 4-20c 所示，此时满足

$$I_C=I_L+I_{D1,rr} \tag{4-10}$$

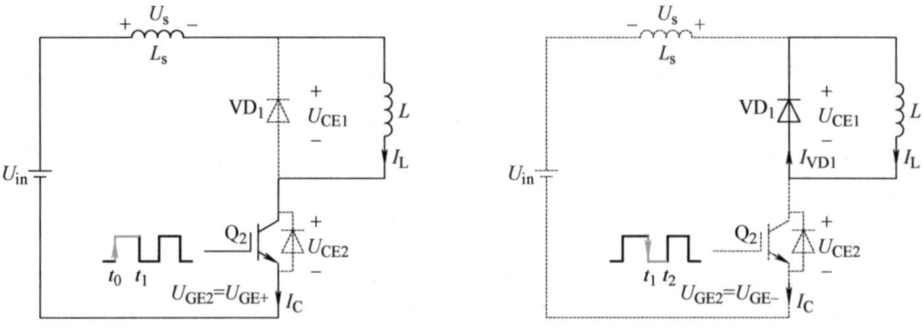

a) t_0时刻Q_2开通，电感恒压充电　　b) t_1时刻Q_2关断，二极管续流

图 4-20　双脉冲测试中电流路径示意图

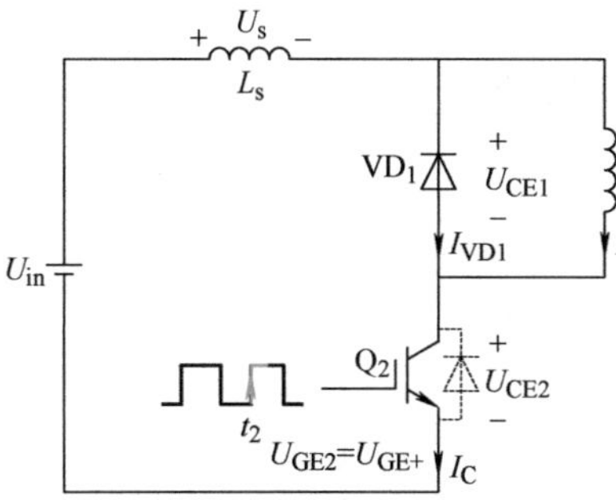

c) t_2时刻Q_2开通，二极管反向恢复

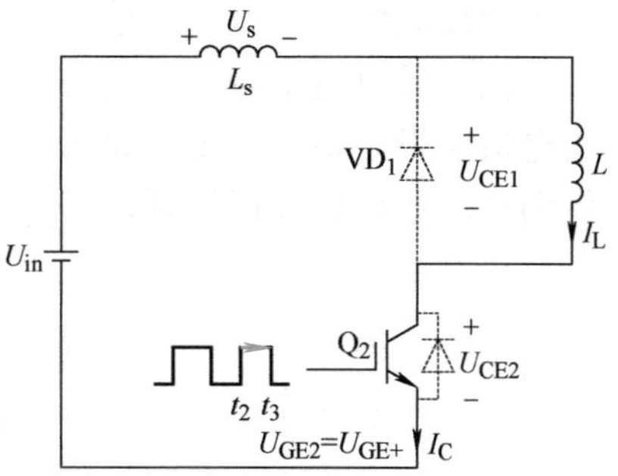

d) t_2～t_3时刻Q_2开通，电感恒压充电

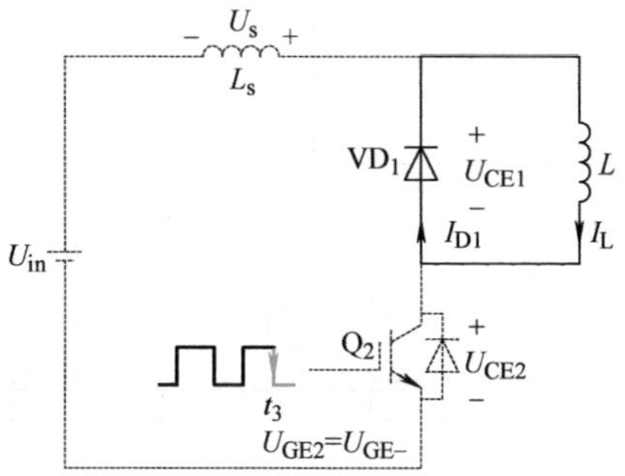

e) t_3时刻Q_2关断，二极管续流

图 4-20　双脉冲测试中电流路径示意图（续）

在 t_2 时刻，反向恢复电流 $I_{D1,rr}$ 是重要的监测对象，该电流影响到开关过程的许多重要指标。续流二极管反向恢复结束后，负载电流流过下管 Q_2，如图 4-20d 所示，此时满足

$$I_C = I_L \tag{4-11}$$

4）t_3 时刻：U_{GE2} 变为负驱动电压 U_{GE-}，Q_2 被再次关断，电流 I_C 迅速降为 0，负载电感电流 I_L 由二极管 VD_1 续流，如图 4-20e 所示。但由于线路等效杂散电感 L_s 的存在，较大的关断电流会感应出一定的关断电压尖峰。在 t_3 时刻，关断电压尖峰是此阶段重要的监测对象。

4.2.2　双脉冲测试的注意事项

1. 开通过程

图 4-21 是典型 IGBT 开关过程波形，当 IGBT 栅极电压到达开启电压 $U_{GE(th)}$ 时，IGBT 导通，集电极电流 I_C 开始上升，直到 I_C 达到电感电流，续流二极管进入反向恢复后，IGBT 的集电极 - 发射极电压 U_{CE} 才开始下降。反向恢复过程结束后，续流二极管截止，U_{CE} 到达饱和值，换流过程完成。

开通过程需要关注以下几点：

1）二极管反向恢复电流的变化率 di/dt。

2）二极管反向恢复电流的峰值。

3）反向恢复后电流是否有振荡，拖尾现象持续时间。

4）集电极－发射极电压 U_{CE} 是否正确变化。

5）借助示波器评估开通损耗。

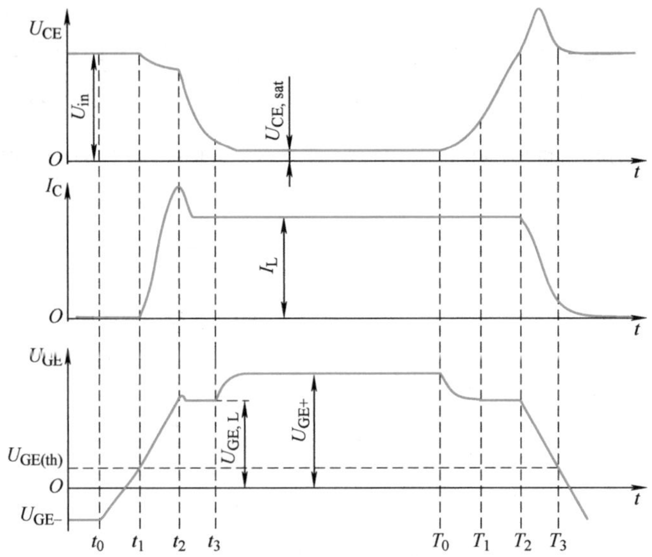

图 4-21　典型 IGBT 开关过程波形

2. 续流二极管的风险点

在 IGBT 开始导通时，续流二极管开始同步关断。在电力电子器件中，包括 IGBT 芯片和续流二极管芯片，在关断的时刻面临的风险远大于其开通的时刻面临的风险。换句话说，在 IGBT 关断的时刻，IGBT 芯片的损坏风险是最大的；在 IGBT 开通的时刻，二极管芯片的损坏风险是最大的；当 IGBT 芯片出现短路情况时，IGBT 驱动器可以起到保护作用；但二极管芯片损坏时，却没有任何保护措施。

图 4-22 是二极管安全工作区的示意图，其边界线实际上是一条恒功率曲线。二极管在反向恢复过程中，其瞬时功率不能超过规定的数值，否则就有损坏的风险。二极管在反向恢复的过程中，实际上是其工作点由导通过渡到截止。其工作点的运动轨迹有多种选择。显然，轨迹 *A* 是最安全的，轨迹 *C* 则是危险的。

3. 关断过程

关断过程的关注点为 IGBT 的集电极 U_{CE} 的电压尖峰，是线路等效杂散电感与 d*i*/d*t* 共同作用的结果，通过观察这个尖峰，可以评估 IGBT 在关断时的安全程度。U_{CE} 尖峰是客观存在现象，正常工作时此值不会太高，但是在短路或者过载关断时，这个尖峰会达到最高值，必须设计相应钳位或缓冲电路对其进行抑制，以确保 IGBT 安全可靠的关断。

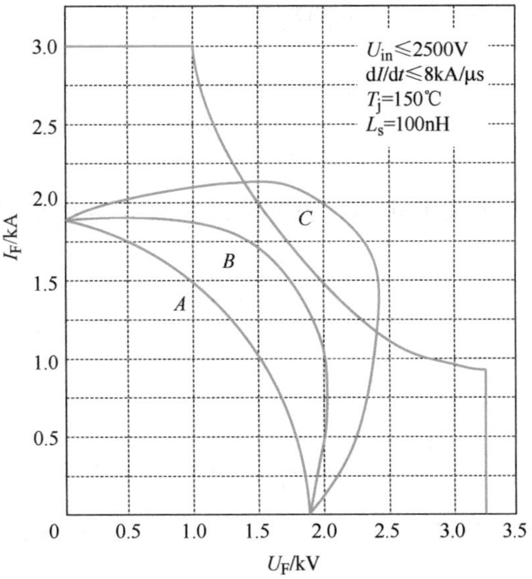

图 4-22　二极管安全工作区

在大功率应用中，为了抑制 IGBT 的关断过电压，有源钳位的功能是十分必要的。功率越小时，其必要性也越低。其主要原因是随着系统功率增大，IGBT 的 di/dt 会增大，线路等效杂散电感也会越来越大，因此导致关断电压尖峰会越高。不同制造商不同型号的 IGBT 在关断额定电流时的 di/dt 的水平也是不同的，典型 IGBT 的电流变化率见表 4-6。

表 4-6　典型 IGBT 的电流变化率

型号	电流变化率 / (A/μs)
FF150R12KT4	1500
FF600R12IE4	4000
FF1400R12IP4	7000

当 IGBT 短路时，关断短路电流比关断额定电流时的电流变化率 di/dt 要高很多，因此短路时关断过电压尖峰更高。一旦保护电路检测到发生短路故障，需要及时关断 IGBT。但是由于较高的 di/dt，其关断过电压尖峰也非常高，这个过程也仍然可能造成 IGBT 损坏。

4. 杂散电感的测定

在下管 Q_2 关断时，负载电感电流迅速转移到 VD_1 续流，此时线路等效杂散电感 L_s 的电流由 I_L 迅速降为零，故会感应出跟直流母线电压方向相同的电压 U_s，这部分电压跟直流母线电压 U_{in} 共同施加在 Q_2 两端，此时 U_{CE2} 上测得的波形出现了一个电压“尖峰”（见图 4-23a），且满足

$$U_{CE2}=U_{in}+L_s\frac{di}{dt} \tag{4-12}$$

在下管 Q_2 开通时，I_C 开始增长，线路等效杂散电感 L_s 上会感应出跟直流母线电压

U_{in} 方向相反的电压 U_s，故此时 U_{CE2} 上测得的波形出现了一个“缺口”（见图 4-23b），且满足

$$U_{CE2} = U_{in} - L_s \frac{di}{dt} \tag{4-13}$$

从示波器上读出 U_s，再读出 di/dt，就能算出杂散电感 L_s 数值。

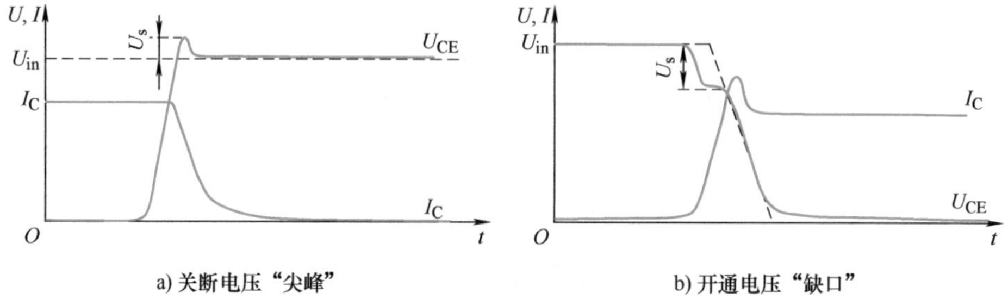

图 4-23　杂散电感的测定示意图

4.2.3　双脉冲测试参数的设定

1. 第一脉冲宽度

双脉冲测试一般是测试并评估电力电子器件在指定电压、电流下的开关特性，其中测试电流通过第一个脉冲建立。为了达到指定电流值 I_{set}，T_1 值可利用式（4-14）计算：

$$T_1 = I_{set}(L + L_s)/U_{in} \tag{4-14}$$

t_0 时刻 Q_2 开通，由于 L 的等效并联电容、续流二极管 VD_1 的结电容及反向恢复特性影响，会导致电流尖峰和电流振荡现象。应用中需要等电流振荡结束后再关断 Q_2，以免对 Q_2 在 t_1 时刻的关断造成影响。这就是对 T_1 下限的要求，通常 T_1 大于 1 ～ 2μs 即可。

此外，过长的 T_1 会导致电力电子器件产生明显的温升，使测试结果无法反映指定温度条件下器件的开关特性，这就是对 T_1 上限的要求。对于单管封装的器件，T_1 一般不超过 10μs 为宜；对于大功率模块封装，T_1 一般不超过 50μs 为宜。

2. 脉冲间隔

t_1 时刻 Q_2 关断，需要关注从 U_{GE2} 开始下降到 U_{CE2} 振荡结束的整个过程，这就是对 T_2 下限的要求，通常 T_2 大于 1 ～ 2μs 即可。

此外，在脉冲间隔内 I_L 如果下降幅度过大，会与 I_{set} 存在显著差异，就无法满足 Q_2 在 t_2 时刻在指定电流值 I_{set} 开通的要求。这就是 T_2 上限的要求，由 U_F、L 以及允许的电流跌落幅度共同决定。

3. 第二脉冲宽度

t_2 时刻 Q_2 开通，需要关注从 U_{GE2} 开始上升到 I_C 振荡结束的整个过程，这就是对 T_3 下限的要求，通常 T_3 大于 1 ～ 2μs 即可。

此外，在第二脉冲期间，I_L 在 t_3 时刻达到 I_{L3}，即

$$I_{L3}=(T_1+T_3)U_{in}/(L+L_s) \tag{4-15}$$

过高的 I_{L3} 会导致 Q_2 关断电压尖峰过高，当超过击穿电压 U_{CES} 时可能导致器件损坏，这就是对 T_3 上限的要求。可选择 T_3 小于 T_1 的 1/2，即 I_{L3} 小于 I_{set} 的 1.5 倍为宜。

4. 负载电感参数

负载电感参数主要跟换流通路、第一脉冲宽度、最大关断电流有关。双脉冲测试中负载电感 L 要远大于换流通路中的线路等效杂散电感 L_s，使得开关过程中负载电流 I_L 基本保持不变。L_s 一般在从几 nH 到 200nH 的范围内，L 取值在几十微亨到几百微亨即可。

第一脉冲宽度 T_1 由式（4-14）决定，当直流母线电压 U_{in} 和 I_{set} 确定时，L 与 T_1 数值成反比，L 取值需要符合 T_1 上、下限的要求。

此外，为了避免关断电流过大，要求 I_{L3} 不超过 I_{set} 的 1.5 倍，L 取值需满足式（4-15）及 T_3 上、下限的要求。

5. 直流支撑电容

在双脉冲测试期间，理论上 U_{in} 需保持不变。在第一脉冲期间，负载电流 I_L 由直流支撑电容 C_{in} 提供，导致 U_{in} 会有一定的下降。为了避免 U_{in} 下降过多，C_{in} 需满足

$$C_{in}\geqslant\frac{(L+L_s)I_{set}^2}{2k_vU_{in}^2} \tag{4-16}$$

式中，k_v 为允许的电压下降比例，一般取 0.5% ～ 2%。由此可知，负载电感 L 越大，则要求直流支撑电容 C_{in} 越大。C_{in} 过大会导致对其充放电时间过长，测试电路的成本和故障保护困难，故倾向于选择更小的负载电感 L 以降低对 C_{in} 的要求。

6. 参数设定方法

根据上述研究，脉宽时间、负载电感和直流支撑电容之间是互相影响、互相制约的。例如，为缩短 T_1、减小 C_{in}，L 越小越好；但为了确保续流期间电感电流 I_L 近似恒定，则要求 L 不能过小。故在设计双脉冲测试参数时，需要整体考虑确定各参数的取值范围，一般可通过下述步骤确定关键参数。

（1）第一步

规定 T_1、T_2、T_3 的取值最小值分别 $T_{1,min}$、$T_{2,min}$、$T_{3,min}$，需满足

$$T_{1,min}\geqslant 2T_{3,min} \tag{4-17}$$

（2）第二步

预设 T_1 范围为 $T_{1,min}$ ～ $T_{1,max}$，由式（4-18）计算出对应的电感取值范围 $L_{T1,min}\leqslant L\leqslant L_{T1,max}$，即

$$\begin{cases} L_{T1,min}=\dfrac{T_{1,min}U_{in}}{I_{set}} \\ L_{T1,max}=\dfrac{T_{1,max}U_{in}}{I_{set}} \end{cases} \tag{4-18}$$

根据上述 L 范围计算确定电感等效串联电阻 R_{ESL} 范围为 $R_{ESL,min}$ ～ $R_{ESL,max}$。

（3）第三步

预设 T_2 取值，将 $R_{ESL,min} \sim R_{ESL,max}$ 代入式（4-19），得到 L 取值范围 $L_{T2,min} \sim L_{T2,max}$。

$$L = T_2 \frac{U_F(I_{set}) + I_{set} R_{ESL}}{k_i I_{set}} \tag{4-19}$$

（4）第四步

根据 $L_{T1,min} \sim L_{T1,max}$、$L_{T2,min} \sim L_{T2,max}$ 与 $R_{ESL,min} \sim R_{ESL,max}$ 的对应关系确定 L 的取值范围，并选取其最小值为 L，进入第五步；若 $L_{T1,max} \leqslant L_{T2,min}$，则返回第三步，减小 T_2 预设，直到确定 L 为止；若 T_2 减小至 $T_{2,min}$ 还未确定 L，则返回第二步，增大 $T_{1,max}$ 预设。

（5）第五步

确定 T_3 取值满足

$$T_{3,min} \leqslant T_3 \leqslant 0.5T_1 \tag{4-20}$$

（6）第六步

按照式（4-16）计算 C_{in}。

4.3 电力电子器件动态测试平台的构建

4.3.1 双脉冲测试平台

鉴于电力电子器件动态测试平台需根据被测模块的封装、电压电流等级、驱动等，匹配不同的支撑电容和连接母线，目前市场上缺少批量生产的电力电子器件动态测试装置，往往需要自行设计平台结构和选购测试仪器。图 4-24 是双脉冲测试平台拓扑结构和实物图，包括功率测试电路、负载电感、充 / 放电电路、信号发生电路、示波器、电压 / 电流探头等部分，测试平台采用整体化设计，维护拆卸简单。接下来将分别介绍各组成部分。

1. 功率测试电路

功率测试电路一般包括电力电子器件、驱动电路、直流支撑电容，通常由测试者自行设计选择。考虑到器件开关特性受外电路参数（如主功率回路寄生电感、驱动回路寄生电感、驱动电路驱动能力、环境温度、散热条件）等影响较大，即使采用完全相同的电路参数和测试仪器仍然可能导致测试结果存在显著差异。因此，对比不同双脉冲测试平台的测试结果意义有限。同时，器件手册上标注的开关时间、开关能量是基于器件制造商的功率测试电路得到，在其他双脉冲测试平台测得的结果与数据手册有偏差是正常的。各器件制造商一般会向客户开放测试电路原理图、PCB 文件，测试者可自行参考制作功率测试电路，这也是学习掌握电力电子器件电气特性和使用方法非常有用的材料。

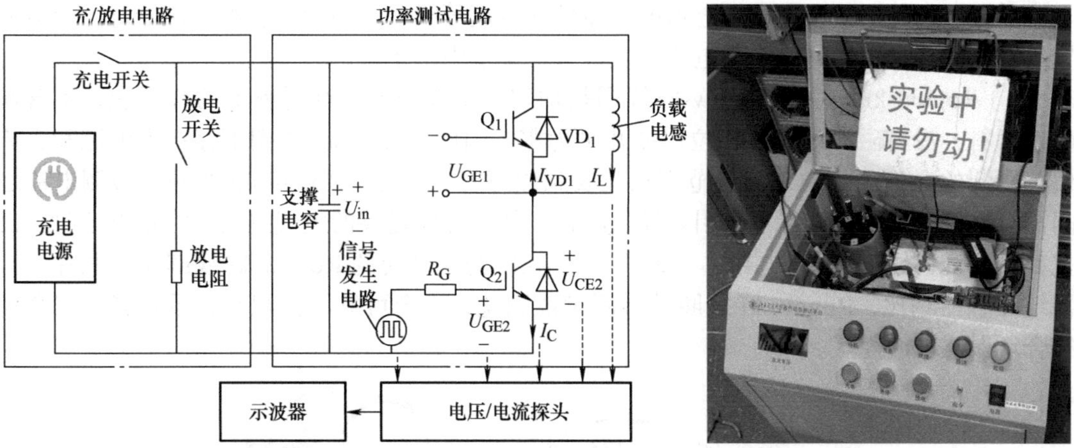

a) 拓扑结构　　b) 实物照片

图 4-24　双脉冲测试平台拓扑结构和实物图

2. 负载电感

与传统电力电子变换器中带有磁心的电感元件不同，双脉冲测试中使用的负载电感一般为空心电感，以避免磁心饱和现象。这是因为测试发生异常时，实际负载电流可能超出平台电流承载范围，导致电感磁心饱和，进而会对测试电路造成危害，这一点在测试大功率电力电子器件时尤为突出。空心电感线圈的磁介质为空气，不存在磁心饱和问题；但由于没有磁心，电感线圈匝数明显增大，且需选择较粗的铜线，避免因电感内阻导致的发热和电压降问题。

3. 充 / 放电电路

充 / 放电电路为直流支撑电容提供必要的初始电压，测试完成后通过放电电阻把直流电压释放掉以确保设备人员安全。双脉冲测试时往往断开充电开关，以保护充电电源。

4. 信号发生电路

信号发生电路负责为待测电力电子器件驱动电路发送双脉冲指令，通常采用可编程信号发生器，或者自行设计硬件电路完成，成本低、操作灵活。

5. 测量设备

为记录双脉冲测试的关键波形数据，测量设备选择至关重要。双脉冲测试中主要用到的测量设备包括电流探头、电压探头和示波器，本节将对测量设备进行简单的讨论。

（1）电流测量

电流测量设备用于测量瞬态开关电流时需满足如下要求：①设备带宽大于百兆赫兹，才能准确测量数十纳秒的电流上升 / 下降沿波形；②设备测量范围取决于被测电流值等级，一般要求电流测量设备在小电流下具有足够的灵敏度，在测量大电流时不发生饱和现象；③设备不对电流测试电路引入过大的插入阻抗。

常见电流测量设备有罗戈夫斯基线圈（Rogowski Coil）、电流互感器、电流探头、霍尔式电流传感器、分流器电阻和同轴电阻。霍尔式电流传感器由于带宽较窄，不适合开关电流瞬态过程的测量，大容量电力电子器件的电流等级大，同轴电阻和分流器电阻会造成导致较高的测量损耗，这 3 种电流测量设备在本书中不予讨论。

1）Rogowski 线圈。Rogowski 线圈是均匀缠绕在非铁磁性材料上的环形线，不含铁磁性材料，没有磁滞效应，相位误差几乎为零，因此 Rogowski 线圈不存在大电流和直流偏置引起的磁饱和现象，测量范围从几安到数万安。此外，Rogowski 线圈与被测电流之间没有直接的电路联系，不会引入插入阻抗，能够提供足够的电气隔离，测量电流时，仅把 Rogowski 线圈套在通电导体上即可。图 4-25 为某公司的 Rogowski 线圈实物照片。与传统互感器相比，Rogowski 线圈具有测量范围宽、稳定可靠、体积小、重量轻、安全且符合环保要求的优点。

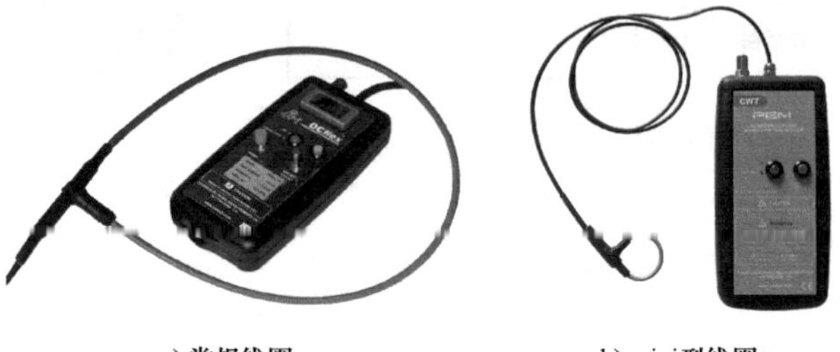

a) 常规线圈　　b) mini型线圈

图 4-25　Rogowski 线圈实物图

2）电流互感器。电流互感器的作用是把较大的一次电流通过一定的电流比转换为较小的二次电流。电流互感器的一次绕组与被测电路串联，而二次绕组则通过卡扣配合型连接器（Bayonet Nut Connector，BNC）同轴接头与示波器相连。电流互感器的一次侧只有一匝。基于一次和二次绕组之间的匝数比，一次电流被映射在二次侧，通过负载电阻 R，产生电压 U_o，然后通过示波器来观测电压波形，如图 4-26 所示。图 4-27 为某公司的系列电流互感器。电流互感器能够提供电气隔离，具有足够带宽的电流互感器可以准确地测量开关电流瞬态过程。

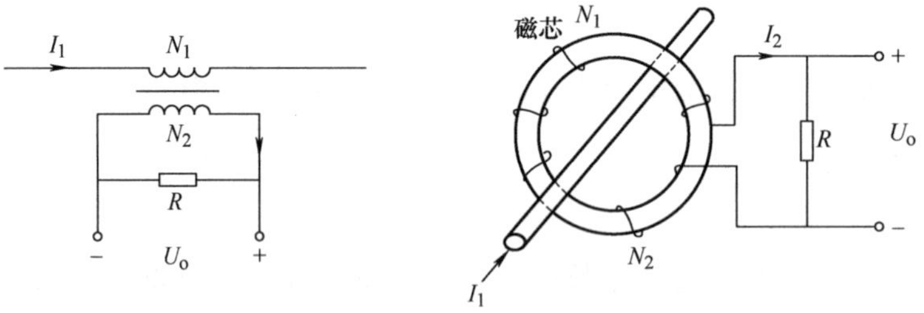

a) 原理图　　b) 示意图

图 4-26　电流互感器原理图

图 4-27　某公司的系列电流互感器

3）电流探头。电流探头通常基于霍尔效应、电流互感器及无芯线圈技术，电流测量范围从毫安级到数十千安级，测量带宽为 0Hz ～ 2GHz，测量精确度为 0.1% ～ 1% 甚至更小，但测量范围大的电流探头带宽较窄。图 4-28 为某公司的电流探头。

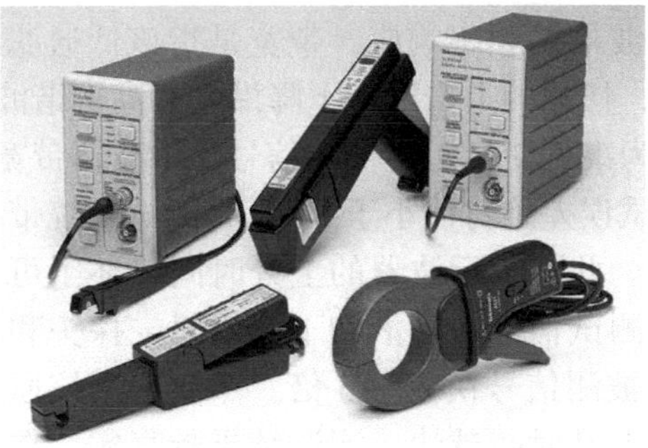

图 4-28　某公司的电流探头

（2）电压测量

双脉冲测试中需要测量的电压信号是栅极电压 U_{GE} 和集电极 - 发射极电压 U_{CE}。前者电压范围为 –20 ～ 20V，后者电压则高达数千伏。目前常用电压探头包括无源电压探头、有源电压探头和差分探头。

1）无源电压探头。无源电压探头结构简单、经济、易使用，通常具有不同的衰减率，对于具有两种及以上衰减率的探头，实际上相当于两个或多个探头，对应不同的衰减系数、探头带宽、上升时间、输入阻抗、输入电容，使用前应先跟示波器进行阻抗匹配。图 4-29a 为某厂家的无源电压探头图片。

2）有源电压探头。有源电压探头中包含有源元件，优点是输入电容小，一般容值为几皮法。输入电容是探头输入阻抗的主要部分，低输入电容使有源探头的信号源负载效应大大减小，探头带宽得到拓展，有源电压探头的带宽范围一般为 500MHz ～ 4GHz。有源电压探头的缺点是测量范围小，易过压损坏。图 4-29b 为某厂家有源电压探头图片。

3）差分探头。非隔离探头只能测量对地电压信号，且所有通道波形均对应于示波器通道的公共参考地，而差分探头可用于测量不同电位点之间的差分信号。差分探头具有较高的共模抑制比，对共模噪声的抑制能力更好，但由于差分放大器的转换速率的限制，带宽一般在 100MHz。此外，差分探头连接到被测器件的引线比非隔离探头长，导致测试引线寄生电感较大，从而影响电压瞬态值的测量。图 4-29c 为某厂家差分探头图片。

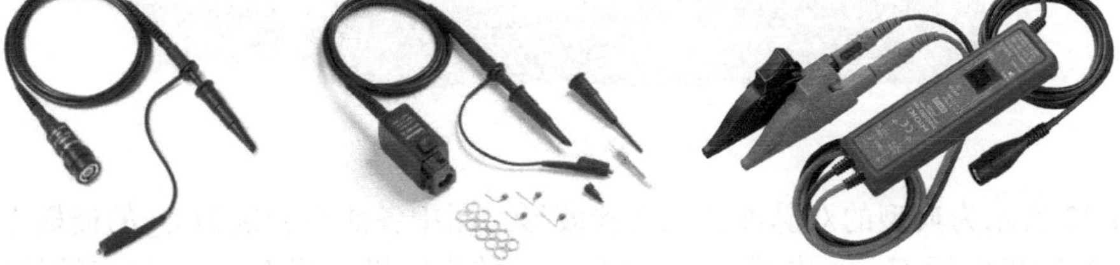

a) 无源电压探头　　b) 有源电压探头　　c) 差分探头

图 4-29　电压探头

需要注意的是，无源电压探头和有源电压探头属于非隔离型单端探头，用于测量测试点的对地信号，带宽范围较大，延时较小，但无电气隔离能力；差分探头属于隔离型双端探头，可以测量任意两点电压差，使用方便，但带宽较窄。

4）示波器。示波器作为瞬态测试波形的关键记录设备，必须有足够高的带宽。示波器的模拟通道具有低通滤波器的频率响应，带宽是指该低通滤波器的 3dB 截止频率。对于开关管的电压电流信号，快速的上升沿和下降沿含有高次谐波，其信号等效频率远大于开关频率。通常情况下，为准确测量上述被测信号，示波器带宽应该至少比被测信号的等效带宽高 5 倍，以确保测试误差绝对值小于 2%，且测试系统带宽越高，测试结果越真实。此外，示波器的上升时间描述了可测量的有效频率范围，在测试信号上升沿和下降沿时，探头和示波器的上升时间必须比被测信号快 3 ～ 5 倍。然而采用该原则并非理想值，测试系统上升时间越快，测试结果越真实。在双脉冲测试中，一般选择高带宽四通道示波器。图 4-30 所示为某厂家示波器。

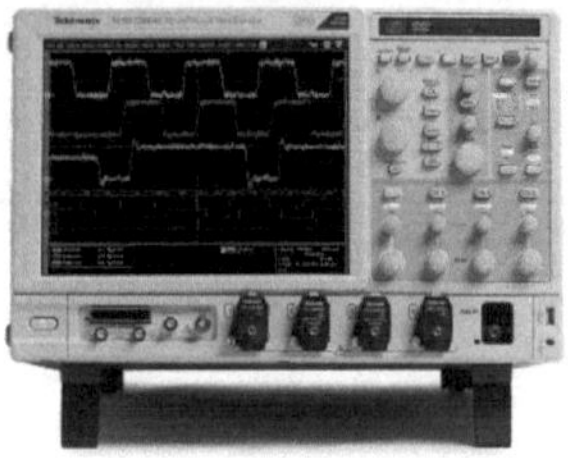

图 4-30　某厂家示波器

6. 辅助设备

图 4-31 所示为恒温电热板和电动升降台，以便模拟电力电子器件的测试温度，并适应不同器件的外形尺寸。需要注意的是，这两部分在实际设计中往往会考虑组装在一起。

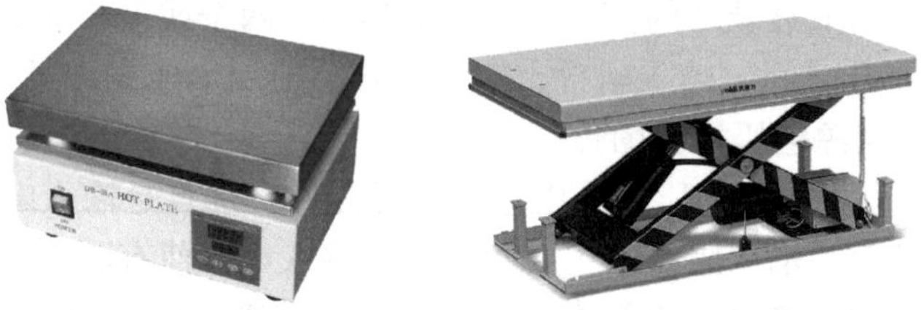

a) 恒温电热板　　b) 电动升降台

图 4-31　恒温电热板和电动升降台

充电电源通常采用高压可编程直流电源，图 4-32 所示是某厂家的可编程直流电源，其输出电压电流可调节，具有电流限制功能。

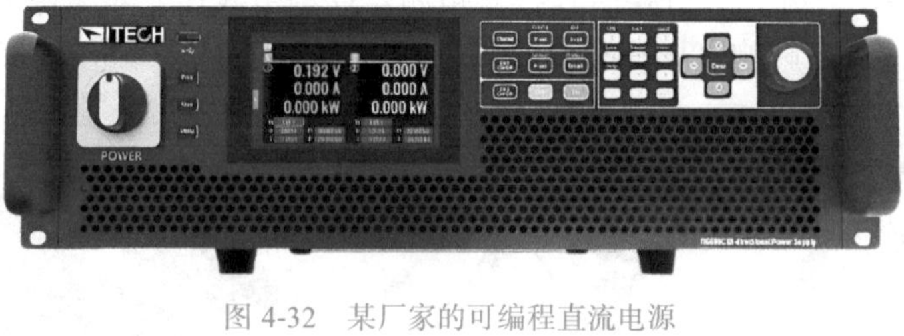

图 4-32　某厂家的可编程直流电源

图 4-33 所示为典型的双脉冲测试实验波形，图中各曲线分别为 Q_2 的栅极电压 U_{GE2}，集电极 - 发射极电压 U_{CE2}，电感电流 I_L 以及 Q_2 的集电极电流 I_{CE2}。通过该波形可分析得出 IGBT 器件的导通时间、关断时间、导通损耗、关断损耗、导通电流尖峰及关断电压尖峰等关键信息，还可根据关断电压尖峰估算线路中的等效寄生电感。

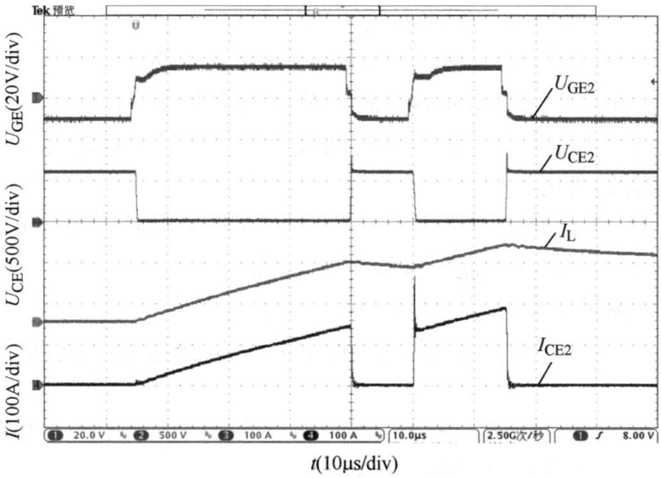

图 4-33 典型的双脉冲测试实验波形

4.3.2 短路测试平台

1. 短路测试方法

在电力电子产品研发的过程中，技术人员经常需要做一些测试实验，但是短路测试却没有引起大家足够的重视。究其原因可能有两个方面：①短路实验时电流极大，易导致器件损坏，风险大，实验成本过高；②短路测试过程相对而言较为简单，对短路行为的细节没有进行细致的观察。本节将详细介绍完整的短路测试方法以及判断标准。

2. 一类短路测试

图 4-34 为一类短路测试（方法一）原理图。通过充 / 放电电路为直流支撑电容充电至设定值。确保上管 Q_1 的栅极施加负压而关断，且将上管 Q_1 用短路铜排进行短接。对下管 Q_2（被测对象）施加一个单脉冲信号，这样一个典型的一类短路测试就完成了。

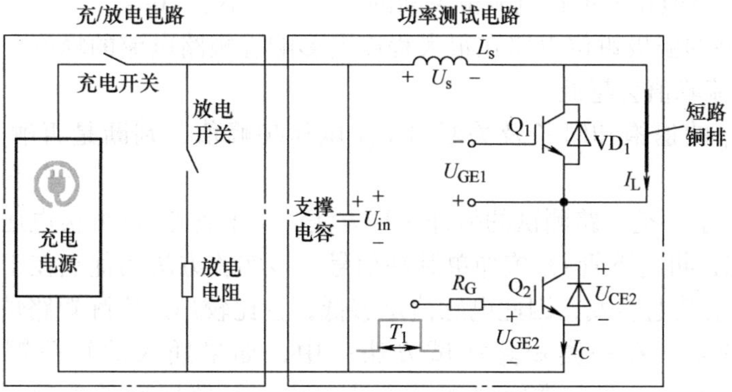

图 4-34 一类短路测试（方法一）原理图

一类短路属于小电感短路，短路回路中电感量较小（纳亨级别），所以短路铜排的电感量会显著影响测量结果。因此实验前要理解下述注意事项：

1）进行此实验前，建议利用双脉冲测试对直流母排的杂散电感 L_s 进行估算。

2）短路测试电流虽然很大，但因为时间极短，故测试消耗的能量很小，实验前后电容上的电压不会有明显变化。

3）虽然上管 Q_1 一直处于关断状态，但该器件不可或缺，这是由于在下管 Q_2 关断后，短路电流还需要由上管的续流二极管 VD_1 续流。

4）该测试主要测量下管 Q_2 的 U_{CE2}、U_{GE2} 和 I_C。

5）电流探头需测量图中 I_C 的位置，而非短路铜排电流，这两个位置的电流是不同的。

6）对于下管 Q_2 的脉冲宽度，推荐开始实验时使用 10μs 脉宽，然后逐步增加。

接下来介绍一类短路测试的具体实验步骤及方法：

1）在主电路上电前，利用示波器确认所发单脉冲的宽度。

2）将母线电压 U_{in} 充电至 20～30V，触发一个单脉冲，观察短路电流，以确认电流探头方向及其他物理量测量设备安装是否正确，同时确保示波器能正确捕捉到被测数据。

3）将母线电压 U_{in} 升高至实验值，按下示波器的单次触发按钮并触发单脉冲，在示波器屏幕上观察捕捉到的被测参数波形。

4）首次 10μs 单脉冲测试若发现测试波形异常，则立即停止实验，检查问题并整改。如果发现 IGBT 没有发生退饱和现象，则可能是由于短路回路电感量太大导致的，需要重新更换电感量较小的铜排。

5）如果 10μs 测试正常，可适当延长脉冲时间至 12μs、16μs，若发现示波器上捕捉到的 IGBT 开通时间不再增长，则意味着驱动器对 IGBT 短路故障进行了保护；否则，意味着驱动器保护电路设置有问题，需要整改。

接下来介绍一类短路测试的保护结果评判方法：

1）用电流的上升率 di/dt 求出短路回路中的全部电感量，减去之前测出的杂散电感，就得到了短路铜排的电感值。

2）将测得的短路电流最大值与数据手册中的相应值进行比对。

3）从 IGBT 退饱和至短路电流被关断的时间必须小于 10μs。

4）驱动电路的栅极钳位电路在很大程度上影响着短路电流的峰值，栅极钳位电路性能越好，短路电流峰值会越低。

5）观察 U_{CE} 的退饱和时长及关断时 U_{CE} 电压尖峰值，判断是否触及有源钳位电压阈值。

图 4-35 提供了一类短路测试的另外一种方法。给上管 Q_1 的栅极电压一个高电平，使 Q_1 保持导通状态，再对下管 Q_2 施加单脉冲信号。该实验方法的优点在于确保短路回路中的电感量就是的杂散电感 L_s，因此电感值足够低，且比较贴近实际短路情况。

需要注意的是，在一类短路测试方法一中，如果插入的短路铜排电感值过大，会导致进入二类短路。在一类短路测试方法二中，短路回路的电感量通常比较稳定，即等于支撑电容、直流母排、IGBT 模块的杂散电感之和，短路电流变化率一般能达到 500A/μs 及以上，在这个实验中，短路脉冲的宽度需严格控制，需要从窄至宽慢慢放开。

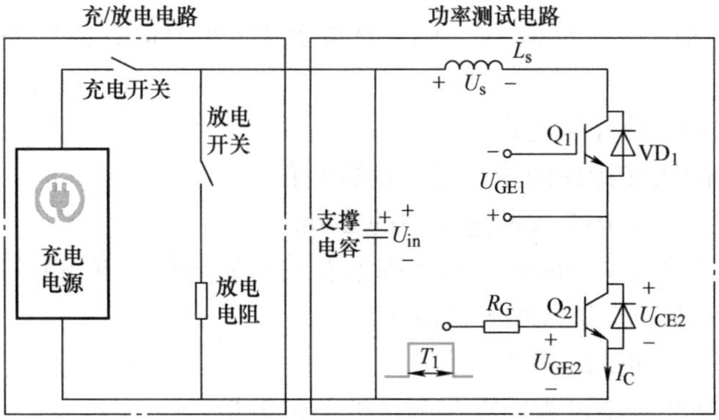

图 4-35　一类短路测试（方法二）原理图

3. 二类短路测试

在实际运行的设备中，二类短路是比较容易遇到的短路类型，如逆变器在拖动电机时出现电机定子侧短路，此情形属于二类短路。对二类短路的测试方法是在短路回路中插入某一数值的电感，然后观察其短路行为，如图 4-36 所示。

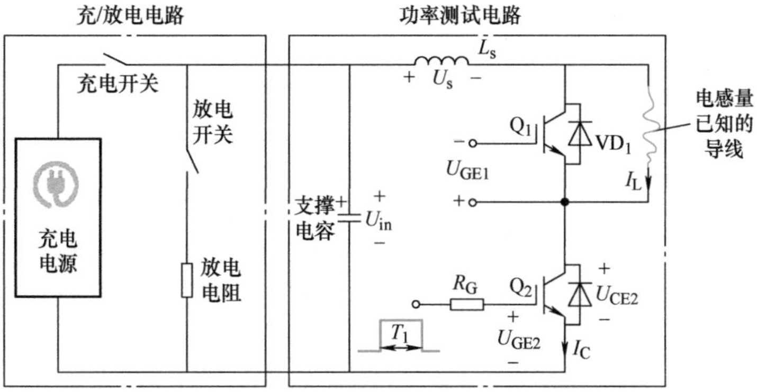

图 4-36　二类短路测试电路

二类短路的测试中，下管 Q_2 导通后，先进入饱和导通状态，其后电流增大，当电流到达 IGBT 的退饱和点时，IGBT 电压迅速上升，这标志着 IGBT 退出了饱和区。然后驱动电路经过一定时间延迟后，关断 IGBT。当短路回路中电感量继续增大时，就会变成过载。

在短路测试中，电流波形的形状与栅极钳位电路的性能密切相关。栅极钳位电路出现的原因是 IGBT 中存在米勒电容，在 IGBT 短路时，米勒电容会影响栅极电压，导致短路电流激增进而危及 IGBT 器件。大容量 IGBT 器件的米勒效应越显著，其栅极钳位电路越重要。

习 题

4-1 若 IGBT 两端电压为 600V，则在选取 IGBT 型号时，器件手册上的额定击穿电压应大于多少？

4-2 试简述 IGBT 的开通过程。

4-3 从 IGBT 的伏安特性曲线中能获得哪些信息？

4-4 为什么要限制 IGBT 关断过程中的 du/dt？

4-5 IGBT 的开通及关断时间与哪些因素有关？如何加快 IGBT 的开关速度？

4-6 如图 4-18 所示的双脉冲测试拓扑。

（1）请绘制双脉冲测试的驱动波形。

（2）试列举双脉冲测试过程中需要测试的关键电量。

（3）如何测量 IGBT 的开通时间及关断时间？

（4）如何根据双脉冲测试结果估算线路中的杂散电感？

4-7 如何确定双脉冲测试的两个脉冲宽度？如何根据脉冲宽度估算开关器件的开通及关断电流？

4-8 请列举几种短路测试方法，并简述两种测试方法的注意事项。

第 5 章

电力电子器件的硬开关及缓冲电路

传统电力电子技术教材通常把构成电路的 IGBT、MOSFET、二极管等电力电子器件视作理想器件，以简化理论分析。然而实际电力电子器件的开通和关断并非瞬间完成，都有一个特定的开关过程，在此期间电压和电流存在交叠，导致器件存在开关损耗和硬开关现象。故本章将首先介绍电力电子器件的硬开关现象及危害，在此基础上，为了降低电力电子器件的电气应力，减少开通损耗和关断损耗，进一步介绍电力电子器件的基本缓冲电路原理、实现方式及典型缓冲电路拓扑。

5.1 理想开关过程

图 5-1 是电路理想开关波形。假设理想开关 S 跟电阻 R 串联后连接在电压源 U_{in} 两端，S 在 t_1 时刻导通后，开关电压 u 瞬间减小为 0，电流 i 则增大为负载电流 I_L，且 I_L 跟 U_{in} 和 R 满足欧姆定律；S 在 t_2 时刻关断后，开关电压 u 瞬间增大为 U_{in}，而电流 i 则减小为 0。开关的状态轨迹如图 5-1b 所示。

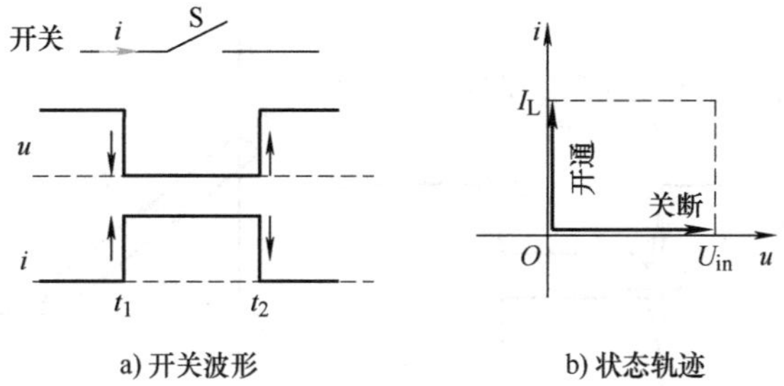

图 5-1 电路理想开关波形和状态轨迹

理想开关的电压满足如下约束关系：

1）开关导通时：$u=0$，$i=I_L$。

2）开关断开时：$u=U_{in}$，$i=0$。

可见，理想开关瞬间的 di/dt 和 du/dt 无穷大，且由于不存在电压和电流的交叠区，相应的开关损耗为零。

然而，现实中开关器件的开通和关断并非瞬间完成，而是需要一定的开关时间 Δt，此时开关波形和状态轨迹如图 5-2 所示。可见，开关瞬间的电流和电压变化率并非无穷大，由于存在一定的电压和电流的交叠，导致开关损耗不为零。

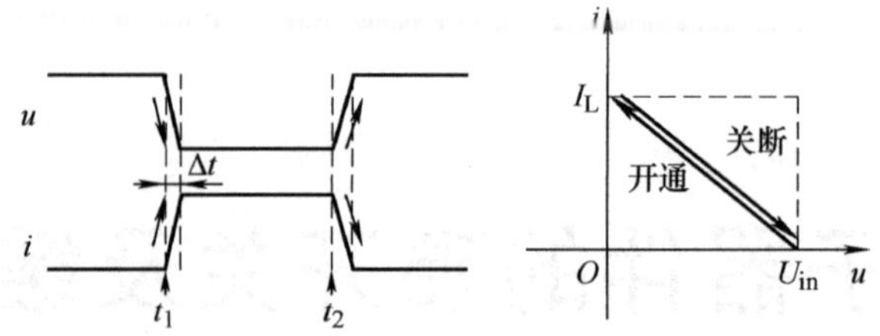

a) 开关波形　　b) 状态轨迹

图 5-2　考虑开关时间的开关波形和状态轨迹

当然，除开关时间因素之外，实际开关器件中往往存在着等效并联电容 C_s，或等效串联寄生电感 L_s，其存在将不可避免地引起电流尖峰 Δi 或电压尖峰 Δu 现象，对应的开关波形和状态轨迹分别如图 5-3 和图 5-4 所示。

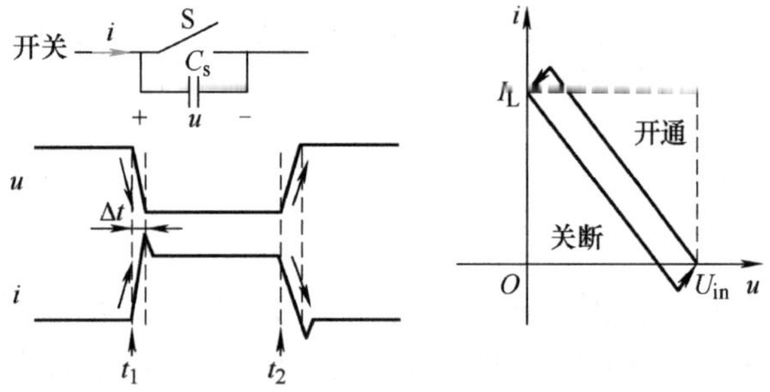

a) 开关波形　　b) 状态轨迹

图 5-3　考虑开关时间和并联寄生电容的开关波形和状态轨迹

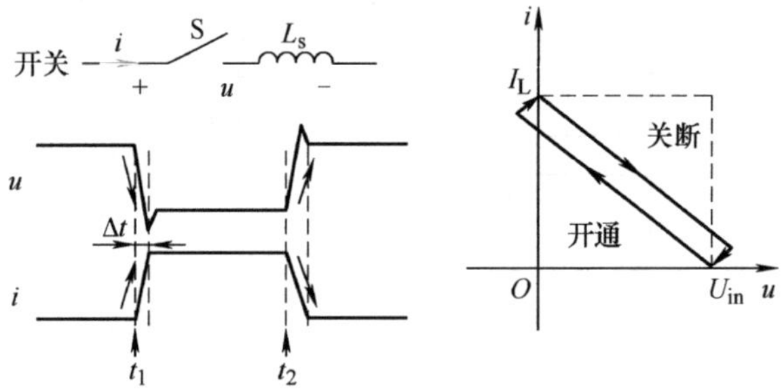

a) 开关波形　　b) 状态轨迹

图 5-4　考虑开关时间和串联寄生电感的开关波形和状态轨迹

5.2　电力电子器件的硬开关过程

5.2.1　硬开关过程

在直流变换器分析中，电力电子器件（也称“开关管”）工作在导通和截止两种状态，由于开关管导通时的电压降和截止时的漏电流均很小，相应的导通损耗和截止损耗均近似为零。把开关管从截止状态变成导通状态的过程称为开通，而开关管从导通状态变为截止状态的过程称为关断。传统教材中通常假设开关管是理想器件，以简化理论分析。然而，由第 3、4 章的内容可知，电力电子器件并非理想器件，其开通和关断均需要一个过程。在开通时，开关管的集电极 – 发射极电压（简称集电极电压）不是瞬间下降到零，而是存在一个下降时间，同时相应的集电极电流也不是瞬间上升到稳态负载电流值，亦需要一个上升时间，这里也称之为硬开关（Hard Switching）。下面以降压型直流变换器（Buck 电路）为例，介绍电力电子器件的硬开关特性。

图 5-5 是 Buck 变换器的电路图。其中，U_{in} 为输入电压，Q 为开关管（这里采用 IGBT），VD 为续流二极管，L_f 为滤波电感，C_f 为滤波电容，R_L 为负载电阻。需要说明的是，当开关管 Q 采用 MOSFET 时，其开关过程的分析与此类似。

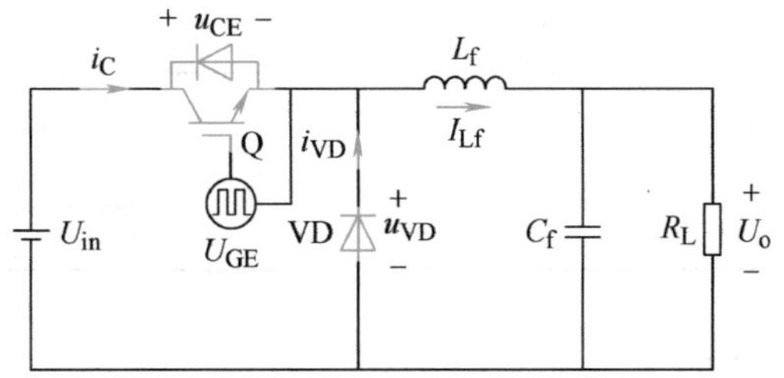

图 5-5　Buck 变换器的电路图

假设滤波电感 L_f 足够大，在一个开关周期内其电流近似保持恒定，等效为一个恒流源 I_{Lf}。为了反映续流二极管 VD 的反向恢复特性，本书将其等效为理想二极管和结电容 C_D 并联，C_D 的容值不是恒定的，而是非线性的。图 5-6 是 Buck 变换器的典型电气波形，下面将结合图 5-7 介绍各开关模态的工作原理。

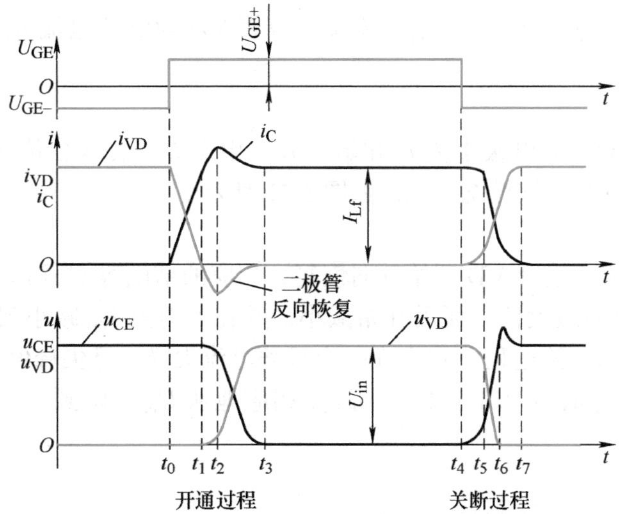

图 5-6　Buck 变换器的典型电气波形

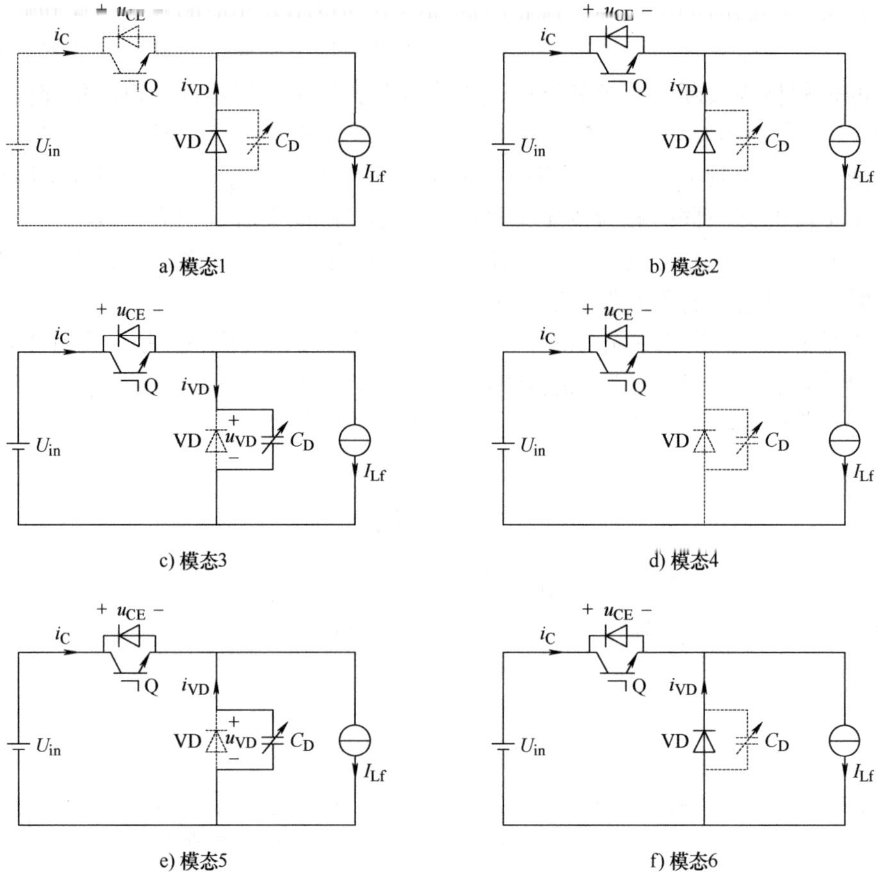

图 5-7　Buck变换器各开关模态的等效电路图

模态 1：t_0 时刻之前。

在 t_0 时刻之前，Q 截止，$i_{VD}=I_{Lf}$，续流二极管 VD 为电感电流 I_{Lf} 提供续流回路，如图 5-7a 所示。

模态 2：[t_0，t_1]。

在 t_0 时刻开通 Q，集电极电流 i_C 开始上升。由于 $i_C<I_{Lf}$，VD 依然导通，且 $u_{CE}=U_{in}$。在 t_1 时刻，i_C 上升到 I_{Lf}，该模态结束，如图 5-7b 所示。

模态 3：[t_1，t_3]。

在 t_1 时刻，续流二极管 VD 开始反向恢复，相应的结电容 C_D 被充电，故 i_{VD} 为负值。在 t_2 时刻 i_{VD} 达到负向最大值，而后开始减小，并在 t_3 时刻 i_{VD} 减小到零，反向恢复过程结束。由图 5-7c 可知，该过程中 i_C 存在一个显著电流尖峰，且尖峰值为 $|I_{Lf}-i_{VD}|$。该过程中，$U_{in}=u_{VD}+u_{CE}$，u_{VD} 从零上升至 U_{in}，而 u_{CE} 相应地从 U_{in} 下降到零。在 t_3 时刻，Q 完成开通过程。

模态 4：[t_3，t_4]。

如图 5-7d 所示，Q 完全导通，$i_C=I_{Lf}$，$u_{CE}=0$。

模态 5：[t_4，t_6]。

在 t_4 时刻关断 Q，i_C 开始下降，续流二极管 VD 的结电容 C_D 放电，满足 $i_{VD}=I_{Lf}-i_C$，

故 u_{VD} 开始下降的同时 u_{CE} 开始上升，如图 5-7e 所示。需要说明的是，[t_4，t_5] 是 IGBT 的存储时间，i_C 下降较慢；从 t_5 时刻开始，i_C 快速下降；直至 t_6 时刻，u_{VD} 下降到零，而 u_{CE} 上升到 U_{in}。

模态 6：[t_6，t_7]。

在 t_6 时刻 i_C 继续下降，电流从 VD 中流过，$i_{VD}=I_{Lf}-i_C$，在 t_7 时刻增大到 I_{Lf}。至此，Q 完成关断过程，如图 5-7f 所示。

5.2.2 硬开关问题的解决

根据上述分析可知，硬开关条件下，无论是在开关管的开通过程还是关断过程，i_C 与 u_{CE} 都存在交叠区，这会在开关管上产生损耗，该损耗称为开关损耗，包括开通损耗和关断损耗，如图 5-8 所示。在一定工作条件下，开关管在每个开关周期内的开关损耗是固定的，变换器总开关损耗与开关频率成正比，开关频率越高，总开关损耗越大，变换器的效率就越低。开关损耗和器件封装的散热能力之间的矛盾决定了变换器开关频率范围，从而影响变换器的功率密度及小型化、轻量化特征。

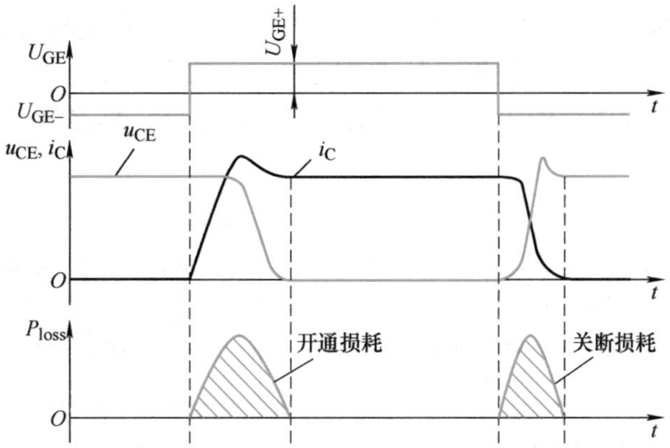

图 5-8 开关损耗

此外，当开关管开通时，其电流上升很快，即 di/dt 很大；开关管关断时，其电压上升很快，即 du/dt 很大。硬开关方式下，过高的 di/dt 和 du/dt 容易产生显著的电磁干扰（Electromagnetic Interference，EMI）问题，图 5-9a 给出了硬开关条件下的开关管状态轨迹，图中虚线为 IGBT 的安全工作区，考虑线路寄生参数的开关管状态轨迹如图 5-9b 所示，如果不改善开关管的开关条件，容易导致开关管的状态轨迹超出安全工作区，从而损坏开关器件。

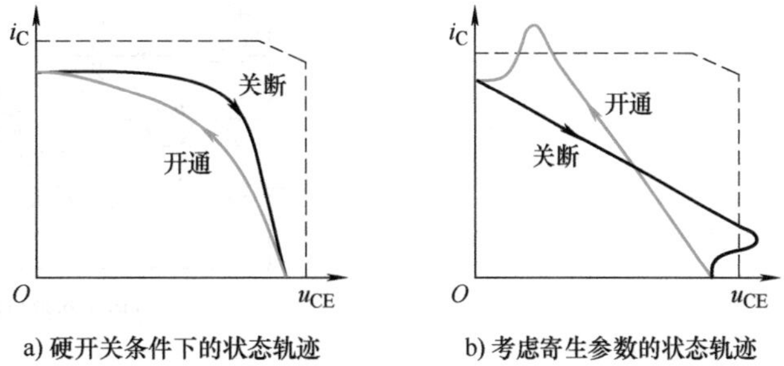

a) 硬开关条件下的状态轨迹　　b) 考虑寄生参数的状态轨迹

图 5-9 开关管状态轨迹

为适应电力电子变换器开关频率不断提高的要求，针对硬开关存在的开关损耗和电磁干扰等问题，可考虑优化电路布局和驱动电路设计、引入缓冲电路、软开关技术等方式实现。本章接下来将重点介绍缓冲电路解决硬开关问题的方法，软开关技术将在第 6 章介绍。

5.3 缓冲电路

5.3.1 RCD 缓冲电路

1. RCD 缓冲电路的推导过程

为减小电力电子器件开通 / 关断时电压 – 电流交叠区的电压尖峰，改善其开关损耗，通常引入缓冲电路（Snubber）的方式来实现。其中，为了降低开关管关断时的电压上升率，最简单的方法就是在开关管 Q 上并联一个缓冲电容 C_s，如图 5-10a 所示。图中，R_L 为变换器的负载电阻，其两端电压为输出电压 U_o，电流为输出电流 I_o。开关管截止时 C_s 电压为 U_{in}，开关管导通时 C_s 直接被短路，这会导致 i_C 存在显著的电流尖峰。为了减小开关管开通时的电流尖峰，可采用如图 5-10b 所示的 RC 缓冲电路，但串联电阻 R_s 会削弱缓冲电容 C_s 的作用，使得开关管关断时电压上升速度变快。为此，可采用如图 5-10c 所示的 RCD 缓冲电路，即在 R_s 上并联二极管 VD_s。当开关管关断时，VD_s 导通，C_s 相当于并联在开关管两端，改善开关管电压两端电压 u_{CE} 的上升率；开关管 Q 开通时，C_s 通过 R_s 放电。R_s、C_s 和 VD_s，构成了开关管的关断缓冲电路，称之为 RCD 缓冲电路。

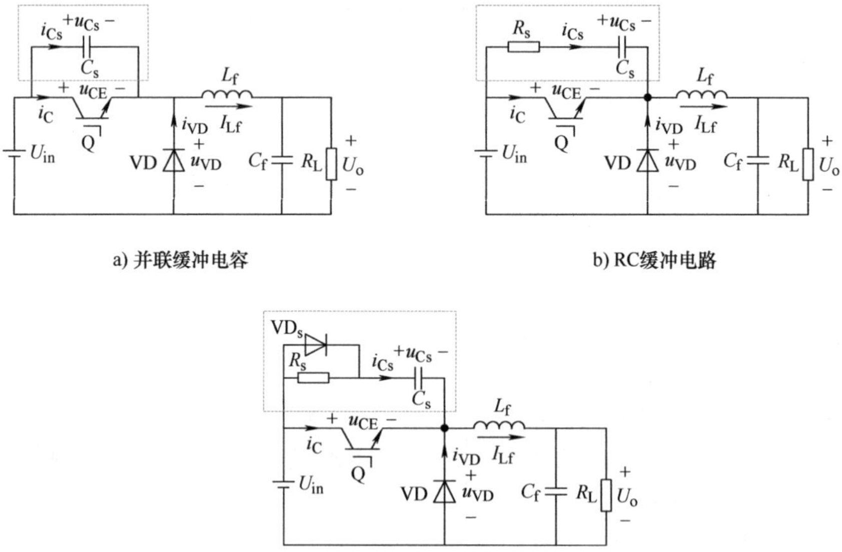

a) 并联缓冲电容

b) RC缓冲电路

c) RCD缓冲电路

图 5-10 典型并联缓冲电路

2. RCD 缓冲电路的工作原理

图 5-11 给出了引入 RCD 缓冲电路的典型电气波形，详细展示了开关管 Q 的栅极电压 U_{GE}、集电极电流 i_C、集电极 – 发射极电压 u_{CE} 和续流二极管电流 i_{VD}、电压 u_{VD} 以及缓冲电容电流 i_{Cs} 的变化规律。为简化分析，假设滤波电感 L_f 足够大，在一个开关周期内其

电流近似保持恒定，等效为一个恒流源 I_{Lf}。

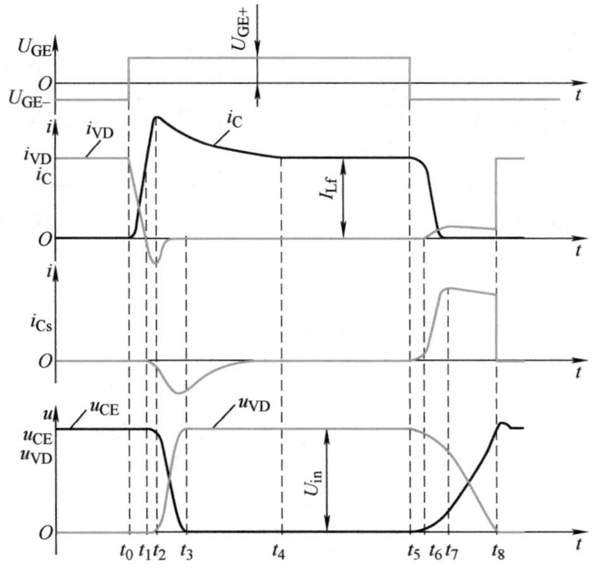

图 5-11　引入 RCD 缓冲电路的典型电气波形

基于上述假设，可得到引入 RCD 缓冲电路的开关模态等效电路如图 5-12 所示。为了反映续流二极管 VD 的反向恢复特性，这里将其等效为理想二极管和结电容 C_D 并联，其中 C_D 的容值不是恒定的，而是非线性的。下面详细介绍各模态的工作原理。

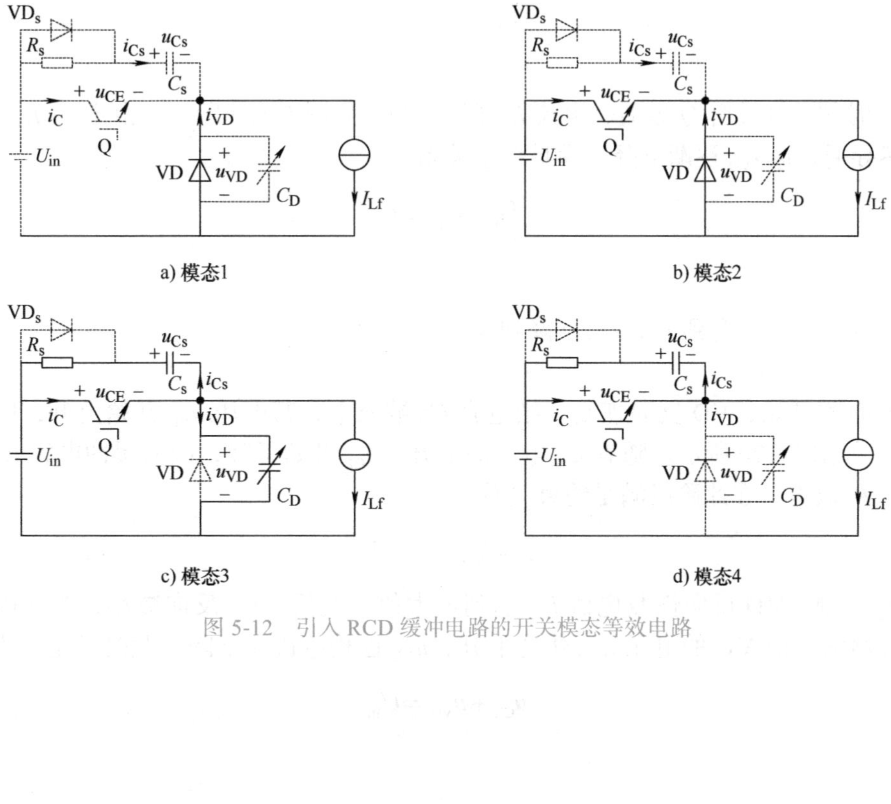

图 5-12　引入 RCD 缓冲电路的开关模态等效电路

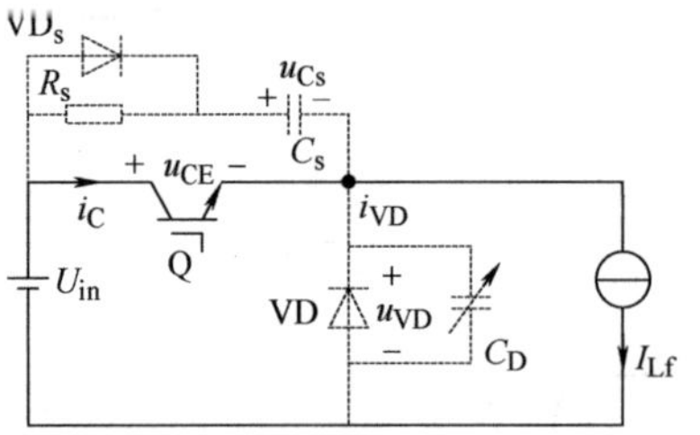

e) 模态5

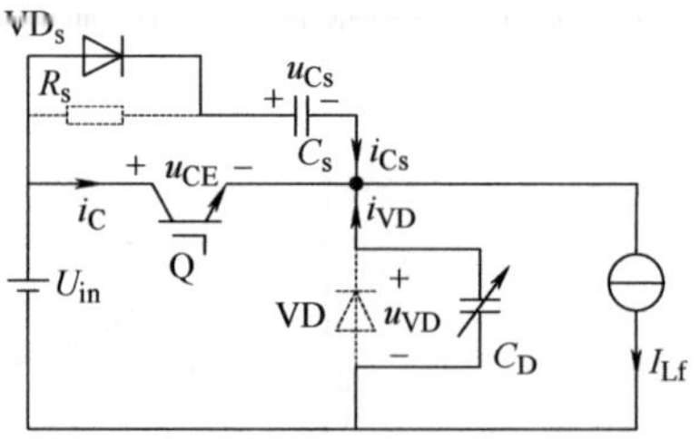

f) 模态6

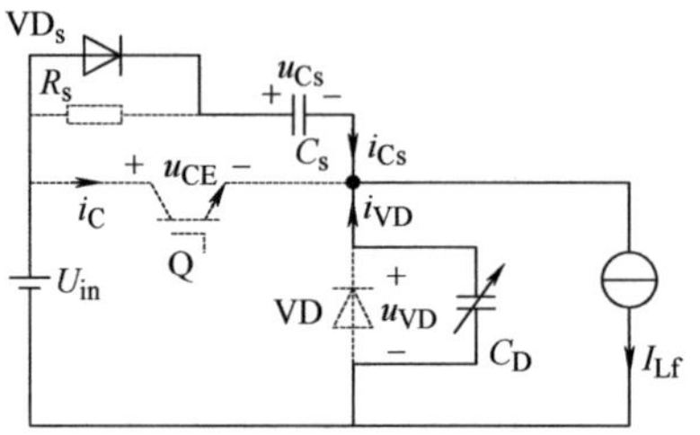

g) 模态7

图 5-12　引入 RCD 缓冲电路的开关模态等效电路（续）

模态 1：t_0 时刻之前。

在 t_0 时刻之前，Q 截止，VD 导通，电感电流 I_{Lf} 流过 VD，如图 5-12a 所示。此时缓冲电容 C_s 的电压满足约束关系

$$\begin{cases} u_{Cs} = u_{CE} = U_{in} \\ u_{VD} = 0 \end{cases} \tag{5-1}$$

模态 2：[t_0，t_1]。

在 t_0 时刻，开关管 Q 导通，电流 i_C 开始上升，如图 5-12b 所示。由于 $i_C<I_{Lf}$，续流二极管依然导通，但 i_{VD} 逐渐下降，满足约束关系

$$\begin{cases} i_{VD} + i_C = I_{Lf} \\ u_{CE} = U_{in} \end{cases} \tag{5-2}$$

在 t_1 时刻，i_C 上升到 I_{Lf}，i_{VD} 下降到零。

模态 3：[t_1，t_3]。

从 t_1 时刻开始，VD 反向恢复，结电容 C_D 被充电，其电压 u_{VD} 开始上升，因此电流 i_{VD} 为负，如图 5-12c 所示。随着 C_D 电压的上升，u_{CE} 开始下降，因而缓冲电容 C_s 也通过缓冲电阻 R_s 放电，在此阶段满足约束关系

$$i_C = i_{VD} + i_{Cs} + I_{Lf} \tag{5-3}$$

在 t_2 时刻，VD 反向恢复电流 i_{VD} 达到最大值。此后，i_{VD} 反向减小，缓冲电容放电电流相应增大，而 VD 的电压 u_{VD} 快速上升，u_{CE} 也相应快速下降，此时满足约束关系

$$u_{CE} + u_{VD} = U_{in} \tag{5-4}$$

在 t_3 时刻，VD 的反向恢复过程结束，i_{VD}−0，u_{VD}−U_{in}，u_{CE}−0，开关管 Q 完全导通。需要注意，缓冲电容放电电流的最大值并非出现在 t_3 时刻，可能出现在 t_3 时刻之前，这与缓冲电容的容量和缓冲电阻阻值大小相关，而 i_C 的最大值也并非与缓冲电容放电电流的最大值同时出现。

模态 4：[t_3，t_4]。

在 t_3 时刻，Q 导通，VD 关断，C_s 继续通过 R_s 和 Q 放电，其电压在 t_4 时刻下降到零，如图 5-12d 所示。在此时段满足约束关系

$$\begin{cases} i_C = i_{Cs} + I_{Lf} \\ u_{VD} = U_{in} \\ u_{CE} = 0 \end{cases} \tag{5-5}$$

模态 5：[t_4，t_5]。

在 t_4 时刻之后，缓冲电路停止工作，Q 导通，VD 关断，如图 5-12e 所示。在此时段满足约束关系

$$\begin{cases} u_{VD} = U_{in} \\ u_{CE} = 0 \end{cases} \tag{5-6}$$

模态 6：[t_5，t_7]。

在 t_5 时刻，关断开关管 Q，i_C 开始下降，u_{CE} 开始上升，如图 5-12f 所示。此时，续流二极管 VD 的结电容 C_D 放电，缓冲电容 C_s 通过缓冲二极管 VD_s 充电，满足约束关系

$$i_{Cs} = I_{Lf} - i_C - i_{VD} \tag{5-7}$$

由于 [t_5，t_6] 时段是 IGBT 的存储时间，i_C 下降较慢，因此 u_{CE} 上升很慢。从 t_6 时刻开始，i_C 下降较快，由于 C_s 和 C_D 共同限制了 u_{CE} 的上升率，u_{CE} 缓慢上升。在 t_7 时刻，i_C 下降到零，开关管 Q 完全关断。

模态 7：[t_7，t_8]。

在 t_7 时刻，C_s 继续充电，C_D 继续放电。到 t_8 时刻，C_s 电压上升到 U_{in}，C_D 电压下降到零，续流二极管 VD 导通。此后，缓冲电路停止工作，I_{Lf} 通过 VD 续流。需要说明的是，在 [t_5，t_8] 时段，由于 $C_s \gg C_D$，因此其充电电流远大于 C_D 的放电电流。

从图 5-12 可以看出，引入 RCD 缓冲电路后，在 Q 的关断过程中，缓冲电容 C_s 限制了 u_{CE} 的上升率，降低了交叠区内的 u_{CE} 值，从而改善了 Q 的关断损耗。但当 Q 开通时，C_s 通过 Q 放电，导致 Q 存在较大的开通电流尖峰，增大了 Q 的开通损耗。特别的，缓冲电容 C_s 储存的能量 $C_sU_{in}^2/2$ 主要消耗在 R_s 上，因此，RCD 缓冲电路属于典型的有损缓冲电路。

3. 缓冲电路的参数设计

接下来讨论 RCD 缓冲电路的参数设计。为便于分析，做如下假设：①忽略续流二极管的反向恢复，即令其结电容 C_D 为零；②滤波电感足够大，在一个开关周期中其电流脉

动为零，其电流等于输出电流 I_{Lf}。

（1）缓冲电容值

为了减小开关管的关断损耗，缓冲电容应尽量大，以减小交叠区内的 u_{CE} 值。但前面分析指出，在开关管 Q 导通时，缓冲电容存储的能量是消耗掉的，为了减小这个损耗，缓冲电容值不宜太大。因此，缓冲电容应折中选取，一般按照满载时 u_{CE} 上升到 U_{in} 的时间为开关管电流下降时间 t_f 的 3 ～ 5 倍来选取，即

$$T_r = C_s U_{in} / I_{Lf} = (3 \sim 5) t_f \quad (5\text{-}8)$$

由此可得

$$C_s = (3 \sim 5) \frac{I_o}{U_{in}} t_f \quad (5\text{-}9)$$

此外，为了实现良好的缓冲性能，缓冲电容应选择等效串联电感（Equivalent Series Inductor，ESL）较小的薄膜电容或金属膜电容。另外，缓冲电容承受的最高电压为 U_{in}，其电压定额一般按照（1.5 ～ 2）U_{in} 选取。

（2）缓冲电阻值

在开关管导通时，缓冲电容电压应下降到零，这就决定了缓冲电阻的最大值。定义缓冲电容的放电时间常数 $\tau_{RC}=R_s C_s$，一般认为（3 ～ 5）τ_{RC} 的时间内，缓冲电容电压近似下降到零。故开关管的导通时间 T_{on} 应该满足

$$(3 \sim 5)\tau_{RC} < T_{on} \quad (5\text{-}10)$$

由此可得

$$R_s < \frac{T_{on}}{(3 \sim 5) C_s} \quad (5\text{-}11)$$

缓冲电阻应该尽量按照最大值选取，以减小开关管开通时的电流尖峰。

在每个开关周期中，缓冲电容存储的能量全部耗散在缓冲电阻上，故缓冲电阻功率满足

$$P_{loss,Rs} = \frac{1}{2} C_s U_{in}^2 f_s \quad (5\text{-}12)$$

式中，f_s 为开关频率。

为了保证良好的缓冲作用，缓冲电阻需选择 ESL 较小的金属膜电阻或者碳膜电阻。由于缓冲电阻存在较大功率消耗，故应选择功率较大的电阻，以避免过热烧毁。

（3）缓冲二极管

缓冲二极管 VD_s 承受的电压应力为 U_{in}。从图 5-12f ～ g 可以看出，如果忽略续流极管 VD 的反向恢复过程，开关管关断时缓冲二极管流过的最大电流近似为 I_{Lf}，流过的时间约为（3 ～ 5）t_f。因此，缓冲二极管在开关周期 T_s 内的电流有效值约为

$$I_{VD\_rms} \approx I_{Lf} \sqrt{(3 \sim 5) t_f / T_s} \quad (5\text{-}13)$$

一般情况下，缓冲二极管推荐选用快恢复二极管，并按照其电压应力和电流有效值选取。

5.3.2　RLD 缓冲电路

1. RLD 缓冲电路的推导过程

为了降低开关管开通时的电流上升率和开关损耗，最简单的方法就是在开关管 Q 中串联一个缓冲电感 L_s，如图 5-13a 所示。

开关管导通后，L_s 的电流等于滤波电感电流 I_{Lf}。当开关管关断时，L_s 被开路，这会导致开关管上存在很大的电压尖峰。为了给 L_s 的电流提供通路，减小开关管关断时的电压尖峰，可在 L_s 上并联缓冲电阻 R_s，如图 5-13b 所示。但是，R_s 会削弱 L_s 的作用，使得开关管开通时电流上升速度变快。为此，可以在 R_s 上串联二极管 VD_s，如图 5-13c 所示。当开关管开通时，VD_s 阻止电流从 R_s 中流过，使缓冲电感 L_s 直接串联在开关管中，减缓开关管电流的上升率。R_s、L_s 和 VD_s 构成了开关管的开通缓冲电路，称为 RLD 缓冲电路。

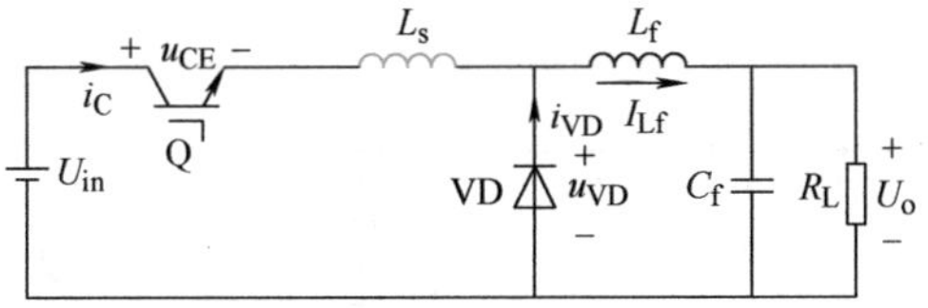

a) 串联缓冲电感

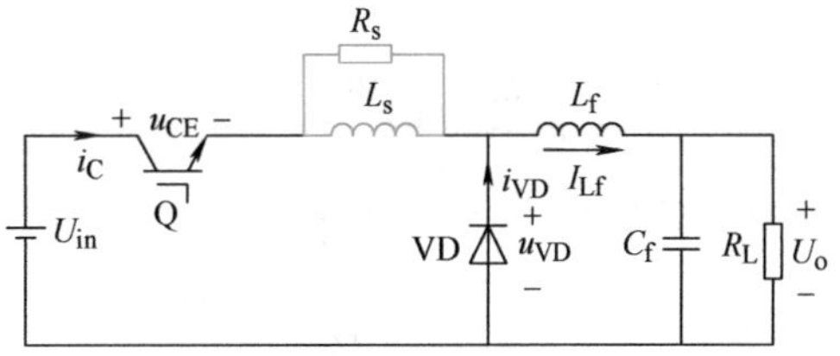

b) RL缓冲电路

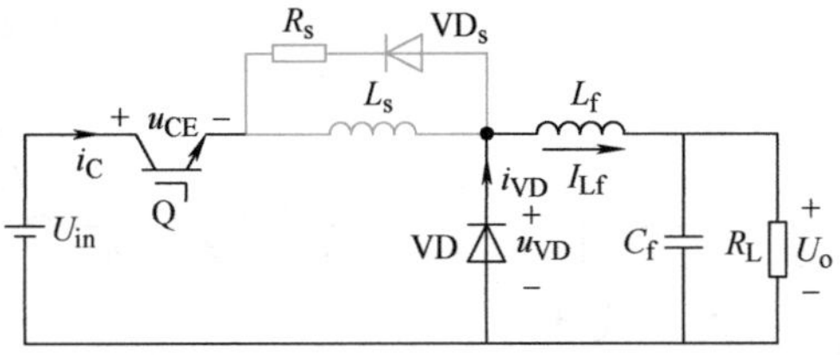

c) RLD 缓冲电路

图 5-13　典型串联缓冲电路

2. RLD 缓冲电路的工作原理

图 5-14 给出了引入 RLD 缓冲电路的典型电气波形，详细展示了开关管 Q 的栅极电压 U_{GE}、集电极电流 i_C、集电极 - 发射极电压 u_{CE} 和续流二极管电流 i_{VD}、电压 u_{VD} 的变化规律。为简化分析，假设滤波电感 L_f 足够大，在一个开关周期内其电流近似保持恒定，等效为一个恒流源 I_{Lf}。

基于上述假设，可得到引入 RLD 缓冲电路的开关模态等效电路如图 5-15 所示。为了反映续流二极管 VD 的反向恢复特性，这里将其等效为理想二极管和结电容 C_D 并联，其中 C_D 值不是恒定的，而是非线性的。下面详细介绍各模态的工作原理。

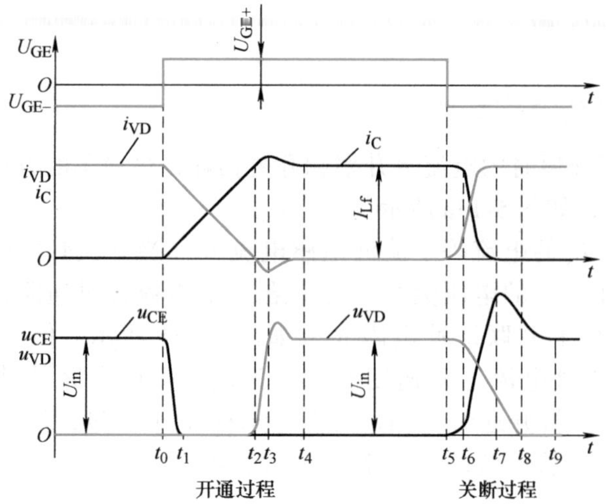

图 5-14　引入 RLD 缓冲电路的典型电气波形

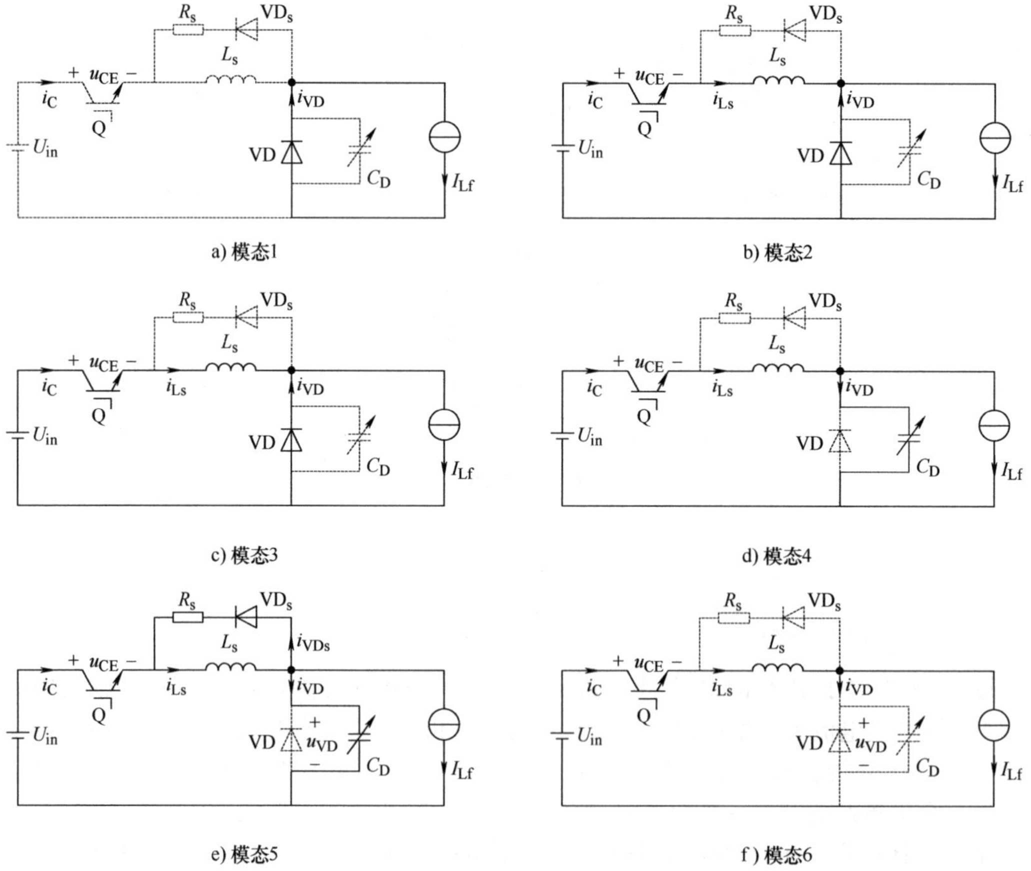

图 5-15　引入 RLD 缓冲电路的开关模态等效电路

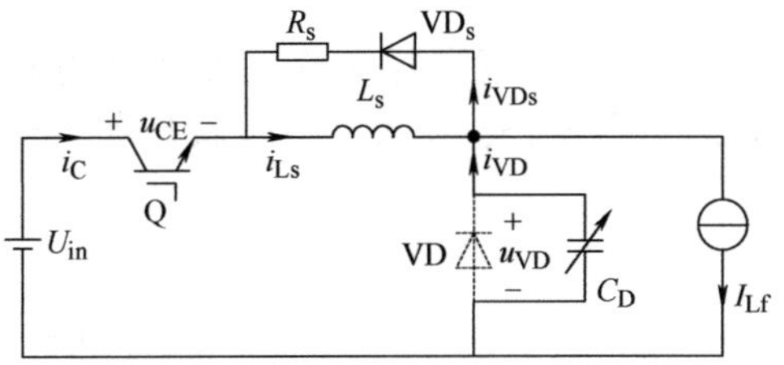

g) 模态7

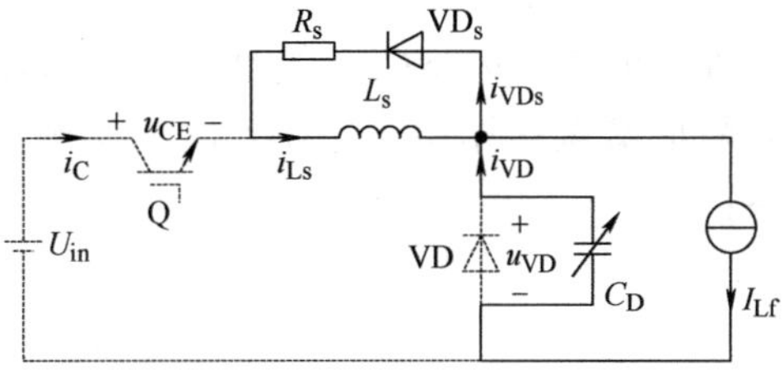

h) 模态8

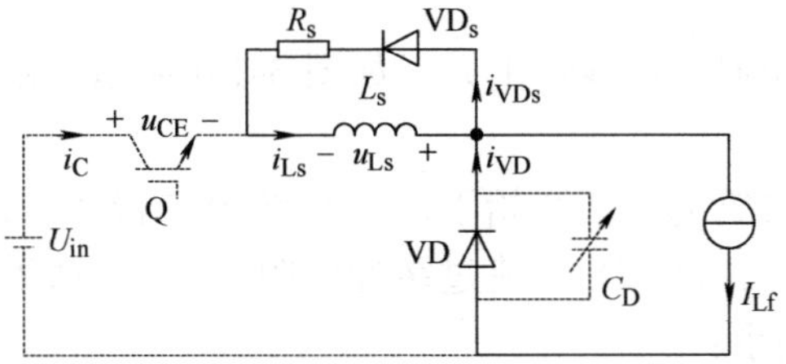

i) 模态9

图 5-15　引入 RLD 缓冲电路的开关模态等效电路（续）

模态 1：t_0 时刻之前。

在 t_0 时刻之前，Q 截止，VD 导通，电感电流 I_{Lf} 流过 VD 续流，如图 5-15a 所示。此时缓冲电感 L_s 的电流为零，二极管电流满足如下关系：

$$i_{VD} = I_{Lf} \tag{5-14}$$

模态 2：[t_0，t_1]。

在 t_0 时刻，开关管 Q 导通，电流 i_C 开始上升，i_{VD} 相应下降，如图 5-15b 所示。此时满足如下约束关系：

$$\begin{cases} i_{VD} + i_{Ls} = I_{Lf} \\ i_C = i_{Ls} \end{cases} \tag{5-15}$$

由于缓冲电感 L_s 限制了 i_C 的上升率，i_C 上升很慢。与此同时，u_{CE} 也开始下降，并在 t_1 时刻下降到零，Q 完全开通。

模态 3：[t_1，t_2]。

该阶段仍然满足式（5-15）的约束关系，在 t_2 时刻，i_C 上升到 I_{Lf}，i_{VD} 下降到零，如图 5-15c 所示。

模态 4：[t_2，t_3]。

从 t_2 时刻开始，续流二极管 VD 进入反向恢复，电流 i_{VD} 为负值，结电容 C_D 被充电，如图 5-15d 所示，此时满足如下约束关系：

$$\begin{cases} i_{Ls} = i_{VD} + I_{Lf} \\ i_C = i_{Ls} \end{cases} \tag{5-16}$$

该阶段内 L_s 与 C_D 谐振工作，u_{VD} 从零开始升高，并在 t_3 时刻上升到 U_{in}。

模态5：[t_3, t_4]。

在 t_3 时刻，$u_{VD}>U_{in}$，缓冲二极管 VD_s 导通，L_s 与 C_D 继续谐振工作，而缓冲电阻 R_s 起到阻尼谐振的作用，并在 t_4 时刻实现完全阻尼，如图 5-15e 所示，此时满足如下约束关系：

$$\begin{cases} i_C = I_{Lf} \\ u_{VD} \approx U_{in} \end{cases} \tag{5-17}$$

模态6：[t_4, t_5]。

在该阶段，L_s 与 L_f 串联，i_C 线性上升，如图 5-15f 所示。由于 $L_s \ll L_f$，$u_{VD} \approx U_{in}$。

模态7：[t_5, t_7]。

在 t_5 时刻，关断开关管 Q，i_C 开始下降，且续流二极管 VD 的结电容 C_D 开始放电，其电压 u_{VD} 从 U_{in} 下降，i_{VDs} 经 VD_s 后流过缓冲电阻 R_s，u_{CE} 从零开始上升，如图 5-15g 所示，此时满足如下约束关系：

$$\begin{cases} i_{VD} = i_{VDs} + I_{Lf} - i_{Ls} \\ i_{VDs} = i_{Ls} - i_C \\ u_{CE} = U_{in} - u_{VD} + i_{VDs}R_s \end{cases} \tag{5-18}$$

由于 [t_5, t_6] 时段是 IGBT 的存储时间，i_C 下降较慢，因此 u_{CE} 上升很慢。从 t_6 时刻开始，i_C 下降较快，因而 u_{CE} 也快速上升；在 t_7 时刻，i_C 下降到零，开关管 Q 完全关断。

模态8：[t_7, t_8]。

在该时段，i_C=0，L_s 的电流全部流过 R_s，i_{VD}=I_{Lf}。在 t_8 时刻，C_D 的电荷释放完毕，u_{VD} 下降到零，续流二极管 VD 正偏导通，如图 5-15h 所示。

模态9：[t_8, t_9]。

在该时段，I_{Lf} 全部流过续流二极管 VD，而 L_s 的电流全部流过 R_s，L_s 的能量消耗在 R_s 上，其电流 i_{VDs} 也呈指数下降到零，如图 5-15i 所示，此时满足如下约束关系：

$$\begin{cases} i_{VDs} = i_{Ls} \\ u_{CE} = U_{in} + i_{VDs}R_s \end{cases} \tag{5-19}$$

显然，在 t_8 时刻，开关管的电压应力 u_{CE} 略高于输入电压 U_{in}，并随着电流 i_{VDs} 下降最终稳定在 U_{in}。

从图 5-14 可以看出，引入 RLD 缓冲电路后，在开关管的开通过程中，缓冲电感 L_s 限制了 i_C 的上升率，降低了交叠区内的 i_C 值，从而改善了 Q 的关断损耗。但当开关管关断时，L_s 能量通过缓冲电阻 R_s 释放，在 L_s 两端产生较大的感应反电动势，叠加在开关管两端产生较大的电压尖峰，使得开关管的关断损耗有所增加。特别地，缓冲电感存储的能量 $L_sI^2_{Lf}/2$ 主要消耗在缓冲电阻 R_s 上。因此，RLD 缓冲电路属于典型的有损缓冲电路。

3. 缓冲电路的参数设计

接下来讨论 RLD 缓冲电路的参数设计。为便于分析，做如下假设：①忽略续流二极管的反向恢复，即令其结电容 C_D 为零；②滤波电感足够大，在一个开关周期中，其电流脉动为零，其电流等于输出电流 I_{Lf}。

（1）缓冲电感值

为了减小缓冲电阻的损耗，缓冲电感值 L_s 不宜太大，一般按照满载时 i_C 上升到 I_{Lf} 的时间 T_r 为开关管开通时电压下降时间 t_f 的 3 ～ 5 倍来选取，即

$$T_r = L_s I_{Lf} / U_{in} = (3 \sim 5) t_f \tag{5-20}$$

由此可得

$$L_s = (3 \sim 5) \frac{U_{in}}{I_{Lf}} t_f \tag{5-21}$$

（2）缓冲电阻值

为确保缓冲电感的缓冲作用，应该在开关管关断期间使其电流下降到零，这就决定了缓冲电阻的最小值。缓冲电感的放电时间常数为 $\tau_{RL}=L_s/R_s$，在（3 ～ 5）τ_{RL} 的时间内，缓冲电感电流接近下降到零。为了保证缓冲电感电流下降到零，故开关管的关断时间 T_{off} 应该满足

$$(3 \sim 5)\tau_{RL} < T_{off} \tag{5-22}$$

由此可得

$$R_s > \frac{(3 \sim 5) L_s}{T_{off}} \tag{5-23}$$

缓冲电阻 R_s 应该尽量按照最小值选取，以减小开关管开通时的电流尖峰。

在每个开关周期中，缓冲电感存储的能量耗散在缓冲电阻上。那么，缓冲电阻功率为

$$P_{loss,Rs} = \frac{1}{2} L_s I_{Lf}^2 f_s \tag{5-24}$$

式中，f_s 为开关频率。

为了实现良好的缓冲作用，缓冲电阻需选择 ESL 较小的金属膜电阻或者碳膜电阻。由于缓冲电阻存在较大功率消耗，因此应选择功率较大的电阻，以避免过热烧毁。

5.3.3　无损关断缓冲电路

前面介绍的 RCD 缓冲电路和 RLD 缓冲电路可以分别减小开关管的关断损耗或开通损耗，但其缓冲电容或缓冲电感的能量最终都消耗在缓冲电阻上，因此均为有损缓冲电路，并不一定能够减小总损耗，甚至可能降低变换效率。甚至可以说，这两种缓冲电路只是将开关管的开通损耗或关断损耗转移到了缓冲电阻上。为了改善变换效率，应该将缓冲电容或缓冲电感的能量回馈至输入电源或负载去，这样就构成了无损缓冲电路。

1. 无损关断缓冲电路的推导

前面指出，RCD 缓冲电路既可并联在开关管上，也可以并联在续流二极管上，如

图 5-16a 所示。当 RCD 缓冲电路并联在续流二极管上时，其基本原理为：开关管 Q 导通时，输入电压源 U_{in} 通过缓冲电阻 R_s 给缓冲电容 C_s 充电，当 C_s 的电压上升到 U_{in} 时，充电过程结束。当开关管 Q 关断时，C_s 通过缓冲二极管 VD_s 放电，使续流二极管 VD 电压从 U_{in} 缓慢下降到零，而开关管 Q 的电压 u_{CE} 相应地从零慢慢上升到 U_{in}，由此减小开关管 Q 的关断损耗。

显然，C_s 充电时，R_s 上存在损耗，不难计算出其损耗能量为 $C_sU_{in}^2/2$。为了避免 R_s 上的损耗，可以用电感 L_s 代替 R_s，如图 5-16b 所示。当 Q 导通时，U_{in} 加在 L_s 和 C_s 上，C_s 的电压谐振上升。当 C_s 的电压上升到 U_{in} 时，VD_s 导通，L_s 的电流通过 VD_s 续流。当开关管 Q 关断时，C_s 通过 VD_s 放电，限制了开关管 Q 的电压上升率，大大减小关断损耗。但是，L_s 依然通过 VD_s 续流，无法减小到零。当 Q 下一次开通时，L_s 的电流继续增大。这不仅会增大 Q 的电流大小，还会导致 L_s 的电流持续增大，直至饱和。

当电感和电容构成的串联谐振电路突加 U_{in} 时，电容电压将会谐振到 $2U_{in}$，同时电感电流谐振回零。因此，可以将图 5-16b 中的电容 C_s 拆分为两个容量相等的电容，即 C_{s1} 和 C_{s2}（$C_{s1}=C_{s2}$），并将电感 L_s 置于这两个电容之间，如图 5-16c 所示。这样，每个电容的电压可以谐振到 U_{in}，且 L_s 的电流刚好谐振回零。相应地，将缓冲二极管 VD_s 也拆分为两个，即 VD_{s1} 和 VD_{s2}，分别为 C_{s1} 和 C_{s2} 放电提供回路。为了避免 L_s 的电流反向流动，给 L_s 串联一个缓冲二极管 VD_{s3}。这样，就得到了无损关断缓冲电路。

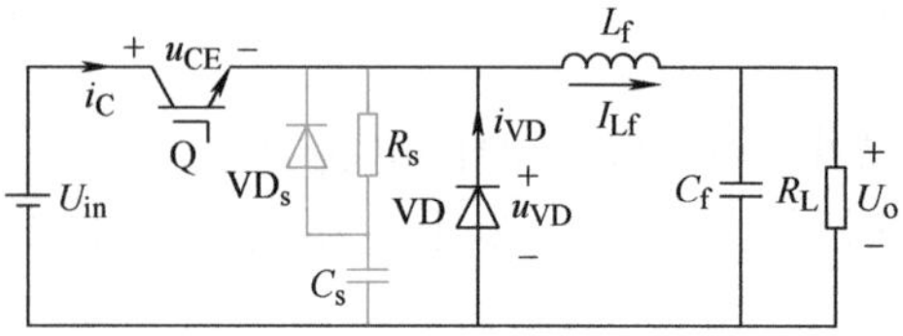

a) RCD缓冲电感

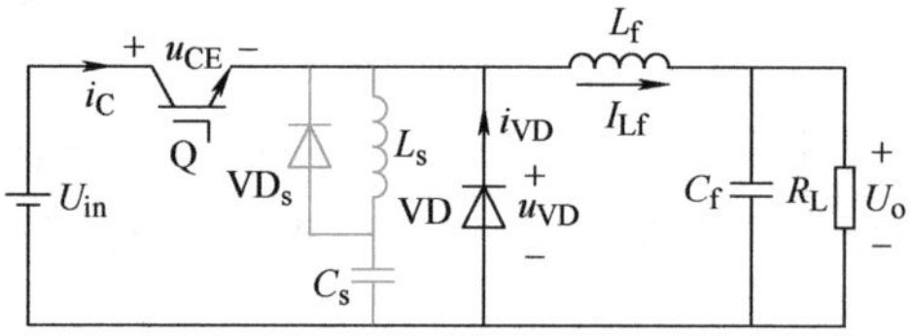

b) 用电感L_s代替电阻R_s

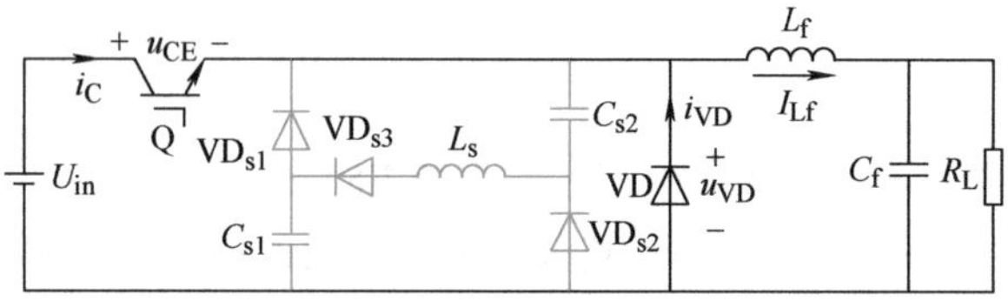

c)无损关断缓冲电路

图 5-16　无损关断缓冲电路的推导过程

2. 无损关断缓冲电路的工作原理

接下来介绍无损关断缓冲电路的工作原理。图 5-17 给出了无损关断缓冲电路的主要波形，各开关模态的等效电路如图 5-18 所示。需要说明的是，为了突出无损关断缓冲电路的工作情况，这里忽略了开关管 Q 和续流二极管 VD 的开关过程，即认为开关管和二极管的开通和关断均是瞬间完成的。

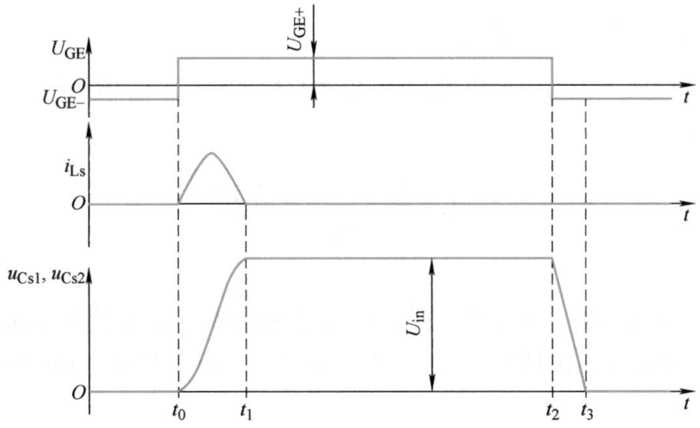

图 5-17　无损关断缓冲电路的主要波形

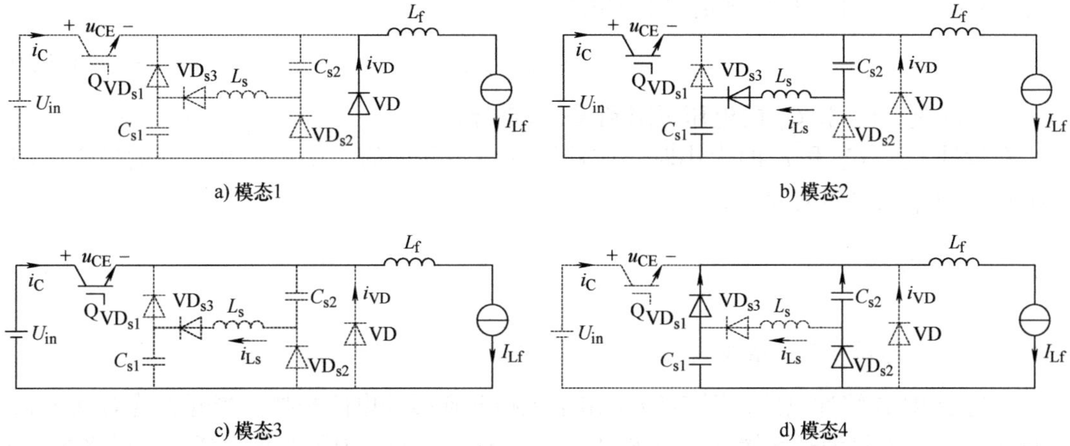

图 5-18　无损关断缓冲电路的开关模态等效电路

模态 1：t_0 时刻之前。

在 t_0 时刻之前，Q 截止，VD 导通，电感电流 I_{Lf} 流过 VD 续流，如图 5-18a 所示。此时缓冲电感 L_s 的电流为零，缓冲电容 C_{s1} 和 C_{s2} 的电压也为零，二极管电流满足如下关系：

$$i_{VD} = I_{Lf} \tag{5-25}$$

模态 2：[t_0，t_1]。

在 t_0 时刻，开关管 Q 导通，VD 因承受反压而截止。此时，U_{in} 加在 C_{s1}、C_{s2} 和 L_s 构成的谐振支路上，如图 5-18b 所示。C_{s1} 和 C_{s2} 的电压、L_s 的电流为

$$u_{Cs1}(t) = u_{Cs2}(t) = \frac{U_{in}}{2}\left[1-\cos\omega_r(t-t_0)\right] \tag{5-26}$$

$$i_{Ls}(t) = \frac{U_{in}}{\sqrt{L_s/C_{eq}}}\sin\omega_r(t-t_0) \tag{5-27}$$

式中，$\omega_r = 1/\sqrt{L_s C_{eq}}$，$C_{eq} = C_{s1}/2$。

经过半个谐振周期 T_r，到达 t_1 时刻，u_{Cs1} 和 u_{Cs2} 上升到 U_{in}，i_{Ls} 谐振回零。根据式（5-26），可以求得

$$t_1 - t_0 = \frac{T_r}{2} = \frac{\pi}{\omega_r} = \pi\sqrt{L_s C_{eq}} \tag{5-28}$$

模态 3：[t_1，t_2]。

t_1 时刻以后，由于 VD_{s3} 的存在，L_s 的电流谐振回零后不能继续反向流动，而是保持为零。同时，u_{Cs1} 和 u_{Cs2} 也保持在 U_{in}，缓冲电路停止工作，如图 5-18c 所示。

模态 4：[t_2，t_3]。

在 t_2 时刻，开关管 Q 关断，则 C_{s1} 和 C_{s2} 分别通过 VD_{s1} 和 VD_{s2} 放电，如图 5-18d 所示。C_{s1} 和 C_{s2} 限制了 VD 的电压下降率，相应地也限制了 Q 的电压 u_{CE} 的上升率，因此 Q 的关断损耗大大减小。此时满足如下约束关系：

$$i_{Cs1} + i_{Cs2} = I_{Lf} \tag{5-29}$$

在 t_3 时刻，C_{s1} 和 C_{s2} 的电压下降到零，VD 导通。

在设计 C_{s1}、C_{s2} 和 L_s 的大小时，应保证其谐振周期的一半小于开关管的导通时间，以使 C_{s1} 和 C_{s2} 的电压充到 U_{in}。

5.3.4　无损开通缓冲电路

1. 无损开通缓冲电路的推导

类比于 RLD 缓冲电路，图 5-19 给出了无损开通缓冲电路拓扑。当开关管 Q 关断后，缓冲电感 L_s 的能量消耗在缓冲电阻 R_s 上，它是有损耗的。为了避免损耗，可以将缓冲电感 L_s 换为一个耦合电感，其二次绕组 N_2 一端接输入电源负极，另一端通过二极管 VD_s 接到输入电源正极，如图 5-19b 所示。这样，当开关管 Q 关断后，缓冲电感 L_s 的能量就可以回馈到输入电压源中，由此可以提高变换效率。

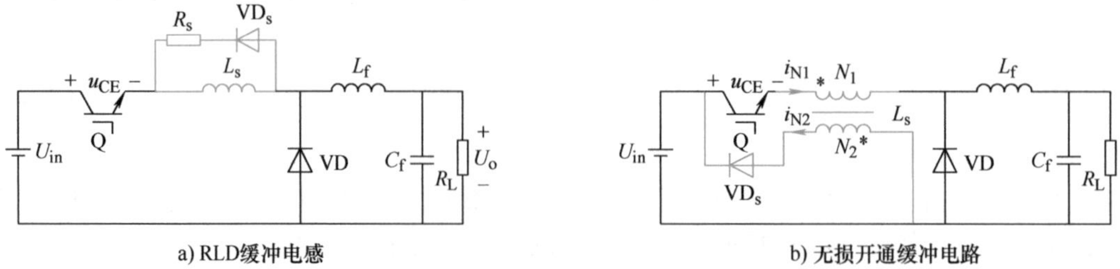

图 5-19　无损开通缓冲电路的推导过程

2. 无损开通缓冲电路的工作原理

下面介绍无损开通缓冲电路的工作原理。图 5-20 给出了无损开通缓冲电路的主要波形，各开关模态的等效电路如图 5-21 所示。类似地，为了突出无损开通缓冲电路的工作

情况，这里忽略了开关管 Q 和续流二极管 VD 的开关过程，即认为开关管和二极管的开通和关断均是瞬间完成的。

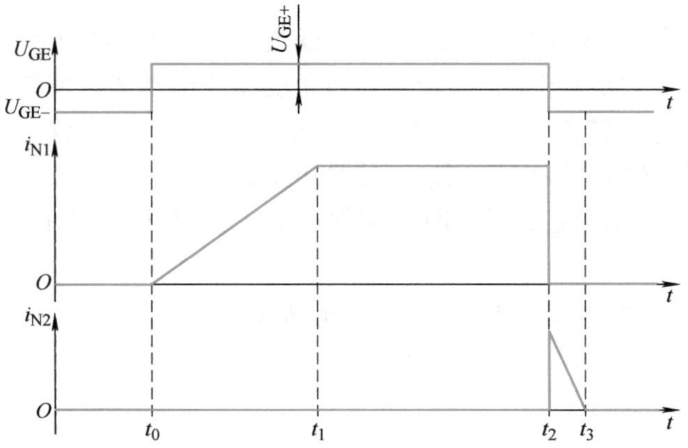

图 5-20　无损开通缓冲电路的主要波形

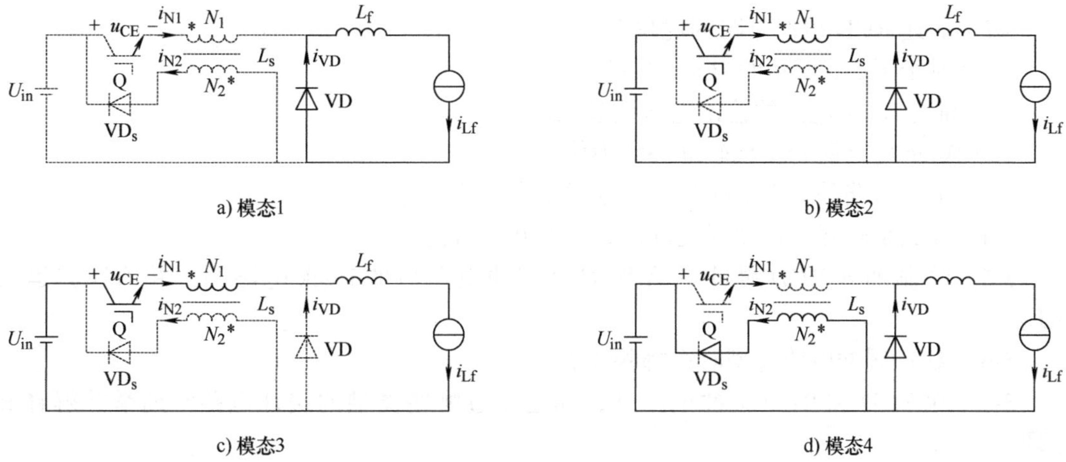

图 5-21　无损开通缓冲电路的各开关模态等效电路

模态 1：t_0 时刻之前。

在 t_0 时刻之前，Q 截止，VD 导通，电感电流 I_{Lf} 流过 VD 续流，如图 5-21a 所示。此时，缓冲电感 L_s 的一、二次绕组电流均为零，二极管电流满足如下关系：

$$i_{VD} = I_{Lf} \tag{5-30}$$

模态 2：[t_0，t_1]。

在 t_0 时刻，Q 开通，由于 L_s 限制了电流上升率，L_s 的一次绕组电流 i_{N1} 不足以提供 I_{Lf}，VD 继续导通，如图 5-21b 所示。此时，加在 L_s 的一次绕组的电压为 U_{in}，使其电流 i_{N1} 从零线性上升。此时满足如下约束关系：

$$i_{N1} = I_{Lf} - i_{VD} \tag{5-31}$$

在 t_1 时刻，i_{N1} 从上升到 I_{Lf}，VD 截止。

模态 3：[t_1，t_2]。

从 t_1 时刻开始，L_s 的一次绕组与滤波电感 L_f 串联，i_{N1} 线性增大，如图 5-21c 所示。

模态 4：[t_2，t_3]。

在 t_2 时刻，Q 关断，VD 导通，I_{Lf} 经过 VD 续流，如图 5-21d 所示。由于 Q 被关断，L_s 的一次绕组开路，二次绕组上产生出左正右负的感应电动势，使缓冲二极管 VD_s 导通。此时，L_s 的一次绕组电流转移到二次绕组，其大小为 $I_{N2}(t_2)=I_{N1}(t_2)N_1/N_2$。$VD_s$ 导通后，加在 L_s 的二次绕组上的电压为 U_{in}，使 i_{N2} 线性下降，并在 t_3 时刻下降到零。

在设计 L_s 的一、二次绕组匝数时，应保证其二次绕组电流在开关管关断期间下降到零。

第 5.3 节的内容主要参考文献 [13]，特此说明。

习 题

5-1　缓冲电路的作用是什么？试分析 RCD 缓冲电路中各元器件的作用。

5-2　简述 RCD 缓冲电路的优缺点。

5-3　对于图 5-5 所示的 Buck 电路。

（1）简述 Buck 电路的输出电压调节机理。

（2）Buck 电路能否实现软开关？为什么？

（3）Buck 电路的输出电压可以无限减小吗？请简述原因。

5-4　什么是硬开关？硬开关过程会带来哪些问题？

5-5　绘制加入 RCD 缓冲电路及 RLD 缓冲电路后的 Buck 电路图，并简述其运行原理。

5-6　RLD 缓冲电路选型时有哪些要点？

5-7　除 RCD 和 RLD 缓冲电路外，你还见过哪些类型的缓冲电路？列举并解释其原理。

5-8　简述无损缓冲电路如何实现其缓冲功能。

第 6 章

电力电子软开关技术

第 5 章介绍了电力电子器件的硬开关现象及危害。为了减小电力电子变换器的体积和重量，改善电磁干扰问题，必须提高开关频率，这就需要降低甚至消除开关损耗，否则开关损耗随着开关频率升高而线性增大，影响整体效率的同时也需要很大的散热器，导致体积重量增加。本章将在第 5 章的缓冲电路解决方案基础上，系统介绍电力电子软开关技术，以进一步减小开关损耗。

6.1 软开关技术

6.1.1 软开关的概念

从前面的分析可以知道，开关损耗包括开通损耗和关断损耗。减小开关损耗的方法大体分为两类，即减小开关过程中电力电子器件（也称“开关管”）的电压和电流交叠时间，或者减小交叠时间内的电压或电流。

针对开通损耗：①在开关管开通前，使其电压先下降到零，这就是零电压开通，如图 6-1a 所示，此时，电压和电流无交叠时间，开通损耗为零。②在开关管开通时，限制其电流的上升率，使其缓慢上升，如图 6-1b 所示，这样就减少了电压和电流交叠区内电流的大小，因此开通损耗近似为零，这就是零电流开通。

针对关断损耗：①在开关管关断前，使其电流先下降到零，这就是零电流关断，如图 6-1b 所示，此时，电压和电流无交叠时间，关断损耗为零。②在开关管关断时，限制其电压的上升率，使其缓慢上升，如图 6-1a 所示，这样就减少了电压和电流交叠区内电压的大小，因此关断损耗近似为零，这就是零电压关断。

从图 6-1 中可以看出，开关管如果实现零电压开关（Zero Voltage Switching，ZVS），其关断电压上升速度较慢，开通时电压先下降到零；而在实现零电流开关（Zero Current Switching，ZCS）时，其开通电流上升速度较慢，关断时电流先下降到零。无论 ZVS 还是 ZCS，开关管开关过程中 $\mathrm{d}i/\mathrm{d}t$ 和 $\mathrm{d}u/\mathrm{d}t$ 都比硬开关的小，因此被称之为软开关（Soft Switching）。

图 6-2 给出了软开关下的开关轨迹，可见，开关管的工作条件很好，不会超出安全工作区。

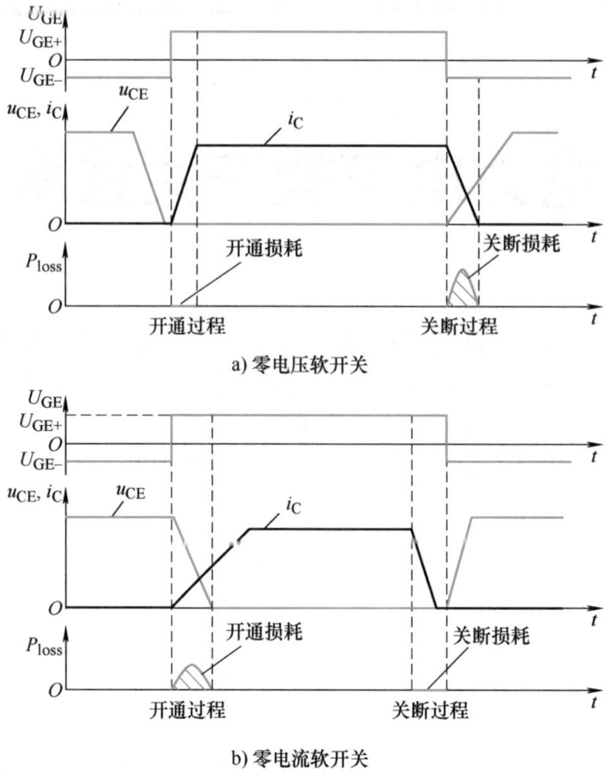

图 6-1 软开关时开关管的典型电气波形

6.1.2 软开关技术的分类

软开关技术实质是利用电感和电容的谐振特性对开关管的开关轨迹进行整形，最早采用有损缓冲电路来实现，如第 5 章的 RCD 缓冲电路或 RLD 缓冲电路。从能量的角度来看，有损缓冲电路是将开关损耗转移到缓冲电路消耗掉，以改善开关管的开关条件，但缓冲电路损耗往往不容忽视，甚至高于硬开关损耗。通常所说的软开关技术，是指可以真正减小开关损耗，而非开关损耗的简单转移。

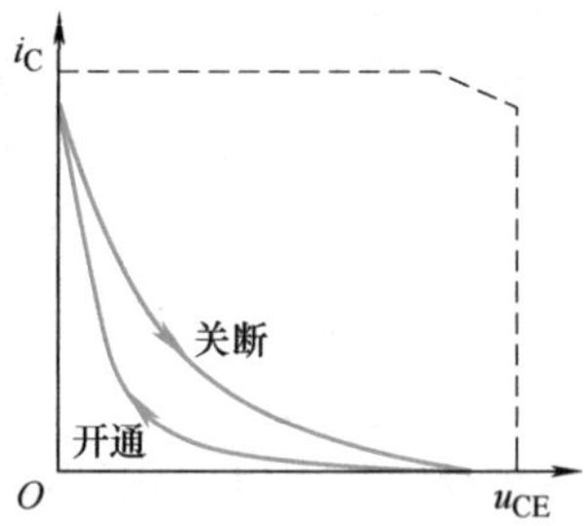

图 6-2 软开关下的开关轨迹

电力电子软开关技术按照提出的先后顺序大致可分为如下几类：

（1）全谐振型变换器

一般称之为谐振变换器（Resonant Converter，RC），属于典型的负载谐振型变换器，按照谐振元件的谐振方式，分为串联谐振变换器（Series Resonant Converter，SRC）和并联谐振变换器（Parallel Resonant Converter，PRC）两类。按负载与谐振电路的连接关系，谐振变换器可分为两类：一类是负载与谐振回路相串联，称为串联负载（或串联输出）谐振变换器（Series Load Resonant Converter，SLRC）；另一类是负载与谐振回路相并联，称为并联负载（或并联输出）谐振变换器（Parallel Load Resonant Converter，PLRC）。在谐振变换器中，谐振元件一直谐振工作，参与能量变换的全过程。该变换器与负载关系很大，对负载的变化很敏感，一般采用频率调制方法。

（2）准谐振变换器（Quasi-Resonant Converter，QRC）和多谐振变换器（Multi-Resonant Converter，MRC）

该类变换器的特点是谐振元件仅参与能量变换的某一个阶段，不是全程参与。准谐振变换器分为 ZVS 和 ZCS 两类，而多谐振变换器一般实现开关管的 ZVS。这类变换器一般采用频率调制方法。

（3）零开关 PWM 变换器（Zero Switching PWM Converter）

该类变换器是在 QRC 的基础上，加入一个辅助开关管，将谐振元件的谐振过程分为两个阶段，即零电压 / 零电流的开关过程和占空比控制过程，从而实现恒定频率的 PWM 控制。与 QRC 不同的是，谐振元件的谐振工作时间与开关周期相比很短，一般为开关周期的 1/20 ～ 1/5。零开关 PWM 变换器也可分为 ZVS PWM 变换器和 ZCS PWM 变换器。

（4）零转换 PWM 变换器（Zero Transition PWM Converter）

与零开关 PWM 变换器类似，该类变换器也是工作在 PWM 控制方式下；不同的是，其辅助谐振电路只是在主开关管开关时工作很短一段时间，以实现开关管的软开关，在其他时间则停止工作，这样辅助谐振电路的损耗很小。零转换 PWM 变换器可分为零电压转换（Zero Voltage Transition，ZVT）和零电流转换（Zero Current Transition，ZCT）PWM 变换器。

表 6-1 是上述软开关技术的发展简表。这里，单端（Single-Ended）直流变换器一般包括 Buck、Boost、Buck-Boost、Cuk、Sepic、Zeta、正激变换器、反激变换器等，其工作是单极性的。桥式变换器的桥臂输出电压是正负对称的交流方波，因此也称为双端（Double-Ended）直流变换器。

表 6-1　软开关技术的发展简表

时间	名称	应用
20 世纪 70 年代	串联或并联谐振技术	桥式直流变换器
20 世纪 80 年代中	QRC 或 MRC 技术	单端或桥式直流变换器
20 世纪 80 年代末	ZVS PWM 或 ZCS PWM 技术	单端或桥式直流变换器
20 世纪 90 年代初	ZVT PWM 或 ZCT PWM 技术	单端或桥式直流变换器

本章接下来将介绍软开关技术实现的基本思路和分析方法。针对单端直流变换器应用，重点介绍准谐振变换器、零开关 PWM 变换器、零转换 PWM 变换器；典型的桥式直流变换器将在第 7 章介绍。

6.2　软开关技术的分析基础

6.2.1　状态轨迹法

作为分析谐振变换器的重要方法之一，状态轨迹法（State Trajectory Analysis）借助状态轨迹图来表征电力电子变换器运行特性。状态轨迹可用于判断电力电子变换器所处的运行模态，通过几何分析可获得各模态的运行特性。状态轨迹法不仅适用于线性系统，对非线性系统同样适用。

1. 状态轨迹法基础

以图 6-3a 所示的串联谐振型变换器为例展开分析，其等效电路如图 6-3b 所示，其中 U_E 为施加在谐振腔两端的等效电压。根据上述等效电路，假设 L_r 的电流初值为 I_{r0}，C_r 的电压初值为 U_{Cr0}，则谐振电流及谐振电容电压满足如下约束关系：

$$\begin{cases} i_r(t)=\dfrac{U_E-U_{Cr0}}{Z_r}\sin\omega_r(t-t_0)+I_{r0}\cos\omega_r(t-t_0) \\ u_{Cr}(t)=U_E+(U_{Cr0}-U_E)\sin\omega_r(t-t_0)+Z_rI_{r0}\cos\omega_r(t-t_0) \end{cases} \tag{6-1}$$

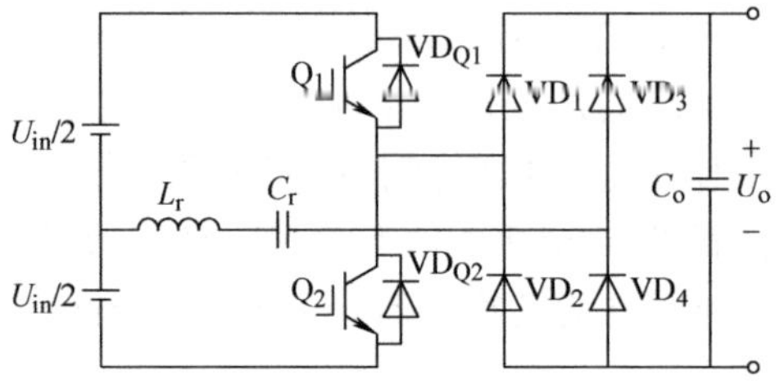

a) 串联谐振变换器

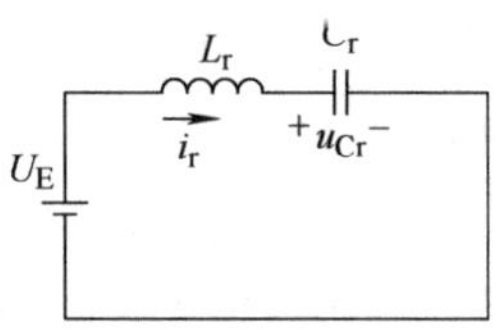

b) 等效电路

图 6-3　串联谐振变换器

式中，ω_r 为自然谐振频率，$\omega_r=1/\sqrt{L_rC_r}$；Z_r 为特征阻抗，$Z_r=\sqrt{L_r/C_r}$。

化简后可得到谐振腔的状态轨迹方程为

$$(u_{CrN}-U_{EN})^2+i_{rN}^2=(U_{Cr0N}-U_{EN})^2+I_{r0N}^2 \tag{6-2}$$

式中，u_{CrN}、U_{Cr0N}、U_{EN} 均为电压标幺值；i_{rN} 和 I_{r0N} 均为电流标幺值。满足如下关系：$u_{CrN}=u_{Cr}/U_{in}$，$i_{rN}=i_rZ_r/U_{in}$，$U_{r0N}=U_{r0}/U_{in}$，$I_{r0N}=I_{r0}Z_r/U_{in}$，$U_{EN}=U_E/U_{in}$。

由此可得串联谐振变换器状态轨迹的圆心坐标（U_{EN}, 0），半径 r_{ST} 为 $\sqrt{(U_{Cr0N}-U_{EN})^2+I_{r0N}^2}$。状态轨迹上任意点与初始状态之间的角度 θ 为

$$\theta=\arctan\left(\frac{-i_{rN}}{u_{CrN}-U_{EN}}\right)-\theta_0 \tag{6-3}$$

式中，θ_0 为初始状态与横坐标之间的角度，$\theta_0=\arctan\left(\dfrac{-i_{r0N}}{u_{Cr0N}-U_{EN}}\right)$。则状态轨迹上两点与圆心所组成的角度与经过的时间成正比。

各开关管导通时施加于谐振腔两端的等效电压及其对应的圆心位置见表 6-2。

表 6-2 谐振腔等效电压及圆心位置

导通器件	U_E	圆心
Q_1	U_s-U_o	$(1-U_{oN},\ 0)$
VD_{Q1}	U_s+U_o	$(1+U_{oN},\ 0)$
Q_2	$-U_s+U_o$	$(-1+U_{oN},\ 0)$
VD_{Q2}	$-U_s-U_o$	$(-1-U_{oN},\ 0)$

根据前述对状态轨迹的分析，可绘制各开关管导通时的状态轨迹图如图 6-4 所示。由于所有开关管均为单向导通，因此各状态下的状态轨迹均为半圆。

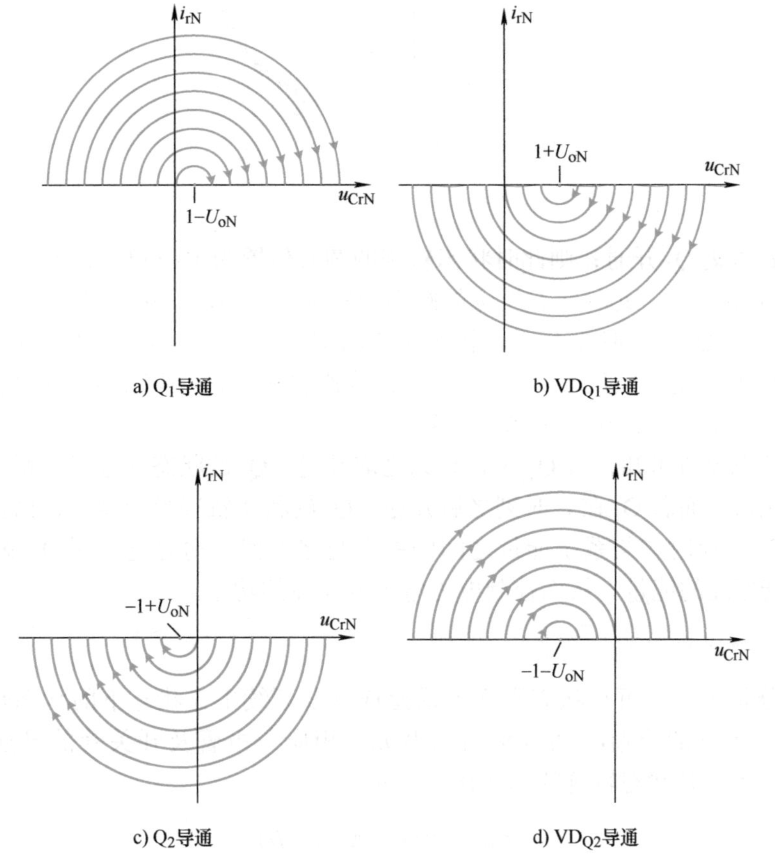

图 6-4 状态轨迹图

根据各状态的初值及输出电压即可确定相应状态轨迹的半径及其圆心位置，当 $U_{oN}=0.5U_{in}$ 时，谐振变换器的状态轨迹如图 6-5 所示，其余输出电压工况与此类似。则谐振腔的瞬时能量可计算为

$$e_T=(Cu_{Cr}^2+L_r i_r^2)/2 \tag{6-4}$$

则谐振腔的瞬时能量标幺值为

$$e_T=(u_{CrN}^2+i_{rN}^2)/2=r_{ST}^2/2 \tag{6-5}$$

式（6 5）表明谐振腔的瞬时能量与其状态轨迹半径二次方的一半相等，因此从状态轨迹的半径 r_{ST} 即可得到谐振腔能量的信息。

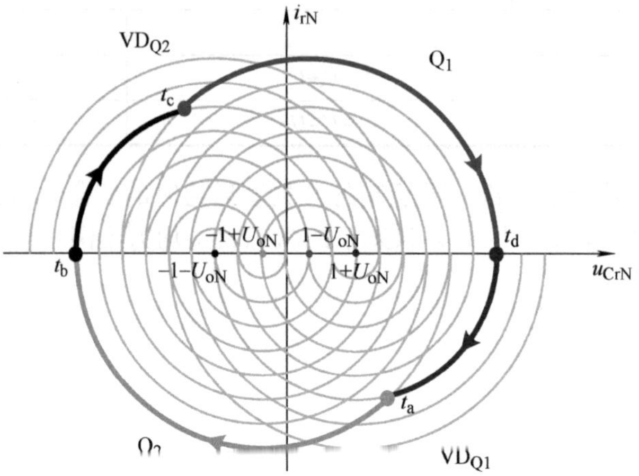

图 6-5　谐振变换器的状态轨迹

假设在 t_a 时刻 Q_2 开通，则此时状态轨迹的圆心位置为（$-1+U_{oN}$，0），至 t_b 时刻电流极性反转，VD_{Q2} 开通，此时状态轨迹的圆心位置为（$-1-U_{oN}$，0）。在 t_b 时刻后的任一时刻可开通 Q_1，若 Q_1 在 t_c 时刻开通，状态轨迹的圆心将从（$-1-U_{oN}$，0）移动至（$1-U_{oN}$，0），直至 t_d 时刻电流极性反转，VD_{Q1} 开通，状态轨迹的圆心切换至（$1+U_{oN}$，0），随后在 t_a 时刻开通 Q_2，至此一个开关周期结束。

从上述状态轨迹可知，若 Q_1 在 t_c 时刻之前开通，Q_1 的状态轨迹半径增大，谐振腔将获得更多的能量；而若 Q_1 在 t_c 时刻之后开通，Q_1 的状态轨迹半径减小，谐振腔获取的能量将减少。Q_2 开通时刻与系统能量之间的关系与之类似，则通过控制 Q_1 及 Q_2 的开通时刻即可控制谐振腔的能量，从而控制电力电子变换器的功率。

2. 状态轨迹分析

由前述分析可知，可在状态平面上描绘连续及断续工作状态下的状态轨迹曲线。定义二极管及开关管的导通时间分别为 t_D 及 t_Q，相应二极管及开关管的导通角度分别为 $\alpha=\omega_0 t_D$ 及 $\beta=\omega_0 t_Q$，则状态轨迹的标幺化频率 ω_N 为

$$\omega_N = \omega/\omega_0 = \pi/(\alpha+\beta) \tag{6-6}$$

输出平均电流的标幺值为

$$I_{oN} = \frac{2|U_{CPN}|}{\alpha+\beta} \tag{6-7}$$

式中，U_{CPN} 为电容电压峰值。

（1）工作频率 ω 低于谐振频率 ω_0

当工作频率低于谐振频率且工作于连续模式（Continuous Conduction Mode，CCM）时，即 $\omega \leqslant \omega_0$ 时的谐振波形如图 6-6a 所示，其状态轨迹如图 6-6b 所示，在这种状态下存

在无数条状态轨迹，每条状态轨迹都对应唯一的频率、负载电流和谐振腔存储能量。随着状态轨迹半径的增大，状态轨迹到原点的距离以及$|U_{CPN}|$增大，同时 α 及 β 也随之增大，且开关频率、负载电流及谐振腔存储能量均随着状态轨迹半径的增大而增大。

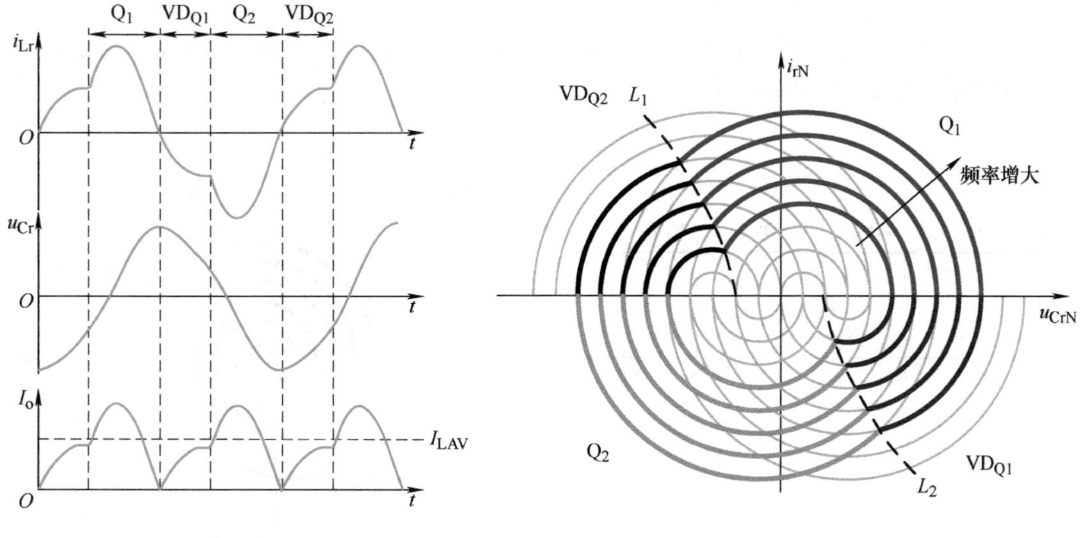

a) 谐振波形　　b) 状态轨迹

图 6-6　$\omega \leqslant \omega_0$ 时的 CCM 状态轨迹

图中，L_1 及 L_2 分别为 VD_{Q2} 和 Q_1，以及 VD_{Q1} 和 Q_2 之间的导通切换分界线，由于半周期结束时状态变量的幅值与初始幅值相等，则可推导出开关管的边界方程为

$$\left[(U_{Cr0N}+U_{oN})^2-U_{oN}^2\right](1-U_{oN}^2)-U_{oN}^2 I_{r0N}^2=0 \tag{6-8}$$

图 6-7a 所示为断续工作模式（Discontinuous Conduction Mode，DCM）下的谐振电流波形，在 [t_2', t_2] 时间段内电流断续，在状态轨迹曲线中，尽管时间有所变化，但因为状态不变，所以在此时间段内状态轨迹停留在原地，其状态轨迹如图 6-7b 所示。在 DCM 工况下所有的状态轨迹曲线基本一致，仅其断续持续时间不同。当处在连续和断续的临界状态时，断续的持续时间为零。在此边界状态下 $\alpha=\beta=\pi$，则 $\omega_N=0.5$。

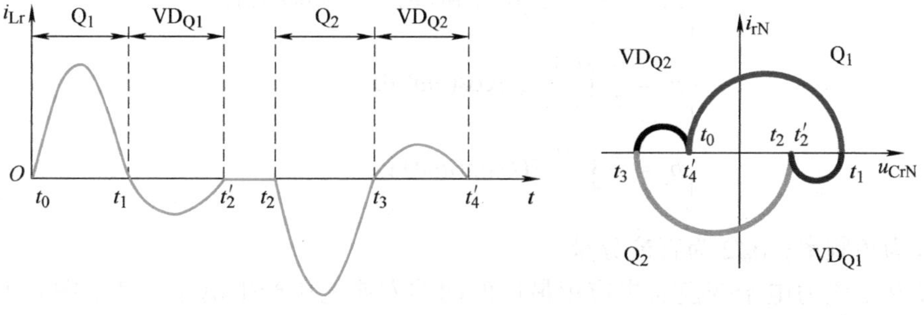

a) 谐振电流波形　　b) 状态轨迹

图 6-7　DCM 状态轨迹

（2）工作频率 ω 高于谐振频率 ω_0

图 6-8a 所示为 $\omega>\omega_0$ 时的谐振电流波形，图 6-8b 所示为对应的状态轨迹，当开关频率增大时，谐振腔内储存的能量减少，此时状态轨迹的边界线为

$$(U_{\mathrm{Cr0N}}+U_{\mathrm{oN}}+U_{\mathrm{oN}}^2)^2-U_{\mathrm{oN}}^2\left[(U_{\mathrm{Cr0N}}+1+U_{\mathrm{oN}})^2+I_{\mathrm{roN}}^2\right]=0 \tag{6-9}$$

当输出电压 U_{oN} 达到其边界值，即 $U_{\mathrm{oN}}=0$ 或 $U_{\mathrm{oN}}=1$ 时，开关切换的边界分别是 i_{rN} 所在的纵坐标及 u_{CrN} 所在的横坐标。

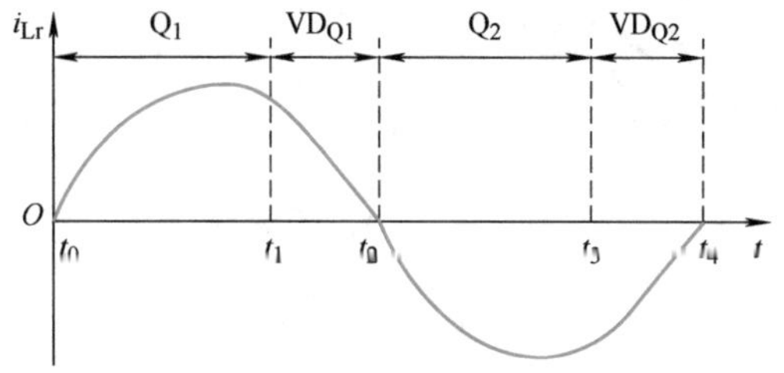

a) 谐振电流波形

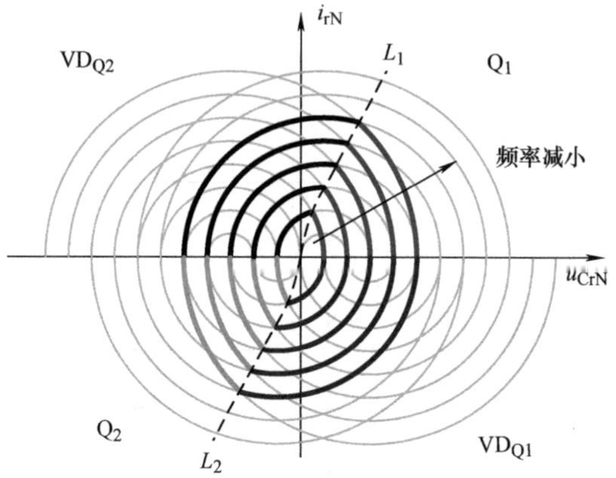

b) 状态轨迹

图 6-8　$\omega>\omega_0$ 时的 CCM状态轨迹

6.2.2　基波分量近似法

基波分量近似法是分析谐振变换器的另一种常用方法。对开关管产生的方波电气信号，基波分量近似法仅考虑其基波分量通过谐振腔，从而将非线性谐振变换器的稳态分析简化为线性系统的稳态分析过程，当谐振变换器的工作频率接近谐振频率时控制精度很高。基波分量近似法的数学基础是傅里叶级数，即任何周期函数都可以用正弦函数和余弦函数构成的无穷级数来表示，即

$$\begin{cases}\tilde{x}(t)=\dfrac{a_0}{2}+\displaystyle\sum_{n=1}^{\infty}\left[a_n\cos(n\omega t)+b_n\sin(n\omega t)\right]\\ a_n=\dfrac{2}{T_{\mathrm{s}}}\displaystyle\int_{t_0}^{t_0+T_{\mathrm{s}}}\tilde{x}(t)\cos(n\omega t)\mathrm{d}t\\ b_n=\dfrac{2}{T_{\mathrm{s}}}\displaystyle\int_{t_0}^{t_0+T_{\mathrm{s}}}\tilde{x}(t)\sin(n\omega t)\mathrm{d}t\end{cases} \tag{6-10}$$

式中，ω 为角频率；$a_0/2$ 为直流分量。

图 6-9 是电力电子变换器中应用最广的两类方波电压产生电路，其中图 6-9a 用于产生正负对称的方波电压，图 6-9b 用于产生非负方波电压。

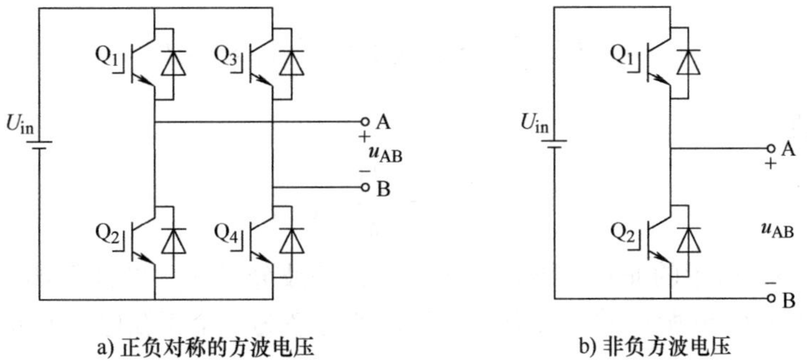

图 6-9　方波电压产生电路

忽略开关管的开关过程，图 6-9a 所示的两个桥臂中点 AB 之间的电压 u_{AB} 为幅值 U_{in} 的交流方波电压。对 u_{AB} 进行傅里叶级数展开，可得

$$u_{AB}(t)=\frac{4U_{in}}{\pi}\sum_{n=1,3,5,\cdots}\frac{1}{n}\sin(n\omega_s t) \tag{6-11}$$

式中，ω_s 为开关角频率。

提取 u_{AB} 的基波分量

$$u_{AB1}(t)=\frac{4U_{in}}{\pi}\sin\omega_s t\triangleq\sqrt{2}U_{AB1}\sin\omega_s t \tag{6-12}$$

式中，U_{AB1} 为基波电压有效值，其大小为

$$U_{AB1}=\frac{2\sqrt{2}}{\pi}U_{in} \tag{6-13}$$

综上，桥臂中点电压 u_{AB} 及其基波分量 u_{AB1} 的波形如图 6-10 所示。为简化分析，可将图 6-9a 的方波电压产生电路等效为一个正弦电压源 u_{AB1}。

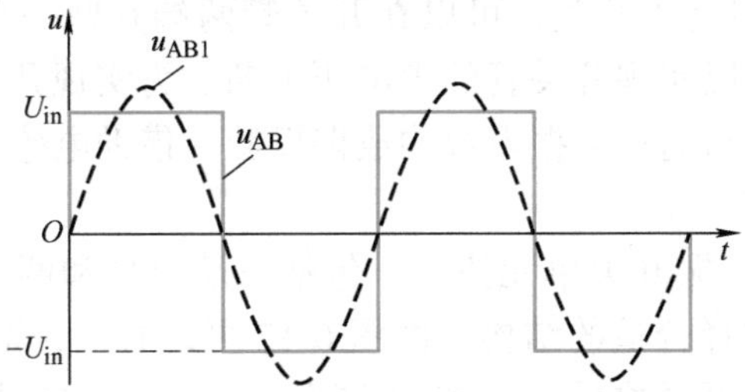

图 6-10　正负对称的方波电压 u_{AB} 及其基波分量 u_{AB1}

同理，图 6-9b 所示的两个桥臂中点 AB 之间的电压 u_{AB} 为幅值 U_{in} 或 0，利用傅里叶级数展开得

$$u_{AB}(t)=\frac{U_{in}}{2}+\frac{2}{\pi}U_{in}\sum_{n=1,3,5,\cdots}\frac{1}{n}\sin(n\omega_s t) \tag{6-14}$$

提取 u_{AB} 的基波分量

$$u_{\mathrm{AB1}}(t)=\frac{2U_{\mathrm{in}}}{\pi}\sin(\omega_{\mathrm{s}}t)\triangleq\sqrt{2}U_{\mathrm{AB1}}\sin\omega_{\mathrm{s}}t \tag{6-15}$$

基波有效值为

$$U_{\mathrm{AB1}}=\frac{\sqrt{2}}{\pi}U_{\mathrm{in}} \tag{6-16}$$

综上，图 6-9b 所示的非负方波电压 u_{AB} 及其基波分量 u_{AB1} 的波形如图 6-11 所示。为简化分析，可将图 6-9b 所示的方波电压产生电路等效为一个正弦电压源 u_{AB1}。

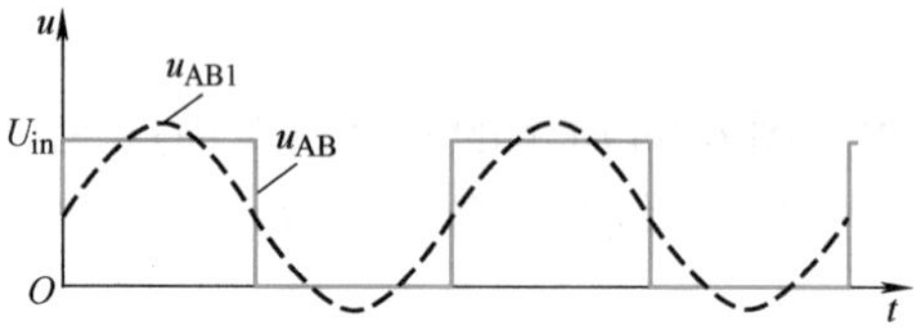

图 6-11 非负方波电压 u_{AB} 及其基波分量 u_{AB1}

6.3 准谐振变换器

作为准谐振变换器（Quasi-Resonant Converter，QRC）的基本构成部分，准谐振开关单元通常由开关管、谐振电感和谐振电容组成，使得开关管两端的电压或通过的电流为正弦波形。根据开关管与谐振电感和谐振电容的不同连接组合，可分为零电压准谐振开关单元和零电流准谐振开关单元。

6.3.1 准谐振开关单元

1. 零电压准谐振开关单元

为了实现开关管的零电压开关，可以在开关管两端并联一个谐振电容，用来限制开关管的关断电压上升率，以实现开关管的零电压关断。为实现开关管的零电压开通，可进一步引入一个谐振电感，与前述谐振电容构成谐振腔，借助电感与电容谐振工作，使并联电容电压周期性谐振到零。

图 6-12 是零电压准谐振开关单元拓扑，包括三端口型和两端口型两种结构，可以根据具体电力电子变换器选择合适的结构。由图 6-12 可以看出，谐振电容 C_{r} 与开关管 S 并联，其基本思路是：当 S 开通之前，L_{r} 和 C_{r} 谐振工作使 C_{r} 电压周期性谐振回到零，这样开关管 S 就可以实现零电压开通；而当 S 关断时，C_{r} 限制开关管 S 的电压上升率，从而实现 S 的零电压关断。

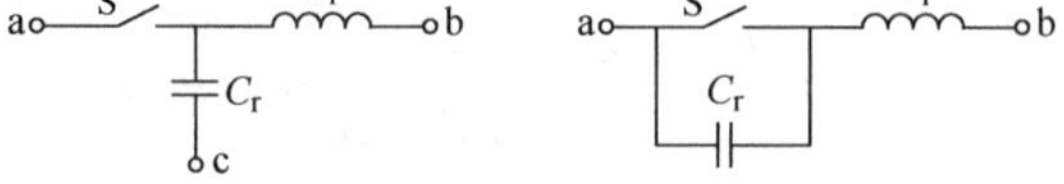

a) 三端口型　　b) 两端口型

图 6-12 零电压准谐振开关单元拓扑

根据开关管 S 是单方向导通，还是双方向导通，可将零电压准谐振开关单元分为半波模式和全波模式，如图 6-13 所示。图 6-13a、b 给出的是两种半波模式的电路实现方式，开关管选择带有续流二极管 VD_Q 的双向开关，这样谐振电容 C_r 的电压只能为正，不能为负，故此时 C_r 的电压被 VD_Q 钳位在零电位。图 6-13c、d 给出的是两种全波模式的电路实现方式，开关管与二极管 VD_Q 串联，此时谐振电容 C_r 的电压可以为正，也可以为负，L_r 和 C_r 在全周期谐振工作。

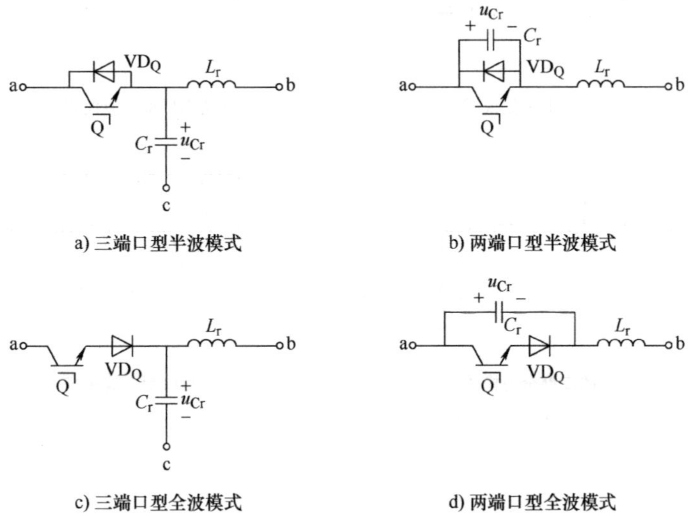

a) 三端口型半波模式　b) 两端口型半波模式

c) 三端口型全波模式　d) 两端口型全波模式

图 6-13　零电压准谐振开关单元的电路实现

2. 零电流准谐振开关单元

为了实现开关管的零电流开关，可以在开关管中串联一个谐振电感，用来限制开关管的开通电流上升率，以实现开关管的零电流开通。为实现开关管的零电流关断，可进一步引入一个谐振电容，与前述谐振电感构成谐振腔，借助电感与电容谐振工作，使串联电感电流周期性谐振到零。

图 6-14 是零电流准谐振开关单元的拓扑，包括三端口型和两端口型两种结构，可以根据具体电力电子变换器特点选择合适的结构。由图 6-14 可以看出，谐振电感 L_r 与开关管 S 串联，其基本思路是：当 S 开通之前，L_r 的电流为零，当 S 开通时，L_r 限制 S 开通电流上升率，从而实现 S 的零电流开通；在 S 关断之前，L_r 和 C_r 谐振工作使 L_r 的电流周期性谐振回到零，为 S 提供零电流关断条件。

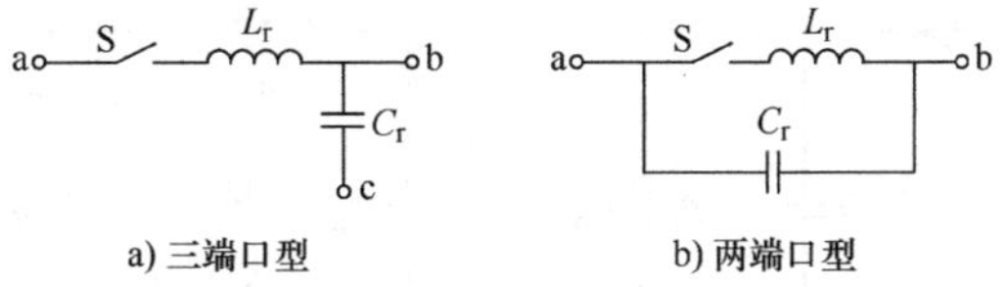

a) 三端口型　b) 两端口型

图 6-14　零电流准谐振开关单元拓扑

根据开关管是单方向导通，还是双方向导通，可将零电流准谐振开关单元分为半波模式和全波模式，如图 6-15 所示。图 6-15a、b 给出的是两种半波模式的电路实现方式，

开关管与二极管 VD_Q 串联，这样谐振电感 L_r 的电流只能单方向流动。图 6-15c、d 给出的是两种全波模式的电路实现方式，选择带有反并联续流二极管 VD_Q 的双向开关，这样谐振电感 L_r 的电流可双方向流动，L_r 和 C_r 在全周期谐振工作。

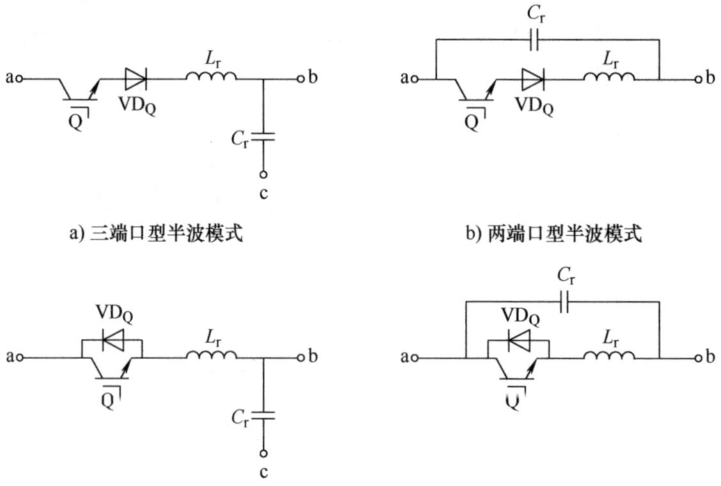

a) 三端口型半波模式　　b) 两端口型半波模式

c) 三端口型全波模式　　d) 两端口型全波模式

图 6-15　零电流准谐振开关单元的电路实现

6.3.2　零电压开关准谐振电路

零电压开关准谐振变换器（Zero Voltage Switching Quasi-Resonant Converter，ZVS QRC）中，谐振电容 C_r 总是与开关管 Q 并联。半波型 ZVS QRC 中，辅助二极管的钳位使得谐振电容电压无法向负方向谐振变化，因此当电压从正值谐振到零时，谐振过程结束。对于全波型 ZVS QRC，谐振电容电压可在正、负两个方向谐振变化。开关管断开后，其两端电压从零开始按正弦规律变化，经过半个谐振周期后，当电容电压谐振到零时，开关管可在零电压下完成再次导通。

1. Boost ZVS QRC 的工作原理

ZVS QRC 的工作原理是基本类似的，本节以 Boost ZVS QRC 为例进行介绍。图 6-16 是 Boost ZVS QRC 电路图，分别对应半波模式和全波模式。辅助二极管 VD_Q、谐振电感 L_r、谐振电容 C_r 构成谐振电路。

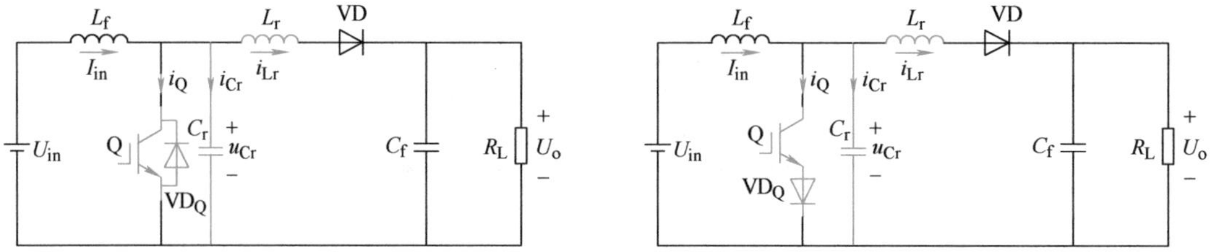

a) 半波模式　　b) 全波模式

图 6-16　Boost ZVS QRC 电路图

图 6-17 为 Boost ZVS QRC 的基本电气波形，在一个开关周期内，该变换器共有 4 个模态。为简化分析，做如下假设：

1）电路中所有元器件均为理想器件。

2）输入滤波电感 L_f 足够大，在一个开关周期内其电流基本保持不变，为 I_{in}。

3）输出滤波电容 C_f 足够大，在一个开关周期内其电压基本保持不变，为 U_o。

基于上述假设，Boost ZVS QRC 的简化电路图如图 6-18 所示。

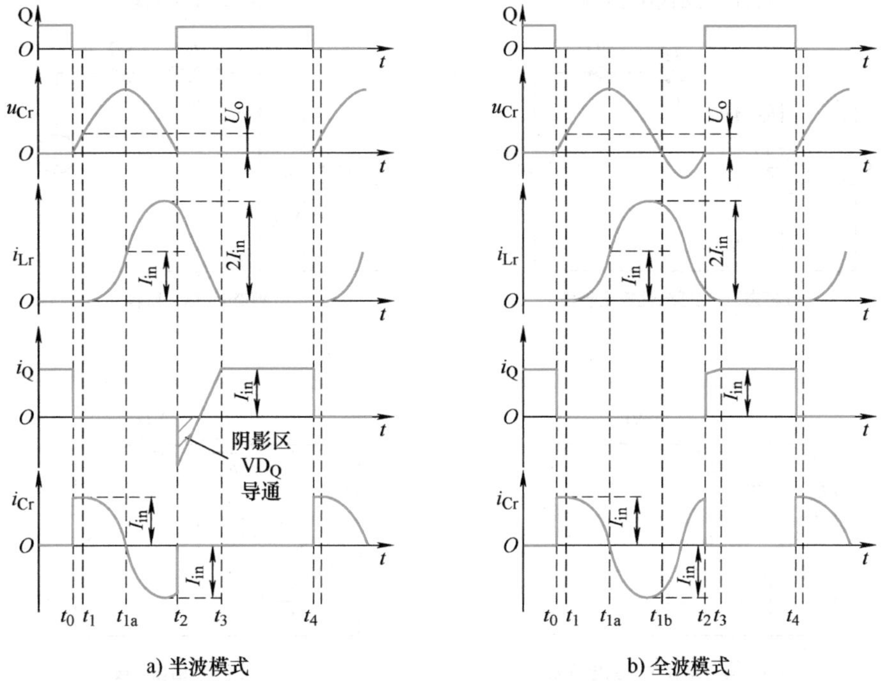

图 6-17　Boost ZVS QRC 的基本电气波形

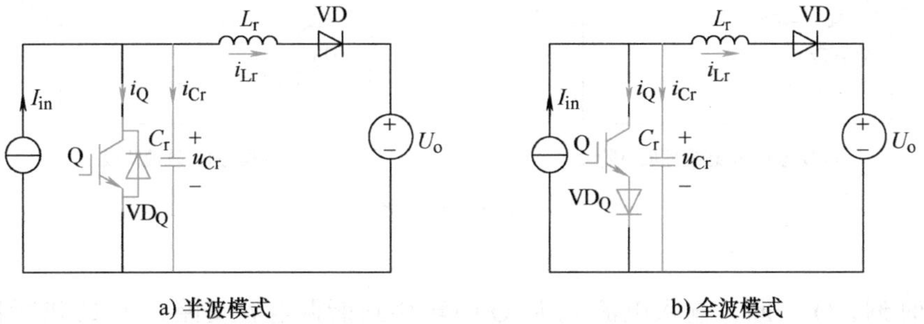

图 6-18　Boost ZVS QRC 的简化电路图

图 6-19和图 6 -20 分别给出了半波模式和全波模式 Boost ZVS QRC 的模态等效电路。定义电路初始状态：在 t_0 时刻之前，开关管 Q 导通，输入电流 I_{in} 通过 Q 流通，VD 处于关断状态。此时谐振电感电流 i_{Lr} 为零，谐振电容电压 u_{Cr} 为零。

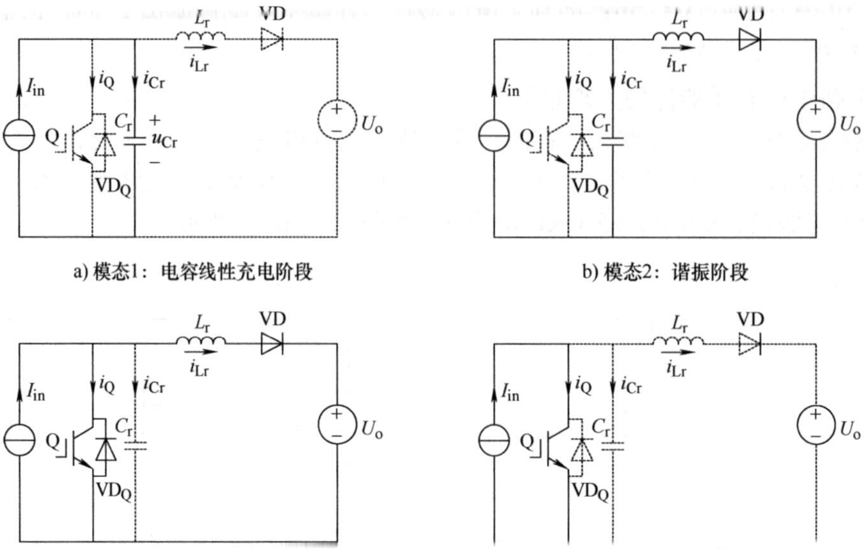

a) 模态1：电容线性充电阶段　b) 模态2：谐振阶段

c) 模态3：电感线性放电阶段　d) 模态4：续流阶段

图 6-19　半波模式 Boost ZVS QRC 的模态等效电路

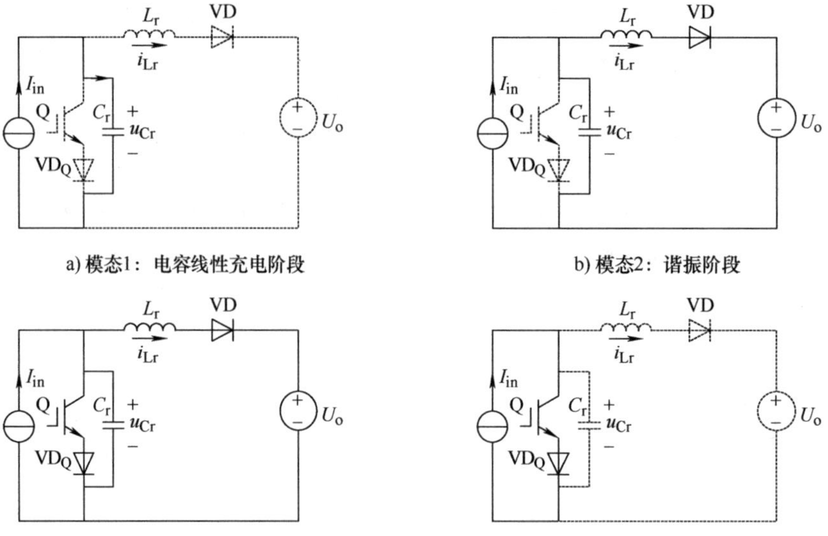

a) 模态1：电容线性充电阶段　b) 模态2：谐振阶段

c) 模态3：电感线性放电阶段　d) 模态4：续流阶段

图 6-20　全波模式 Boost ZVS QRC 的模态等效电路

模态 1：[t_0，t_1]，电容线性充电阶段。

在 t_0 时刻，Q 关断，输入电流 I_{in} 从 Q 中转移到谐振电容支路，为 C_r 进行恒流充电，u_{Cr} 从零开始线性上升。由于 C_r 的电压是缓慢上升的，则 Q 实现零电压关断。此模态下，u_{Cr} 满足

$$u_{Cr}(t)=\frac{I_{in}}{C_r}(t-t_0) \tag{6-17}$$

t_1 时刻，u_{Cr} 上升至输出电压 U_o。模态 1 的持续时间为

$$t_{01}=\frac{C_r U_o}{I_{in}} \tag{6-18}$$

模态 2：[t_1，t_2]，谐振阶段。

在 t_1 时刻，u_{Cr} 达到 U_o，输出二极管 VD 正偏导通，谐振电感 L_r 和谐振电容 C_r 串联谐振，电感电流 i_{Lr} 从零开始谐振增加。此模态下，i_{Lr} 和 u_{Cr} 满足如下约束关系：

$$\begin{cases} i_{Lr}(t)=I_{in}\left[1-\cos\omega_r(t-t_1)\right] \\ u_{Cr}(t)=U_o+I_{in}Z_r\sin\omega_r(t-t_1) \end{cases} \tag{6-19}$$

式中，Z_r 为谐振电感和谐振电容的特征阻抗，$Z_r=\sqrt{L_r/C_r}$；ω_r 为相应的谐振角频率，$\omega_r=1/\sqrt{L_r C_r}$。

经过 1/4 谐振周期后，$t=t_{1a}$，$i_{Lr}=I_{in}$，u_{Cr} 上升至最大值 U_{Crmax}，有

$$U_{Crmax}=U_o+I_{in}Z_r \tag{6-20}$$

在 t_{1a} 时刻后，$i_{Lr}>I_{in}$，C_r 开始放电，u_{Cr} 逐渐减小。

半波模式下，u_{Cr}（t_2）=0，此时 Q 的反并联二极管 VD_Q 导通，将开关管电压钳位至零。此后开通 Q 即可实现零电压开通。t_2 时刻对应的谐振电感电流满足

$$i_{Lr}(t_2)=I_{in}\left[1+\sqrt{1-\left(\frac{U_o}{I_{in}Z_r}\right)^2}\right] \tag{6-21}$$

模态 2 的持续时间为

$$t_{12}=\frac{1}{\omega_r}\left[\pi+\arcsin\left(\frac{U_o}{I_{in}Z_r}\right)\right] \tag{6-22}$$

全波模式下，$u_{Cr}(t_{1b})=0$，此后 C_r 电压负向变化；在 t_2 时刻，u_{Cr} 从负电压再次减小至零，此后开通 Q 可实现零电压开通。t_2 时刻对应的谐振电感电流满足

$$i_{Lr}(t_2)=I_{in}\left[1-\sqrt{1-\left(\frac{U_o}{I_{in}Z_r}\right)^2}\right] \tag{6-23}$$

模态 2 的持续时间为

$$t_{12}=\frac{1}{\omega_r}\left[2\pi-\arcsin\left(\frac{U_o}{I_{in}Z_r}\right)\right] \tag{6-24}$$

模态 3：[t_2，t_3]，电感线性放电阶段。

开关管 Q 开通，输入电流 I_{in} 流经 Q。此模态下，u_{Cr} 为零，谐振电感两端电压为 $-U_o$，使 i_{Lr} 线性减小，其表达式为

$$i_{Lr}(t)=i_{Lr}(t_2)-\frac{U_o}{L_r}(t-t_2) \tag{6-25}$$

t_3 时刻，$i_{Lr}(t_3)=0$。由于 VD 的阻断作用，i_{Lr} 不能反向流动，模态 3 结束，持续时间满足

$$t_{23}=\frac{L_r i_{Lr}(t_2)}{U_o} \tag{6-26}$$

模态 4：[t_3，t_4]，续流阶段。

谐振电感 L_r 和谐振电容 C_r 停止谐振，I_{in} 通过开关管 Q 续流。t_4 时刻，Q 零电压关断，开始下一个开关周期。

2. Boost ZVS QRC 的状态平面图

基于前述分析，Boost ZVS QRC 的简化等效电路如图 6-21 所示。定义电感电流 i_{Lr} 和电容电压 u_{Cr} 的归一化因子分别为 I_{in} 和 $I_{in}Z_r$，即令 $i_{Lrn}=i_{Lr}/I_{in}$，$u_{Crn}=u_{Cr}/(I_{in}Z_r)$。

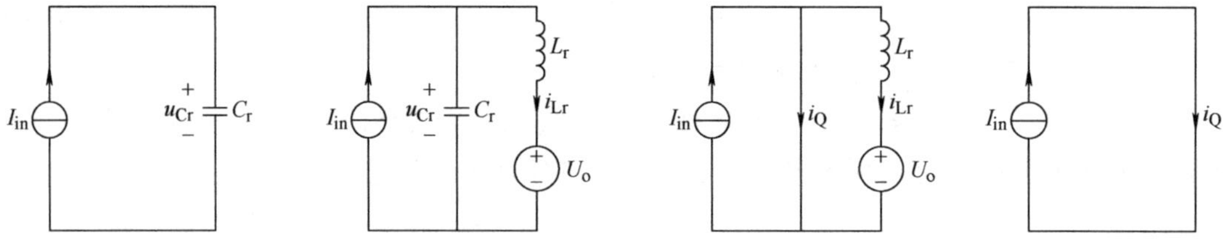

a) 模态1　b) 模态2　c) 模态3　d) 模态4

图 6-21　Boost ZVS QRC 的简化等效电路

在 [t_0，t_1] 时段内，$u_{Crn}=\omega_r(t-t_0)$，$i_{Lrn}=0$，因此在状态平面图上，i_{Lr} 与 u_{Cr} 的变化可用横轴上连接点 t_0 到点 t_1 的线段表示，如图 6-22 所示。

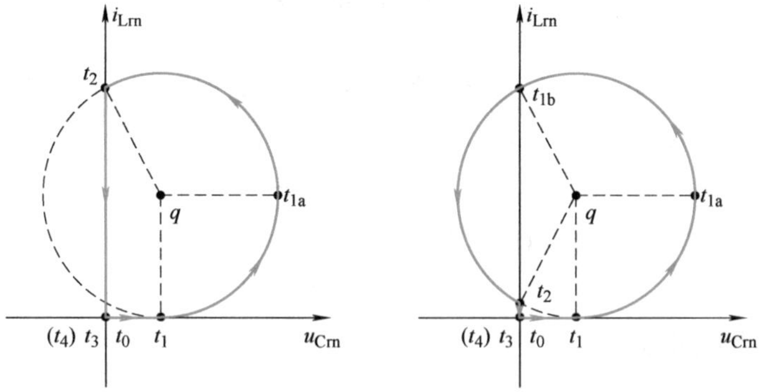

a) 半波模式　b) 全波模式

图 6-22　Boost ZVS QRC 的状态平面图

在 [t_1,t_2] 时段内，谐振单元开始谐振，$u_{Crn}=U_o/(I_{in}Z_r)+\sin\omega_r(t-t_1)$，$i_{Lrn}=1-\cos\omega_r(t-t_1)$，则有

$$\left(u_{\mathrm{Crn}}-\frac{U_{\mathrm{o}}}{I_{\mathrm{in}}Z_{\mathrm{r}}}\right)^{2}+(i_{\mathrm{Lrn}}-1)^{2}=\sin^{2}\omega_{\mathrm{r}}(t-t_{1})+\cos^{2}\omega_{\mathrm{r}}(t-t_{1})=1 \tag{6-27}$$

在状态平面图上，i_{Lr} 与 u_{Cr} 的变化可用从连接点 t_1 到点 t_2 的中心 q 坐标为［ $U_{\mathrm{o}}/(I_{\mathrm{in}}Z_{\mathrm{r}})$, 1］、半径为 1 的圆弧来表示。

在［ t_2，t_3］时段内，$u_{\mathrm{Crn}}=0$，i_{Lrn} 满足如下约束关系：

$$\begin{cases} i_{\mathrm{Lrn}}=\left[1+\sqrt{1-\left(\dfrac{U_{\mathrm{o}}}{I_{\mathrm{in}}Z_{\mathrm{r}}}\right)^{2}}\right]-\dfrac{U_{\mathrm{o}}}{I_{\mathrm{in}}}(t-t_{2}) & (\text{半波模式}) \\ i_{\mathrm{Lrn}}=\left[1-\sqrt{1-\left(\dfrac{U_{\mathrm{o}}}{I_{\mathrm{in}}Z_{\mathrm{r}}}\right)^{2}}\right]-\dfrac{U_{\mathrm{o}}}{I_{\mathrm{in}}}(t-t_{2}) & (\text{全波模式}) \end{cases} \tag{6-28}$$

则在状态平面图上，i_{Lr} 与 u_{Cr} 的变化可用纵轴上连接点 t_2 到点 t_3 的线段表示。

在［ t_3,t_4］时段内，谐振单元不参与电路工作，则 $u_{\mathrm{Crn}}=0$,$i_{\mathrm{Lrn}}=0$，状态轨迹位置不变。

3. Boost ZVS QRC 电压传输比和软开关条件

下面推导 Boost ZVS QRC 输出电压 U_{o} 与输入电压 U_{in} 之间的关系，即电压传输比。在一个开关周期 T_{s} 中，输入能量 E_{in} 可表示为

$$E_{\mathrm{in}}=U_{\mathrm{in}}I_{\mathrm{in}}T_{\mathrm{s}} \tag{6-29}$$

输出能量 E_{o} 可表示为

$$\begin{aligned} E_{\mathrm{o}}&=\int_{T_{\mathrm{s}}}U_{\mathrm{o}}i_{\mathrm{Lr}}(t)\mathrm{d}t \\ &=\int_{t_1}^{t_2}U_{\mathrm{o}}I_{\mathrm{in}}[1-\cos\omega_{\mathrm{r}}(t-t_1)]\mathrm{d}t+\int_{t_2}^{t_3}U_{\mathrm{o}}\left[I_{\mathrm{Lr}}(t_2)-\frac{U_{\mathrm{o}}}{L_{\mathrm{r}}}(t-t_2)\right]\mathrm{d}t \\ &=\frac{U_{\mathrm{o}}I_{\mathrm{in}}}{\omega_{\mathrm{r}}}\left\{\left[\pi+\arcsin\left(\frac{\gamma}{M}\right)+\frac{\gamma}{M}\right]+\frac{\omega_{\mathrm{r}}L_{\mathrm{r}}I_{\mathrm{in}}}{2U_{\mathrm{o}}}\left[1+\sqrt{1-\left(\frac{\gamma}{M}\right)^{2}}\right]\right\} \end{aligned} \tag{6-30}$$

式中，$M=U_{\mathrm{o}}/U_{\mathrm{in}}$，$\gamma=R_{\mathrm{L}}/Z_{\mathrm{r}}$，$I_{\mathrm{in}}=U_{\mathrm{o}}^{2}/(U_{\mathrm{in}}R_{\mathrm{L}})$。

在一个开关周期 T_{s} 中，忽略能量损耗，则 $E_{\mathrm{in}}=E_{\mathrm{o}}$。联立可得

$$M=\frac{U_{\mathrm{o}}}{U_{\mathrm{in}}}=\begin{cases} \dfrac{2\pi}{\dfrac{f_{\mathrm{s}}}{f_{\mathrm{r}}}\bullet\left[\pi+\arcsin\left(\dfrac{\gamma}{M}\right)+\dfrac{\gamma}{M}+\dfrac{M}{2\gamma}\left(1+\sqrt{1-\dfrac{\gamma^{2}}{M^{2}}}\right)^{2}\right]} & (\text{半波模式}) \\ \dfrac{2\pi}{\dfrac{f_{\mathrm{s}}}{f_{\mathrm{r}}}\bullet\left[2\pi-\arcsin\left(\dfrac{\gamma}{M}\right)+\dfrac{\gamma}{M}+\dfrac{M}{2\gamma}\left(1-\sqrt{1-\dfrac{\gamma^{2}}{M^{2}}}\right)^{2}\right]} & (\text{全波模式}) \end{cases} \tag{6-31}$$

由式（6-31）绘制 Boost ZVS QRC 的电压传输比曲线如图 6-23 所示。可以看出，Boost ZVS QRC 输出电压随着开关频率升高而降低，且与负载有关系。要在不同负载和输入电压 U_{in} 条件下获得要求的输出电压 U_o，必须采用脉冲频率调制（Pulse Frequency Modulation，PFM）方式，即通过调节 Boost ZVS QRC 的开关频率来调节输出电压。

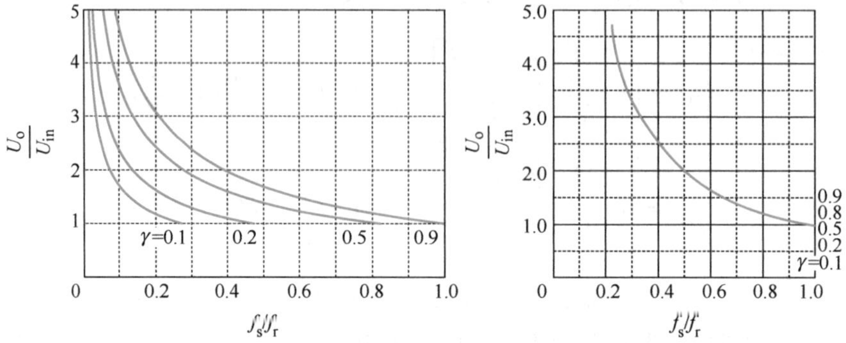

a) 半波模式　　b) 全波模式

图 6-23　Boost ZVS QRC 的电压传输比曲线

尽管 ZVS QRC 有半波模式和全波模式两种工作模式，但从实际应用来说，ZVS QRC 的半波模式优于全波模式，这是因为：

1）全波模式时，二极管 VD_Q 与开关管 Q 串联在主功率回路中，存在通态损耗，影响 ZVS QRC 的整体效率；而半波模式二极管 VD_Q 与开关管 Q 并联，不存在额外的通态损耗。目前商用的电力电子器件中，大都集成有反并联的续流二极管，不用再单独外接二极管，这样可减少电路的器件数量，降低成本。

2）半波模式时，谐振电容并联于开关管 Q，可将 Q 的结电容作为谐振电容中的一部分，充分利用了器件的寄生电容参数。

3）半波模式的缺点是其电压传输比与负载有很大的关系，对负载变化更敏感，增加了闭环系统的设计难度；而全波模式的电压传输比与负载关系不大，对负载的变化不太敏感。

因此，在实际电路中，ZVS QRC 的开关管一般选用 MOSFET，这是因为 MOSFET 的开关速度很快，且其结电容刚好可作为谐振电容或谐振电容的一部分使用。当然 BJT 和 IGBT 也可作为开关管，但是由于它们在关断时存在电流拖尾现象，因此需要较大的吸收电容来降低电压的上升率，以减小关断损耗，限制了开关频率的提高，一般工作频率为 20 ～ 30kHz。

此外，Boost ZVS QRC 的工作状态与负载条件有关。由式（6-19）可知，当 $\omega_r(t-t_1)=3\pi/2$ 时，$u_{Cr}=U_o-I_{in}Z_r$。若此时 $u_{Cr}>0$，即 $U_o>I_{in}Z_r$，则 u_{Cr} 不能谐振至零，从而造成开关管零电压导通失败。当输入电压 U_{in}、输出电压 U_o 固定不变时，输入电流 I_{in} 正比于输出电流 I_o，那么当谐振电路参数确定之后，只有在保证负载电流在大于某一个数值的范围内变化时，才能实现电路中开关管的软开关操作，即必须满足 $U_o \leq I_{in}Z_r$。

4. Boost ZVS QRC 参数设计

（1）L_r 和 C_r 的选择

L_r 和 C_r 的大小取决于谐振频率 f_r 及最小输出电流 I_{omin}。为了在输出电流最小时能够实现开关管的零电压开关，要求在开关管开通之前谐振电容电压 u_{Cr} 必须降为零，则需满足 $I_{inmin}Z_r \geqslant U_o$，即 $Z_r \geqslant U_o/I_{in}$。不等式可改写为

$$Z_r = K_v \frac{U_o}{I_{inmin}} \quad (K_v \geqslant 1) \tag{6-32}$$

式中，K_v 是安全电压系数。由于 $I_{inmin}=U_oI_{omin}/U_{in}$，则 L_r 和 C_r 的大小为

$$L_r = \frac{Z_r}{2\pi f_r} = \frac{1}{2\pi f_r} \bullet \frac{K_v U_{in}}{I_{o\min}} \tag{6-33}$$

$$C_r = \frac{1}{2\pi f_r Z_r} = \frac{1}{2\pi f_r} \bullet \frac{I_{o\min}}{K_v U_{in}} \tag{6-34}$$

（2）开关管和二极管的选择

开关管和二极管的选择取决于它们的电压与电流应力。由式（6-20）可知，谐振电容电压峰值为

$$U_{Crmax} = U_o + I_{in} Z_r \tag{6-35}$$

将式（6-32）和 I_{inmin} 代入式（6-35）有

$$U_{Crmax} = U_o \left(1 + K_v \frac{I_o}{I_{o\min}}\right) \tag{6-36}$$

可见，负载 I_o 越大，谐振电容电压峰值 U_{Crmax} 越高，对应的开关管承受电压应力越大。开关管 Q 承受的最大电压应力满足

$$U_{Qmax} = U_o \left(1 + K_v \frac{I_{omax}}{I_{o\min}}\right) \tag{6-37}$$

由式（6-19）可知，谐振电感电流峰值为 $I_{Lrmax}=2I_{inmax}$。

根据前述分析可知：

1）开关管 Q 中流过的最大电流 $I_{Qmax}=I_{inmax}$，负载越大，Q 所承受的电压应力越大。

2）全波模式下，二极管 VD_Q 中所流过的最大电流 $I_{VDQmax}=I_{inmax}$，所承受的最大反向电压应力为 $U_{VDQmax}=U_o$（$K_vI_{omax}/I_{omin}-1$）。

3）半波模式下，二极管 VD_Q 在负载最轻时流过的电流最大，即 $I_{VDQmax}=I_{inmax}$，所承受的最大反向电压为 $U_{VDQmax}=U_o$（$1+K_vI_{omax}/I_{omin}$）。

4）输出二极管 VD 所流过的最大电流 $I_{VDmax}=2I_{inmax}$，所承受的最大反向电压为 U_o。

5）谐振电感电流峰值 $I_{Lrmax}=2I_{inmax}$，谐振电容上的最大电压 $U_{Crmax}=U_o$（$1+K_v I_{omax}/I_{omin}$）。

6. ZVS QRC 拓扑族

将图 6-12 所示的零电压准谐振开关单元推广到 Buck、Boost、Buck–Boost、Cuk、Zeta、Sepic、正激变换器、反激变换器中，可得到一族零电压开关准谐振变换器。图 6-24 和图 6-25 分别给出了基于两端口型零电压准谐振开关单元的 ZVS QRC 拓扑族Ⅰ和基于三端口型零电压准谐振开关单元的 ZVS QRC 拓扑族Ⅱ。需要说明的是，变压器的漏感可作为谐振电感的一部分，开关管的结电容也可作为谐振电容的一部分。而且变压器的漏感也可直接用作谐振电感，开关管的结电容直接用作谐振电容，这样就不必另外再加谐振电感和谐振电容，从而减少了 ZVS QRC 的元器件数量，有利于简化电路结构。对于正激变换器来讲，谐振电感和谐振电容的工作使变压器自动磁复位，从而不再需要复位绕组，进一步简化了电路结构。

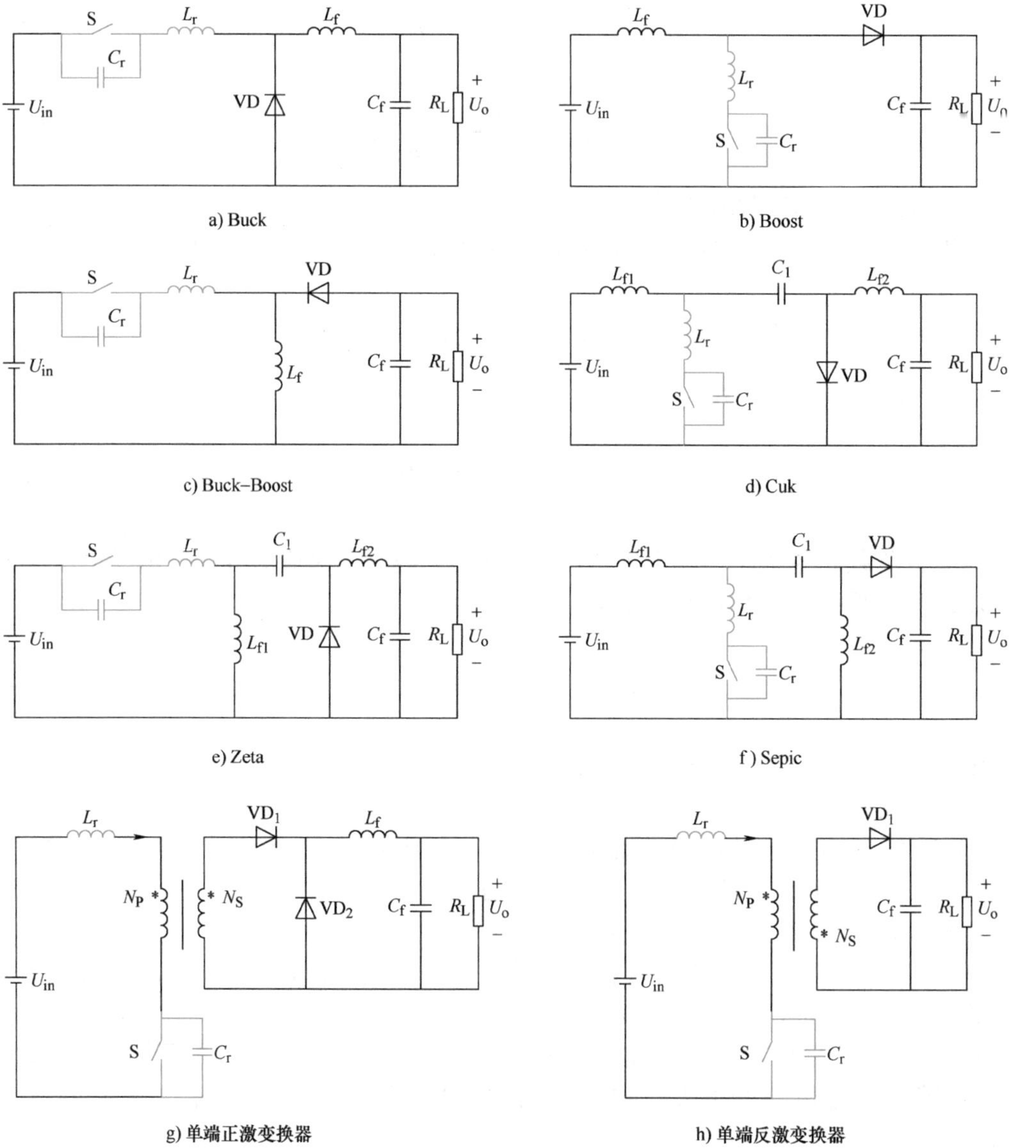

图 6-24　ZVS QRC 拓扑族Ⅰ

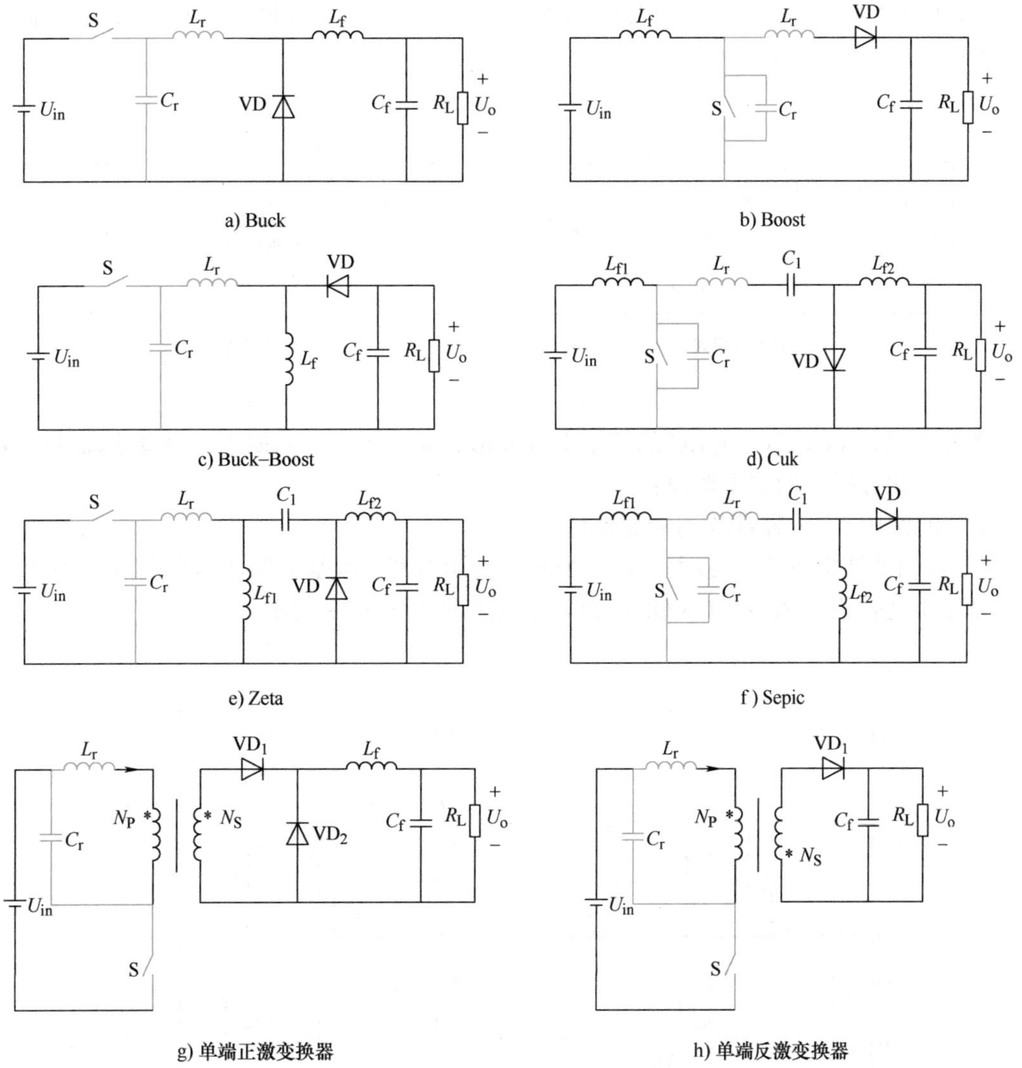

图 6-25　ZVS QRC 拓扑族Ⅱ

6.3.3　零电流开关准谐振电路

零电流开关准谐振变换器（Zero Current Switching Quasi–Resonant Converter，ZCS QRC）中，谐振电感 L_r 总是与开关管串联。半波型 ZCS QRC 中，由于开关管的单向导通，谐振电感电流只能单方向变化，因此当电流从正值谐振到零时，谐振过程结束。对于全波型 ZCS QRC，反并联二极管的存在使得谐振电感电流可在正、负两个方向谐振变化。开关管导通后，电感电流 i_{Lr} 将按正弦规律从零谐振上升，经过半个谐振周期后，当 i_{Lr} 谐振到零时，开关管可在零电流下自然关断。

1. Buck ZCS QRC 的工作原理

ZCS QRC 的工作原理是基本类似的，本节以 Buck ZCS QRC 为例进行介绍。图 6-26

是 Buck ZCS QRC 电路图，分别对应半波模式和全波模式。辅助二极管 VD_Q、谐振电感 L_r、谐振电容 C_r 构成谐振电路。

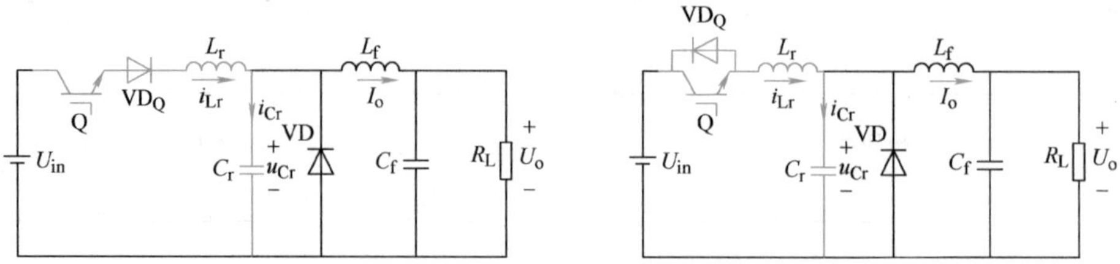

a) 半波模式　　b) 全波模式

图 6-26　Buck ZCS QRC 电路图

图 6-27 为 Boost ZCS QRC 的基本电气波形，在一个开关周期内，该变换器共有 4 个模态。为简化分析，做如下假设：

1）电路中所有元器件均为理想器件。

2）输出滤波电感 L_f 足够大，在一个开关周期内其电流基本保持输出电流 I_o 不变。

基于上述假设，Buck ZCS QRC 的简化电路图如图 6-28 所示。

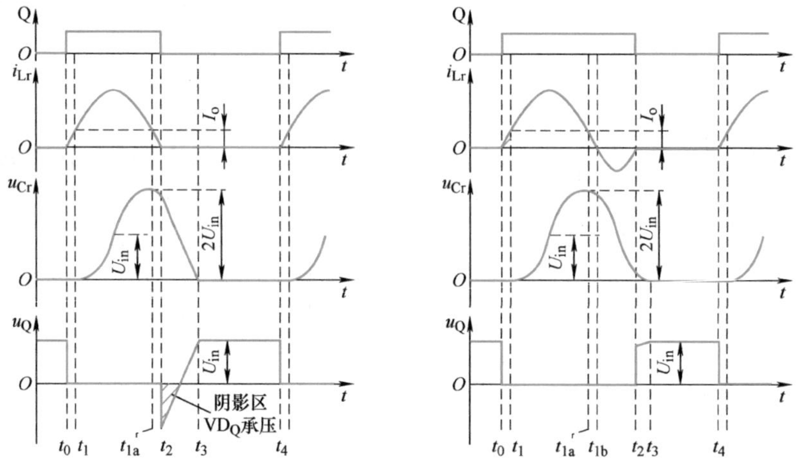

a) 半波模式　　b) 全波模式

图 6-27　Buck ZCS QRC 的基本电气波形

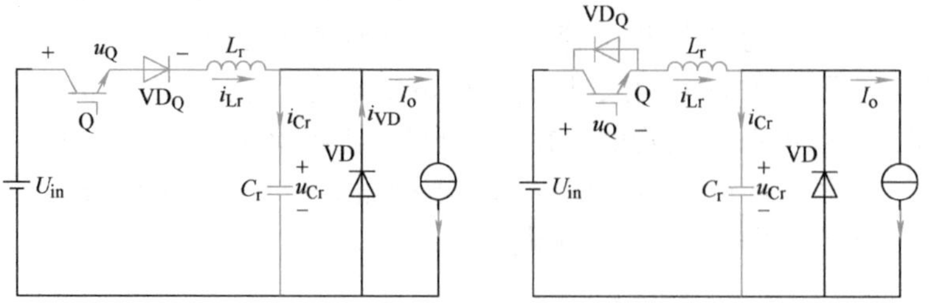

a) 半波模式　　b) 全波模式

图 6-28　Buck ZCS QRC 的简化电路图

图 6-29 和图 6-30 分别给出了半波模式和全波模式 Buck ZCS QRC 的模态等效电路。定义电路初始状态：在 t_0 时刻之前，开关管 Q 处于断开状态，输出电流 I_o 通过续流二极管 VD 续流，此时谐振电感电流 i_{Lr} 和谐振电容电压 u_{Cr} 均为零，谐振电容电压 u_{Cr} 为零。

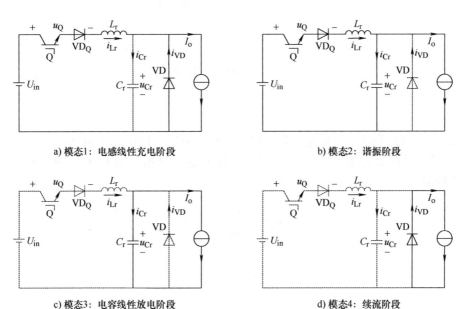

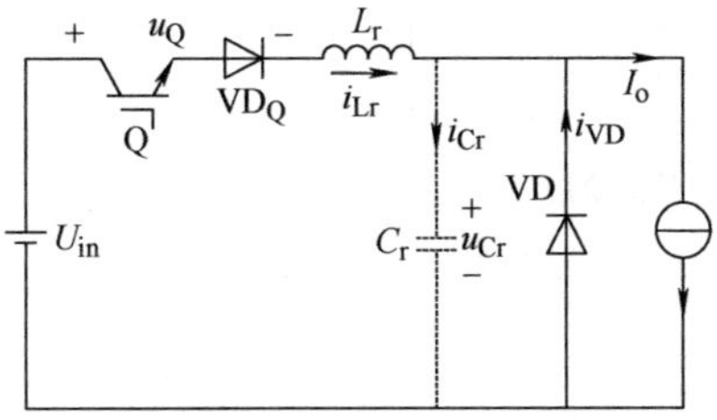

a) 模态1：电感线性充电阶段

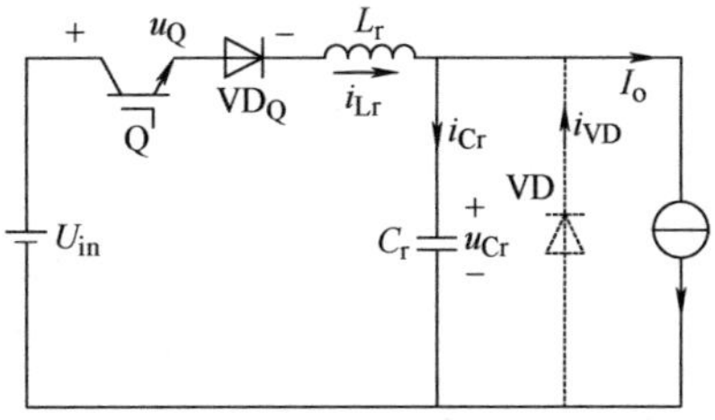

b) 模态2：谐振阶段

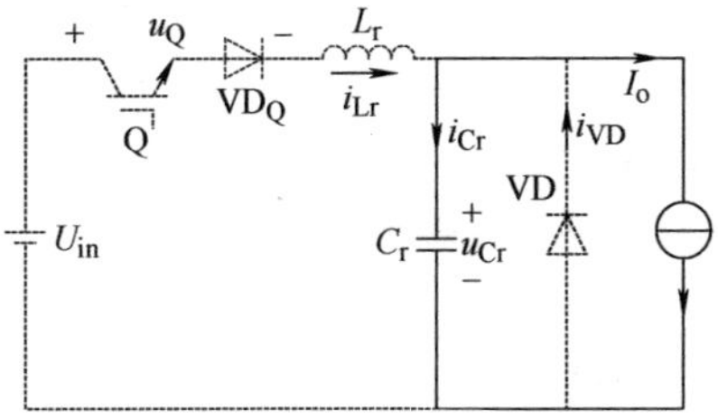

c) 模态3：电容线性放电阶段

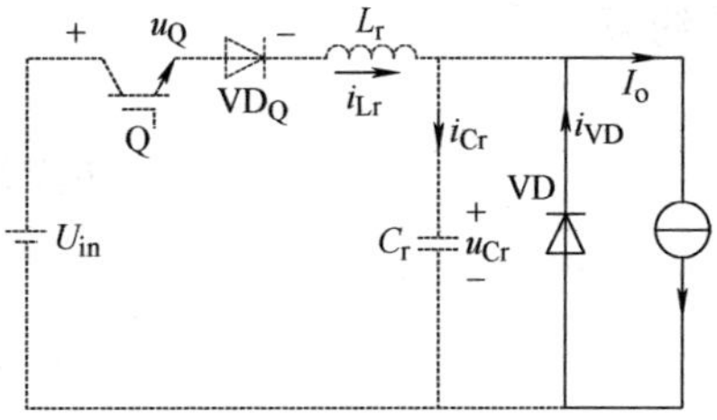

d) 模态4：续流阶段

图 6-29　半波模式 Buck ZCS QRC 的模态等效电路

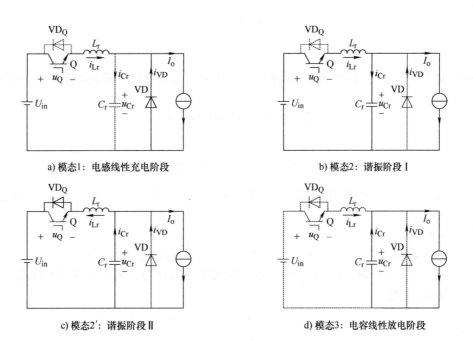

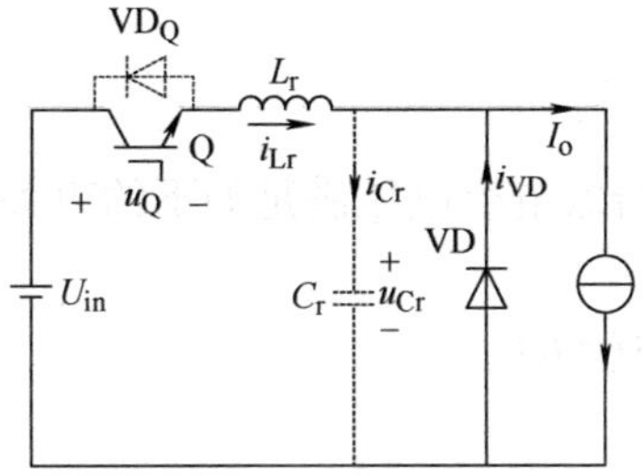

a) 模态1：电感线性充电阶段

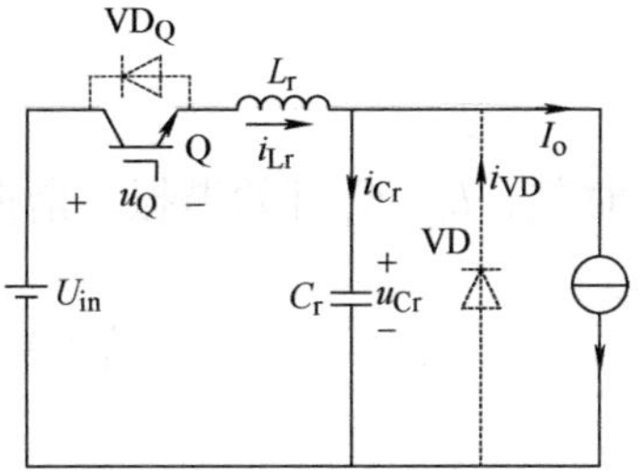

b) 模态2：谐振阶段 I

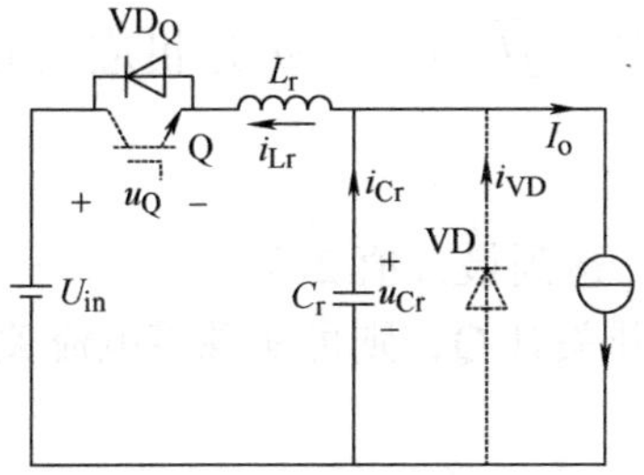

c) 模态2′：谐振阶段 II

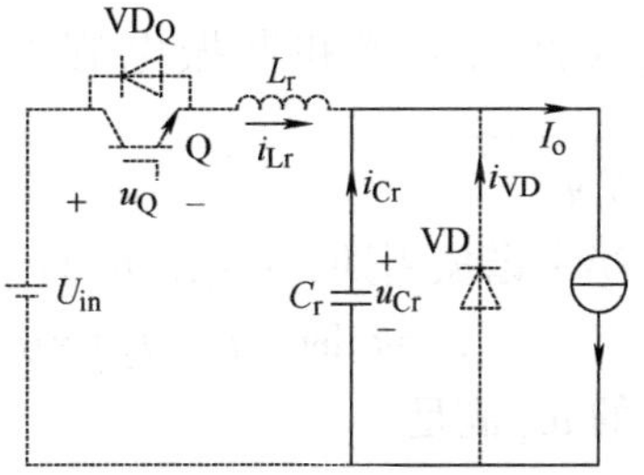

d) 模态3：电容线性放电阶段

图 6-30　全波模式 Buck ZCS QRC 的模态等效电路

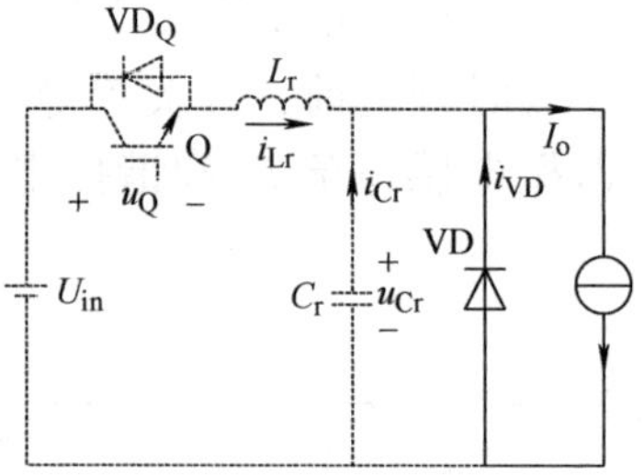

e) 模态4：续流阶段

图 6-30　全波模式 Buck ZCS QRC 的模态等效电路（续）

模态 1：[t_0，t_1]，电感线性充电阶段。

在 t_0 时刻，Q 开通，输入电压 U_{in} 直接加在 L_r 两端，使电感电流从零开始线性上升。由于 L_r 限制了电流上升率，因此 Q 实现零电流开通。谐振电流 i_{Lr} 和续流二极管电流 i_{VD} 满足如下约束关系：

$$i_{Lr}(t)=\frac{U_{in}}{L_r}(t-t_0) \tag{6-38}$$

$$i_{VD}(t)=I_o-\frac{U_{in}}{L_r}(t-t_0) \tag{6-39}$$

t_1 时刻，i_{Lr} 上升至 I_o，此时 i_{VD}=0，续流二极管 VD 自然关断。该模态的持续时间为

$$t_{01}=\frac{L_r I_o}{U_{in}} \tag{6-40}$$

模态 2：[t_1，t_2]，谐振阶段。

在 t_1 时刻，L_r、C_r 开始谐振，谐振电感电流和谐振电容电压满足如下约束关系：

$$i_{Lr}(t)=I_o+\frac{U_{in}}{Z_r}\sin\omega_r(t-t_1) \tag{6-41}$$

$$u_{Cr}(t)=U_{in}[1-\cos\omega_r(t-t_1)] \tag{6-42}$$

式中，Z_r 为谐振电感和谐振电容的特征阻抗，$Z_r=\sqrt{L_r/C_r}$；ω_r 为相应的谐振角频率，$\omega_r=1\big/\sqrt{L_rC_r}$。

经过半个谐振周期，t=t_{1a}，i_{Lr}（t_{1a}）=I_o，此时 u_{Cr} 达到最大值 $2U_{in}$。

半波模式下，t=t_2 时，i_{Lr}（t_2）=0，若此时关断开关管 Q，则可实现零电流关断。t_2 时刻所对应的 u_{Cr} 满足

$$u_{Cr}(t_2)=U_{in}\left[1+\sqrt{1-\left(\frac{Z_r I_o}{U_{in}}\right)^2}\right] \tag{6-43}$$

在模态 2 结束时，谐振电感电流 i_{Lr} 等于零。该模态的持续时间为

$$t_{12}=\frac{1}{\omega_r}\left[\pi+\arcsin\left(\frac{Z_rI_o}{U_{in}}\right)\right] \tag{6-44}$$

全波模式下，i_{Lr} 下降为零后将通过开关管 Q 的反并联二极管 VD_Q 继续向反方向谐振，并将能量反馈回输入电源。t_{1b} 时刻，i_{Lr} 从负值再次谐振回零时，该模态结束。在 [t_{1a}，t_{1b}] 时间段内，开关管 Q 可完成零电流关断。t_2 时刻所对应的 u_{Cr} 满足

$$u_{Cr}(t_2)=U_{in}\left[1-\sqrt{1-\left(\frac{Z_rI_o}{U_{in}}\right)^2}\right] \tag{6-45}$$

该模态的持续时间为

$$t_{12}=\frac{1}{\omega_r}\left[2\pi-\arcsin\left(\frac{Z_rI_o}{U_{in}}\right)\right] \tag{6-46}$$

模态 3：[t_2，t_3]，电容线性放电阶段。

该模态下，i_{Lr} 等于零，输出电流 I_o 全部流过谐振电容。谐振电容放电，u_{Cr} 满足

$$u_{Cr}(t)=u_{Cr}(t_2)-\frac{I_o}{C_r}(t-t_2) \tag{6-47}$$

t_3 时刻，谐振电容电压减小到零，续流二极管 VD 导通，该模态的持续时间为

$$t_{23}=\frac{C_ru_{Cr}(t_2)}{I_o} \tag{6-48}$$

模态 4：[t_3，t_4]，续流阶段。

该模态下，输出电流 I_o 通过续流二极管 VD 续流。t_4 时刻，Q 实现零电流开通，开始下一个开关周期。

2. Buck ZCS QRC 的状态平面图

基于前述分析，半波和全波模式 Buck ZCS QRC 的简化等效电路分别如图 6-31 和图 6-32 所示。定义电感电流 i_{Lr} 和电容电压 u_{Cr} 的归一化因子分别为 I_{in} 和 $I_{in}Z_r$，即令 $i_{Lrn}=i_{Lr}/I_{in}$，$u_{Crn}=u_{Cr}/(I_{in}Z_r)$。

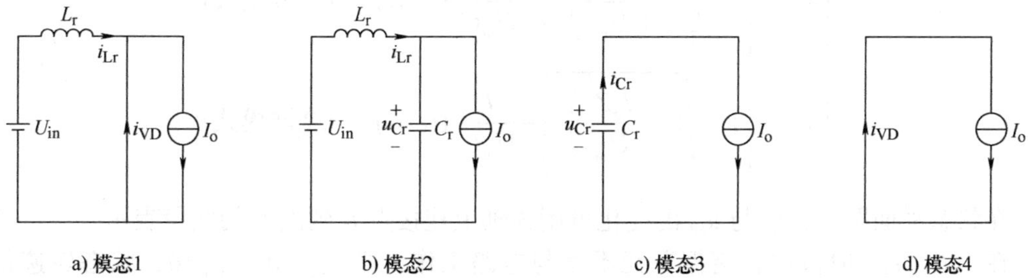

图 6-31　半波模式 Buck ZCS QRC 的简化等效电路

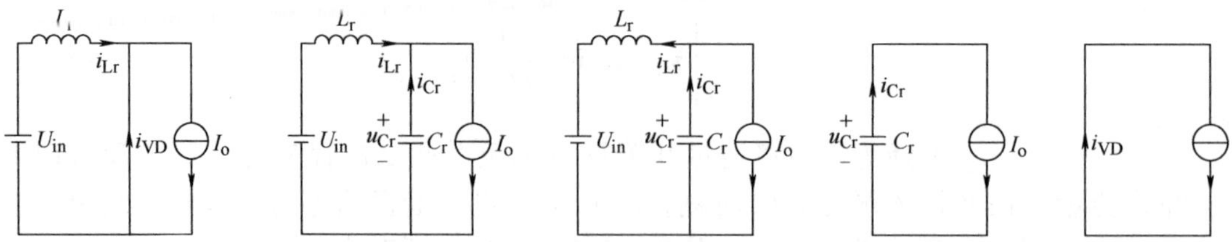

a) 模态1　b) 模态2　c) 模态2′　d) 模态3　e) 模态4

图 6-32　全波模式 Buck ZCS QRC 的简化等效电路

在［ t_0，t_1 ］时段内，u_{Crn}=0，i_{Lrn}=ω_r（t−t_0），因此在状态平面图上，i_{Lr} 与 u_{Cr} 的变化可用纵轴上连接点 t_0 到点 t_1 的线段表示，如图 6-33 所示。

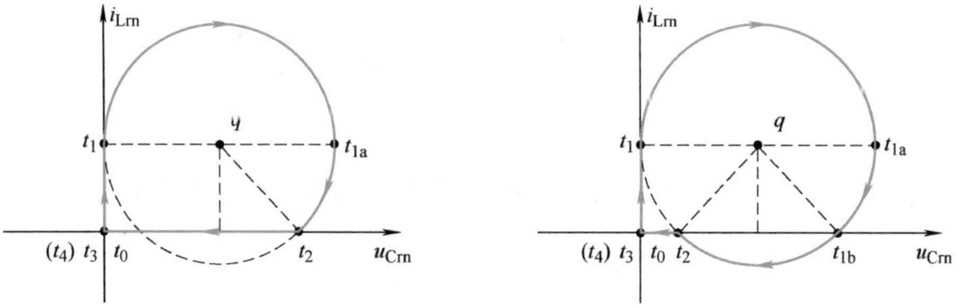

a) 半波模式　b) 全波模式

图 6-33　Buck ZCS QRC 的状态平面图

在［ t_1,t_2 ］时段内，谐振电路发生谐振，$u_{Crn}=1-\cos\omega_r(t-t_1)$，$i_{Lrn}=(I_oZ_r)/U_{in}+\sin\omega_r(t-t_1)$，则有

$$(u_{Crn}-1)^2+\left(i_{Lrn}-\frac{I_oZ_r}{U_{in}}\right)^2=\cos^2\omega_r(t-t_1)+\sin^2\omega_r(t-t_1)=1 \tag{6-49}$$

在状态平面图上，i_{Lr} 与 u_{Cr} 的变化可用从连接点 t_1 到点 t_2 的中心 q 坐标为（1，I_oZ_r/U_{in}）、半径为 1 的圆弧来表示。

在［ t_2，t_3 ］时段内，i_{Lrn}=0，u_{Crn} 满足如下约束关系：

$$\begin{cases} u_{Crn}=\left[1+\sqrt{1-\left(\dfrac{I_oZ_r}{U_{in}}\right)^2}\right]-\dfrac{I_o}{U_{in}C_r}(t-t_2) & \text{(半波模式)} \\ u_{Crn}=\left[1-\sqrt{1-\left(\dfrac{I_oZ_r}{U_{in}}\right)^2}\right]-\dfrac{I_o}{U_{in}C_r}(t-t_2) & \text{(全波模式)} \end{cases} \tag{6-50}$$

在状态平面图上，i_{Lr} 与 u_{Cr} 的变化可用横轴上连接点 t_2 到点 t_3 的线段表示。

在［ t_3，t_4 ］时段内，谐振单元不参与电路工作，则 u_{Crn}=0，i_{Lrn}=0，状态轨迹位置不变。

3. Buck ZCS QRC 电压传输比和软开关条件

下面推导 Buck ZCS QRC 输出电压 U_o 与输入电压 U_{in} 之间的关系，即电压传输比。在一个开关周期 T_s 中，输入能量 E_{in} 可表示为

$$E_{in}=\int_0^{T_s}U_{in}I_{in}\mathrm{d}t=\int_{t_0}^{t_1}U_{in}\frac{U_{in}}{L_r}(t-t_0)\mathrm{d}t+\int_{t_1}^{t_2}U_{in}\left[I_o+\frac{U_{in}}{Z_r}\sin\omega_r(t-t_1)\right]\mathrm{d}t \tag{6-51}$$

半波模式下，有

$$E_{in}=U_{in}\left\{\frac{L_rI_o}{2U_{in}}+\frac{I_o}{\omega_r}\left[\pi+\arcsin\left(\frac{Z_rI_o}{U_{in}}\right)\right]+C_rU_{in}\left[1+\sqrt{1-\left(\frac{Z_rI_o}{U_{in}}\right)^2}\right]\right\} \tag{6-52}$$

全波模式下，有

$$E_{in}=U_{in}\left\{\frac{L_rI_o}{2U_{in}}+\frac{I_o}{\omega_r}\left[2\pi-\arcsin\left(\frac{Z_rI_o}{U_{in}}\right)\right]+C_rU_{in}\left[1-\sqrt{1-\left(\frac{Z_rI_o}{U_{in}}\right)^2}\right]\right\} \tag{6-53}$$

在每个开关周期 T_s 中，输出能量 E_o 为

$$E_o=U_oI_oT_s \tag{6-54}$$

忽略功率损耗，则输入能量 E_{in} 与输出能量 E_o 相等，即

$$E_{in}=E_o \tag{6-55}$$

定义电压传输比 $M=U_o/U_{in}$，$\gamma=R_L/Z_r$，其中 R_L 是负载电阻。联立得

$$M=\begin{cases}\dfrac{1}{2\pi}\cdot\dfrac{f_s}{f_r}\cdot\left\{\dfrac{M}{2\gamma}+\pi+\arcsin\left(\dfrac{M}{\gamma}\right)+\dfrac{\gamma}{M}\left[1+\sqrt{1-\left(\dfrac{M}{\gamma}\right)^2}\right]\right\} & \text{(半波模式)}\\ \dfrac{1}{2\pi}\cdot\dfrac{f_s}{f_r}\cdot\left\{\dfrac{M}{2\gamma}+2\pi-\arcsin\left(\dfrac{M}{\gamma}\right)+\dfrac{\gamma}{M}\left[1-\sqrt{1-\left(\dfrac{M}{\gamma}\right)^2}\right]\right\} & \text{(全波模式)}\end{cases} \tag{6-56}$$

式中，f_s 为开关频率，$f_s=1/T_s$；f_r 为谐振频率，$f_r=\omega_r/2\pi$。

当 $M/\gamma\in(0,1)$ 时，全波模式下，式（6-56）等号右边大括号内近似等于 2π，因此

$$M=\frac{U_o}{U_{in}}=\frac{f_s}{f_r} \tag{6-57}$$

绘制 Buck ZCS QRC 的电压传输比曲线如图 6-34 所示。可以看出，全波模式下 Buck ZCS QRC 的电压传输比与 f_s/f_r 成正比关系，而跟负载条件关系较小。为了获得所要求的输出电压 U_o，必须采用 PFM 方法，即通过调节 Buck ZCS QRC 的开关频率来调节输出电压。

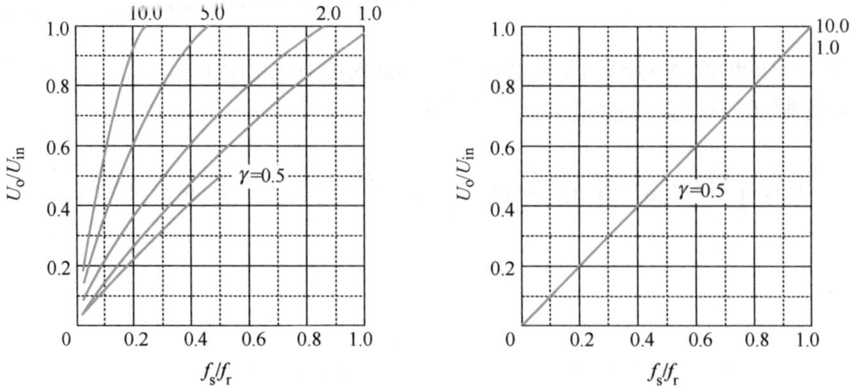

a) 半波模式　　b) 全波模式

图 6-34　Buck ZCS QRC 的电压传输比曲线

尽管 ZCS QRC 有半波模式和全波模式两种工作模式，但从实际应用来说，ZCS QRC 的全波模式优于半波模式，这是因为：

1）半波模式的电压传输比与负载条件关系较大，而全波模式的电压传输比基本与负载无关，有利于电路闭环系统的稳定工作。

2）半波模式中二极管 VD_Q 与开关管 Q 串联，存在通态损耗，影响 ZCS QRC 的整体效率；而全波模式中二极管 VD_Q 与开关管 Q 并联，不存在额外的通态损耗。

3）目前商用的电力电子器件中，大都集成有反并联续流二极管，不用再单独外接二极管，这样可减少电路的器件数量，降低成本。

此外，Buck ZCS QRC 的工作状态与输入电压及负载条件有关。由式（6-41）可知，当 $\omega_r(t-t_1)=3\pi/2$ 时，$i_{Lr}=-U_{in}/Z_r+I_o$。若此时仍有 $i_{Lr}>0$，即 $I_o>U_{in}/Z_r$，则 i_{Lr} 不可能谐振回零，从而造成电路中的开关管无法实现零电流关断。当谐振电路参数 L_r、C_r 确定之后，只有当输入电压及负载电流在某一个范围内变化时，才能确保电路中开关管实现零电流开关，即必须满足 $I_o\leqslant(U_{in}/Z_r)$。

4. Buck ZCS QRC 的参数设计

（1）L_r 和 C_r 的选择

L_r 和 C_r 的设计取决于谐振频率 f_r 及最大输出电流 I_{omax}。要实现开关管零电流开关，则要求在开关管关断之前，i_{Lr} 必须减小到零。由式（6-41）可得

$$Z_r<\frac{U_{in}}{I_{omax}} \tag{6-58}$$

定义安全电流系数为 K_c，将式（6-58）改写为

$$Z_r=K_c\frac{U_{in}}{I_{omax}}(K_c\leqslant 1) \tag{6-59}$$

则 L_r 和 C_r 的大小满足

$$L_r = \frac{Z_r}{2\pi f_r} - \frac{1}{2\pi f_r} \cdot \frac{K_c U_{in}}{I_{omax}} \tag{6-60}$$

$$C_r = \frac{1}{2\pi f_r Z_r} = \frac{1}{2\pi f_r} \cdot \frac{I_{omax}}{K_c U_{in}} \tag{6-61}$$

（2）开关管和二极管的选择

开关管和二极管的选择取决于其电压与电流应力。由式（6-41）可得，谐振电感的最大电流为

$$I_{Lrmax} = I_{omax} + \frac{U_{in}}{Z_r} \tag{6-62}$$

将式（6-59）代入式（6-62），则有

$$I_{Lrmax} = \left(1 + \frac{1}{K_c}\right) I_{omax} > 2I_{omax} \tag{6-63}$$

由式（6-42）可知，谐振电容电压峰值为 $U_{Crmax}=2U_{in}$。

根据前述分析可知：

1）开关管 Q 中流过的最大电流 $I_{Qmax}>2I_{omax}$，所承受的最大正向电压为 U_{in}。

2）半波模式下，二极管 VD_Q 流过的最大电流 $I_{VDQmax}>2I_{omax}$，所承受的最大反向电压为 U_{in}。

3）全波模式下，二极管 VD_Q 在负载最轻时流过的电流最大，即 $I_{VDQmax}=I_{omax}$，所承受的最大反向电压为 U_{in}。

4）续流二极管 VD 中所流过的最大电流 $I_{VDmax}=I_{omax}$，所承受的最大反向电压为 $2U_{in}$。

5）谐振电感电流峰值 $I_{Lrmax}>2I_{omax}$，谐振电容上的最大电压 $U_{Crmax}=2U_{in}$。

5. ZCS QRC 拓扑族

将图 6-14 的零电流准谐振开关单元应用到 Buck、Boost、Buck–Boost、Cuk、Zeta、Sepic、正激变换器、反激变换器中，可得到一族零电流开关准谐振变换器。图 6-35 和图 6-36 分别给出了基于两端口型零电流准谐振开关单元的 ZCS QRC 拓扑族 Ⅰ 和基于三端口型零电流准谐振开关单元的 ZCS QRC 拓扑族 Ⅱ。

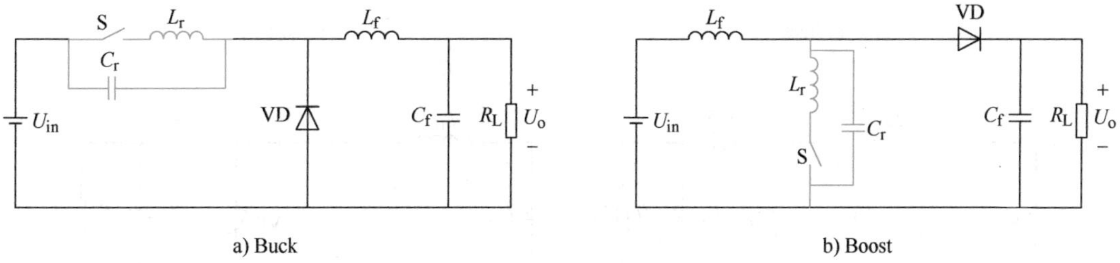

图 6-35　ZCS QRC 拓扑族 Ⅰ

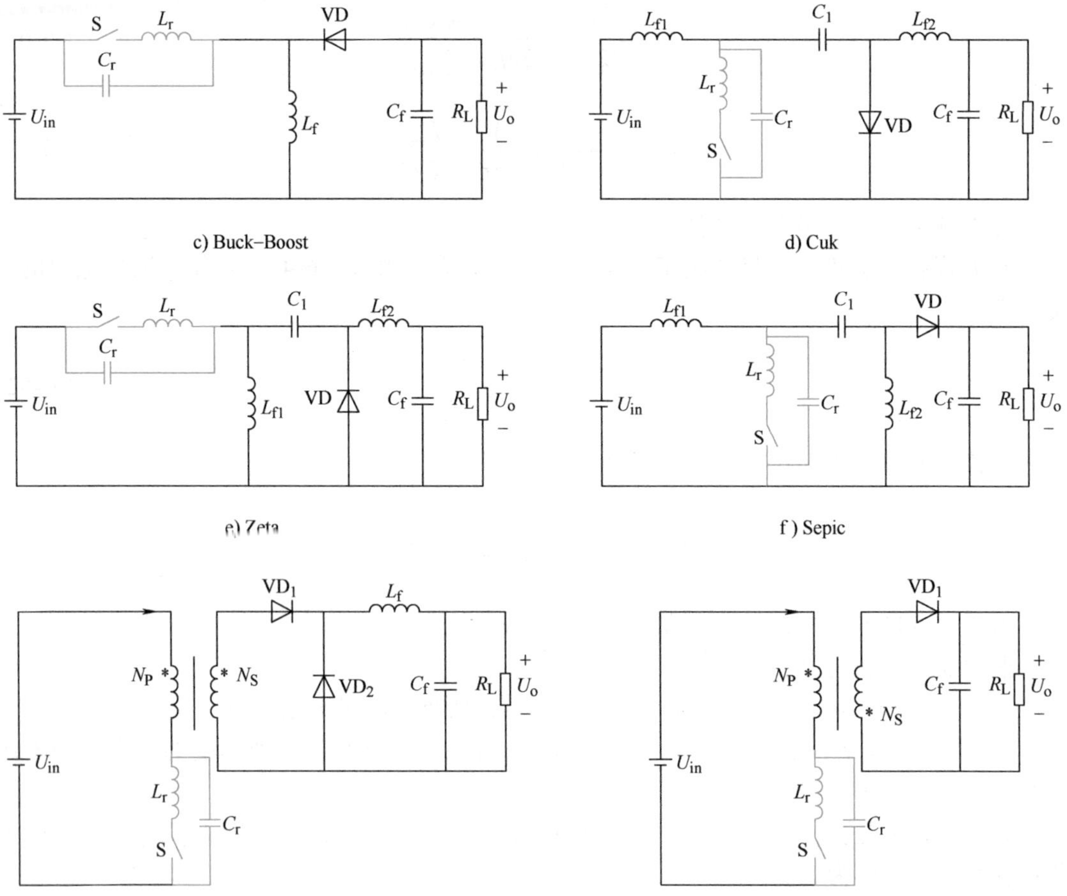

c) Buck-Boost　d) Cuk　e) Zeta　f) Sepic　g) 单端正激变换器　h) 单端反激变换器

图 6-35　ZCS QRC 拓扑族Ⅰ（续）

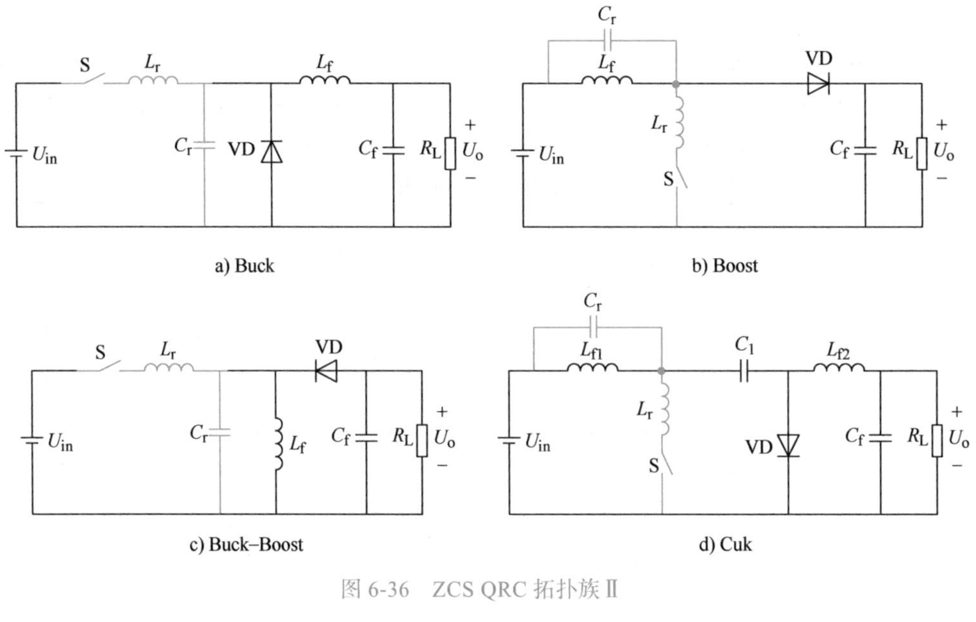

a) Buck　b) Boost　c) Buck-Boost　d) Cuk

图 6-36　ZCS QRC 拓扑族Ⅱ

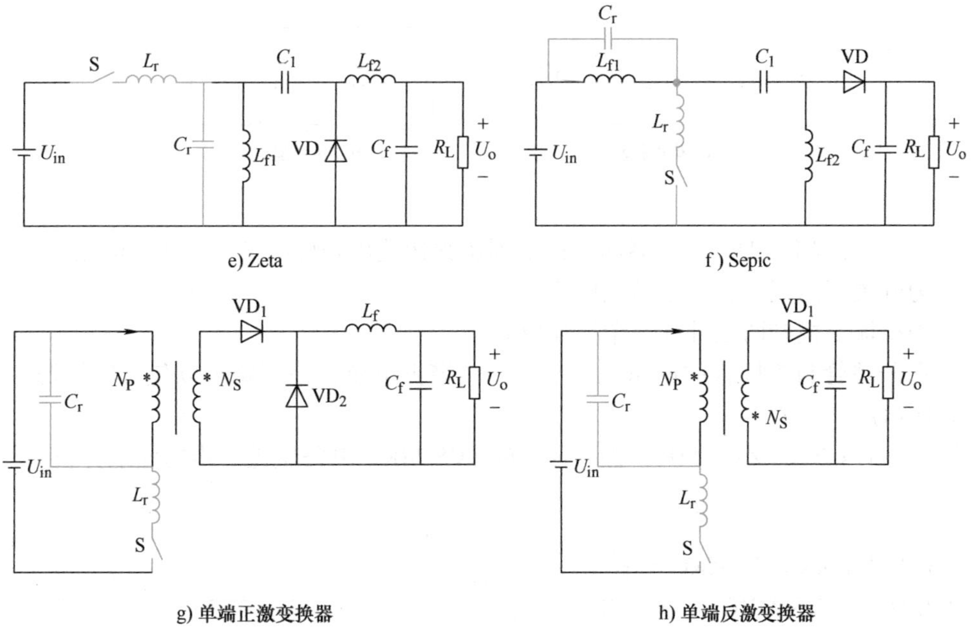

图 6-36　ZCS QRC 拓扑族Ⅱ（续）

6.3.4　零电压开关多谐振电路

在前述 ZCS QRC 电路中，开关管实现零电流关断，但其两端寄生电容会造成较大的开通损耗；另外，开关管具有较大的电流应力，而二极管具有较大的电压应力。在 ZVS QRC电路中，开关管实现零电压导通与关断，解决了 ZCS QRC 电路中开关管开通损耗大的问题，但也面临一些挑战：①开关管承受的电压应力增大，且此电压应力与负载有很强的耦合关系，如在 Buck ZVS QRC 电路中，开关管承受的最大电压为 $U_{max}=U_{in}(1+R_{Lmax}/R_{Lmin})$，当负载变化范围为 10∶1 时，开关管将承受 $11U_{in}$ 的电压；②电路设计并未考虑整流二极管结电容在关断时可能与谐振电感形成的寄生振荡，该振荡将增大电路损耗，并对变换器闭环稳定性造成影响。

上述 ZCS QRC 和 ZVS QRC 的软开关电路中，或者开关管实现软开关，或者二极管实现软开关，但二者往往难以兼顾。为此，专家学者提出了多谐振变换器（Multi-Resonant Converter，MRC）电路，用以同时为开关管及二极管创造软开关条件。MRC 也分 ZVS 和 ZCS 两类，且具有对偶的拓扑结构，如图 6-37 所示。图 6-37a 是零电流开关多谐振变换器（Zero Current Switch Multi-Resonant Converter，ZCS MRC），其谐振元件构成一个 T 形网络，谐振电感 L_r 和 L_d 分别与开关管 S 和二极管 VD 串联，C_r 是谐振电容。图 6-37b 是零电压开关多谐振变换器（Zero Voltage Switch Multi-Resonant Converter，ZVS MRC），其谐振元件构成一个 Π 形网络，谐振电容 C_r 和 C_D 分别与开关管 S 和二极管 VD 并联，L_r 是谐振电感。从实际应用来看，ZVS MRC 应用更多，因为其直接利用了 S 和 VD 本身固有的结电容；而 ZCS MRC 中 S 和 VD 结电容的存在则会导致其与谐振电感 L_r 间的潜在振荡问题，影响电路的正常工作。

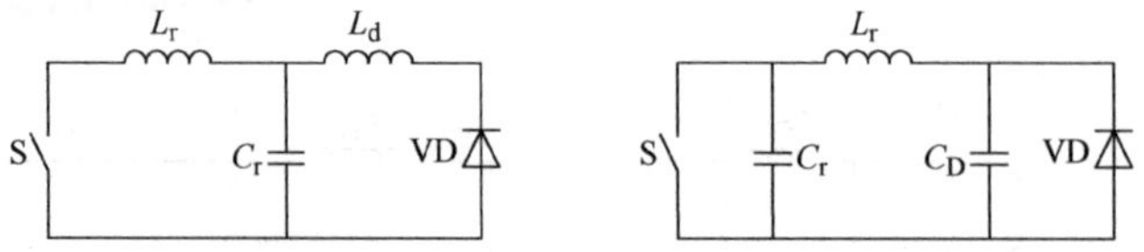

a) 零电流型　　b) 零电压型

图 6-37　多谐振开关拓扑

任何一种常规 DC/DC 变换器均可按下列步骤构造出相应的 ZVS MRC 电路：

1）为开关管两端并联一个谐振电容。

2）为整流二极管两端并联一个谐振电容。

3）在开关管与二极管的回路之间插入一个谐振电感，该回路可以包含电压源、滤波器或隔直电容。

接下来将以 Buck ZVS MRC 电路为例对 ZVS MRC 电路做进一步的详细分析。

1. Buck ZVS MRC 的工作原理

图 6-38 为 Buck ZVS MRC 电路图，图 6-39 为 Buck ZVS MRC 的基本电气波形，在一个开关周期内，该变换器共有 4 个模态。为简化分析，做如下假设：

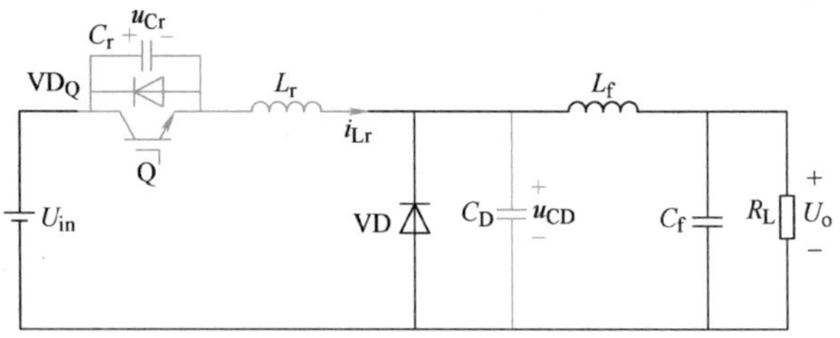

图 6-38　Buck ZVS MRC 电路图

1）电路中所有元器件均为理想器件。

2）输出滤波电感 L_f 足够大，在一个开关周期内其电流基本保持不变，为 I_o。

基于上述假设，Buck ZVS MRC 的简化电路如图 6-40 所示。

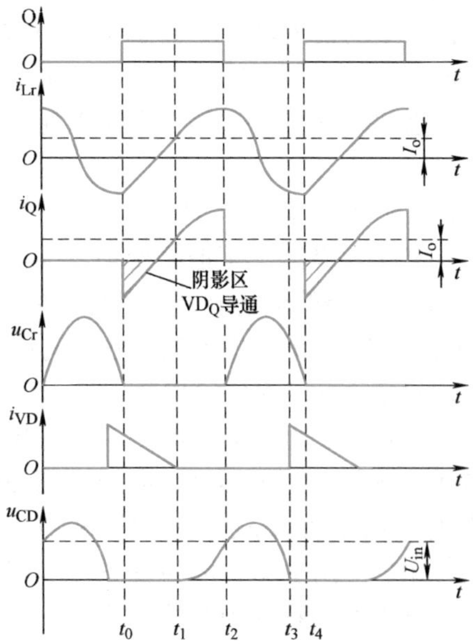

图 6-39　Buck ZVS MRC 基本电气波形

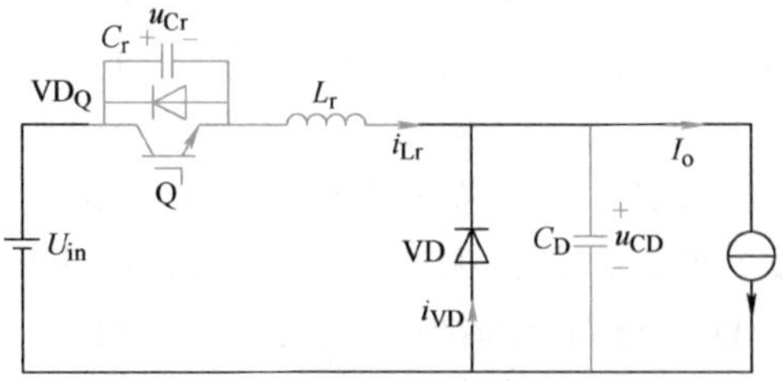

图 6-40　Buck ZVS MRC 简化电路

图 6-41 给出了 Buck ZVS MRC 的模态等效电路。定义电路初始状态：在 t_0 时刻之前，开关管 Q 处于断开状态，输出电流 I_o 通过续流二极管 VD 续流，此时谐振电感电流 i_{Lr} 为负值，谐振电容电压 u_{Cr}=0，u_{CD}=0。

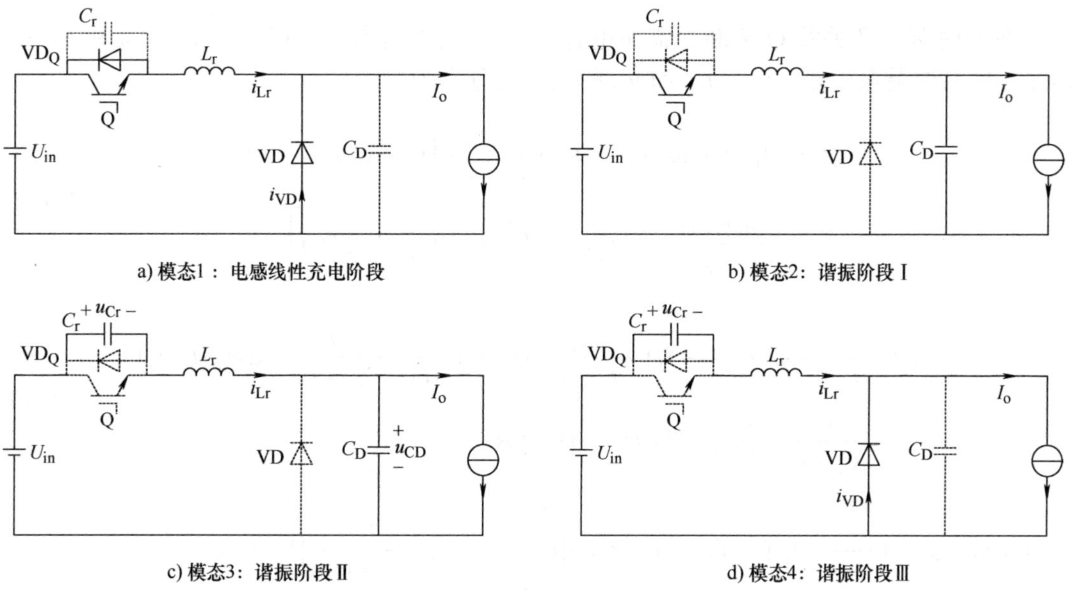

图 6-41　Buck ZVS MRC 的模态等效电路

模态 1：[t_0，t_1]，电感线性充电阶段。

在 t_0 时刻，开关管 Q 开通，此时谐振电感电流 i_{Lr} 流经 Q 的反并联二极管 VD_Q，Q 两端电压为零，因此 Q 是零电压开通。在此开关模态中，i_{Lr} 小于输出电流 I_o，续流二极管 VD 继续导通。加在谐振电感两端的电压为输入电压 U_{in}，i_{Lr} 线性增加。谐振电感电流和两个谐振电容上的电压为

$$i_{Lr}(t)=\frac{U_{in}}{L_r}(t-t_0)+I_{Lr}(t_0) \tag{6-64}$$

$$u_{Cr}(t)=0 \tag{6-65}$$

$$u_{CD}(t)=0 \tag{6-66}$$

在 t_1 时刻，i_{Lr} 增加到 I_o，续流二极管 VD 自然关断。

模态 2：[t_1，t_2]，谐振阶段 I 。

在 t_1 时刻，谐振电感 L_r 和谐振电容 C_D 开始谐振工作，i_{Lr}、u_{CD} 和 u_{Cr} 的表达式分别为

$$i_{Lr}(t)=I_o+\frac{U_{in}}{Z_D}\sin\omega_D(t-t_1) \tag{6-67}$$

$$u_{CD}(t)=U_{in}\left[1-\cos\omega_D(t-t_1)\right] \tag{6-68}$$

$$u_{Cr}(t)=0 \tag{6-69}$$

式中，ω_D 为谐振角频率，$\omega_D=1/\sqrt{L_rC_D}$；Z_D 为特征阻抗，$Z_D=\sqrt{L_r/C_D}$。

模态 3：[t_2，t_3]，谐振阶段Ⅱ。

在 t_2 时刻，开关管 Q 关断，谐振电容 C_r 也开始参与谐振，即此时 C_r、C_D 和 L_r 三个谐振元件共同谐振工作。i_{Lr}、u_{CD} 和 u_{Cr} 的表达式分别为

$$\begin{aligned}i_{Lr}(t)=&I_{Lr}(t_2)\cos\omega_{rD}(t-t_2)+\frac{I_oC_r}{C_r+C_D}[1-\cos\omega_{rD}(t-t_2)]+\\&\frac{\sin\omega_{rD}(t-t_2)}{Z_{rD}}\bullet\left[U_{in}-U_{CD}(t_2)+\frac{C_r}{C_D}U_{CD}(t_2)\right]\end{aligned} \tag{6-70}$$

$$\begin{aligned}u_{Cr}(t)=&\frac{I_{Lr}(t_2)}{\omega_{rD}C_r}\sin\omega_{rD}(t-t_2)+\frac{I_o}{C_r+C_D}(t-t_2)-\frac{1}{\omega_{rD}}\bullet\frac{I_o}{C_r+C_D}\sin\omega_{rD}(t-t_2)+\\&\frac{C_D}{C_r+C_D}\bullet[U_{in}-U_{CD}(t_2)]\bullet[1-\cos\omega_{rD}(t-t_2)]\end{aligned} \tag{6-71}$$

$$\begin{aligned}u_{CD}(t)=&U_{CD}(t_2)+\frac{1}{\omega_{rD}C_D}I_{Lr}(t_2)\sin\omega_{rD}(t-t_2)+[U_{in}-U_{CD}(t_2)]\frac{C_r}{C_r+C_D}\bullet[1-\cos\omega_{rD}(t-t_2)]-\\&\frac{I_o}{C_r+C_D}(t-t_2)-\frac{I_o}{\omega_{rD}C_D}\bullet\frac{C_r}{C_r+C_D}\sin\omega_{rD}(t-t_2)\end{aligned} \tag{6-72}$$

式中，$\omega_{rD}=\dfrac{1}{\sqrt{L_rC_e}}$，$C_e=\dfrac{C_rC_D}{C_r+C_D}$，$Z_{rD}=\sqrt{\dfrac{L_r}{C_e}}$。

由式（6-71）和图 6-39 中可以知道，开关管 Q 并联电容上的电压 u_{Cr} 是慢慢上升的，因此 Q 实现了零电压关断。

在 t_3 时刻，谐振电容电压 u_{CD} 下降到零，续流二极管 VD 导通，u_{CD} 被钳位在零。

模态 4：[t_3，t_4]，谐振阶段Ⅲ。

在此开关模态中，L_r 和 C_r 谐振工作。i_{Lr}、u_{CD} 和 u_{Cr} 的表达式分别为

$$i_{Lr}(t)=\frac{[U_{in}-U_{Cr}(t_3)]}{Z_r}\sin\omega_r(t-t_3)+I_{Lr}(t_3)\cos\omega_r(t-t_3) \tag{6-73}$$

$$u_{Cr}(t)=U_{Cr}(t_3)\cos\omega_r(t-t_3)+Z_rI_{Lr}(t_3)\sin\omega_r(t-t_3)+U_{in}[1-\cos\omega_r(t-t_3)] \tag{6-74}$$

$$u_{CD}(t)=0 \tag{6-75}$$

式中，$\omega_r=1/\sqrt{L_rC_r}$，$Z_r=\sqrt{L_r/C_r}$。

在 t_4 时刻，谐振电容 C_r 的电压下降到零，Q 的反并联二极管 VD_Q 导通，u_{Cr} 被钳位在零，从而为开关管 Q 实现零电压开通创造了条件。从 t_4 时刻起，开始另一个开关周期。

由前述分析可知，Buck ZVS MRC 有三个谐振阶段，每个谐振阶段中参与谐振工作

的元件不同。参与第一个谐振阶段的是谐振电感 L_r 和谐振电容 C_D，参与第二个谐振阶段的是谐振电感 L_r、谐振电容 C_D 和 C_r，参与第三个谐振阶段的是谐振电感 L_r 和谐振电容 C_r。由于存在多个谐振阶段，所以这类变换器被称为多谐振变换器。

2. Buck ZVS MRC 的状态平面图

基于前述分析，Buck ZVS MRC 的简化等效电路如图 6-42 所示。定义电感电流 i_{Lr} 和电容电压 u_{Cr}、u_{CD} 的归一化因子分别为 U_{in}/Z_r 和 U_{in}，即令 $i_{Lrn}=Z_r i_{Lr}/U_{in}$，$u_{Crn}=u_{Cr}/U_{in}$，$u_{CDn}=u_{CD}/U_{in}$，假设 $C_N=C_D/C_r=1$，则有 $Z_{rD}=\sqrt{2}Z_r, Z_D=Z_r$。

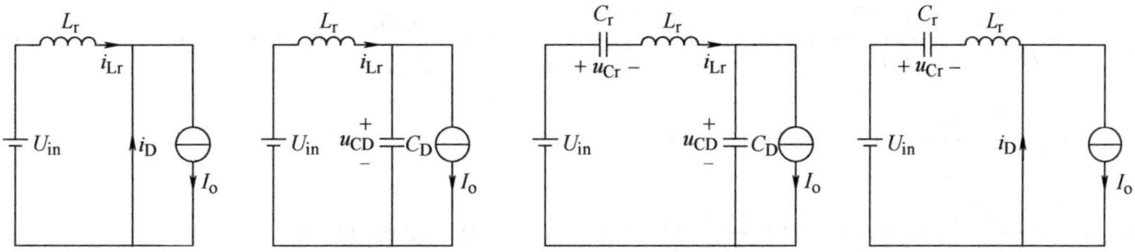

a) 模态1　b) 模态2　c) 模态3　d) 模态4

图 6-42　Buck ZVS MRC 的简化等效电路

在 [t_0，t_1] 时段内，$u_{Crn}=u_{CDn}=0$，$i_{Lrn}=\omega_r(t-t_0)$，因此在状态平面图上，i_{Lrn} 与 u_{Crn} 的变化可用纵轴上连接点 t_0 到点 t_1 的线段表示，如图 6-43a 所示。i_{Lrn} 与 u_{CDn} 的变化可用纵轴上连接点 t_0 到点 t_1 的线段表示，如图 6-43b 所示。

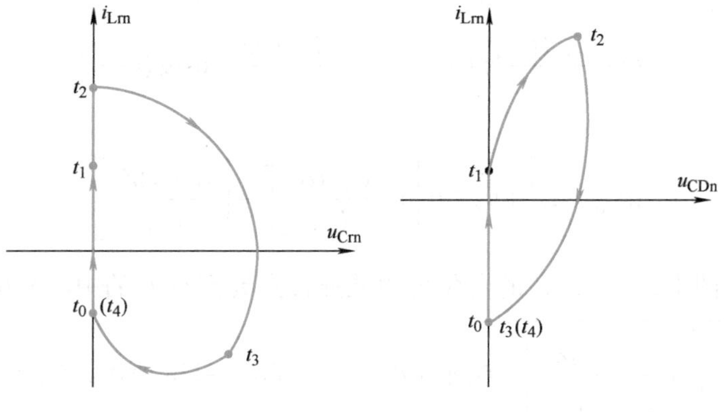

a) i_{Lrn}与u_{Crn}　b) i_{Lrn}与u_{CDn}

图 6-43　Buck ZVS MRC 的状态平面图

在 [t_1，t_2] 时段内，L_r 和 C_r 谐振工作，$u_{Crn}=0$，$u_{CDn}=1-\cos\omega_D(t-t_1)$，$i_{Lrn}=(I_oZ_D)/U_{in}+\sin\omega_D(t-t_1)$，则有

$$(u_{CDn}-1)^2+\left(i_{Lrn}-\frac{I_oZ_D}{U_{in}}\right)^2=\cos^2\omega_D(t-t_1)+\sin^2\omega_D(t-t_1)=1 \qquad (6\text{-}76)$$

在状态平面图上，i_{Lrn} 与 u_{Crn} 的变化可用纵轴上连接点 t_1 到点 t_2 的线段表示，如图 6-43a

所示；i_{Lrn} 与 u_{CDn} 的变化可用从连接点 t_1 到点 t_2 的中心坐标为（1，I_oZ_D/U_{in}）、半径为 1 的圆弧来表示，如图 6-43b 所示。

在［t_2，t_3］时段内，C_r、C_D 和 L_r 三个元件共同谐振工作，i_{Lrn}、u_{Crn}、u_{CDn} 满足如下关系：

$$\begin{cases} u_{Crn}=\dfrac{I_{Lr}(t_2)Z_{rD}}{\sqrt{2}U_{in}}\sin\omega_{rD}(t-t_2)+\dfrac{I_o}{2U_{in}C_D}(t-t_2)-\dfrac{I_oZ_{rD}}{2\sqrt{2}U_{in}}\sin\omega_{rD}(t-t_2)+ \\ \qquad \left[\dfrac{1}{2}-\dfrac{U_{CD}(t_2)}{2U_{in}}\right]\bullet\left[1-\cos\omega_{rD}(t-t_2)\right] \\ u_{CDn}=\dfrac{U_{CD}(t_2)}{U_{in}}+\dfrac{I_{Lr}(t_2)Z_{rD}}{\sqrt{2}U_{in}}\sin\omega_{rD}(t-t_2)-\dfrac{I_o}{2U_{in}C_D}(t-t_2)-\dfrac{I_oZ_{rD}}{2\sqrt{2}U_{in}}\sin\omega_{rD}(t-t_2)+ \\ \qquad \left[\dfrac{1}{2}-\dfrac{U_{CD}(t_2)}{2U_{in}}\right]\bullet\left[1-\cos\omega_{rD}(t-t_2)\right] \\ i_{Lrn}=\dfrac{I_{Lr}(t_2)Z_{rD}}{U_{in}}\cos\omega_{rD}(t-t_2)+\dfrac{Z_{rD}I_o}{2U_{in}}\left[1-\cos\omega_{rD}(t-t_2)\right]+\sin\omega_{rD}(t-t_2) \end{cases} \tag{6-77}$$

在状态平面图上，i_{Lrn} 与 u_{Crn}、i_{Lrn} 与 u_{CDn} 的变化可分别用图 6-43a、b 连接点 t_2 到点 t_3 的曲线表示。

在［t_3，t_4］时段内，C_r 和 L_r 谐振工作，i_{Lrn}、u_{Crn} 满足如下约束关系：

$$\begin{cases} u_{Crn}=1-\left[\left(1-\dfrac{U_{Cr}(t_3)}{U_{in}}\right)\cos\omega_r(t-t_3)\right]+\dfrac{I_{Lr}(t_3)Z_r}{U_{in}}\sin\omega_r(t-t_3) \\ i_{Lrn}=\left[1-\dfrac{U_{Cr}(t_3)}{U_{in}}\right]\sin\omega_r(t-t_3)+\dfrac{I_{Lr}(t_3)Z_r}{U_{in}}\cos\omega_r(t-t_3) \end{cases} \tag{6-78}$$

$$(u_{Crn}-1)^2+{i_{Lrn}}^2=\left[1-\frac{U_{Cr}(t_3)}{U_{in}}\right]^2+\left[\frac{I_{Lr}(t_3)Z_r}{U_{in}}\right]^2 \tag{6-79}$$

在状态平面图上，i_{Lr} 与 u_{Cr} 的变化可用从连接点 t_3 到点 t_4 的中心坐标为（1，0）、半径为 $\sqrt{\left[1-\dfrac{U_{Cr}(t_3)}{U_{in}}\right]^2+\left[\dfrac{I_{Lr}(t_3)Z_r}{U_{in}}\right]^2}$ 的圆弧来表示，如图 6-43a 所示；i_{Lrn} 与 u_{CDn} 在该时间段内无变化，如图 6-43b 所示。

3. Buck ZVS MRC 电压传输比

ZVS MRC 的参数优化设计比较复杂，本书不做详细讨论。同样，Buck ZVS MRC 的电压传输比 $M=U_o/U_{in}$ 无法明确表达，通常采用数值解法。通过式（6-64）～式（6-75）可以得到 Buck ZVS MRC 的电压传输比 M。这里给出几个标幺值：$C_N=C_D/C_r$，$I_N=I_oZ_r/U_{in}$。C_N 对于 M 来说是一个比较重要的物理量，C_N 不同，M 也不同。图 6-44 给出了 $C_N=3$ 时，Buck ZVS MRC 的电压传输比 M 与 $f_N=f_s/f_r$ 的关系图。该图说明，Buck ZVS MRC 需要采用频率调制方案。图 6-44 中的一条粗线表示 M=0.5，当负载从 I_N=0 变化到 1.66 时，开关频率变化不是很大，说明为了调节输出电压，该变换器的开关频率的变化范围较小。

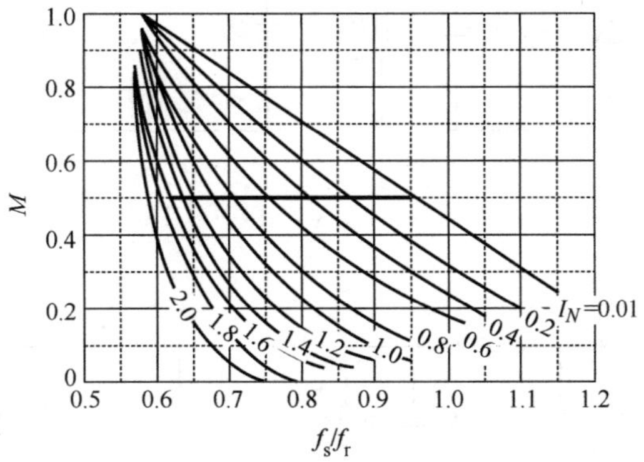

图 6-44　C_N=3 时 Buck ZVS MRC 的 M 与 f_N=f_s/f_r 的关系图

4. ZVS MRC 拓扑族

将零电压开关多谐振电路的概念应用到 Buck、Boost、Buck-Boost、Cuk、Zeta、Sepic、正激变换器、反激变换器中，可得到一族零电压开关多谐振变换器。图 6-45 和图 6-46 分别给出了非隔离单管 ZVS MRC 拓扑族Ⅰ和隔离型单管 ZVS MRC 拓扑族Ⅱ。需要说明的是，变压器的漏感可作为谐振电感的一部分，开关管的结电容也可作为谐振电容的一部分。而且变压器的漏感也可直接用作谐振电感，开关管的结电容直接用作谐振电容，这样就不必另外再加谐振电感和谐振电容，从而可以减少 ZVS MRC 的元器件数量，简化电路结构。对于正激变换器来讲，谐振电感和谐振电容的工作使变压器自动磁复位，从而不再需要复位绕组，进一步简化了电路结构。

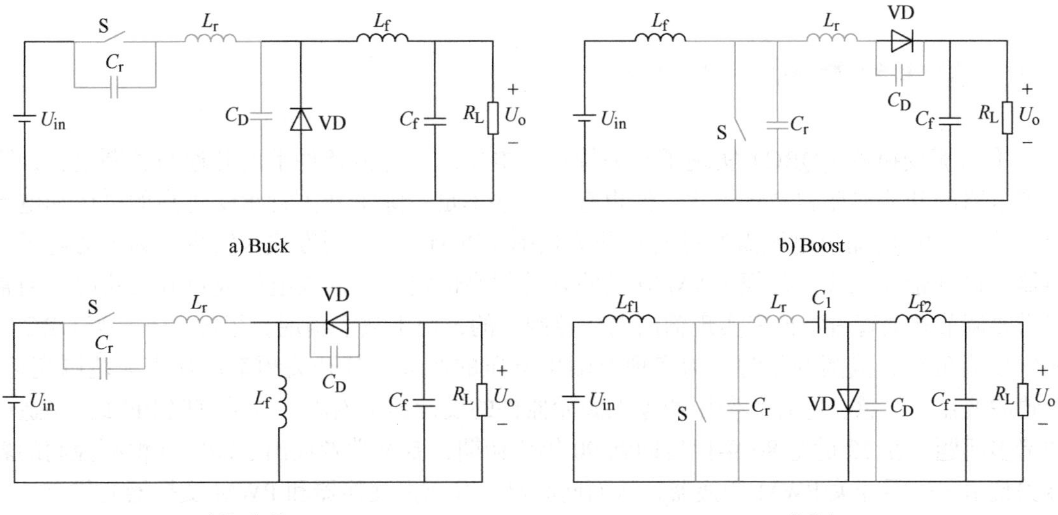

图 6-45　非隔离单管 ZVS MRC 拓扑族Ⅰ

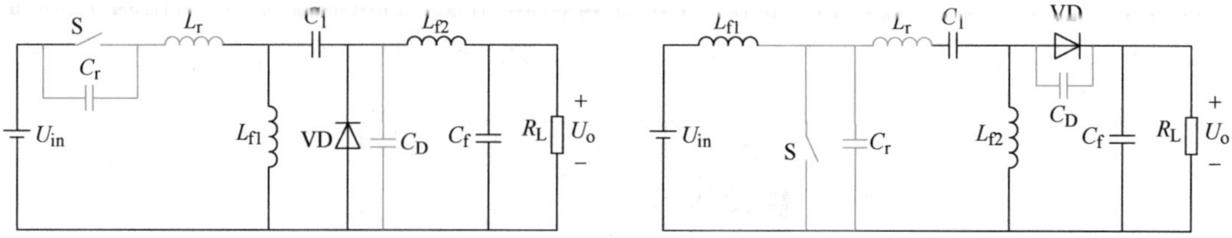

e) Zeta　　f) Sepic

图 6-45　非隔离单管 ZVS MRC 拓扑族 I（续）

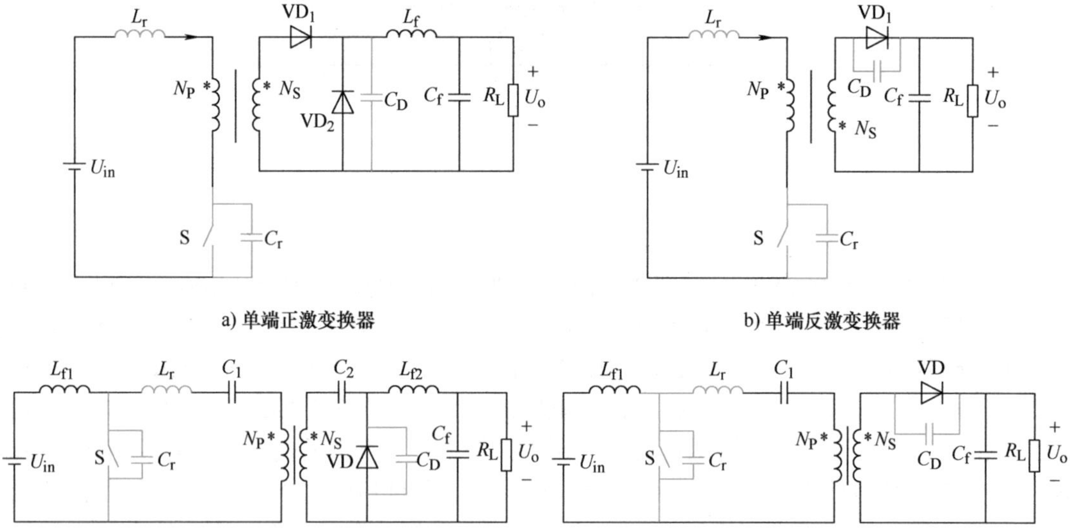

a) 单端正激变换器　　b) 单端反激变换器

c) 隔离型Cuk　　d) 隔离型Sepic

图 6-46　隔离型单管 ZVS MRC 拓扑族 II

6.4　零开关 PWM 变换器

准谐振变换器（QRC）实现了开关管在零电压或零电流条件下的开通与关断过程，降低了电路的开关损耗和电磁干扰，但也存在一些不足：除了开关管承受过高的电压和电流应力外，QRC 的输出电压需通过调整开关频率（PFM）的控制方式来实现，为电力电子变换器的设计带来挑战。常规 PWM 方式的开关频率恒定，当输入电压或负载变化时，通常仅需要调节开关管占空比来实现输出电压控制目的，便于数字实现。相比之下，当 QRC 输入电压或负载大范围变化时，为实现对输出电压的调节，其开关频率往往需大范围变化，导致滤波器、电感、电容、变压器等无源元器件的设计加工困难。为了克服 PFM 控制造成的诸多问题，在 20 世纪 80 年代后期到 90 年代初期，专家学者提出了能实现恒频控制的软开关技术——零开关 PWM 变换器，从而同时具备准谐振变换器和 PWM 变换器的优点。

QRC 之所以采用 PFM 方式调整其电压转换比，是由于一旦 QRC 电路参数固定后，电路的谐振过程也就确定了，使得电路唯一可以控制的量是谐振过程完成后到下一次开关周期开始前的一段间隔，实际上使得电路只能通过改变开关周期来调整输出电压。而零开关 PWM 变换器可以选择性阻断上述谐振过程，且阻断时间是可以控制的量。在阻断期间，电路将以 PWM 方式工作，阻断过程结束后电路则继续完成谐振。故在文献里这种变换器亦被称为周期扩展型（Extended Period）准谐振变换器。

6.4.1　零开关 PWM 开关单元

零开关 PWM 变换器有两种扩展准谐振周期的方式，即用一个辅助开关与 QRC 中的谐振电容串联，或者用一个辅助开关与 QRC 中的谐振电感并联。图 6-47 和图 6-48 分别给出了基于上述组合原则下的零电压开关 PWM 开关单元和零电流开关 PWM 开关单元拓扑。

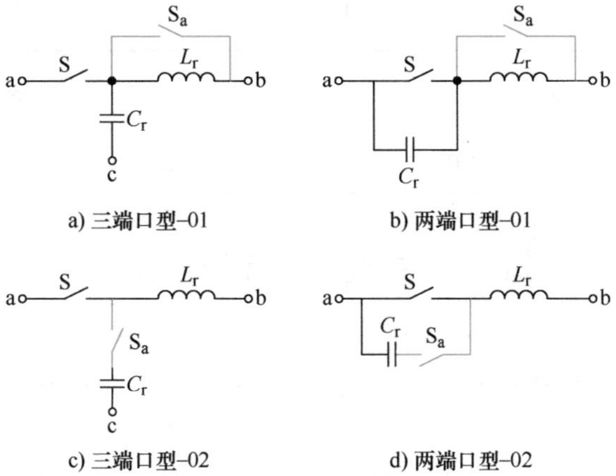

a) 三端口型–01　b) 两端口型–01

c) 三端口型–02　d) 两端口型–02

图 6-47　零电压开关 PWM 开关单元

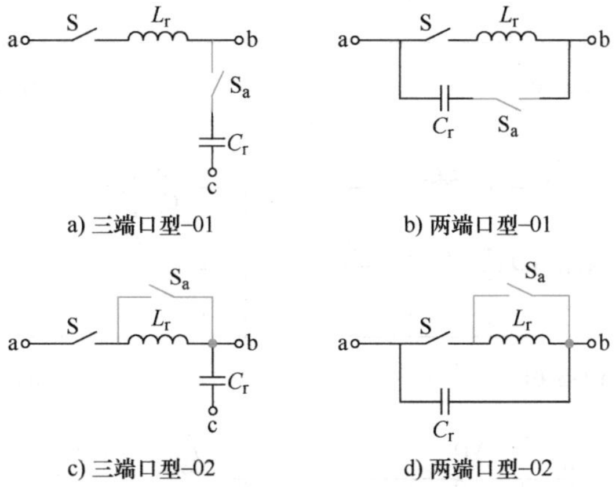

a) 三端口型–01　b) 两端口型–01

c) 三端口型–02　d) 两端口型–02

图 6-48　零电流开关 PWM 开关单元

进一步将上述零开关 PWM 开关单元应用到 Buck、Boost、Buck–Boost、Cuk、Zeta、Sepic、正激变换器、反激变换器中，分别得到一系列零电压开关 PWM 变换器和零电流开关 PWM 变换器。图 6-49 和图 6-50 分别给出了 ZVS PWM 变换器拓扑族和 ZCS PWM 变换器拓扑族。按照此原则同样可构造其他类型的零开关 PWM 变换器。

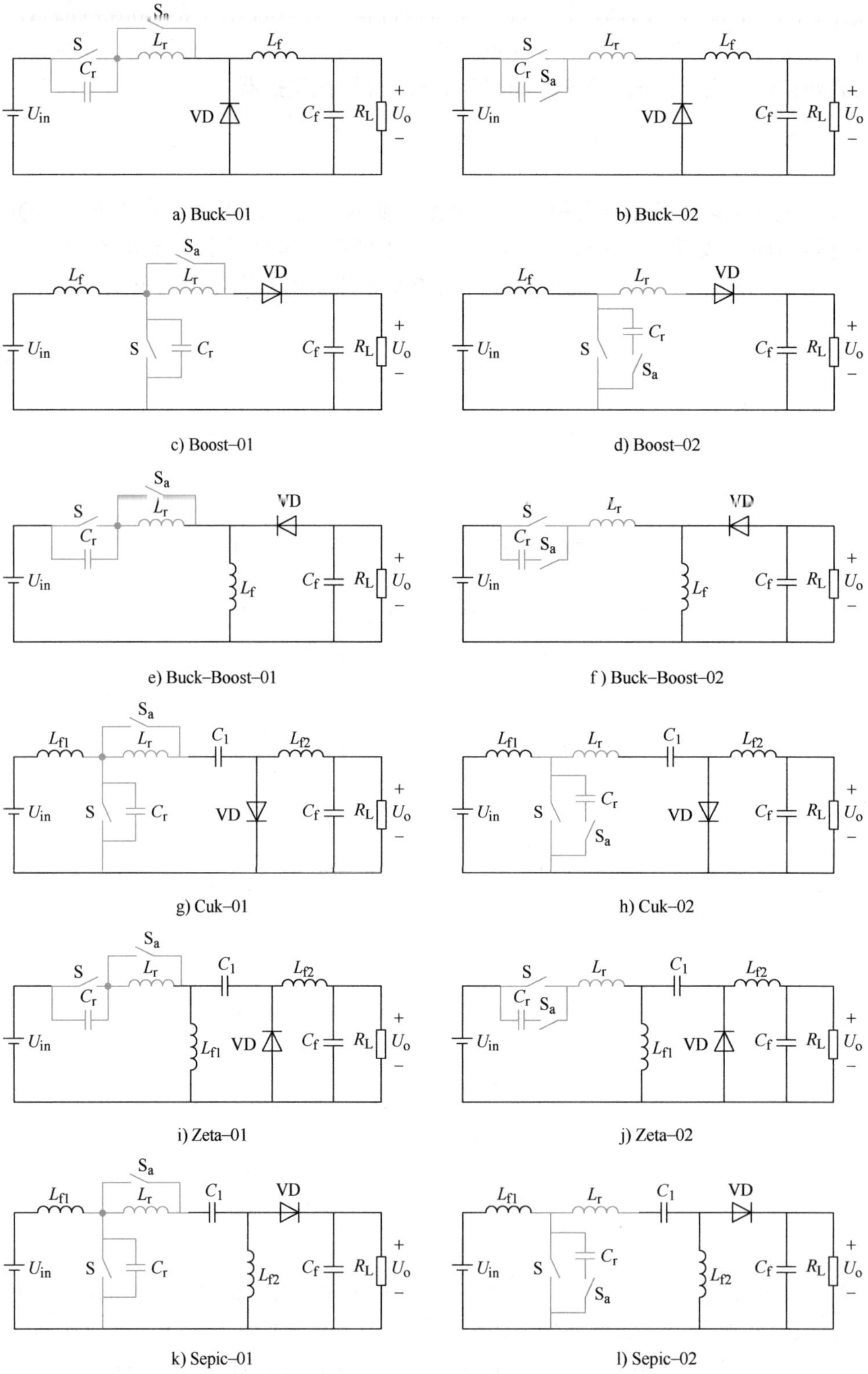

a) Buck–01　b) Buck–02　c) Boost–01　d) Boost–02　e) Buck–Boost–01　f) Buck–Boost–02　g) Cuk–01　h) Cuk–02　i) Zeta–01　j) Zeta–02　k) Sepic–01　l) Sepic–02

图 6-49　ZVS PWM 变换器拓扑族

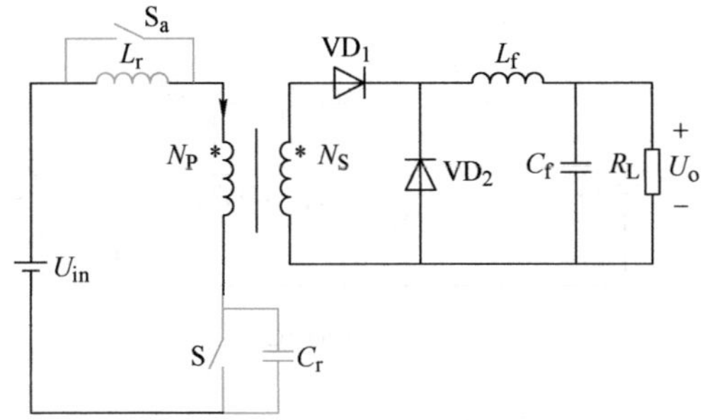

m) 单端正激变换器

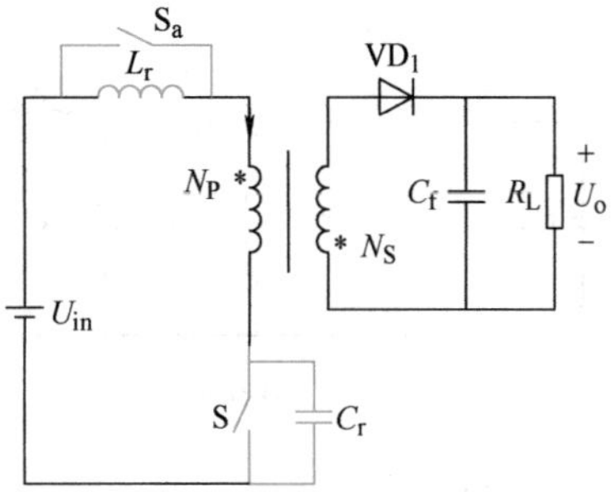

n) 单端反激变换器

图 6-49　ZVS PWM 变换器拓扑族（续）

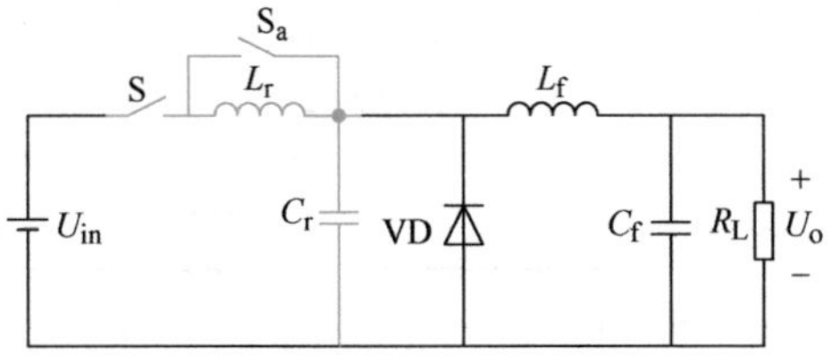

a) Buck–01

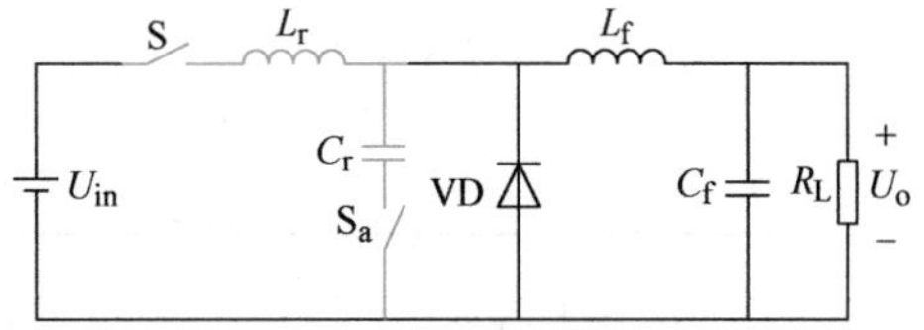

b) Buck–02

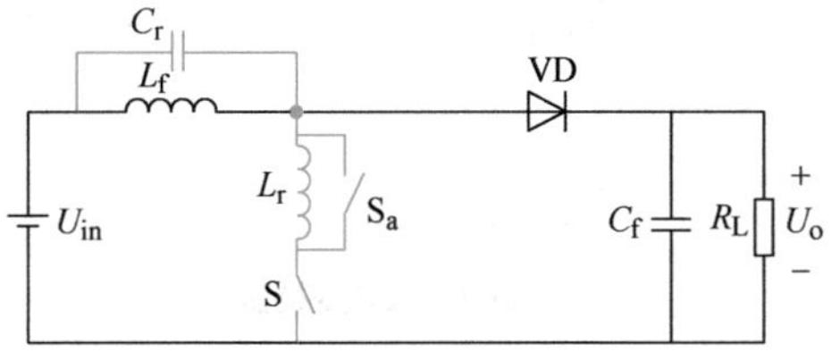

c) Boost–01

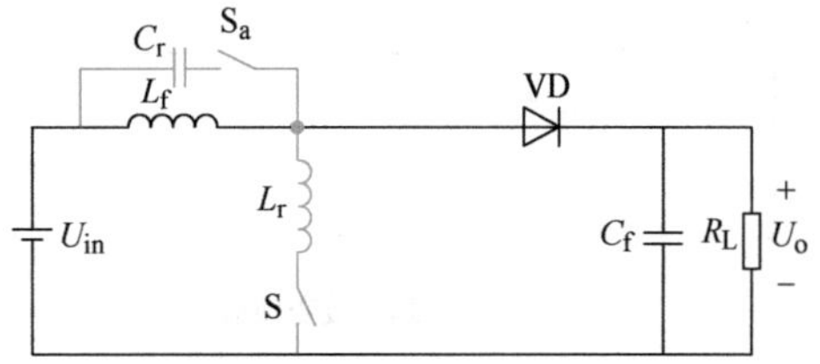

d) Boost–02

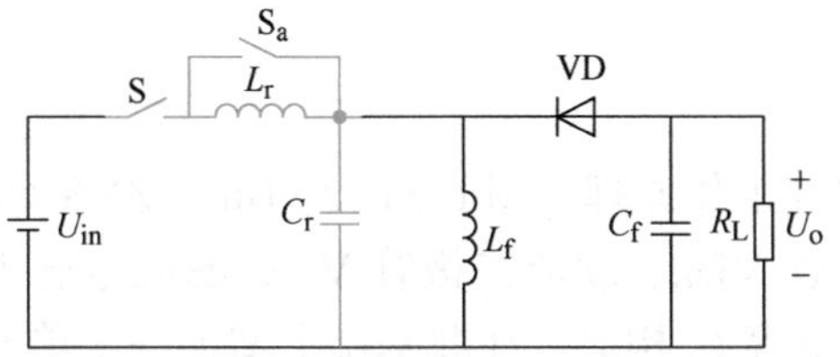

e) Buck–Boost–01

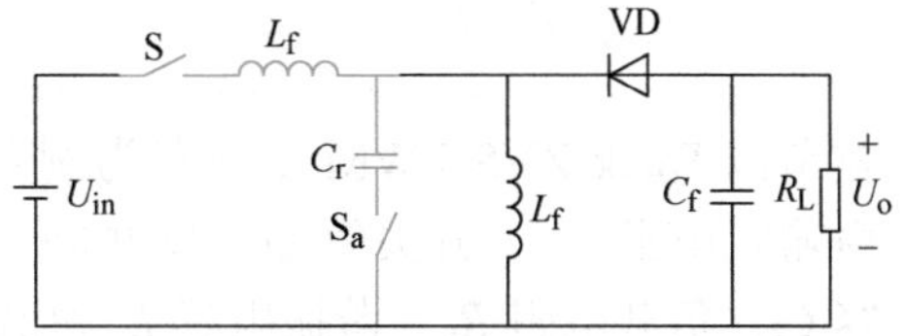

f) Buck–Boost–02

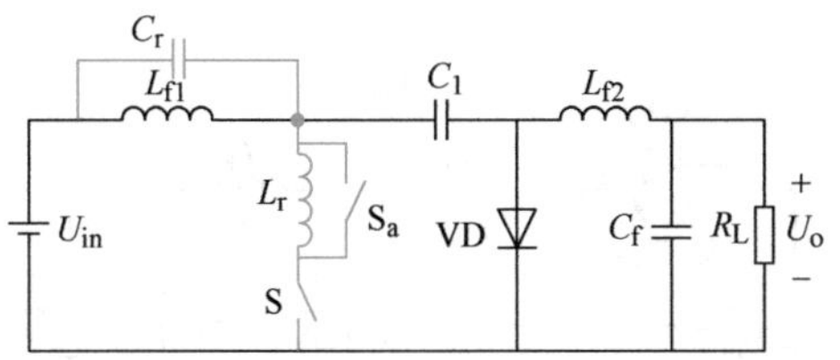

g) Cuk–01

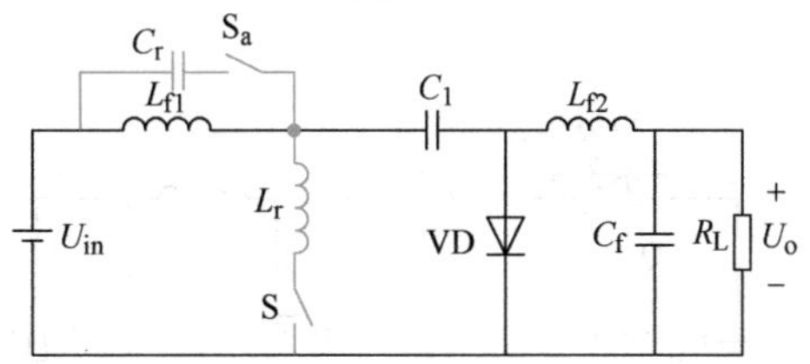

h) Cuk–02

图 6-50　ZCS PWM 变换器拓扑族

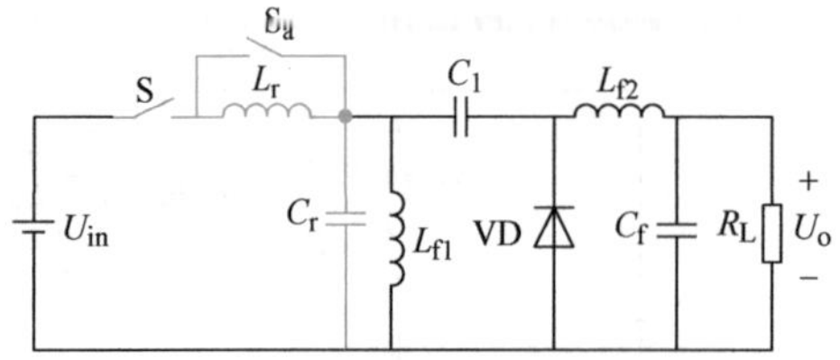

i) Zeta–01

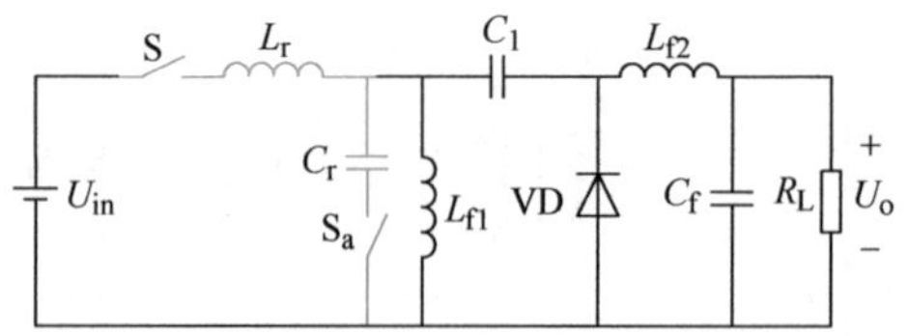

j) Zeta–02

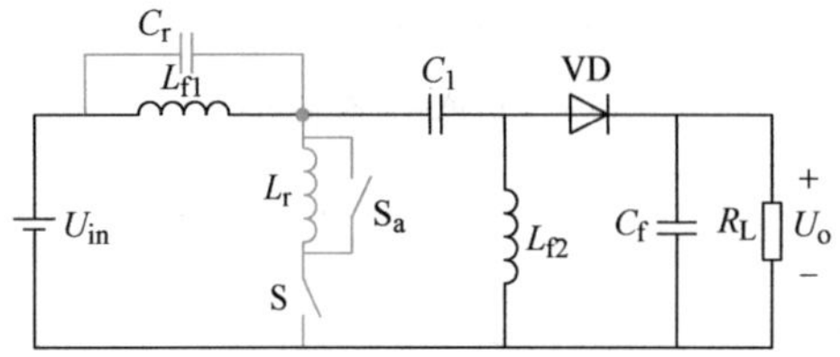

k) Sepic–01

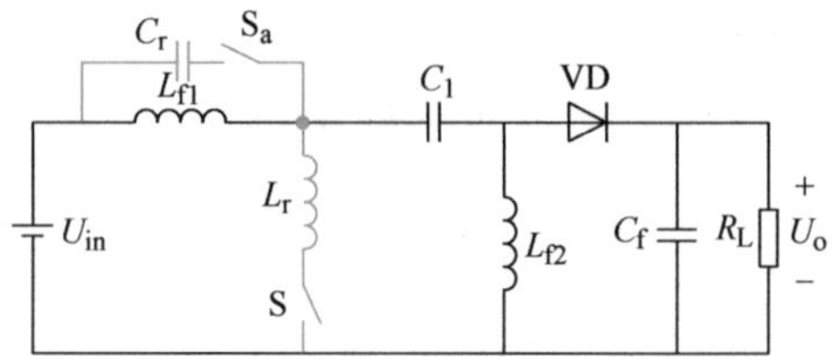

l) Sepic–02

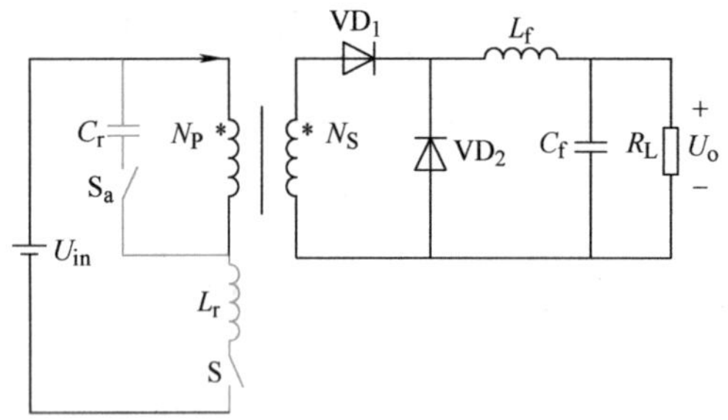

m) 单端正激变换器

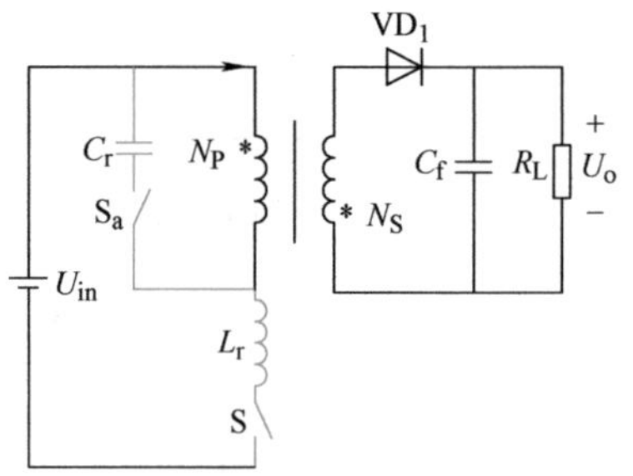

n) 单端反激变换器

图 6-50　ZCS PWM 变换器拓扑族（续）

6.4.2　零电压 PWM 变换器

本节以 Buck ZVS PWM 变换器为例介绍其工作原理。图 6-51a 是 Buck ZVS QRC 电路，由输入电源 U_{in}、开关管 Q、反并联二极管 VD_Q、续流二极管 VD、滤波电感 L_f、滤波电容 C_f、负载电阻 R_L、谐振电感 L_r 和谐振电容 C_r 构成。在此基础上增加一个单向开关管 Q_a 与 QRC中的谐振电感并联，就构成了 Buck ZVS PWM 变换器，如图 6 -51b 所示。

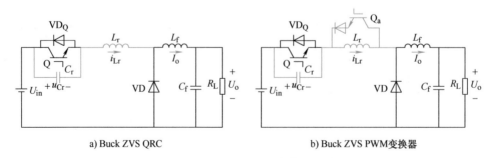

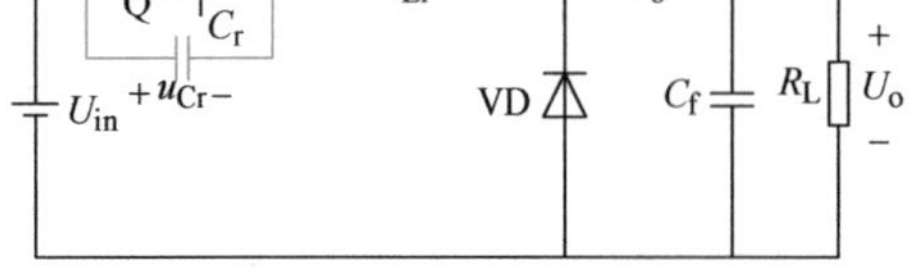

a) Buck ZVS QRC

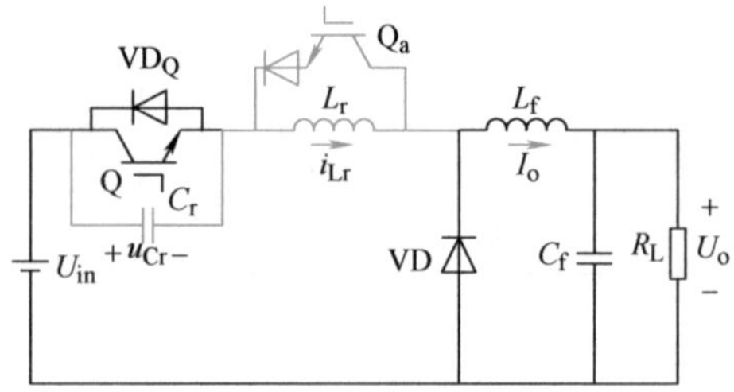

b) Buck ZVS PWM变换器

图 6-51　Buck ZVS PWM 变换器电路图

1. ZVS PWM 变换器的工作原理

图 6-52 为 Buck ZVS PWM 变换器的基本电气波形，在一个开关周期内，该变换器共有 5 个模态。为简化分析，做如下假设：

1）电路中所有元器件均为理想器件。

2）L_f 足够大，在一个开关周期内其电流近似保持输出电流不变，这样 L_f、C_f 及负载电阻 R_L 可以看成一个电流为 I_o 的恒流源。

基于上述假设，Buck ZVS PWM 变换器的简化电路图如图 6-53 所示。

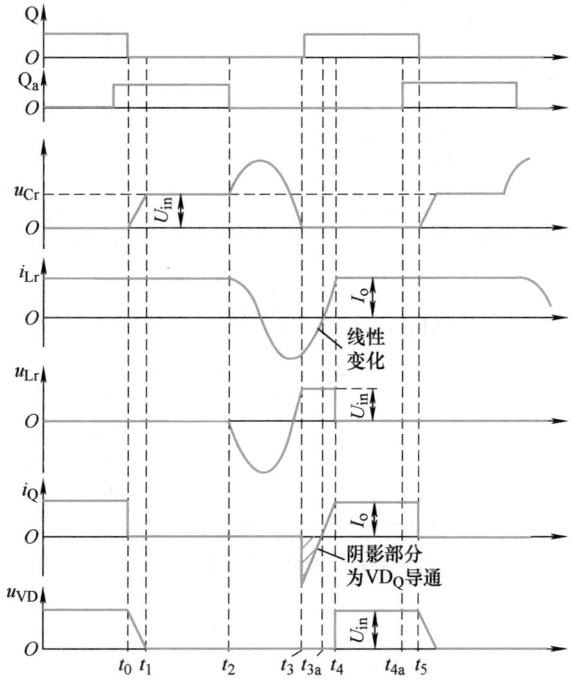

图 6-52　Buck ZVS PWM 变换器的基本电气波形

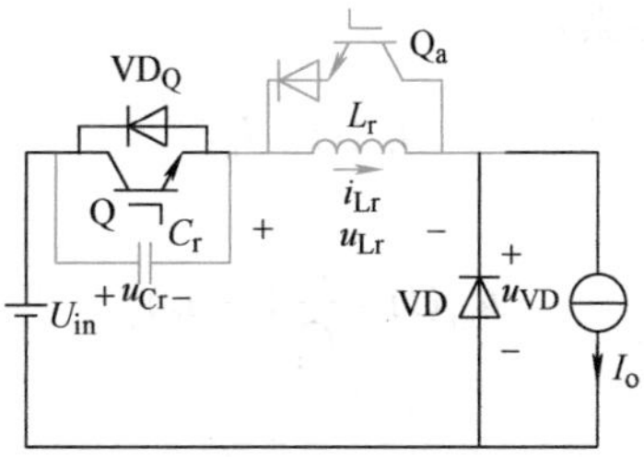

图 6-53　Buck ZVS PWM 变换器的简化电路图

图 6-54 给出了 Buck ZVS PWM 变换器的模态等效电路。定义电路初始状态：在 t_0 时刻之前，主开关管 Q 和辅助开关管 Q_a 处于导通状态，续流二极管 VD 截止，输出电流 I_o 通过 Q 流过谐振电感，此时谐振电感电流 $i_Q(t_0)=i_{Lr}(t_0)=I_o$，谐振电容电压 $u_{Cr}(t_0)=0$。

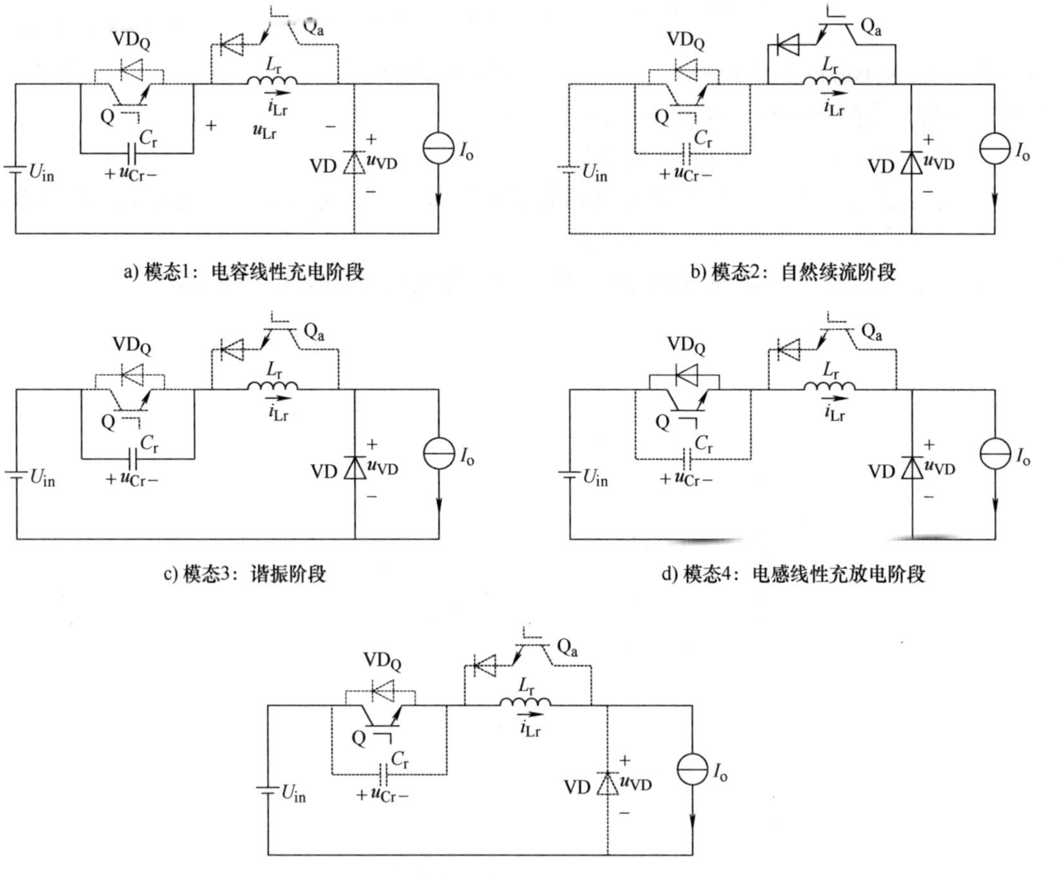

a) 模态1：电容线性充电阶段
b) 模态2：自然续流阶段
c) 模态3：谐振阶段
d) 模态4：电感线性充放电阶段
e) 模态5：电感恒流阶段

图 6-54 Buck ZVS PWM 变换器的模态等效电路

模态 1：[t_0，t_1]，电容线性充电阶段。

在 t_0 时刻，Q 关断，输出电流 I_o 立即转移，开始为谐振电容线性恒流充电，使谐振电容电压从零开始线性上升，同时续流二极管电压 u_{VD} 下降。u_{VD}、谐振电感电流 i_{Lr} 和谐振电容电压 u_{Cr} 满足如下约束关系：

$$i_{Lr}(t)=I_o \tag{6-80}$$

$$u_{Cr}(t)=\frac{I_o}{C_r}(t-t_0) \tag{6-81}$$

$$u_{Cr}+u_{VD}=U_{in} \tag{6-82}$$

由于 C_r 限制了电压上升率，因此 Q 实现零电压关断。

在 t_1 时刻，u_{Cr} 上升到 U_{in}，u_{VD} 下降到零，续流二极管 VD 导通，模态 1 结束，该模态的持续时间为

$$t_{01}=C_rU_{in}/I_o \tag{6-83}$$

模态 2：[t_1，t_2]，自然续流阶段。

在此模态中，输出电流 I_o 通过 VD 续流，i_{Lr} 通过辅助开关管 Q_a 续流，其电流值保持不变，依然等于输出电流 I_o。该阶段内通过调节 VD 导通的占空比实施 PWM 控制，进而达到调控输出电压的目的。

模态 3：[t_2，t_3]，谐振阶段。

在 t_2 时刻，辅助开关管 Q_a 关断。谐振电感 L_r 和谐振电容 C_r 开始谐振工作，输出电流 I_o 依然通过 VD 续流，i_{Lr} 从 I_o 开始谐振减小。由于 C_r 的存在，Q_a 是零电压关断的。在这段时间里谐振电感电流 i_{Lr} 和谐振电容电压 u_{Cr} 满足如下约束关系：

$$i_{Lr}(t) = I_o \cos\omega_r (t - t_2) \tag{6-84}$$

$$u_{Cr}(t) = U_{in} + I_o Z_r \sin\omega_r (t - t_2) \tag{6-85}$$

式中，Z_r 为谐振电感和谐振电容的特征阻抗，$Z_r = \sqrt{L_r / C_r}$；ω_r 为相应的谐振角频率，$\omega_r = 1\big/\sqrt{L_r C_r}$。

续流二极管 VD 中的电流为

$$i_{VD}(t) = I_o \left[1 - \cos\omega_r (t - t_2)\right] \tag{6-86}$$

在 t_3 时刻，u_{Cr} 下降到零，i_{Lr} 在负的最大值附近，反并联二极管 VD_Q 导通，将 Q 的电压钳位在零，此时开通 Q 则是零电压开通。

在 t_3 时刻，谐振电感电流为

$$i_{Lr}(t_3) = -I_o \sqrt{1 - \left(\frac{U_{in}}{Z_r I_o}\right)^2} \tag{6-87}$$

模态 3 的持续时间为

$$t_{23} = \frac{1}{\omega_r}\left[\pi + \arcsin\left(\frac{U_{in}}{Z_r I_o}\right)\right] \tag{6-88}$$

模态 4：[t_3，t_4]，电感线性充放电阶段。

在 t_3 时刻，反并联二极管 VD_Q 导通，输出电流 I_o 通过 VD 续流，此时加在谐振电感两端的电压为 U_{in}，i_{Lr} 在 [t_3，t_{3a}] 时间段内从负值区域线性减小到零，在 t_{3a} 时刻之后从零开始线性增大，即

$$i_{Lr}(t) = i_{Lr}(t_3) - \frac{U_{in}}{L_r}(t - t_3) \tag{6-89}$$

$$i_{VD} = I_o - i_{Lr}(t_3) - \frac{U_{in}}{L_r}(t - t_3) \tag{6-90}$$

在 t_4 时刻，i_{Lr} 上升到 I_o。此时 VD 中的电流减小到零而自然关断。该模态的持续时间为

$$t_{34}=\frac{L_r\left[I_o-I_{Lr}(t_3)\right]}{U_{in}} \tag{6-91}$$

模态 5：[t_4，t_5]，电感恒流阶段。

该模态中，主开关管 Q 处于开通状态，VD 处于关断状态，谐振电感电流 i_{Lr} 保持在输出电流 I_o。辅助开关管 Q_a 在 Q 关断之前开通，即在 t_{4a} 时刻开通 Q_a。由于谐振电感电流不能突变，因此 Q_a 是零电流开通。

在 t_5 时刻，Q 零电压关断，开始另一个开关周期。

2. ZVS PWM 变换器的状态平面图

基于前述分析，Buck ZVS PWM 变换器的简化等效电路如图 6-55 所示。该变换器在 [t_2，t_3] 时间段内辅助谐振单元参与谐振，则可根据上述模态分析绘制 Buck ZVS PWM 变换器的状态平面图，定义电感电流 i_{Lr} 和电容电压 u_{Cr} 的归一化因子分别为 I_o 和 I_oZ_r，即令 $i_{Lrn}=i_{Lr}/I_o$，$u_{Crn}=u_{Cr}/Z_r$。

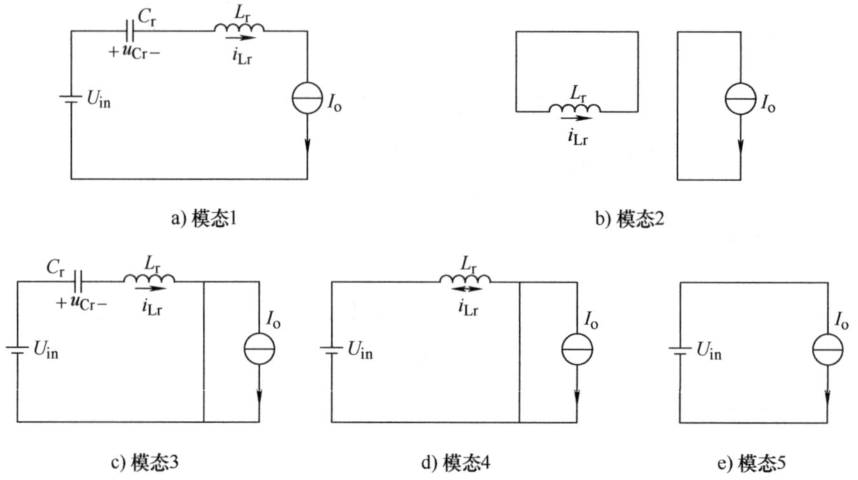

图 6-55 Buck ZVS PWM 变换器的简化等效电路

可得到 [t_2，t_3] 时间段内 $u_{Crn}=U_{inN}+\sin\omega_r(t-t_2)$，$i_{Lrn}=\cos\omega_r(t-t_2)$，则有

$$(u_{Crn}-U_{inN})^2+{i_{Lrn}}^2=\cos^2\omega_r(t-t_2)+\sin^2\omega_r(t-t_2)=1 \tag{6-92}$$

因此在该时间段内，i_{Lrn} 和 u_{Crn} 的变化轨迹在状态平面图上可以表示为以（U_{inN}，0）为圆心，连接点 t_2 和点 t_3 的半圆弧，如图 6-56 所示。

在 [t_1，t_2] 和 [t_4，t_5] 时间段内辅助谐振单元不参与电路工作，则在此阶段内状态轨迹停留在原地。

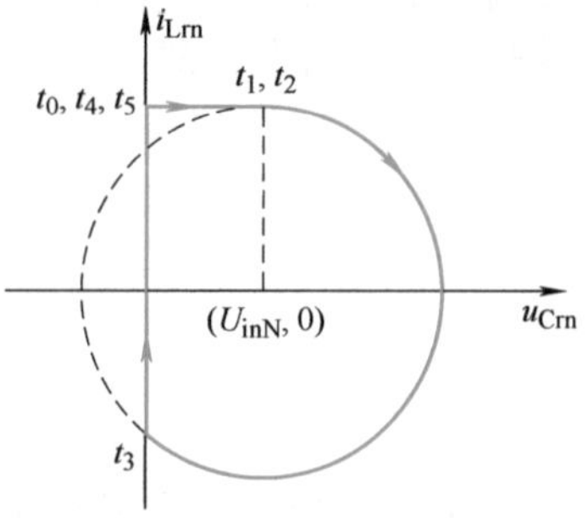

图 6-56 Buck ZVS PWM 变换器的状态平面图

3. ZVS PWM 变换器的软开关条件

对于主开关管 Q 而言，ZVS PWM 变换器与 ZVS QRC 一样，工作状态与负载条件有很大关系。由式（6-84）、

式（6-85）可知，当 $\omega_r(t-t_2)=3\pi/2$ 时，电感电流 i_{Lr} 将从反方向谐振到零，此时 $u_{Cr}=U_{in}-Z_rI_o$。如果这时仍有 $u_{Cr}>0$，则 u_{Cr} 将不可能自然谐振回零，因此可得出主开关管 Q 零电压开通的条件为

$$Z_rI_o \geqslant U_{in} \tag{6-93}$$

对于辅助开关管 Q_a 而言，在一个开关周期内，其在零电流下导通，并且在 t_4 时刻（即 u_{Cr} 谐振到零的时刻）之后到下一个开关周期到来之前很长的一段时间间隔内，能很方便地实现零电流关断。因此辅助开关管 Q_a 的引入，并未给电路带来过多的损耗。

4. ZVS PWM 变换器的参数设计

（1）L_r 和 C_r 的设计

为实现主开关管 Q 的零电压开关，谐振电容电压 u_{Cr} 必须能够回到零点，从式（6-85）可知，必须满足

$$I_{omin}Z_r \geqslant U_{in} \tag{6-94}$$

式中，I_{omin} 是最小输出电流。即

$$Z_r \geqslant \frac{U_{in}}{I_{omin}} \tag{6-95}$$

可将式（6-95）改写为

$$Z_r = K_v\frac{U_{in}}{I_{omin}} \tag{6-96}$$

式中，K_v 为安全电压系数，$K_v \geqslant 1$。

为了减小谐振电感和谐振电容谐振工作对 PWM 控制产生的影响，需要使谐振工作时间尽量减小，即减小模态 3 的持续时间，亦即减小谐振周期 T_r，提高谐振频率 f_r。这里定义谐振频率 f_r 与开关频率 f_s 的关系为

$$f_r = Nf_s \tag{6-97}$$

式中，N 一般取值为 5 ～ 20。

$$f_r = \frac{1}{2\pi\sqrt{L_r/C_r}} \tag{6-98}$$

由此可以确定 L_r 和 C_r 的大小，即

$$L_r = \frac{Z_r}{2\pi f_r} = \frac{K_v}{2\pi N}\cdot\frac{U_{in}}{f_sI_{omin}} \tag{6-99}$$

$$C_r = \frac{1}{2\pi f_rZ_r} = \frac{1}{2\pi K_vN}\cdot\frac{I_{omin}}{f_sU_{in}} \tag{6-100}$$

（2）开关管和二极管的选取

开关管和二极管的选择取决于其电压与电流应力。由式（6-85）可知，谐振电容最大电压为

$$U_{\mathrm{Crmax}} = U_{\mathrm{in}} + I_{\mathrm{o}} Z_{\mathrm{r}} \tag{6-101}$$

将式（6-96）代入，则有

$$U_{\mathrm{Crmax}} = U_{\mathrm{in}} \left(1 + K_{\mathrm{v}} \frac{I_{\mathrm{o}}}{I_{\mathrm{omin}}} \right) \tag{6-102}$$

由此，输出负载电流越大，谐振电容上的电压越高；最大负载与最小负载的比值 $I_{\mathrm{omax}}/I_{\mathrm{omin}}$ 越大，谐振电容上的电压越高。

综上所述，ZVS PWM 变换器的关键元器件电气应力满足如下结论：

1）主开关管 Q 中流过的最大电流 $I_{\mathrm{Qmax}}=I_{\mathrm{omax}}$，其所承受的最大正向电压 $U_{\mathrm{Qmax}}=U_{\mathrm{in}}[1+(K_{\mathrm{v}} I_{\mathrm{omax}}/I_{\mathrm{omin}})]$，负载电流变化范围 $I_{\mathrm{omax}}/I_{\mathrm{omin}}$ 越大，U_{Qmax} 越高。

2）反并联二极管 $\mathrm{VD_Q}$ 中所流过的最大电流 $I_{\mathrm{VDQmax}}=2I_{\mathrm{omax}}$，所承受的最大反向电压满足 $U_{\mathrm{VDQmax}}=U_{\mathrm{in}}[1+(K_{\mathrm{v}} I_{\mathrm{omax}}/I_{\mathrm{omin}})]$。

3）续流二极管 VD 中所流过的最大电流 $I_{\mathrm{VDmax}}=2I_{\mathrm{omax}}$，所承受的最大反向电压为 U_{in}。

4）谐振电感的最大电流 $I_{\mathrm{Lrmax}}=I_{\mathrm{omax}}$，谐振电容上的最大电压 $U_{\mathrm{Crmax}}=U_{\mathrm{in}}[1+(K_{\mathrm{v}} I_{\mathrm{omax}}/I_{\mathrm{omin}})]$。

5）辅助开关管 $\mathrm{Q_a}$ 所承受的最大正向电压为 U_{in}。

5. ZVS PWM 变换器与 ZVS QRC 的比较

根据上面的分析，Buck ZVS PWM 变换器与 Buck ZVS QRC 的区别如下：

1）Buck ZVS PWM 变换器通过控制辅助开关管 $\mathrm{Q_a}$，在 Buck ZVS QRC 的电容充电阶段和谐振过程插入了一个谐振电流自然续流阶段。

2）Buck ZVS QRC 采用 PFM 控制，而 Buck ZVS PWM 变换器则采用 PWM 控制。在 Buck ZVS PWM 变换器中，模态 2 和模态 5 实际上和基本 Buck 变换器的两个模态一样，只是模态 2 中谐振电感电流续流，它是为实现 ZVS 准备初始条件；而模态 3 是实现 ZVS 开通的模态；模态 1 是实现零电压关断的模态；模态 4 是实现 ZVS 所附带产生的模态。为了实现 PWM 控制，在设计参数时，一般使模态 1、模态 3 和模态 4 的时间相对于模态 2 和模态 5 的时间很短，尽量减小谐振元件工作对于变换器特性的影响。

3）Buck ZVS QRC 中谐振电感和谐振电容一直参与变换器的工作。在 Buck ZVS PWM 变换器中，仅在主开关管开关时谐振工作，谐振工作时间相对于开关周期来说很短，谐振元件的损耗较小；同时，开关管的通态损耗比 Buck ZVS QRC 低。

Buck ZVS PWM 变换器与 Buck ZVS QRC 的相同之处在于：主开关管实现零电压开关的条件相同，辅助开关管和谐振电容、谐振电感的电压和电流应力也相同。

6.4.3 零电流 PWM 变换器

本节以 Buck ZCS PWM 变换器为例介绍其工作原理。图 6-57a 是 Buck ZCS QRC 电

路，由输入电源 U_{in}、主开关管 Q、反并联二极管 VD_Q、续流二极管 VD、滤波电感 L_f、滤波电容 C_f、负载电阻 R_L、谐振电感 L_r 和谐振电容 C_r 构成。在此基础上增加一个辅助开关管 Q_a 与 QRC 中的谐振电容串联，就构成了 Buck ZCS PWM 变换器，如图 6-57b 所示。

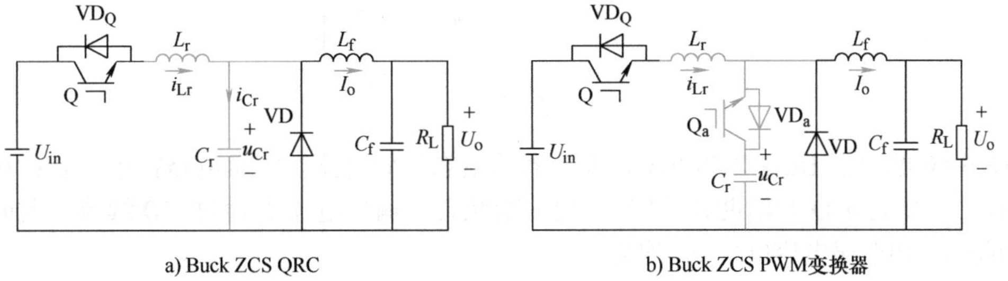

图 6-57　Buck ZCS PWM 变换器电路图

1. ZCS PWM 变换器的工作原理

图 6-58 为 Buck ZCS PWM 变换器的基本电气波形，在一个开关周期内，该变换器共有 6 个模态。为简化分析，做如下假设：

1）电路中所有元器件均为理想器件。

2）L_f 足够大，在一个开关周期内其电流近似保持输出电流不变，这样 L_f、C_f 及负载电阻 R_L 可以看成一个电流为 I_o 的恒流源。

基于上述假设，Buck ZCS PWM 变换器的简化电路图如图 6-59 所示。

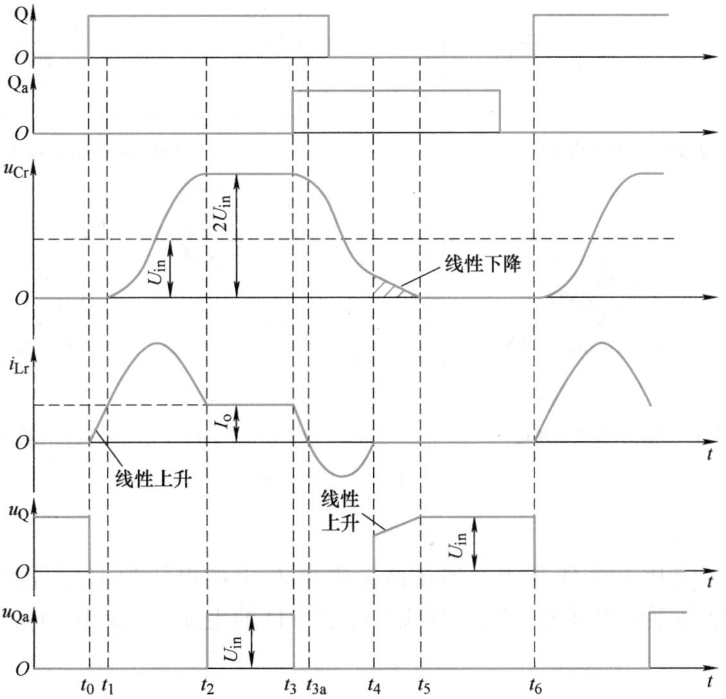

图 6-58　Buck ZCS PWM 变换器的基本电气波形

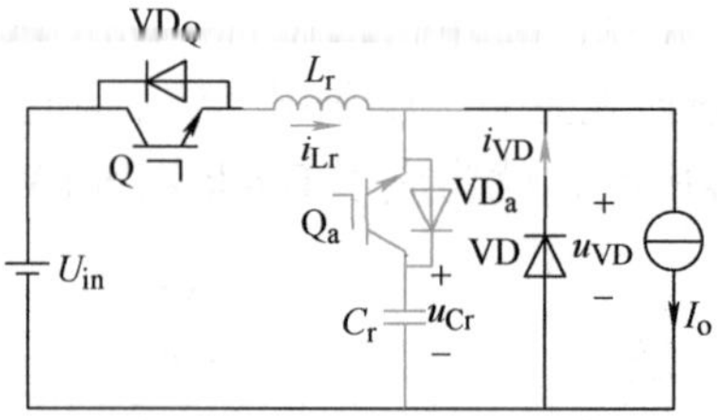

图 6-59　Buck ZCS PWM 变换器的简化电路图

图 6-60 给出了 Buck ZCS PWM 变换器的模态等效电路。定义电路初始状态：在 t_0 时刻之前，主开关管 Q 和辅助开关管 Q$_a$ 均关断状态，输出电流 I_o 通过 VD 续流，此时谐振电感电流 i_{Lr} 和谐振电容电压 u_{Cr} 均为零。

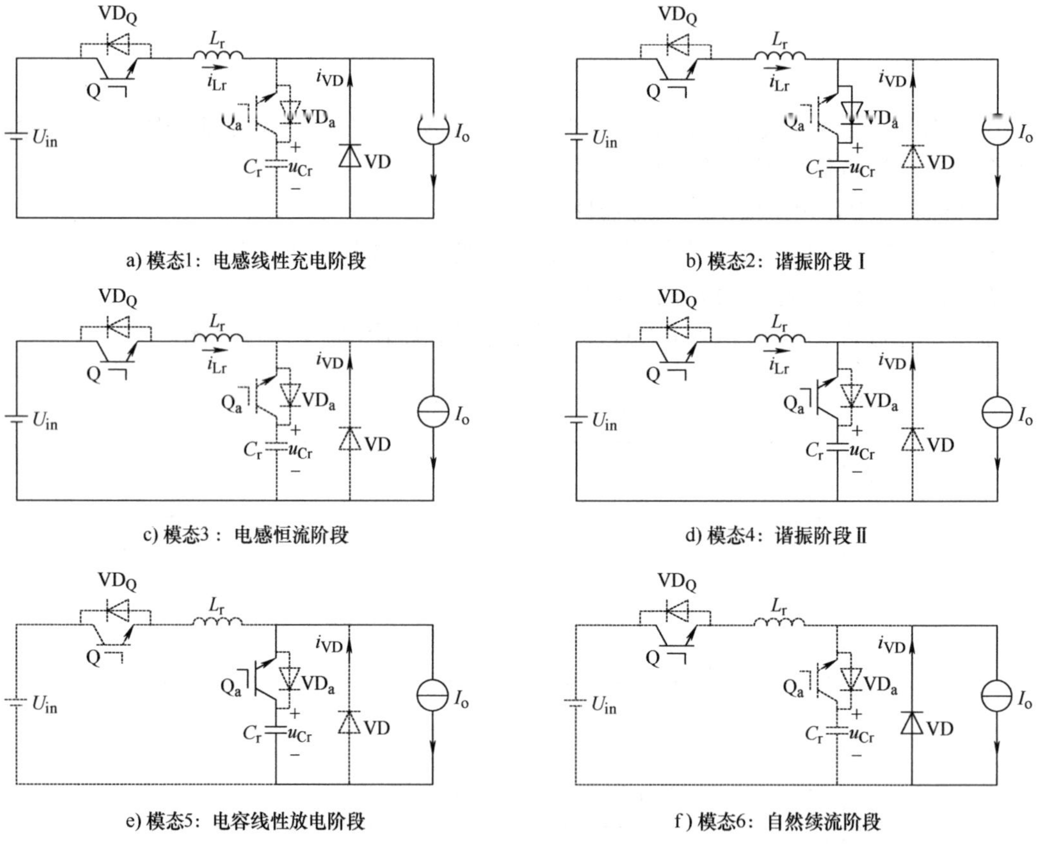

图 6-60　Buck ZCS PWM 变换器的模态等效电路

模态 1：[t_0，t_1]，电感线性充电阶段。

在 t_0 时刻，主开关管 Q 开通，加在谐振电感 L_r 上的电压为 U_{in}，其电流从 0 开始线性上升，因此 Q 是零电流开通，同时续流二极管 VD 的电流 i_{VD} 减小。i_{VD}、i_{Lr} 满足如下约束关系：

$$i_{Lr}(t)=\frac{U_{in}}{L_r}(t-t_0) \tag{6-103}$$

$$i_{VD}(t)=I_o-\frac{U_{in}}{L_r}(t-t_0) \tag{6-104}$$

在 t_1 时刻，i_{Lr} 上升到 I_o，此时 $i_{VD}=0$，VD 自然截止。模态 1 的持续时间为

$$t_{01}=L_rI_o/U_{in} \tag{6-105}$$

模态 2：[t_1，t_2]，谐振阶段Ⅰ。

从 t_1 时刻开始，辅助二极管 VD_a 自然导通，L_r 和 C_r 开始谐振工作，i_{Lr} 和 u_{Cr} 满足如下约束关系：

$$i_{Lr}(t)=I_o+\frac{U_{in}}{Z_r}\sin\omega_r(t-t_1) \tag{6-106}$$

$$u_{Cr}(t)=U_{in}\left[1-\cos\omega_r(t-t_1)\right] \tag{6-107}$$

经过半个谐振周期，到达 t_2 时刻，i_{Lr} 减小到 I_o，此时 u_{Cr} 达到最大值 $U_{Crmax}=2U_{in}$。

模态 3：[t_2，t_3]，电感恒流阶段。

该模态中，辅助二极管 VD_a 自然关断，谐振电容 C_r 无法放电，其电压保持着最大值 $U_{Crmax}=2U_{in}$。谐振电感电流恒定不变，等于输出电流 I_o，即 $i_{Lr}(t)=I_o$。

这个时间段的持续时间 t_{23} 取决于电路输出的 PWM 控制要求，如果 t_{23} 为零，则 ZCS PWM 变换器将退化为 ZCS QRC。

模态 4：[t_3，t_4]，谐振阶段Ⅱ。

在 t_3 时刻，零电流开通辅助开关管 Q_a。L_r 和 C_r 开始谐振工作，C_r 通过 Q_a 放电，i_{Lr} 和 u_{Cr} 满足如下约束关系：

$$i_{Lr}(t)=I_o-\frac{U_{in}}{Z_r}\sin\omega_r(t-t_3) \tag{6-108}$$

$$u_{Cr}(t)=U_{in}\left[1+\cos\omega_r(t-t_3)\right] \tag{6-109}$$

在 t_{3a} 时刻，i_{Lr} 减小到 0，此时 Q 的反并联二极管 VD_Q 导通，i_{Lr} 反方向流动，在 t_4 时刻，i_{Lr} 再次减小到 0。在 [t_{3a}，t_4] 时段，由于 i_{Lr} 流经 VD_Q，Q 中的电流为 0，因此在该时段中关断 Q 是零电流关断。

在 t_4 时刻，谐振电容电压 u_{Cr} 为

$$u_{Cr}(t_4)=U_{in}\left[1-\sqrt{1-\left(\frac{Z_rI_o}{U_{in}}\right)^2}\right] \tag{6-110}$$

该模态的持续时间为

$$t_{34}=\frac{1}{\omega}\left[\pi-\arcsin\left(\frac{Z_rI_o}{U_{in}}\right)\right] \tag{6-111}$$

模态5：[t_4，t_5]，电容线性放电阶段。

该模态中，i_{Lr}=0，输出电流I_o全部流过谐振电容，谐振电容恒流放电，满足如下关系：

$$u_{Cr}(t)=u_{Cr}(t_4)-\frac{I_o}{C_r}(t-t_4) \quad (6\text{-}112)$$

在t_5时刻，谐振电容电压减小到0，VD导通，该模态的持续时间为

$$t_{45}=C_r u_{C_r}(t_4)/I_o \quad (6\text{-}113)$$

模态6：[t_5，t_6]，自然续流阶段。

该模态中，输出电流I_o经过续流二极管VD续流，辅助开关管Q_a零电压/零电流关断。

在t_6时刻，零电流开通Q，开启下一个开关周期。这个时间段的持续时间t_{56}取决于电路输出的恒频PWM控制要求。

2. ZCS PWM变换器的状态平面图

基于前述分析，Buck ZCS PWM变换器的简化等效电路如图6-61所示。在[t_1，t_2]以及[t_3，t_4]两个时间段内辅助谐振单元参与谐振，则可根据上述模态分析绘制ZCS PWM变换器的状态平面图，定义谐振电感电流i_{Lr}和谐振电容电压u_{Cr}的归一化因子分别为U_{in}/Z_r和U_{in}，即令$i_{Lrn}=i_{Lr}Z_r/U_{in}$，$u_{Crn}=u_{Cr}/U_{in}$。

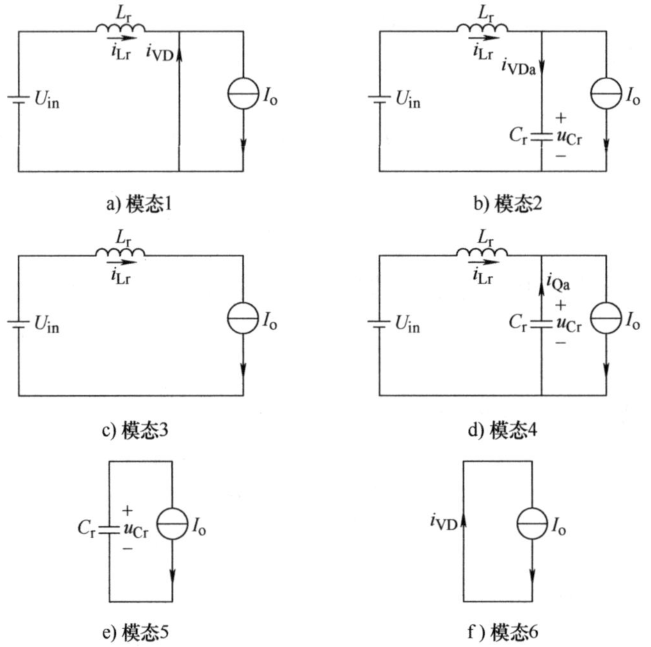

图6-61　Buck ZCS PWM变换器的简化等效电路

可得到[t_1，t_2]时间段内$u_{Crn}=1-\cos\omega_r(t-t_1)$，$i_{Lrn}=I_{oN}+\sin\omega_r(t-t_1)$，则有

$$(u_{\mathrm{Crn}}-1)^2+(i_{\mathrm{Lrn}}-I_{\mathrm{oN}})^2=\cos^2\omega_{\mathrm{r}}(t-t_1)+\sin^2\omega_{\mathrm{r}}(t-t_1)=1 \tag{6-114}$$

因此在这段时间内，i_{Lr} 和 u_{Cr} 的变化轨迹在状态平面图上可以表示为以（1，I_{oN}）为圆心，连接点 t_1 和点 t_2 的半圆弧，如图 6-62 所示。

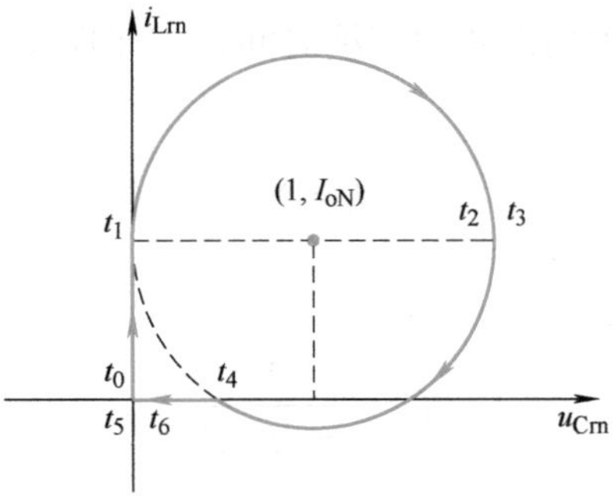

图 6-62　Buck ZCS PWM 变换器的状态平面图

在［t_2，t_3］阶段内辅助谐振单元不参与电路工作，该阶段内状态轨迹停留在原地。

在［t_3，t_4］时间段内 $u_{\mathrm{Crn}}=1+\cos\omega_{\mathrm{r}}（t-t_3）$，$i_{\mathrm{Lrn}}=I_{\mathrm{oN}}-\sin\omega_{\mathrm{r}}（t-t_3）$，则此阶段内的状态平面方程与式（6-114）相同，状态轨迹可表示为从连接点 t_3 和点 t_4 的圆弧。

在［t_4，t_5］时间段内，谐振电容电压线性下降至零。

在［t_5，t_6］时间段内辅助谐振单元同样不参与电路工作，状态轨迹位置不变。

3. ZCS PWM 变换器的软开关条件

由式（6-106）可知，与 ZCS QRC 一样，当 $\omega_{\mathrm{r}}（t-t_1）=3\pi/2$ 时，谐振电感电流 i_{Lr} 将谐振到其负峰值。如果这时仍有 $i_{\mathrm{Lr}}>0$，则 i_{Lr} 将无法自然谐振回零，因此主开关管 Q 也就无法实现零电流关断。将 $\omega_{\mathrm{r}}（t-t_1）=3\pi/2$ 代入式（6-106），可得出主开关管 Q 零电流关断的条件为 $U_{\mathrm{in}}/Z_{\mathrm{r}}\geqslant I_{\mathrm{o}}$，或改写为

$$\gamma_{\max}=\frac{I_{\mathrm{omax}}Z_{\mathrm{r}}}{U_{\mathrm{inmin}}}\leqslant 1 \tag{6-115}$$

4. ZCS PWM 变换器的参数设计

（1）L_{r} 和 C_{r} 的设计

为了在任意负载下均实现主开关管 Q 的零电流开关，谐振电感电流必须能够回零，故

$$\frac{U_{\mathrm{in}}}{Z_{\mathrm{r}}}\geqslant I_{\mathrm{omax}} \tag{6-116}$$

$$Z_{\mathrm{r}}\leqslant\frac{U_{\mathrm{in}}}{I_{\mathrm{omax}}} \tag{6-117}$$

式中，I_{omax} 是最大输出电流。将式（6-117）再次改写为

$$Z_r = K_c \frac{U_{in}}{I_{omax}} \tag{6-118}$$

式中，$K_c \leqslant 1$。

为了减小谐振电感和谐振电容谐振工作对 PWM 控制产生的影响，需要将谐振工作时间尽量缩短，即减小模态 2 和模态 4 的持续时间，亦即提高谐振频率 f_r。这里定义谐振频率 f_r 与开关频率 f_s 的关系为

$$f_r = Nf_s \tag{6-119}$$

式中，N 一般取值为 5 ～ 20。

$$f_r = \frac{1}{2\pi\sqrt{L_r/C_r}} \tag{6-120}$$

由此确定 L_r 和 C_r 的大小，即

$$L_r = \frac{Z_r}{2\pi f_r} = \frac{K_c}{2\pi N} \cdot \frac{U_{in}}{f_s I_{omax}} \tag{6-121}$$

$$C_r = \frac{1}{2\pi f_r Z_r} = \frac{1}{2\pi K_c N} \cdot \frac{I_{omax}}{f_s U_{in}} \tag{6-122}$$

（2）开关管和二极管的选取

开关管和二极管的选取取决于它们的电压与电流应力。由式（6-106）可知谐振电感的最大电流为

$$I_{Lrmax} = I_{omax} + \frac{U_{in}}{Z_r} \tag{6-123}$$

将式（6-118）代入式（6-123），则有

$$I_{Lrmax} = \left(1 + \frac{1}{K_c}\right) I_{omax} \tag{6-124}$$

可见，在最大输出负载时，$I_{Lrmax}>2I_{omax}$。

综上所述，ZCS PWM 变换器的关键元器件电气应力满足如下结论：

1）主开关管 Q 中流过最大电流 $I_{Qmax}>2I_{omax}$，所承受的最大正向电压为 U_{in}。

2）反并联二极管 VD_Q 中在负载最轻时流过的电流最大，其值为 I_{omax}，所承受的最大反向电压为 U_{in}。

3）续流二极管 VD 流过的最大电流为 $I_{VDmax}=I_{omax}$，所承受的最大反向电压为 $2U_{in}$。

4）辅助开关管 Q_a 承受的最大正向电压为 $2U_{in}$，辅助二极管 VD_a 承受的最大反向电压为 $2U_{in}$。

5）谐振电感的最大电流为 $I_{Lrmax}>2I_{omax}$，谐振电容上的最大电压为 $U_{Crmax}=2U_{in}$。

6）谐振电容的最大电压为 $U_{Crmax}=2U_{in}$。

5. ZCS PWM 变换器与 ZCS QRC 的比较

根据上面的分析，Buck ZCS PWM 变换器与 Buck ZCS QRC 的区别如下：

1）Buck ZCS PWM 变换器通过控制辅助开关管 Q_a，将 Buck ZCS QRC 的谐振过程拆成两个模态，即谐振阶段Ⅰ和谐振阶段Ⅱ，且在这两个模态之间插入了一个恒流阶段。

2）Buck ZCS QRC 采用 PFM 控制方式，而 Buck ZCS PWM 变换器可以实现变换器的 PWM 控制。在 Buck ZCS PWM 变换器中，模态 3 和模态 6 实际上和基本 Buck 变换器的两个模态一样；而模态 1 和模态 2 是为实现 ZCS 准备初始条件；模态 4 是实现 ZCS 的模态；模态 5 是实现 ZCS 所附带产生的模态。为了实现 PWM 控制，在设计参数时，一般使模态 1、模态 2、模态 4 和模态 5 的时间相对于模态 3 和模态 6 的时间很短，尽量减小谐振元件工作对于变换器特性的影响。

3）Buck ZCS QRC 中谐振电感和谐振电容一直参与变换器的工作。在 Buck ZCS PWM 变换器中，仅在主开关管开关时谐振工作，谐振工作时间相对于开关周期来说很短，谐振元件的损耗较小；同时，开关管的通态损耗比 Buck ZCS QRC 小。

4）两者也有相同之处。主开关管实现零电流开关的条件完全相同；主开关管和谐振电容、谐振电感的电压和电流应力也相同。同时，在 Buck ZCS PWM 变换器中，辅助开关管 Q_a 也实现了零电流开关。

此外，ZCS PWM 变换器保持了 ZCS QRC 中主开关管零电流关断的优点，同时当输入电压和负载大范围变化时，又可以像常规电力电子变换器那样通过恒定频率的 PWM 控制调节输出电压，且主开关管电压应力低。与 ZCS QRC 类似，ZCS PWM 变换器的主开关管和续流二极管的电流应力大，特别是由于谐振电感仍然保持在主功率能量的传递通路上，因此 ZCS 条件与输入电源、负载等变化有很大关系。

6.5 零转换 PWM 变换器

前面提到的准谐振变换器和零开关 PWM 变换器，通过在常规电力电子变换器基础上引入辅助谐振回路，利用谐振电路使开关管的电压或电流周期性过零，从而为开关管的导通和关断创造了零电压或零电流开关条件。然而，上述电路实现软开关的同时均不可避免地增加了电路中开关管的电压或电流应力，引入了额外的导通损耗，并导致谐振电感和谐振电容体积增加。同时谐振元件位于能量传递主通路上，全部能量都要通过谐振电感，这使得电路中存在很大的环流能量，进一步增加了电路的导通损耗。此外，谐振电感储能极大依赖于输入电压和输出负载，电路很难在一个宽输入电压和输出负载范围内实现软开关。

本节要讨论的零转换（Zero Transition，ZT）PWM 变换器将试图解决上述软开关电路存在的诸多问题，主要特点是把辅助谐振电路从能量传递主通路中移开，变为与主开关管并联。零转换 PWM 变换器的基本思路是在主开关管转换的很短的一段时间间隔内，导通辅助开关管使辅助谐振电路起作用，为主开关管创造零电压或零电流开关条件；转换过程结束后，电路返回到常规 PWM 工作方式。由于辅助谐振电路与主开关管并联，因而并未使主开关管增加过高的电压或电流应力；同时辅助谐振电路无须处理很大的环流能量，减少了电路的导通损耗。上述特点使得零转换 PWM 变换器不受输入电压和输出负载变化的影响，电路可以在很宽的输入电压和输出负载变化范围内在软开关条件下工作。根据主开关管是零电压开关还是零电流开关，又分为零电压转换（Zero Voltage Transition，ZVT）和零电流转换（Zero Current Transition，ZCT）两种，下面将对此分别进行介绍。

6.5.1 零转换 PWM 开关单元

辅助谐振单元与主开关管 Q 并联，使主开关管在零电压下完成开关过程的 PWM 变换器称为零电压转换 PWM（ZVT PWM）变换器，图 6-63a 为典型的 ZVT 开关单元，其中辅助谐振单元由辅助开关管 S_a、辅助二极管 VD_a、谐振电感 L_r 和谐振电容 C_r 构成。辅助谐振单元与主开关管 Q 并联，使主开关管在零电流条件下完成开关过程的 PWM 变换器称为零电流转换 PWM（ZCT PWM）变换器，图 6-63b 为典型的 ZCT 开关单元，图 6-64 是相应零转换 PWM 开关单元的电路实现方式。

将图 6-63 所示的零转换 PWM 开关单元应用到 Buck、Boost、Buck-Boost、Cuk、Zeta、Sepic 等常规电力电子变换器中，得到了如图 6-65 和图 6-66 所示典型 ZVT PWM 变换器拓扑族和 ZCT PWM 变换器拓扑族。

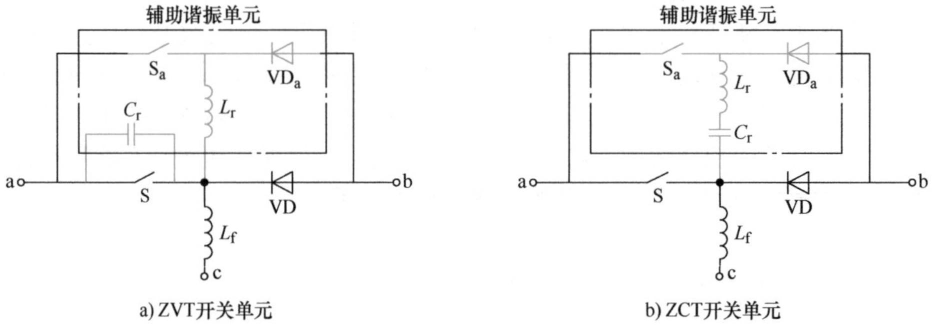

图 6-63 零转换 PWM 开关单元

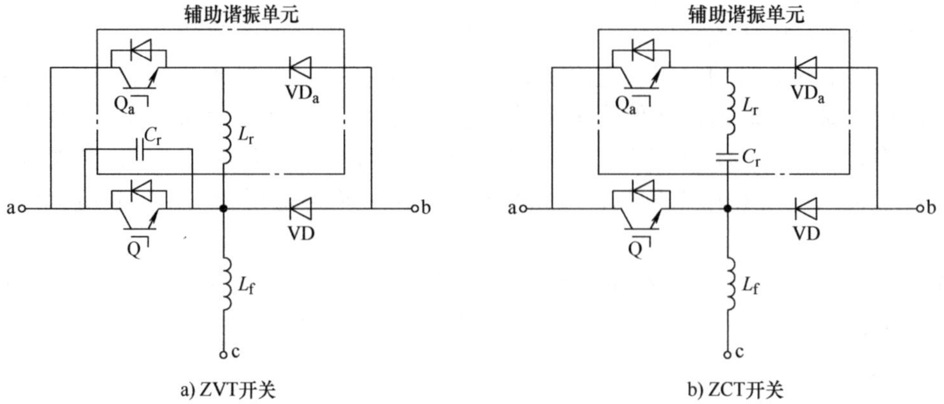

图 6-64 零转换 PWM 开关单元的电路实现

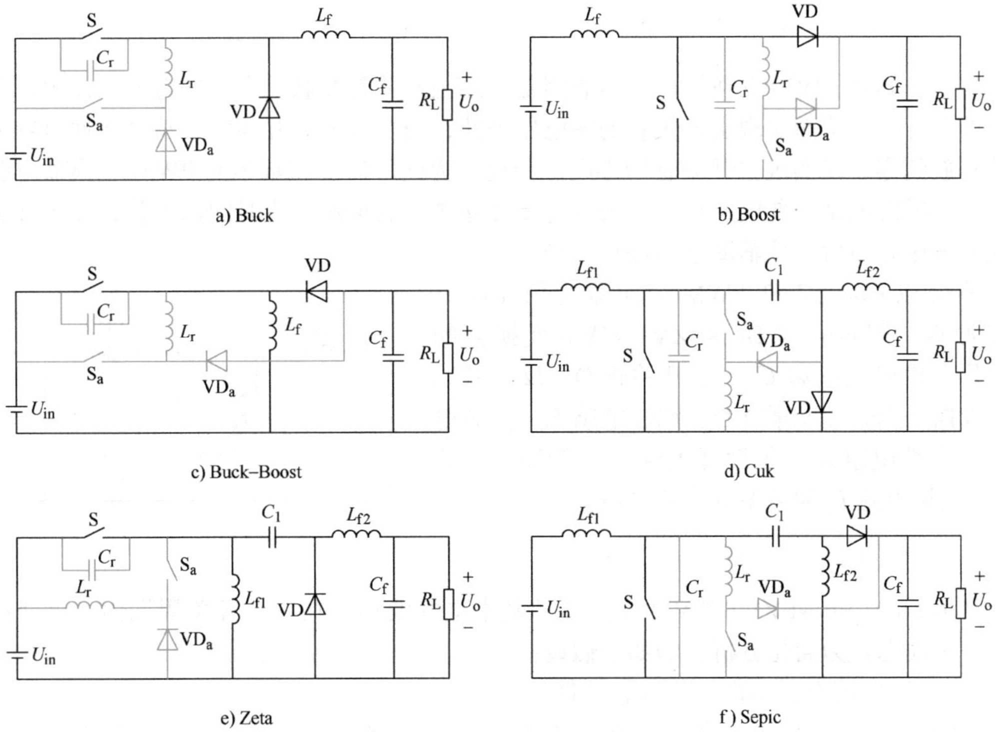

图 6-65　ZVT PWM 变换器拓扑族

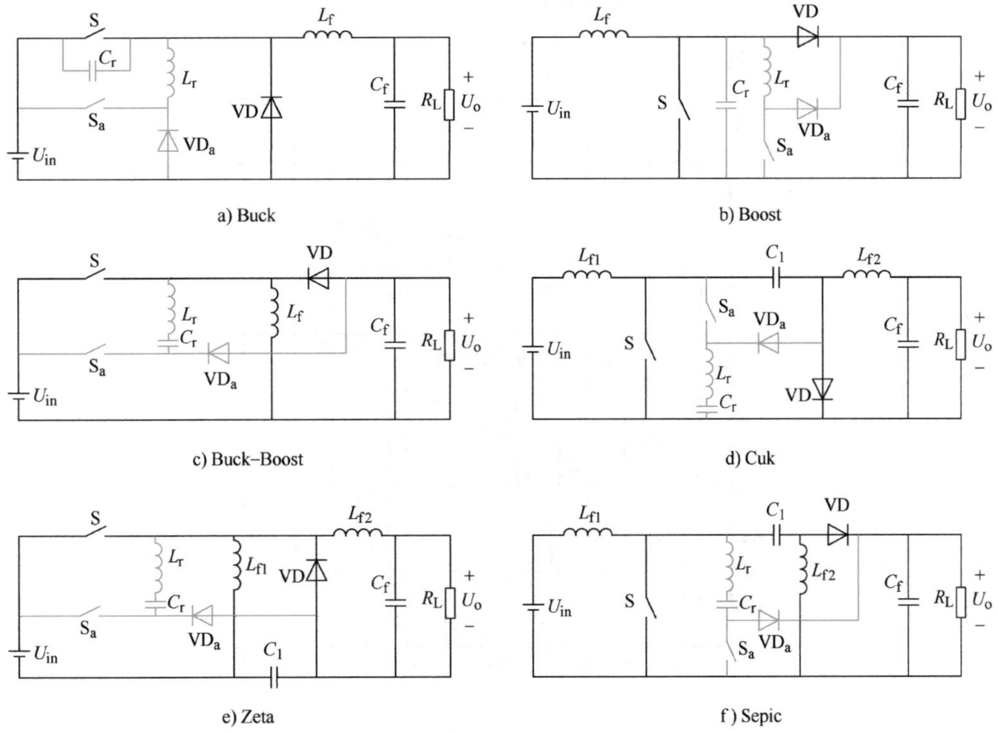

图 6-66　ZCT PWM 变换器拓扑族

6.5.2 零电压转换 PWM 变换器

零电压转换 PWM 变换器的基本思路是，给主开关管并联一个缓冲电容，以限制开关电压的上升率，从而实现主开关管的零电压关断；当主开关管开通时，将其缓冲电容上的电荷释放到零，以实现主开关管的零电压开通。为此，需要在基本的 PWM 变换器电路中增加一个辅助电路，此电路在主开关管将要开通之前的很短一段时间内工作，在主开关管完成零电压开通后，该辅助电路停止工作。

本节以 Boost ZVT PWM 变换器为例介绍其工作原理。图 6-67 是 Boost ZVT PWM 变换器的电路图，由输入电源 U_{in}、主开关管 Q、反并联二极管 VD_Q、升压二极管 VD、滤波电感 L_f、滤波电容 C_f、负载电阻 R_L、辅助开关管 Q_a、辅助二极管 VD_a、谐振电感 L_r 和谐振电容 C_r 构成。

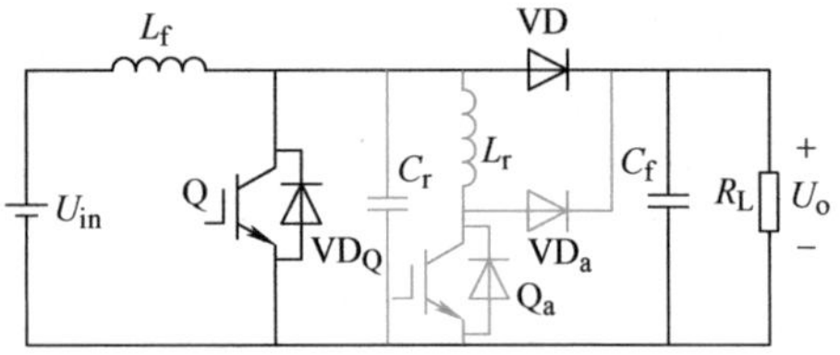

图 6-67　Boost ZVT PWM 变换器电路图

1. ZVT PWM 变换器的工作原理

图 6-68 为 Boost ZVT PWM 变换器的基本电气波形，在一个开关周期内，该变换器共有 7 个模态。为简化分析，做如下假设：

1）电路中所有元器件均为理想器件。

2）输入滤波电感 L_f 足够大，在一个开关周期内其电流基本保持不变，为 I_{in}。

3）输出滤波电容 C_f 足够大，在一个开关周期内其电压基本保持不变，为 U_o。

基于上述假设，Boost ZVT PWM 变换器的等效电路如图 6-69 所示。

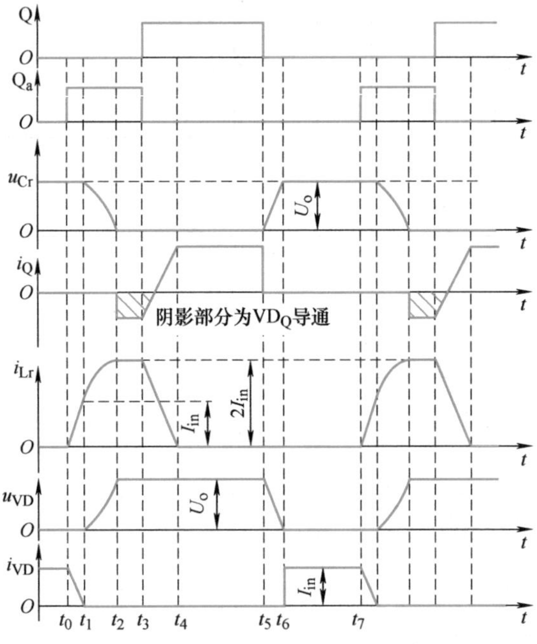

图 6-68　Boost ZVT PWM 变换器的基本电气波形

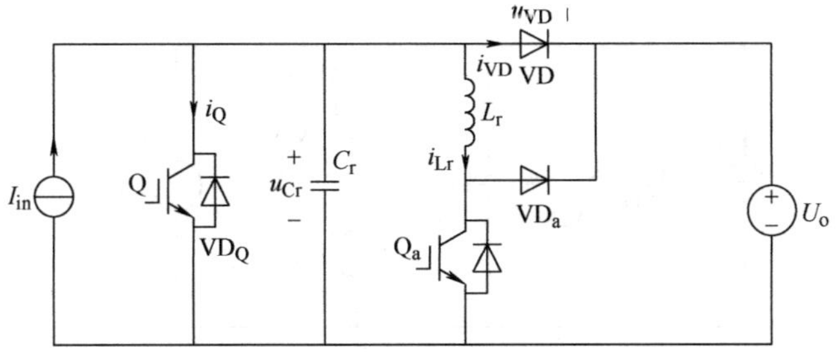

图 6-69 Boost ZVT PWM 变换器的等效电路

图 6-70 给出了 Boost ZVT PWM 变换器的模态等效电路图。定义电路初始状态：在 t_0 时刻之前，主开关管 Q 和辅助开关管 Q_a 处于关断状态，升压二极管 VD 导通，此时谐振电感电流 i_{Lr}（t_0）=0，谐振电容电压 u_{Cr}（t_0）= U_o。

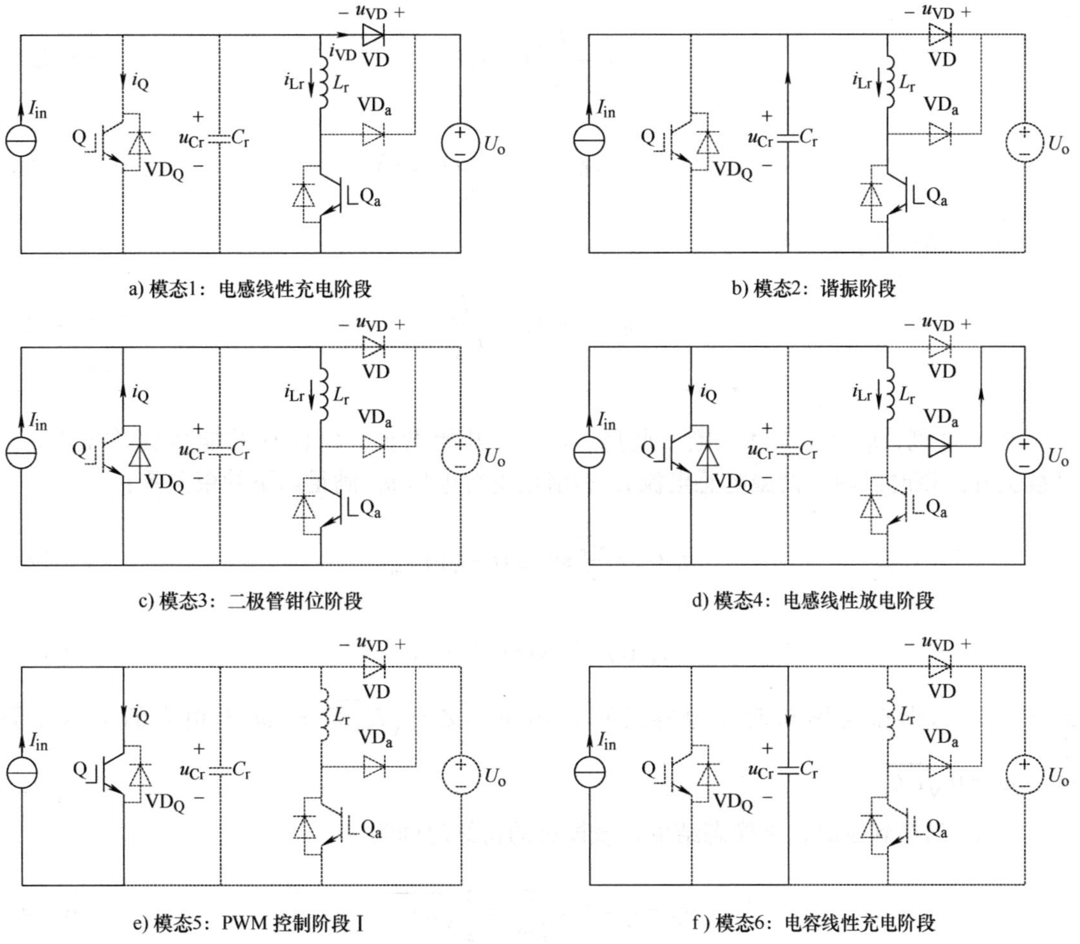
a) 模态1：电感线性充电阶段
b) 模态2：谐振阶段
c) 模态3：二极管钳位阶段
d) 模态4：电感线性放电阶段
e) 模态5：PWM 控制阶段 I
f) 模态6：电容线性充电阶段

图 6-70 Boost ZVT PWM 变换器的模态等效电路

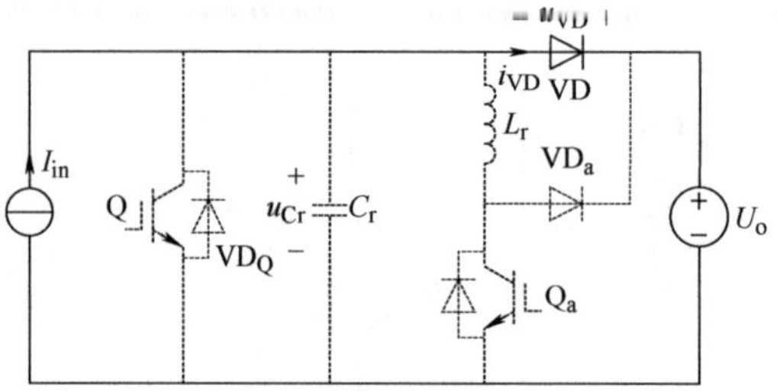

g) 模态7：PWM 控制阶段Ⅱ

图 6-70　Boost ZVT PWM 变换器的模态等效电路（续）

模态 1：[t_0，t_1]，电感线性充电阶段。

在 t_0 时刻开通 Q_a，此时谐振电感电流 i_{Lr} 从 0 开始线性上升，其上升斜率为 $di_{Lr}/dt=U_o/L_r$，而 VD 的电流开始线性下降，其下降斜率为 $di_D/dt=-U_o/L_r$。t_1 时刻，i_{Lr} 上升至 I_{in}，i_{VD} 减小到 0 并自然关断，该模态结束。i_{VD}、i_{Lr} 满足如下约束关系：

$$i_{Lr} = \frac{U_o}{L_r}(t - t_0) \tag{6-125}$$

$$i_{VD} = I_{in} - i_{Lr} = I_{in} - \frac{U_o}{L_r}(t - t_0) \tag{6-126}$$

该模态的持续时间为

$$t_{01} = t_1 - t_0 = \frac{L_r I_{in}}{U_o} \tag{6-127}$$

模态 2：[t_1，t_2]，谐振阶段。

在 t_1 时刻，$i_{Lr}=I_{in}$，VD 关断。此后，L_r、C_r 开始谐振，C_r 储存的能量转移至 L_r，i_{Lr} 继续上升。该时段内，谐振电感电流 i_{Lr} 和谐振电容电压 u_{Cr} 满足如下约束关系：

$$i_{Lr}(t) = \frac{U_o}{Z_r}\sin\omega_r(t - t_1) + I_{in} \tag{6-128}$$

$$u_{Cr}(t) = U_o\cos\omega_r(t - t_1) \tag{6-129}$$

式中，Z_r 为谐振电感和谐振电容的特征阻抗，$Z_r = \sqrt{L_r / C_r}$；ω_r 为相应的谐振角频率，$\omega_r = 1/\sqrt{L_r C_r}$。

当 u_{Cr} 谐振到零时，该模态结束。该模态的持续时间为

$$t_{12} = t_2 - t_1 = \frac{\pi}{2\omega_r} = \frac{\pi}{2}\sqrt{L_r C_r} \tag{6-130}$$

模态 3：[t_2，t_3]，二极管钳位阶段。

在 t_2 时刻，u_{Cr} 下降到零，主开关管 Q 的反并联二极管 VD_Q 导通，谐振电路停止谐

振，谐振电容电压 u_{Cr} 被钳位至零，谐振电感电流 i_{Lr} 保持恒定。该模态下，主开关管 Q 实现零电压开通，Q 的开通时刻应滞后于 Q_a 的开通时刻，滞后时间为

$$t_D > (t_2 - t_0) = \frac{L_r I_{in}}{U_o} + \frac{\pi}{2}\sqrt{L_r C_r} \tag{6-131}$$

模态 4：[t_3，t_4]，电感线性放电阶段。

在 t_3 时刻，关断 Q_a，此时 Q_a 关断电流不为零，而当它关断后，VD_a 导通，Q_a 上的电压立即上升至 U_o，因此 Q_a 为硬关断。当 Q_a 关断后，加在 L_r 两端的电压为 $-U_o$，L_r 中的能量开始转移到负载，i_{Lr} 线性下降，i_Q 线性上升，满足如下约束关系：

$$i_{Lr}(t) = i_{Lr}(t_2) - \frac{U_o}{L_r}(t - t_3) \tag{6-132}$$

$$i_Q(t) = -\frac{U_o}{Z_r} + \frac{U_o}{L_r}(t - t_3) \tag{6-133}$$

t_4 时刻，L_r 电流下降到 0，i_Q 为 I_{in}。

模态 5：[t_4，t_5]，PWM 控制阶段Ⅰ。

此模态中，Q 导通，VD 关断，I_{in} 流过 Q，其规律与不加辅助电路的 Boost 电路相同。

模态 6：[t_5，t_6]，电容线性充电阶段。

在 t_5 时刻，Q 关断，此时 I_{in} 给 C_r 恒流充电，u_{Cr} 从 0 开始线性上升。由于存在 C_r，所以 Q 是零电压关断。t_6 时刻，u_{Cr} 上升至 U_o，此时 VD 自然导通。谐振电容电压 u_{Cr} 满足

$$u_{Cr}(t) = \frac{I_{in}}{C_r}(t - t_5) \tag{6-134}$$

模态 7：[t_6，t_7]，PWM 控制阶段Ⅱ。

该模态与不加辅助电路的 Boost 电路一样，I_{in} 给负载供电。t_7 时刻，Q_a 开通，开始下一个开关周期。

2. ZVT PWM 变换器的状态平面图

基于前述分析，Boost ZVT PWM 变换器的简化等效电路如图 6-71 所示。根据上述模态分析绘制 ZVT PWM 变换器的状态平面图，定义电感电流 i_{Lr} 和电容电压 u_{Cr} 的归一化因子分别为 U_o/Z_r 和 U_o，即令 $i_{Lrn}=i_{Lr}Z_r/U_o$，$u_{Crn}=u_{Cr}/U_o$。

在 [t_0，t_1] 时间段内，$u_{Crn}=1$，$i_{Lrn}=\omega_r(t-t_0)$，则在该时间段内，i_{Lr} 与 u_{Cr} 的变化在状态平面图上可以表示为直线 $u_{Crn}=1$ 上连接点 t_0 到点 t_1 的线段，如图 6-72 所示。

在 [t_1，t_2] 时间段内，$u_{Crn}=\cos\omega_r(t-t_1)$，$i_{Lrn}=\sin\omega_r(t-t_1)+(I_{in}Z_r)/U_o$，则

$$u_{Crn}^2 + \left(i_{Lrn} - \frac{I_{in}Z_r}{U_o}\right)^2 = \cos^2\omega_r(t-t_1) + \sin^2\omega_r(t-t_1) = 1 \tag{6-135}$$

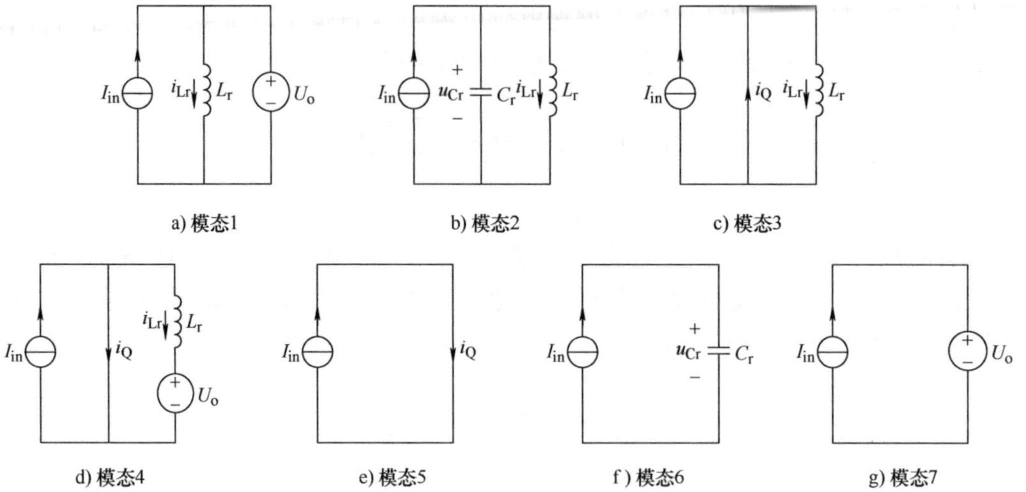

图 6-71 Boost ZVT PWM 变换器的简化等效电路

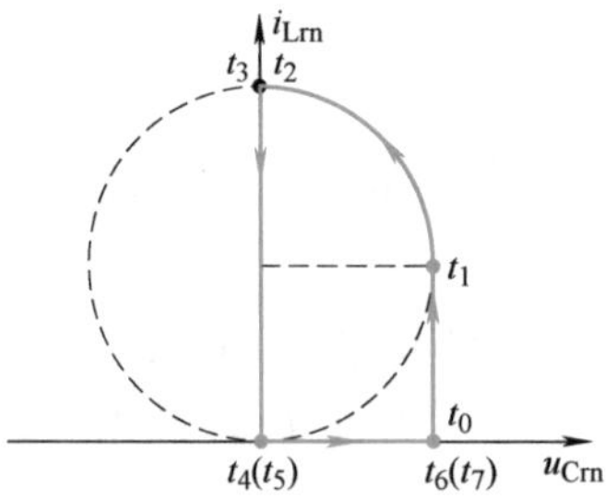

图 6-72 Boost ZVT PWM 变换器的状态平面图

因此在这一段时间，i_{Lr} 与 u_{Cr} 的变化在状态平面图上可以用圆心为（0，$I_{in}Z_r/U_o$）、半径为 1、从连接点 t_1 到点 t_2 的圆弧表示。

在［t_2，t_3］时间段内，u_{Crn}=0，i_{Lrn}=i_{Lr}（t_2）Z_r/U_o，在这段时间，i_{Lr} 与 u_{Cr} 的变化在状态平面图上可以表示为纵轴上 i_{Lrn}=i_{Lr}（t_2）Z_r/U_o 的一个点。

在［t_3，t_4］时间段内，u_{Crn} =0，i_{Lrn}=i_{Lr}（t_2）$Z_r/U_o-\omega_r$（$t-t_3$），在这段时间，i_{Lr} 与 u_{Cr} 的变化在状态平面图上可以表示为纵轴上从连接点 t_3 到点 t_4 的线段。

在［t_4，t_5］时间段内，u_{Crn} =0，i_{Lrn}=0，i_{Lr} 与 u_{Cr} 维持在原点。

在［t_5，t_6］时间段内，u_{Crn} =0，i_{Lrn}=$I_{in}Z_r$（$t-t_5$）/（U_oC_r），在这段时间内，i_{Lr} 与 u_{Cr} 的变化在状态平面图上可以表示为横轴上从连接点 t_5 到点 t_6 的线段。

在［t_6，t_7］时间段内，u_{Crn} = u_{Cr}（t_6）/U_o，i_{Lrn}=0，在这段时间内，i_{Lr} 与 u_{Cr} 的变化在状态平面图上可以表示为横轴上 u_{Crn}= u_{Cr}（t_6）/U_o 的点。

3. ZVT PWM 变换器的软开关条件

前面讨论的各种零电压开关变换器（包括 ZVS QRC、ZVS PWM 变换器等）的共同特点是零电压开关条件与输入电压和输出负载电流的变化有很大关系。在高输入电压和轻负载时，零电压条件通常难以满足。轻载时，由于储存在谐振电感中的能量不足，谐振电容在开关导通前无法充分放电；而在较高的输入电压下，谐振电容储能多，需要更多的能量让谐振电容放电，这使得电路的零电压开关条件只能在一定的工作范围内满足。

对于 ZVT PWM 变换器来说，情况是不一样的。通过对电路工作过程的讨论可知，只要主开关管 Q 和辅助开关管 Q_a 的导通信号的时间差 t_D 满足下面条件：

$$t_D \geq t_{01} + t_{12} = \frac{L_r I_{in}}{U_o} + \frac{\pi}{2}\sqrt{L_r C_r} \tag{6-136}$$

主开关管 Q 的零电压导通就能得到保证。当负载或输入电压变化导致 I_{in} 下降时，t_{01} 也随之下降，而 t_{12} 保持不变。因此只要在最低输入电压且满载时满足式（6-136）所给出的软开关条件，在其余输入电压和负载条件下，主开关管 Q 均能保证零电压开通。

4. ZVT PWM 变换器的参数设计

（1）L_r 和 C_r 的选择

作为主开关管 Q 的缓冲电容，C_r 也是辅助开关管的缓冲电容。在选择 C_r 时，主要考虑主开关管的关断情况，这是因为辅助开关管的电流应力比主开关管小，虽然它关断时的电流比主开关管大，但其关断损耗要比主开关管小。为了减小主开关管的关断损耗，应尽量使 C_r 的放电速度不要过快。一般可选择在最大负载时，u_{Cr} 从 U_o 下降到 0 的时间为 2 ～ 3 倍的主开关管关断时间 t_f。因此，C_r 可由下式来选择：

$$C_r = \frac{I_{inmax}}{U_o} \cdot (2 \sim 3) t_f \tag{6-137}$$

C_r 上的最大电压为 U_o，因此 C_r 可根据式（6-137）和 U_o 来选择。

辅助电路只在主开关管开关的时候起作用，其他时候停止工作。为不影响主电路工作时间，辅助电路工作时间不能太长，一般选择为开关周期的 1/10，即（$t_2 - t_1$）<（$T_s/10$），则

$$\frac{L_r I_{inmax}}{U_o} + \frac{\pi}{2}\sqrt{L_r C_r} \leq \frac{T_s}{10} \tag{6-138}$$

故 L_r 的最大峰值电流为

$$I_{Lr\max} = I_{in\max} + \frac{U_o}{\sqrt{L_r / C_r}} \tag{6-139}$$

L_r 的最大有效值电流为

$$I_{Lr\max} = \sqrt{\frac{1}{T_s}\left\{\frac{L_r}{3U_o}\left[I_{inmax}^3 + \left(I_{inmax} + \frac{U_o}{Z_r}\right)^3\right] + \frac{\pi I_{in\max}^2}{2\omega_r} + \frac{2U_o I_{in\max}}{\omega_r L_r} + \frac{U_o^2}{L_r Z_r} \cdot \frac{\pi}{4} + \left(I_{in} + \frac{U_o}{Z_r}\right)^2 \cdot t_{23}\right\}} \tag{6-140}$$

式中，一般 t_{23} 很小，可以忽略。因此，式（6-140）简写为

$$I_{\mathrm{Lrmax}}=\sqrt{\frac{1}{T_{\mathrm{s}}}\left\{\frac{L_{\mathrm{r}}}{3U_{\mathrm{o}}}\left[I_{\mathrm{inmax}}^{3}+\left(I_{\mathrm{inmax}}+\frac{U_{\mathrm{o}}}{Z_{\mathrm{r}}}\right)^{3}\right]+\frac{\pi I_{\mathrm{in\,max}}^{2}}{2\omega_{\mathrm{r}}}+\frac{2U_{\mathrm{o}}I_{\mathrm{in\,max}}}{\omega_{\mathrm{r}}L_{\mathrm{r}}}+\frac{U_{\mathrm{o}}^{2}}{L_{\mathrm{r}}Z_{\mathrm{r}}}\cdot\frac{\pi}{4}\right\}} \tag{6-141}$$

（2）辅助开关管的选择

辅助开关管承受的最大电压为 U_{o}，最大峰值电流为 $I_{\mathrm{Qamax}}=I_{\mathrm{inmax}}+U_{\mathrm{o}}/Z_{\mathrm{r}}$，最大有效值电流为

$$I_{\mathrm{Qamax}}=\sqrt{\frac{1}{T_{\mathrm{s}}}\cdot\left(\frac{L_{\mathrm{r}}}{3U_{\mathrm{o}}}I_{\mathrm{inmax}}^{3}+\frac{I_{\mathrm{inmax}}^{2}\pi}{2\omega_{\mathrm{r}}}+\frac{2U_{\mathrm{o}}I_{\mathrm{inmax}}}{\omega_{\mathrm{r}}L_{\mathrm{r}}}+\frac{U_{\mathrm{o}}^{2}}{L_{\mathrm{r}}Z_{\mathrm{r}}}\cdot\frac{\pi}{4}\right)} \tag{6-142}$$

根据辅助开关管的最大峰值电流、最大有效值电流和它所承受的最大电压可以选择辅助开关管的型号。

（3）辅助二极管的选择

辅助二极管承受的最大电压为 U_{o}，最大峰值电流为 $I_{\mathrm{VDamax}}=I_{\mathrm{inmax}}+U_{\mathrm{o}}/Z_{\mathrm{r}}$，最大有效值电流为

$$I_{\mathrm{VDamax}}=\sqrt{\frac{1}{T_{\mathrm{s}}}\cdot\frac{L_{\mathrm{r}}}{3U_{\mathrm{o}}}\left(I_{\mathrm{inmax}}+\frac{U_{\mathrm{o}}}{Z_{\mathrm{r}}}\right)^{3}} \tag{6-143}$$

根据辅助二极管的最大峰值电流、最大有效值电流和它所承受的最大电压可以选择辅助二极管的型号。

6.5.3 零电流转换 PWM 变换器

零电流转换 PWM 变换器的基本思路是，在基本 PWM 变换器中增加一个辅助电路，此电路在主开关管关断之前工作，使主开关管的电流减小到零，当主开关管零电流关断之后，该辅助电路停止工作，即辅助电路仅在主开关管将要关断时工作一段时间，其余时间不工作。

本节以 Boost ZCT PWM 变换器为例介绍其工作原理。图 6-73 是 Boost ZCT PWM 变换器的基本电路图由输入电源 U_{in}、主开关管 Q、反并联二极管 $\mathrm{VD_Q}$、升压二极管 VD、滤波电感 L_{f}、滤波电容 C_{f}、负载电阻 R_{L}、辅助开关管 $\mathrm{Q_a}$、辅助二极管 $\mathrm{VD_a}$、谐振电感 L_{r} 和谐振电容 C_{r} 构成。

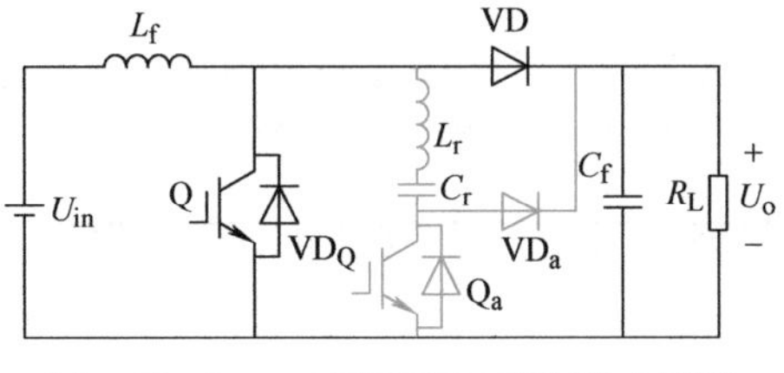

图 6-73　Boost ZCT PWM 变换器电路图

1. ZCT PWM 变换器的工作原理

图 6-74 为 Boost ZCT PWM 变换器的基本电气波形，在一个开关周期内，该变换器共有 7 个模态。为简化分析，做如下假设：

1）电路中所有元器件均为理想器件。

2）输入滤波电感 L_f 足够大，在一个开关周期内其电流基本保持 I_{in} 不变。

3）输出滤波电容 C_f 足够大，在一个开关周期内其电压基本保持 U_o 不变。

基于上述假设，Boost ZCT PWM 变换器的等效电路如图 6-75 所示。

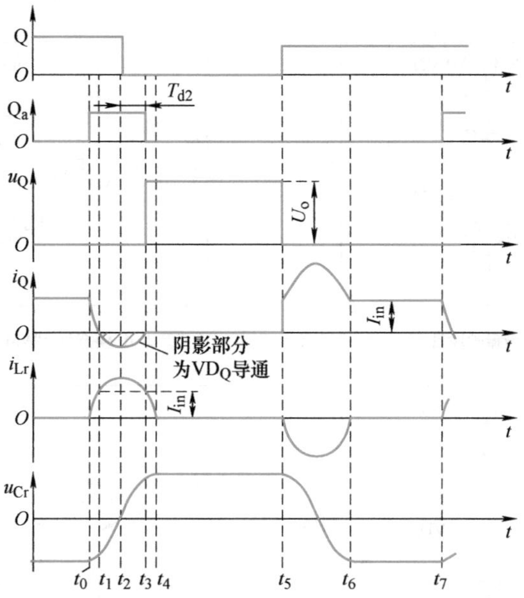

图 6-74 Boost ZCT PWM 变换器的基本电气波形

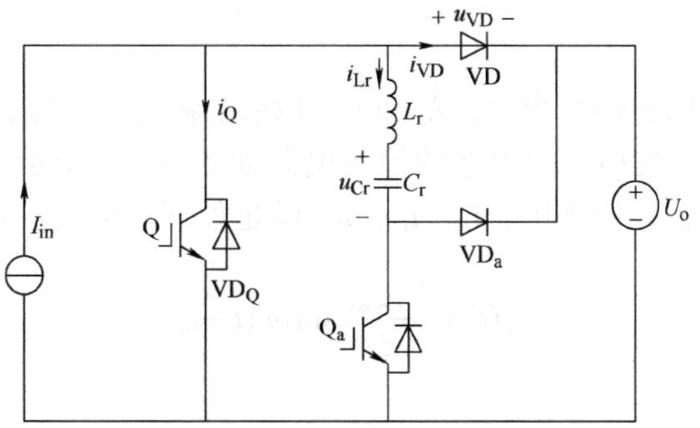

图 6-75 Boost ZCT PWM 变换器的等效电路

图 6-76 给出了 Boost ZCT PWM 变换器的模态等效电路图。定义电路初始状态：在 t_0 时刻之前，Q 处于导通状态，Q_a 处于关断状态，I_{in} 流过 Q，此时谐振电感电流 i_{Lr}（t_0）=0，谐振电容电压 u_{Cr}（t_0）=$-U_{Crmax}$。

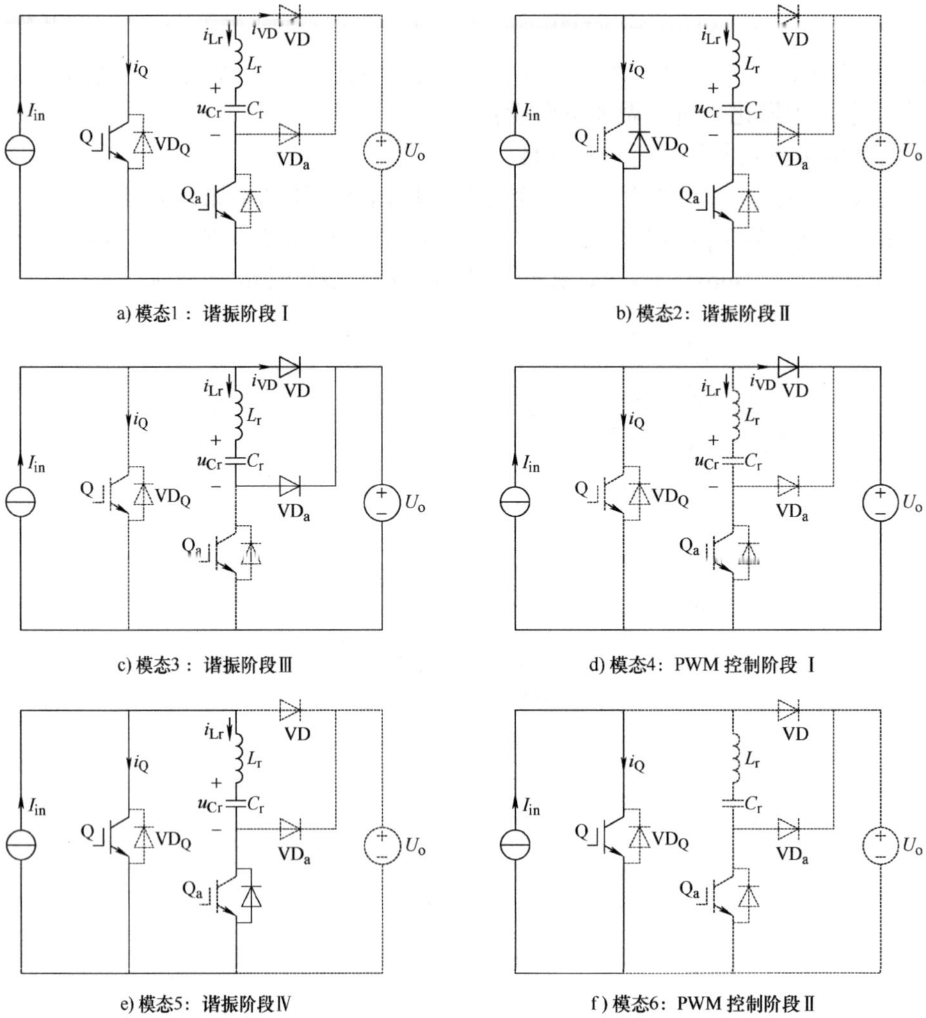

a) 模态1：谐振阶段 I　　b) 模态2：谐振阶段 II

c) 模态3：谐振阶段 III　　d) 模态4：PWM 控制阶段 I

e) 模态5：谐振阶段 IV　　f) 模态6：PWM 控制阶段 II

图 6-76　Boost ZCT PWM 变换器的模态等效电路

模态 1：[t_0，t_1]，谐振阶段 I 。

在 t_0 时刻，辅助开关管 Q_a 导通，L_r 和 C_r 开始谐振，L_r 的电流上升，C_r 被反向放电，同时 Q 中的电流 i_Q 开始减小，此模态的等效电路如图 6-76a 所示。在 t_1 时刻，i_{Lr} 增加到 I_{in}，i_Q 电流下降到零。在该模态中，i_Q、i_{Lr}、u_{Cr} 满足如下约束关系：

$$i_{Lr}(t)=\frac{U_{Crmax}}{Z_r}\sin\omega_r(t-t_0) \tag{6-144}$$

$$i_Q(t)=I_{in}-\frac{U_{Crmax}}{Z_r}\sin\omega_r(t-t_0) \tag{6-145}$$

$$u_{Cr}(t)=-U_{Crmax}\cos\omega_r(t-t_0) \tag{6-146}$$

式中，Z_r 为谐振电感和谐振电容的特征阻抗，$Z_r=\sqrt{L_r/C_r}$；ω_r 为相应的谐振角频率，$\omega_r = 1/\sqrt{L_r C_r}$ 。

模态 2：[t_1，t_3]，谐振阶段Ⅱ。

在 [t_1，t_2] 时段，L_r 和 C_r 继续谐振工作，L_r 的电流继续上升，C_r 继续被反向放电，反并二极管 VD_Q 导通。在 t_2 时刻，谐振电容电荷反向被释放到零，即 u_{Cr}（t_2）=0，此时谐振电感电流上升到最大值，即 i_{Lr}（t_2）=U_{Crmax}/Z_r。

在 [t_2，t_3] 时段，L_r 和 C_r 继续谐振工作，L_r 的电流开始减小，谐振电容被正向充电，u_{Cr} 开始上升，VD_Q 继续导通。在 t_3 时刻，i_{Lr} 减小到 I_{in} 时，模态 2 结束，此模态的等效电路如图 6-76b 所示。

基于前述分析可知，在 [t_1,t_3] 时段内，VD_Q 导通，Q 中无电流流过。t_2 时刻是固定的，即 $t_2-t_0= T_r/4$，其中 T_r 是谐振电感和谐振电容的谐振周期，$T_r=2\pi/\omega_r$。而 t_3 时刻不是固定的，因此，Q 的关断时刻可以设置在 t_2 时刻，此时其反并二极管 VD_Q 导通，因此 Q 是零电流关断。而 Q_a 应在 t_3 时刻关断，即 i_{Lr} 下降到 I_{in} 时刻。

则 t_0 至 t_3 的持续时间为

$$t_3 - t_0 = \frac{1}{4}T_r + T_r \bullet \frac{1}{2\pi} \bullet \arccos\left(\frac{I_{in}}{I_{Lr\max}}\right) \tag{6-147}$$

模态 3：[t_3，t_4]，谐振阶段Ⅲ。

在该模态中，由于 Q 关断，I_{in} 通过 VD 流向负载。在 t_3 时刻 Q_a 关断后，谐振电感电流 i_{Lr} 通过辅助二极管 VD_a 流入负载，如图 6-76c 所示。由于 VD 和 VD_a 均导通，L_r 和 C_r 继续谐振，L_r 的电流继续减小，C_r 继续被正向充电。i_{Lr} 和 u_{Cr} 满足如下约束关系：

$$i_{Lr}(t) = \frac{U_{Crmax}}{Z_r}\sin\omega_r(t-t_3) \tag{6-148}$$

$$u_{Cr}(t) = -U_{Crmax}\cos\omega_r(t-t_0) \tag{6-149}$$

在 t_4 时刻，L_r 和 C_r 的半个谐振周期结束，即 $t_4-t_0=T_r/2$。i_{Lr} 减小到 0，u_{Cr} 上升到最大值 U_{Crmax}。

模态 4：[t_4，t_5]，PWM 控制阶段Ⅰ。

在此模态中，辅助电路停止工作，输入电压和升压电感同时给负载提供能量，与基本 Boost 电路的工作情况相同。

模态 5：[t_5，t_6]，谐振阶段Ⅳ。

在 t_5 时刻，主开关管 Q 开通，VD 截止，I_{in} 流过 Q。同时，L_r 和 C_r 通过 Q 和 Q_a 的反并联二极管开始谐振工作。由于 Q 开通之前电压为输出电压 U_o，当其开通时 I_{in} 立即流过，因此 Q 为硬开通，而 VD 存在反向恢复问题。

$$i_{Lr}(t) = -\frac{U_{Crmax}}{Z_r}\sin\omega_r(t-t_5) \tag{6-150}$$

$$u_{Cr}(t) = U_{Cr\max}\cos\omega_r(t-t_0) \tag{6-151}$$

模态 6. [t_6, t_7], PWM 控制阶段Ⅱ。

在此模态中，I_{in} 流经 Q，这与基本的 Boost 电路是完全一样的。

在 t_7 时刻，Q_a 开通，开始另一个开关周期。

2. ZCT PWM 变换器的状态平面图

基于前述分析，Boost ZCT PWM 变换器的简化等效电路如图 6-77 所示。在 [t_0, t_4] 以及 [t_5, t_6] 两个时间段内辅助谐振单元参与谐振，则可根据上述模态分析绘制 ZCT PWM 变换器的状态平面图，定义电感电流 i_{Lr} 和电容电压 u_{Cr} 的归一化因子分别为 U_{Crmax}/Z_r 和 U_{Crmax}，即令 $i_{Lrn}=i_{Lr}Z_r/U_{Crmax}$，$u_{Crn}=u_{Cr}/U_{Crmax}$。

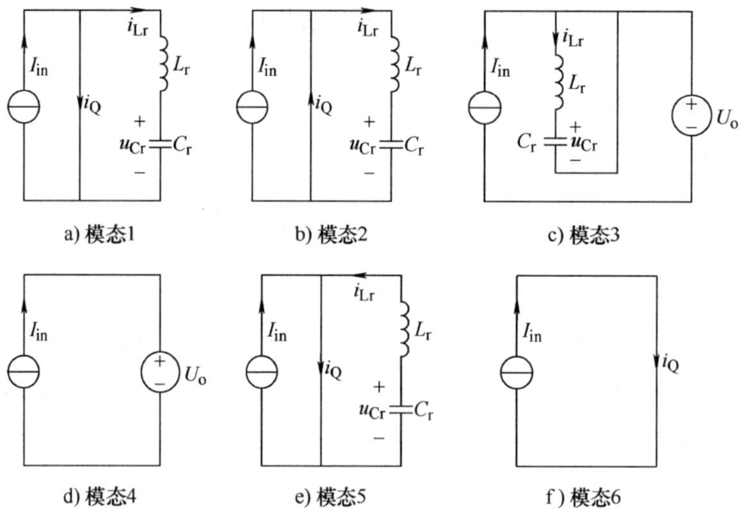

图 6-77　Boost ZCT PWM 变换器的简化等效电路

在 [t_0, t_4] 时间段内 $u_{Crn}=-\cos\omega_r(t-t_0)$，$i_{Lrn}=\sin\omega_r(t-t_0)$，则有

$$u_{Crn}^2(t)+i_{Lrn}^2(t)=\cos^2\omega_r(t-t_0)+\sin^2\omega_r(t-t_0)=1 \tag{6-152}$$

因此，在这一段时间，i_{Lr} 与 u_{Cr} 的变化在状态平面图上可以表示为连接点 t_0 和 t_4 的半圆弧，如图 6-78 所示。

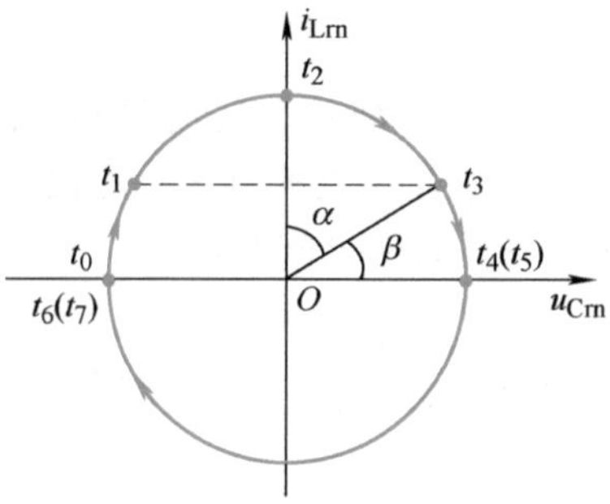

图 6-78　Boost ZCT PWM 变换器的状态平面图

在［t_4，t_5］时间段内，辅助谐振单元不参与电路工作，则在此阶段内状态轨迹停留在原地。

在［t_5，t_6］时间段内，$u_{Crn}=\cos\omega_r(t-t_5)$，$i_{Lrn}=-\sin\omega_r(t-t_5)$，则此阶段内的状态平面方程与式（6-152）相同，状态轨迹可表示为从连接点 t_5 和点 t_6 的半圆弧。

在［t_6，t_7］时间段内，辅助谐振单元同样不参与电路工作，状态轨迹位置不变。

值得注意的是，t_3 为辅助开关 Q_a 关断的时刻，在前述分析中提到［t_2，t_3］的持续时间为

$$t_3-t_2=T_r\cdot\frac{1}{2\pi}\cdot\arccos\left(\frac{I_{in}}{I_{Lr\max}}\right)=\frac{\alpha}{\omega_r} \tag{6-153}$$

式中，α 为状态平面图中 t_2 时刻与 t_3 时刻之间的夹角。

3. ZCT PWM 变换器的软开关条件

由前述分析可知，在［t_0，t_2］时间段，谐振电路经过 1/4 谐振周期后（即 $T_{d1}=T_r/4$），i_{Lr} 谐振至其正峰值，则由式（6-144）可得

$$I_{Lrmax}=\frac{U_{Crmax}}{Z_r} \tag{6-154}$$

显然，为了保证主开关管 Q 的零电流关断，应有 $I_{Lrmax}\geqslant I_{in}$，即当 i_{Lr} 谐振到其正峰值时，仍有 $i_{Lr}<I_{in}$，则 Q 中的电流 $i_Q=I_{in}-i_{Lr}$ 无法到零，因此 Q 将无法实现零电流关断。

另外，考虑到电路稳态工作时，辅助开关管 Q_a 总是在 i_{Lr} 从正峰值谐振到 I_{in} 时关断，而主开关管 Q 与辅助开关管 Q_a 关断信号时间差将决定电容电压的最大值 U_{Crmax}。定义 Q 与 Q_a 的关断信号时间差为 T_{d2}，并令 $\alpha=\omega_r T_{d2}$，则由图 6-76 可知 $\alpha=\pi/2-\beta$。将 i_{Lr}（t）$=I_{in}$ 代入式（6-144）可得

$$I_{in}=\frac{U_{Crmax}}{Z_r}\sin\omega T_{d2}=\frac{U_{Cr\max}}{Z_r}\cos\alpha \tag{6-155}$$

从而可以计算得到 U_{Crmax} 为

$$U_{Crmax}=\frac{I_{in}Z_r}{\cos\alpha} \tag{6-156}$$

若 $U_{Crmax}\leqslant U_o$，则式（6-156）一定满足。在实际电路中，若 $U_{Crmax}>U_o$，则在［t_1，t_2］时间段 Q 导通期间，VD_a 将会由于正偏而导通，电容 C_r 将向输出 U_o 放电，直到 $U_{Crmax}\leqslant U_o$。将式（6-156）代入式（6-154）可得

$$I_{Lrmax}=\frac{I_{in}}{\cos\alpha}\geqslant I_{in} \tag{6-157}$$

由式（6-154）可知，只要满足 $U_{Crmax}\leqslant U_o$，则不管输入电压和输出负载怎样变化，总能实现 Q 的零电流关断。在实际设计中，如果取 $T_{d2}=0.07T_r$，则

$$\begin{cases}\omega_r T_{d2} = \dfrac{2\pi}{T_r} \times 0.07T_r = 0.14\pi \\ \cos\alpha = \cos\omega_r T_{d2} = 0.904 \\ I_{Lrmax} = \dfrac{I_{in}}{\cos\alpha} = 1.1I_{in}\end{cases} \tag{6-158}$$

则此时 I_{Lrmax} 大约比输入电流大 10%，满足主开关器件的零电流关断条件。

4. ZCT PWM 变换器的参数设计

在讨论 L_r 和 C_r 的选择之前，有必要讨论谐振电容峰值电压 U_{Crmax} 的大小。因为 U_{Crmax} 与 L_r 的峰值电流 I_{Lrmax} 有关。

在模态 5 中，当 i_{Lr} 给 C_r 反向充电完毕，i_{Lr} 减小到零，C_r 的电压达到反向最大值 U_{Crmax}。一般而言，$U_{Crmax} \leqslant U_o$。如果 $U_{Crmax} > U_o$，就会出现图 6-79 所示的模态。此时 VD_a 开通，C_r 反向放电，从而使谐振电容的反向电压峰值减小到小于 U_o。

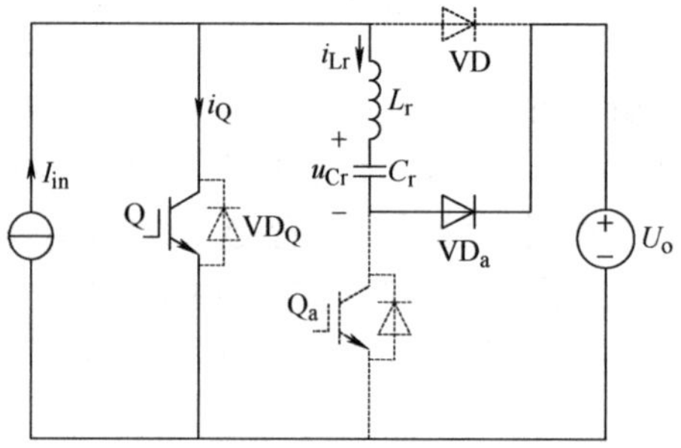

图 6-79 $U_{Crmax} > U_o$ 时出现的模态

下面讨论 L_r 和 C_r 的选择。从式（6-157）中可知 L_r 的最大值电流 I_{Lrmax} 为

$$I_{Lrmax} = \frac{I_{in}}{\cos\left[\dfrac{T_{on(Qa)} - \dfrac{1}{4}T_r}{T_r} \cdot 2\pi\right]} = \frac{I_{in}}{\sin\left[\dfrac{T_{on(Qa)}}{T_r} \cdot 2\pi\right]} \tag{6-159}$$

式中，$T_{on(Qa)}$ 为辅助开关 Q_a 的导通时间，$T_{on(Qa)} = T_r/2 + T_{d2}$。

由于 $U_{Crmax} \leqslant U_o$，可将式（6-154）改写为

$$I_{Lrmax} \leqslant \frac{U_o}{\sqrt{L_r / C_r}} \tag{6-160}$$

为了不影响基本的 Boost 变换器的工作，L_r 和 C_r 的谐振工作时间不能太长，一般选择其正向或反向的谐振工作时间为一个开关周期 T_s 的 1/5，即

$$2\pi\sqrt{L_r C_r}=\frac{T_s}{5} \tag{6-161}$$

由式（6-160）和式（6-161）可以求出 L_r 和 C_r 的选值。

$$L_r=\frac{U_o T_s}{10\pi \cdot I_{Lrmax}} \tag{6-162}$$

$$C_r=\frac{I_{Lrmax} T_s}{10\pi \cdot U_o} \tag{6-163}$$

在一个开关周期中，辅助谐振电路正负谐振各一次，则 L_r 的有效值电流为 $\sqrt{T_r/(2T_s)} \cdot I_{Lrmax}$，$C_r$ 的最大峰值电压为 U_o。

辅助开关管 Q_a 所承受的最大电压为 U_o，其峰值电流为 I_{Lrmax}，有效值电流为

$$I_{Qa}=\left\{\frac{1}{2}\sqrt{\frac{T_r}{T_s}}+\sqrt{\frac{1}{2T_s}\left[T_{on(Qa)}-\frac{1}{2\omega_r}\sin(2\omega_r T_{on(Qa)})\right]}\right\} \cdot I_{Lrmax} \tag{6-164}$$

辅助二极管 VD_a 所承受的最大电压为 U_o，其峰值电流为 $I_{Lrmax}\sin[\omega_r T_{on(Qa)}]$，有效值电流为

$$I_{VDa}=\sqrt{\frac{1}{2T_s}\left[\frac{T_r}{2}-T_{on(Qa)}+\frac{1}{2\omega_r}\sin(2\omega_r T_{on(Qa)})\right]} \cdot I_{Lrmax} \tag{6-165}$$

5. ZCT PWM 变换器小结

通过本节的分析可知，ZCT PWM 变换器具有以下优点：

1）在任意负载和规定的输入电压范围内均能实现主开关管的零电流关断。

2）辅助谐振电路的能量随着负载的变化而自动调整。当负载较小或输入电压较高时，I_{in} 较小，辅助谐振电路的能量则较小；当负载较大或输入电压较低时，I_{in} 较大，辅助谐振电路中的能量则较大。因此，辅助电路工作在优化工作状态，有利于减小辅助电路的损耗。

ZCT PWM 变换器的主要不足在于主开关管无法实现零电流开通，升压二极管存在反向恢复问题。

与 ZVT PWM 变换器类似，ZCT PWM 变换器的辅助谐振电路与主功率回路并联，而且辅助谐振电路的工作不会增加主开关管的电压应力，主开关管的电压应力较小。这些优点使得零转换 PWM 变换器适用于采用 IGBT 作为主开关管的电力电子功率变换场合，避免了 IGBT 的电流拖尾现象影响，有助于提高开关频率。

6.6 有源钳位电路及其实现

单端正激变换器和单端反激变换器因电路结构简单、控制方便，在中小功率场合得到了广泛的应用。但在常规的硬开关电路中，由于变压器漏感以及寄生电容的影响，在开关转换瞬间会产生很高的电压尖峰现象，增加了器件的电压应力和开关损耗。为了抑制这些电压尖峰，通常采用RC或RCD缓冲器吸收变压器漏感中的能量。然而由于这些能量最终会消耗在缓冲电阻上，因而电路的工作频率及效率均难以提高。为了使单端正激变换器与单端反激变换器能够在高频率、高效率、高功率密度、高可靠性下工作，专家学者开展了面向单端正激变换器和单端反激变换器的软开关技术研究。本节接下来将重点介绍有源钳位ZVS PWM正激变换器和有源钳位ZVS PWM反激变换器。

6.6.1 有源钳位ZVS PWM正激变换器

有源钳位电路通常由有源开关管（或称钳位开关）和钳位电容串联组成，并联在主开关管或变压器一次绕组两端，利用钳位电容、开关管输出电容和变压器绕组漏电感谐振，为主开关管创造零电压开通条件。在主开关管关断期间，钳位电容将主开关管两端电压钳位在一定数值，使主开关管避免承受过高的电压应力。在正激变换电路中利用有源钳位，可实现变压器磁心磁通的自动复位，无须另加磁复位措施，并可使励磁电流沿正负方向流通，使磁心可以在磁化曲线的第一象限和第三象限运行，提高了磁心的利用率。

根据钳位电容 C_c 的位置不同，有源钳位正激变换器钳位电路如图6-80所示，其中，S_1 为主开关管，S_2 为钳位开关管。图6-80a中，钳位电路与主开关管 S_1 相并联，通过计算可得出钳位电容电压 $U_C=U_{in}/(1-D)$，这与升压式变换器的输出电压表达式一样，故又称之为升压式钳位电路。图6-80b中，C_c 上的钳位电压为 $U_C=DU_{in}/(1-D)$，该表达式与反激变换器的输出电压表达式一样，故又称为反激式钳位电路。两种拓扑的工作原理类似，因此本节以图6-80b所示的钳位电路为例来讨论工作原理。

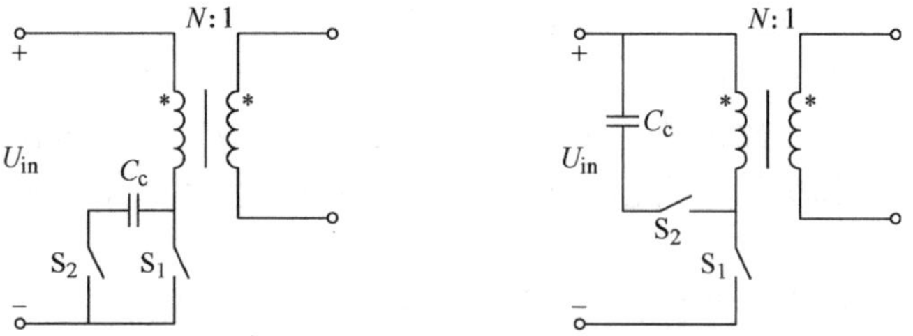

a) 升压式钳位电路　　b) 反激式钳位电路

图6-80　有源钳位正激变换器的钳位电路

1. 有源钳位ZVS PWM正激变换器的工作原理

图6-81为有源钳位ZVS PWM正激变换器电路实现方式。图中，L_m 为变压器励磁电

感，L_1 为漏感，i_{Lm} 为励磁电流，$N=N_1:N_2$ 为变压器电压比，C_s 为开关管 Q_1、Q_2 的结电容之和。

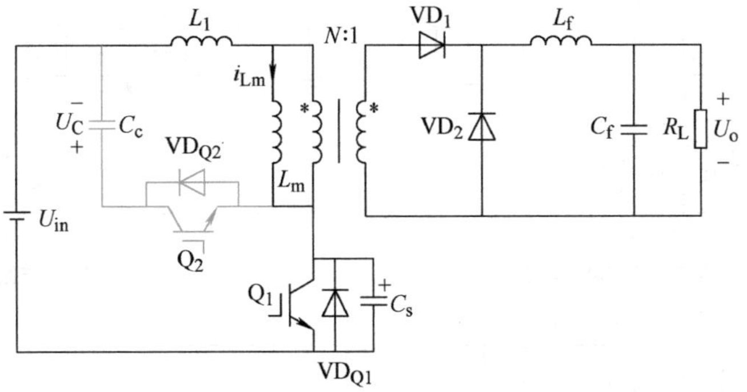

图 6-81　有源钳位 ZVS PWM 正激变换器电路实现方式

图 6-82 为有源钳位 ZVS PWM 正激变换器的基本电气波形，在一个开关周期内，该变换器共有 8 个模态。为简化分析，做如下假设：

1）电路中所有元器件均为理想元器件。

2）输出滤波电感 L_f 足够大，在一个开关周期内其电流基本保持输出电流 I_o 不变。

3）钳位电容 C_c 足够大，在一个开关周期中可用恒压源 U_C 等效代替，$U_C=DU_{in}/(1-D)=NU_o/(1-D)$。

4）考虑到 $L_1 \ll L_m$，在后续分析中将 L_1 忽略。

基于上述假设，有源钳位正激变换器的简化电路图如图 6-83 所示。图 6-84 给出了有源钳位 ZVS PWM 正激变换器模态等效电路，与之对应的简化等效电路如图 6-85 所示。定义电路初始状态：在 t_0 时刻之前，开关管 Q 处于断开状态，输出电流 I_o 通过续流二极管 VD_1 续流，此时谐振电感电流 i_{Lr} 为负值，结电容电压 $u_{Cs}=0$。

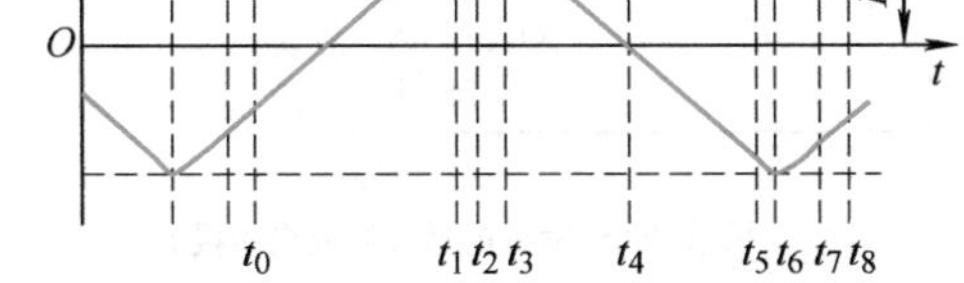

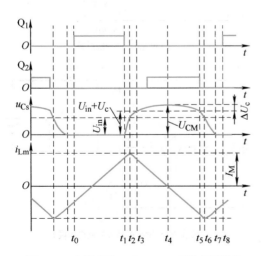

图 6-82　有源钳位 ZVS PWM 正激变换器的基本电气波形

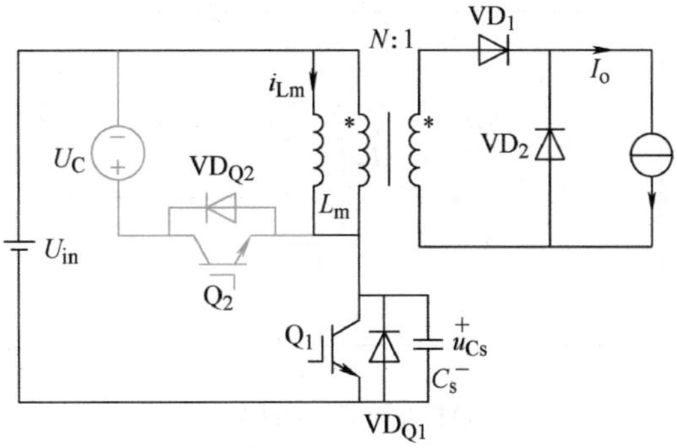

图 6-83　有源钳位 ZVS PWM 正激变换器的简化电路图

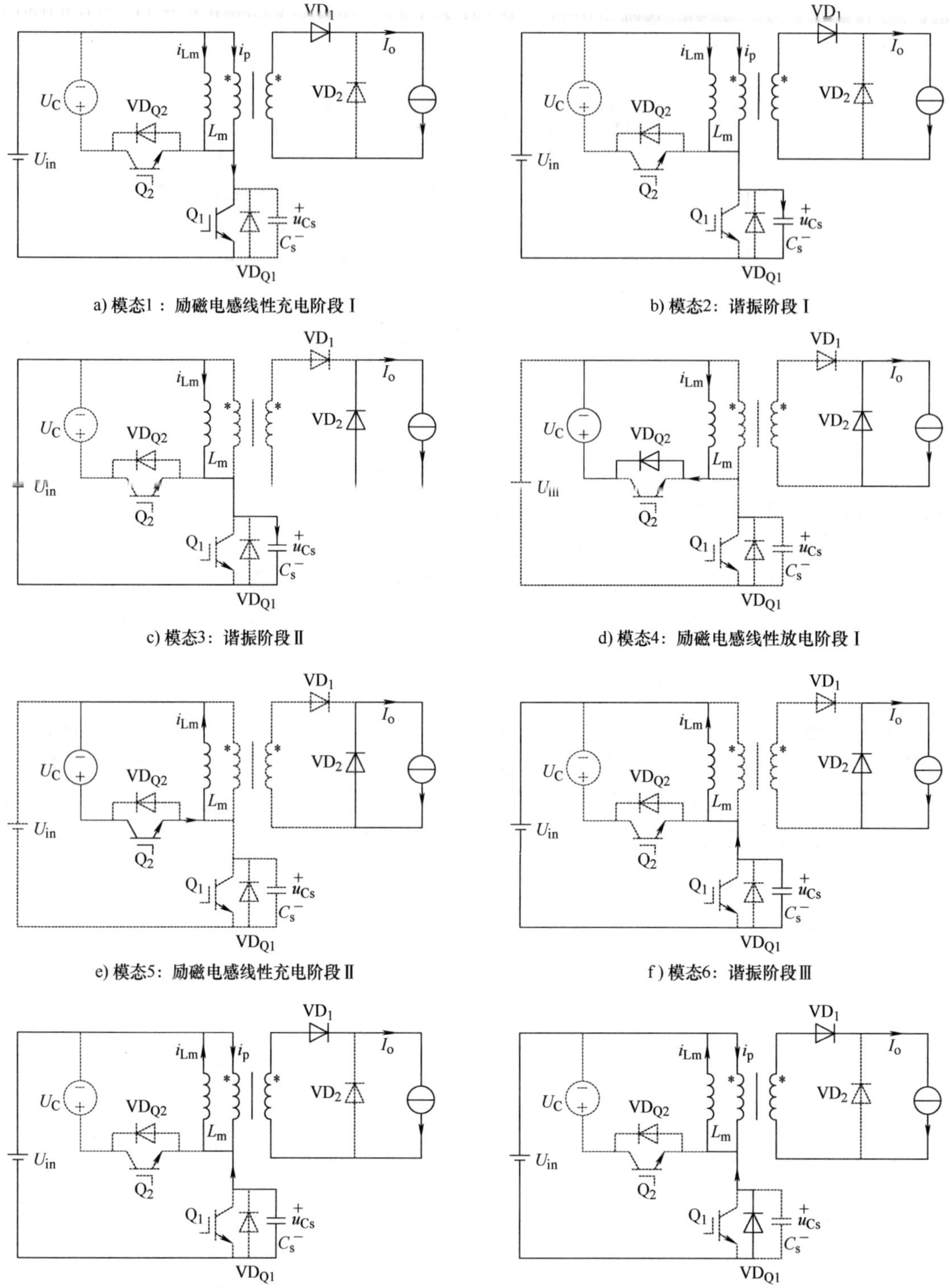

a) 模态1：励磁电感线性充电阶段Ⅰ　b) 模态2：谐振阶段Ⅰ

c) 模态3：谐振阶段Ⅱ　d) 模态4：励磁电感线性放电阶段Ⅰ

e) 模态5：励磁电感线性充电阶段Ⅱ　f) 模态6：谐振阶段Ⅲ

g) 模态7：谐振阶段Ⅳ　h) 模态8：励磁电感线性放电阶段Ⅱ

图 6-84　有源钳位 ZVS PWM 正激变换器模态等效电路

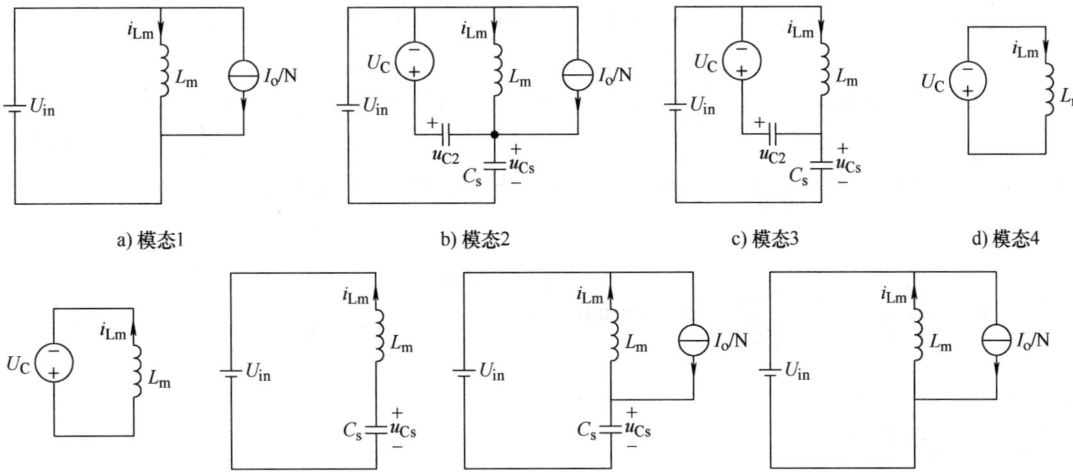

图 6-85　有源钳位 ZVS PWM 正激变换器简化等效电路

模态 1：[t_0，t_1]，励磁电感线性充电阶段 I 。

在 t_0 时刻，主开关管 Q_1 导通，变压器磁心正向激磁，励磁电流 i_{Lm} 从第三象限向第一象限过渡。变压器一次电压 U_{in}，二次侧整流二极管 VD_1 导通、VD_2 关断，输入电源 U_{in} 的能量通过变压器和 VD_1 传送到输出侧负载。该模态的工作状态完全等同于常规的 PWM 正激变换器。钳位开关管 Q_2 关断，其反并联二极管 VD_{Q2} 反偏，处于阻断状态。该模态等效电路如图 6-84a 所示。该时间段内有 $u_{Cs}=0$，$u_{Q2}=U_{in}+U_C$，以及

$$L_m \frac{di_{Lm}(t)}{dt} = U_{in} \tag{6-166}$$

代入初始条件 $i_{Lm}(t_0)=-I_{m0}$，解式（6-166）可得

$$i_{Lm}(t) = \frac{U_{in}}{L_m}(t-t_0) - I_{m0} \tag{6-167}$$

该模态的持续时间取决于电路的占空比控制要求。设在 t_1 时刻，主开关管 Q_1 关断，$i_{Lm}=I_{m1}$，则这个时间段长度为

$$T_{01} = (I_{m1} + I_{m0})\frac{L_m}{U_{in}} \tag{6-168}$$

模态 2：[t_1，t_2]，谐振阶段 I 。

在 t_1 时刻，主开关管 Q_1 在结电容 C_s 的作用下软关断。二次侧折算到一次侧的电流 $i_p=I_o/N$，在 i_p 和 i_{Lm} 的作用下，L_m 与 C_s 谐振，VD_1 继续导通，该模态等效电路拓扑如图 6-84b 所示。该时间段内满足

$$\begin{cases} C_s \dfrac{du_{Cs}(t)}{dt} = i_{Lm}(t) + \dfrac{I_o}{N} \\ L_m \dfrac{di_{Lm}(t)}{dt} = U_{in} - u_{Cs}(t) \end{cases} \tag{6-169}$$

初始条件 $i_{Lm}(t_1)=I_{m1}$，$u_{Cs}(t_1)=0$。代入初始条件解方程组（6-169）可得

$$\begin{cases} u_{Cs}(t)=U_{in}-U_{in}\cos\omega(t-t_1)+\left(\frac{I_o}{N}+I_{m1}\right)Z\sin\omega(t-t_1)=U_{in}-U_{M1}\cos\left[\omega(t-t_1)+\beta_1\right] \\ i_{Lm}(t)=\frac{U_{in}}{Z}\sin\omega(t-t_1)+\left(\frac{I_o}{N}+I_{m1}\right)\cos\omega(t-t_1)-\frac{I_o}{N}=I_{1M}\sin\left[\omega(t-t_1)+\beta_1\right]-\frac{I_o}{N} \end{cases} \tag{6-170}$$

式中，$\omega=\frac{1}{\sqrt{L_m C_s}}$，$Z=\sqrt{\frac{L_m}{C_s}}$，$\beta_1=\arctan\frac{\left(\frac{I_o}{N}+I_{m1}\right)Z}{U_{in}}$，$U_{M1}=\sqrt{U_{in}^2+\left(\frac{I_o}{N}+I_{m1}\right)^2Z^2}$，$I_{1M}=\sqrt{\left(\frac{U_{in}}{Z}\right)^2+\left(\frac{I_o}{N}+I_{m1}\right)^2}$。

当 u_{Cs} 谐振上升到等于 U_{in} 时，该模态结束。将 $u_{Cs}(t_2)=U_{in}$ 代入式（6-170），可得该模态的持续时间为

$$T_{12}=\frac{1}{\omega}\arctan\frac{U_{in}}{\left(\frac{I_o}{N}+I_{m1}\right)Z}=\frac{1}{\omega}\left(\frac{\pi}{2}-\beta_1\right) \tag{6-171}$$

在 t_2 时刻励磁电流为

$$i_{Lm}(t_2)=I_{m2}=I_{1M}-\frac{I_o}{N} \tag{6-172}$$

模态 3：[t_2，t_3]，谐振阶段Ⅱ。

在 t_2 时刻，变压器一次电压为零，VD_1 关断，VD_2 导通，变压器励磁电感 L_m 与 C_s 继续谐振。这一时间段的等效电路拓扑如图 6-84c 所示，该模态满足如下关系：

$$\begin{cases} C_s\frac{du_{Cs}(t)}{dt}=i_{Lm}(t) \\ L_m\frac{di_{Lm}(t)}{dt}=U_{in}-u_{Cs}(t) \end{cases} \tag{6-173}$$

初始条件为 $i_{Lm}(t_2)=I_{m2}$，$u_{Cs}(t_2)=U_{in}$。代入初始条件解方程组（6–173）可得

$$\begin{cases} u_{Cs}(t)=U_{in}+\left(I_{1M}-\frac{I_o}{N}\right)Z\sin\omega(t-t_2) \\ i_{Lm}(t)=\left(I_{1M}-\frac{I_o}{N}\right)\cos\omega(t-t_2) \end{cases} \tag{6-174}$$

当 u_{Cs} 谐振上升到（$U_{in}+U_C$）时，钳位二极管 VD_{Q2} 导通，该模态结束。将 $u_{Cs}=U_{in}+U_C$ 代入式（6-174），可得该模态的持续时间为

$$T_{23}=\frac{1}{\omega}\arcsin\left(\frac{U_C}{I_{m2}Z}\right) \tag{6-175}$$

在 t_3 时刻，励磁电流为

$$i_{Lm}(t_3)=I_{m3}=\sqrt{I_{m2}^2-\left(\frac{U_C}{Z}\right)^2} \tag{6-176}$$

模态 4：[t_3，t_4]，励磁电感线性放电阶段Ⅰ。

在 t_3 时刻，$u_{Cs}=U_{in}+U_C$，钳位二极管 VD_{Q2} 导通，将 u_{Cs} 钳位在此数值。励磁电流 i_{Lm} 在钳位电压 U_C 的作用下线性下降，变压器进入磁复位过程，该模态等效电路如图 6-84d 所示。该时间段内满足

$$\begin{cases} L_m\dfrac{di_{Lm}(t)}{dt}=-U_C \\ u_{Cs}(t)=U_{in}+U_C \end{cases} \tag{6-177}$$

初始条件为 i_{Lm}（t_3）$=I_{m3}$，u_{Cs}（t_3）$=U_{in}+U_C$。代入初始条件解方程组（6–177）可得

$$i_{Lm}(t)=-\frac{U_C}{L_m}(t-t_3)+I_{m3} \tag{6-178}$$

当 i_{Lm} 下降到零时，该模态结束。由式（6-178）可得这模态的持续时间为

$$T_{34}=\frac{I_{m3}L_m}{U_C} \tag{6-179}$$

该时段内，由于钳位二极管 VD_{Q2} 的导通，钳位开关管 Q_2 可在零电压下完成导通过程。

模态 5：[t_4，t_5]，励磁电感线性充电阶段Ⅱ。

在 t_4 时刻之后，i_{Lm} 在钳位电压 U_C 的作用下，通过 Q_2 反方向线性增加，磁心工作在第三象限，u_{Cs} 继续被钳位在 $U_{in}+U_C$，该模态等效电路如图 6-84e 所示。该时间段内满足

$$i_{Lm}(t)=-\frac{U_C}{L_m}(t-t_4) \tag{6-180}$$

当该时段钳位电容 C_c 的放电电荷等于上一时间段的充电电荷时，这个时段结束。

模态 4 中的 C_c 充电电荷为

$$q_1=\int_0^{T_{34}}i_{Lm}(t)dt=\int_{t_3}^{t_4}\left[-\frac{U_C}{L_m}(t-t_3)+I_{m3}\right]dt=\frac{I_{m3}^2L_m}{2U_C} \tag{6-181}$$

模态 5 中的 C_c 放电电荷为

$$q_2=\int_0^{T_{45}}i_{Lm}(t)dt=\int_{t_4}^{t_5}\left[-\frac{U_C}{L_m}(t-t_4)\right]dt=-\frac{U_C}{2L_m}T_{45}{}^2 \tag{6-182}$$

由 $q_1+q_2=0$ 可得这个时段的持续时间为

$$T_{45}=\frac{I_{m3}L_m}{U_C}=T_{34} \tag{6-183}$$

$$i_{Lm}(t_5)=-I_{m5}=-\frac{U_C}{L_m}T_{45}=-\frac{U_C}{L_m}\frac{I_{m3}L_m}{U_C}=-I_{m3} \tag{6-184}$$

模态 6：[t_5，t_6]，谐振阶段Ⅲ。

在 t_5 时刻，钳位开关管 Q_2 在缓冲电容作用下软关断。此后，励磁电感 L_m 与结电容 C_s 重新开始谐振，该模态等效电路拓扑如图 6-84f 所示。该时间段内满足

$$\begin{cases} C_s\dfrac{du_{Cs}(t)}{dt}=i_{Lm}(t) \\ L_m\dfrac{di_{Lm}(t)}{dt}=U_{in}-u_{Cs}(t) \end{cases} \tag{6-185}$$

初始条件为 i_{Lm}（t_5）$=-I_{m5}=-I_{m3}$，u_{Cs}（t_5）$=U_{in}+U_C$。代入初始条件解方程组（6-185）可得

$$\begin{cases} u_{Cs}(t)=U_{in}+U_C\cos\omega(t-t_5)-I_{m3}Z\sin\omega(t-t_5)=U_{in}+U_{M2}\cos[\omega(t-t_5)+\beta_2] \\ i_{Lm}(t)=-\dfrac{U_C}{Z}\sin\omega(t-t_5)-I_{m3}\cos\omega(t-t_5)=-I_{2M}\sin[\omega(t-t_5)+\beta_2] \end{cases} \tag{6-186}$$

式中，$U_{M2}=\sqrt{U_C^2+(I_{m3}Z)^2}$，$I_{2M}=\sqrt{\left(\dfrac{U_C}{Z}\right)^2+I_{m3}^2}$，$\beta_2=\arctan\left(\dfrac{I_{m3}Z}{U_C}\right)$。

当 u_{Cs} 在 t_6 时刻谐振下降到 U_{in} 时，该模态结束。将 u_{Cs}（t_6）$=U_{in}$ 代入式（6-186）可得该时段的持续时间为

$$T_{56}=\frac{1}{\omega}\arctan\left(\frac{U_C}{I_{m3}Z}\right) \tag{6-187}$$

或者

$$\omega T_{56}+\beta_2=\frac{\pi}{2} \tag{6-188}$$

在 t_6 时刻，励磁电流为

$$i_{Lm}(t_6)=-I_{m6}=-I_{2M}=-\sqrt{\left(\frac{U_C}{Z}\right)^2+I_{m3}^2}=-\sqrt{\left(\frac{U_C}{Z}\right)^2+I_{m2}^2-\left(\frac{U_C}{Z}\right)^2}=-I_{m2} \tag{6-189}$$

模态 7：[t_6，t_7]，谐振阶段Ⅳ。

t_6 时刻，u_{Cs} 下降到 U_{in}，变压器一次电压上升为零。此后，VD_2 关断，VD_1 导通，在一次电流 i_p 及励磁电流 i_{Lm} 作用下，L_m 与 C_s 谐振，该模态等效电路拓扑如图 6-84g 所示。该时间段内满足

$$\begin{cases} C_s \dfrac{\mathrm{d}u_{Cs}(t)}{\mathrm{d}t} = i_{Lm}(t) + \dfrac{I_o}{N} \\ L_m \dfrac{\mathrm{d}i_{Lm}(t)}{\mathrm{d}t} = U_{in} - u_{Cs}(t) \end{cases} \tag{6-190}$$

初始条件为 i_{Lm}（t_6）=$-I_{m2}$=$-I_{m6}$，u_{Cs}（t_6）=U_{in}。代入初始条件解方程组（6-190）可得

$$\begin{cases} u_{Cs}(t) = U_{in} - \left(I_{m2} - \dfrac{I_o}{N}\right) Z \sin\omega(t - t_6) \\ i_{Lm}(t) = -\left(I_{m2} - \dfrac{I_o}{N}\right)\cos\omega(t - t_6) - \dfrac{I_o}{N} \end{cases} \tag{6-191}$$

在 t_7 时刻，u_{Cs} 谐振到零，该模态结束。由式（6-191）可得这个模态持续时间为

$$T_{67} = \frac{1}{\omega}\arcsin\frac{U_{in}}{\left(I_{m2} - \dfrac{I_o}{N}\right)Z} \tag{6-192}$$

在 t_7 时刻励磁电流为

$$i_{Lm}(t_7) = -\sqrt{\left(I_{m2} - \frac{I_o}{N}\right)^2 - \left(\frac{U_{in}}{Z}\right)^2} - \frac{I_o}{N} = -I_{m7} \tag{6-193}$$

模态 8：[t_7，t_8]，励磁电感线性放电阶段Ⅱ。

在 t_7 时刻，u_{Cs} 下降到零，主开关管 Q_1 的反并联二极管 VD_{Q1} 导通，将 u_{Cs} 钳位在零值。此后，励磁电感电流 i_{Lm} 在输入电压 U_{in} 的作用下线性变化，对应等效电路拓扑如图 6-84h 所示。该时间段内满足

$$L_m \frac{\mathrm{d}i_{Lm}(t)}{\mathrm{d}t} = U_{in} \tag{6-194}$$

初始条件为 i_{Lm}（t_7）=$-I_{m7}$，u_{Cs}（t_7）=0。代入初始条件解式（6-194）可得

$$i_{Lm}(t) = \frac{U_{in}}{L_m}(t - t_7) - I_{m7} \tag{6-195}$$

当 i_{Lm} 在数值上下降到等于 I_o/N 时，即 i_{Lm}（t）=−（I_o/N），二极管 VD_{Q1} 中电流为零，该模态结束。从 t_8（t_0）时刻将开始下一个周期。在这个时段，主开关管 Q_1 可在零电压下完成导通过程。由式（6-195）可得这个模态持续时间为

$$T_{78} = \frac{L_m}{U_{in}}\sqrt{\left(I_{m2} - \frac{I_o}{N}\right)^2 - \left(\frac{U_{in}}{Z}\right)^2} \tag{6-196}$$

2. 有源钳位 ZVS PWM 正激变换器的软开关条件

由前面的讨论可知，主开关管 Q_1 及钳位开关管 Q_2 的关断都是在结电容作用下以软

关断方式完成的，但 Q_1、Q_2 的零电压开通必须满足一定的条件。

由图 6-84g 及式（6-191）可知，为了使 Q_1 电压 u_{Cs} 能谐振到零，必须满足

$$\left(I_{m2}-\frac{I_o}{N}\right)Z \geqslant U_{in} \tag{6-197}$$

整理得

$$\sqrt{\frac{L_m}{C_s}}\left(\frac{NU_o}{2L_m f_s}-\frac{I_o}{N}\right) \geqslant U_{in} \tag{6-198}$$

从式（6-198）可看出，为了满足 Q_1 的零电压开通条件，变压器励磁电感 L_m 与开关频率 f_s 之间具有一种耦合关系，当 L_m 较大时，f_s 应减小，而当 f_s 升高时，L_m 可以减小。

由式（6-174）可知，为了使钳位开关管 Q_2 电压能谐振到零，即使 u_{Cs} 能谐振上升到 $U_{in}+U_C$，必须有 $I_{m2}Z \geqslant U_C$，即应满足

$$\begin{cases}\dfrac{NU_o}{2L_m f_s}\sqrt{\dfrac{L_m}{C_s}} \geqslant U_C \\ \dfrac{NU_o}{2\sqrt{L_m C_s}f_s} \geqslant \dfrac{NU_o}{1-D} \\ \dfrac{\omega}{2f_s} \geqslant \dfrac{1}{1-D} \\ D \leqslant 1-\dfrac{1}{\pi}\end{cases} \tag{6-199}$$

尽管占空比 D 可以大于 0.5 是有源钳位单端正激变换器的优点之一，但由式（6-199）可知，当 D 取值在 0.7 左右时，钳位开关管 Q_2 将失去零电压开通条件。

3. 有源钳位 ZVS PWM 正激变换器的电气量讨论

（1）钳位电容电压 U_C

从前面讨论可知，如果忽略短暂的谐振过渡过程，则主开关管 Q_1 的导通时间为 DT_s，此时变压器一次电压为 U_{in}；主开关管 Q_1 的断开时间为（$1-D$）T_s，这时变压器一次电压为 $-U_C$。由伏秒平衡特性可得，$U_{in}DT_s=U_C(1-D)T_s$，从而可知钳位电容电压 U_C 应为

$$U_C=\frac{DU_{in}}{1-D}=\frac{NU_o}{1-D} \tag{6-200}$$

（2）钳位电容电压纹波 ΔU_C

在前面的讨论中，钳位电容 C_c 实际上被看作无穷大，因此在整个工作过程中，其两端电压保持不变。实际上，由于 C_c 的容值是有限的，因此相应电压在 [t_3，t_5] 时间段内存在波动，且有 $u_C(t_3)=u_C(t_5)=U_C$；在 [t_3，t_4] 时间段，u_C 上升；在 [t_4，t_5] 时间段，u_C 下降。最大值 U_{CM} 出现在 t_4 时刻。令 $\Delta U_C=U_{CM}-U_C$，则根据式（6-181）可得

$$\Delta U_C=\frac{q_1}{C_c}=\frac{I_{m3}^2 L_m}{2U_C C_c} \Rightarrow \frac{\Delta U_C}{U_C}=\frac{I_{m3}^2 L_m}{2U_C^2 C_c} \tag{6-201}$$

将 $U_C=NU_o/(1-D)$，$I_{m3}\approx I_M=NU_o/(2L_m f_s)$ 代入式（6-201）可得

$$\frac{\Delta U_C}{U_C}=\frac{(1-D)^2}{8L_mC_cf_s^2} \tag{6-202}$$

显然 C_c 的数值越大，则钳位电容电压相对波动越小。

（3）励磁电流峰值 I_M

由前面的讨论及图 6-82 可知，在时刻 t_2 和 t_6，励磁电流 i_{Lm} 分别达到其正峰值和负峰值，这时有 $I_{m2}=I_{m6}=I_M$。如果考虑到 $[t_2, t_3]$ 及 $[t_5, t_6]$ 时间段的谐振过渡过程相对于 $[t_3, t_5]$ 时间段的线性变化段是一段很短的过程，且谐振频率很高，则 i_{Lm} 在整个 $[t_2, t_6]$ 时间间隔内的变化可近似看作线性变化过程，斜率为 U_C/L_m。该时间段恰好是二次侧续流二极管工作期间，即 $t_6-t_2=(1-D)T_s$，故可得

$$\frac{2I_M}{(1-D)T_s}=\frac{U_C}{L_m}=\frac{NU_o}{(1-D)L_m} \tag{6-203}$$

$$I_{m2}=I_{m6}=I_M=\frac{NU_o}{2L_mf_s} \tag{6-204}$$

另外，从前面的讨论可知

$$I_{m3}=I_{m5}=\sqrt{I_{m2}^2-\left(\frac{U_C}{Z}\right)^2} \tag{6-205}$$

考虑到励磁电感 L_m 很大，而开关管结电容很小，则 $Z=\sqrt{L_m/C_s}$ 将具有一个很大的数值，因此 $U_C/Z \ll I_{m2}$，从而可得

$$I_{m3}=I_{m5}\approx I_{m2}=I_M=\frac{NU_o}{2L_mf_s} \tag{6-206}$$

（4）开关管 Q_1、Q_2 的电压及电流应力

主开关管 Q_1 和钳位开关管 Q_2 承受的电压应力和电流应力对开关管的正确选择至关重要。根据上面的工作原理分析可知

$$U_{Q1max}=U_{in}+U_C+\Delta U_C=U_{in}+\frac{NU_o}{1-D}+\frac{(1-D)NU_o}{8L_mC_cf_s^2} \tag{6-207}$$

$$U_{Q2max}=U_{in}+U_C=U_{in}+\frac{NU_o}{1-D} \tag{6-208}$$

在 t_1 时刻，主开关管 Q_1 的电流最大，即

$$i_{Q1}=I_{m1}+\frac{I_o}{N}$$

由式（6-172）可得

$$I_{m2}=\sqrt{\left(I_{m1}+\frac{I_o}{N}\right)^2+\left(\frac{U_{in}}{Z}\right)^2}-\frac{I_o}{N} \tag{6-209}$$

同样，如果考虑 $I_{m1}+I_o/N \gg (U_{in}/Z)$，则有

$$I_{m1}\approx I_{m2}=\frac{NU_o}{2L_mf_s} \tag{6-210}$$

$$I_{Q1max}=\frac{NU_o}{2L_mf_s}+\frac{I_o}{N} \tag{6-211}$$

在 t_5 时刻，流入钳位开关管 Q_2 的电流最大，为

$$I_{Q2max}=I_{m6}\approx\frac{NU_o}{2L_mf_s} \tag{6-212}$$

综上所述，有源钳位 ZVS PWM 正激变换器具有如下明显的优点：

1）主开关管 Q_1 和钳位开关管 Q_2 实现零电压开关，减小了开关损耗，提高了整体效率。

2）由于钳位电容的作用，降低了开关管的电压应力。

3）占空比 D 可大于 0.5。

4）有源钳位电路可使变压器磁心磁通自动复位，无须另加复位措施。

5）励磁电流可在正、负两个方向上流通，使磁心工作于磁化曲线的第一及第三象限，提高了磁心利用率。

有源钳位 ZVS PWM 正激变换器的主要不足在于增加了一个钳位开关，从而增加了控制电路的复杂性。此外，主开关管 Q_1 的零电压开通条件明显与负载有关。

6.6.2 有源钳位 ZVS PWM 反激变换器

1. 有源钳位 ZVS PWM 反激变换器的工作原理

图 6-86 是有源钳位 ZVS PWM 反激变换器等效原理图。电路中，L_m 为励磁电感，L_r 为变压器漏感与外加电感之和，C_r 为开关管 Q_1、Q_2 结电容之和，C_c 为钳位电容。

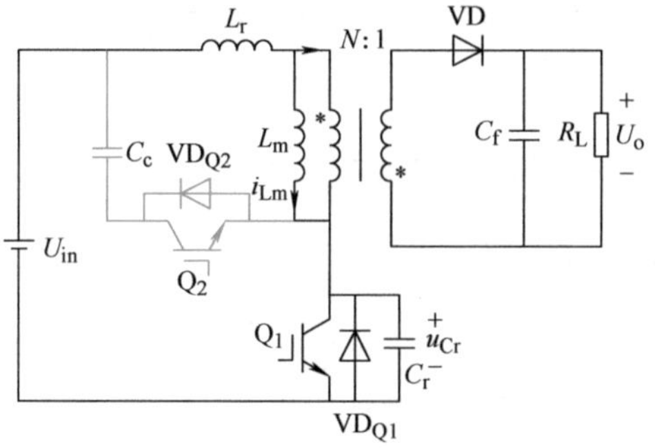

图 6-86　有源钳位 ZVS PWM 反激变换器等效原理图

图 6-87 为有源钳位 ZVS PWM 反激变换器的基本电气波形，在一个开关周期内，该变换器共有 6 个模态。为简化分析，做如下假设：

1）电路中所有元器件均为理想元器件。

2）变压器励磁电流 i_{Lm} 总是处于正的非零状态。

3）输出滤波电容 C_f 足够大，在一个开关周期内其电压基本保持输出电压 U_o 不变。

4）谐振电感 L_r 远小于励磁电感 L_m，通常 L_r 为 L_m 的 5% ～ 10%。

5）在谐振过程中，L_r 中储存的能量足以使 C_r 完全放电。

基于上述假设，有源钳位 ZVS PWM 反激变换器的简化电路图如图 6-88 所示。

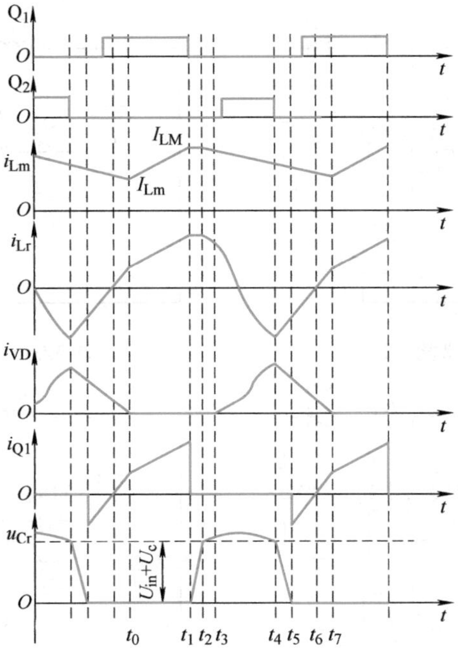

图 6-87　有源钳位 ZVS PWM 反激变换器的基本电气波形

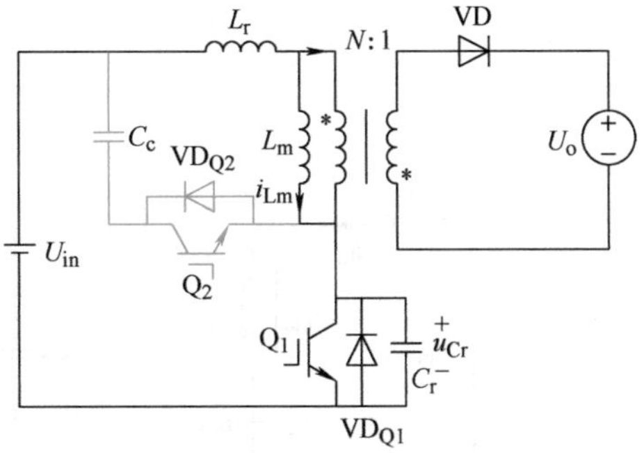

图 6-88　有源钳位 ZVS PWM 反激变换器的简化电路图

图 6-89 给出了有源钳位 ZVS PWM 反激变换器模态等效电路，与之对应的简化等效电路如图 6-90 所示。定义电路初始状态：在 t_0 时刻之前，主开关管 Q_1 导通，辅助开关管 Q_2 关断，VD 处于关断状态。

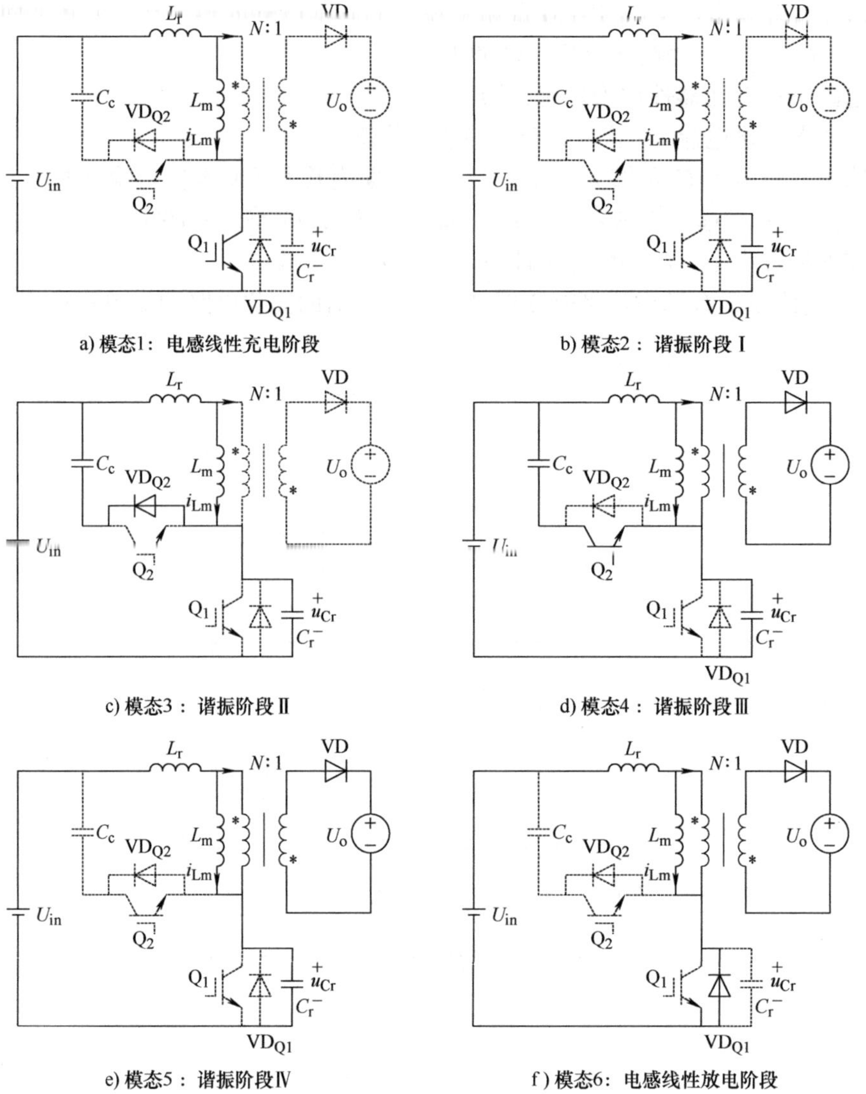

a) 模态1：电感线性充电阶段　b) 模态2：谐振阶段Ⅰ

c) 模态3：谐振阶段Ⅱ　d) 模态4：谐振阶段Ⅲ

e) 模态5：谐振阶段Ⅳ　f) 模态6：电感线性放电阶段

图 6-89　有源钳位 ZVS PWM 反激变换器的模态等效电路

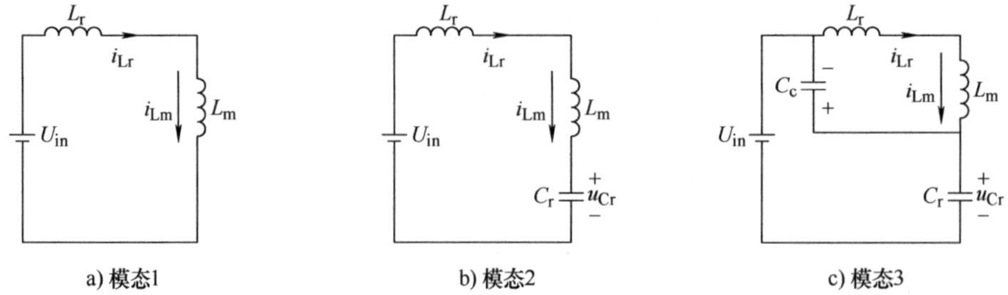

a) 模态1　b) 模态2　c) 模态3

图 6-90　有源钳位 ZVS PWM 反激变换器的简化等效电路

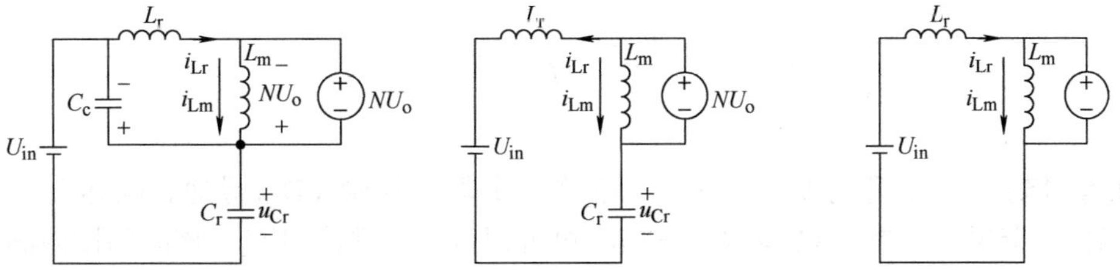

图 6-90　有源钳位 ZVS PWM 反激变换器的简化等效电路（续）

模态 1：[t_0，t_1]，电感线性充电阶段。

在时刻 t_0，Q_1 导通，Q_2 关断，二次侧整流二极管 VD 反偏，励磁电感 L_m 与谐振电感 L_r 处于线性充电状态，此时 $i_{Lm}=i_{Lr}=I_{Lm}$。该时间段内电路的工作状态与常规反激变换器相同，持续时间取决于电路占空比控制要求。该时间段内满足

$$(L_r+L_m)\frac{\mathrm{d}i_{Lm}(t)}{\mathrm{d}t}=U_{in} \tag{6-213}$$

代入初始条件解得

$$i_{Lr}(t)=i_{Lm}(t)=\frac{U_{in}}{L_r+L_m}(t-t_0)+I_{Lm} \tag{6-214}$$

在 t_1 时刻，主开关管 Q_1 关断，此时 $i_{Lm}=i_{Lr}=I_{L1}=I_{LM}$。模态 1 的持续时间为

$$T_{01}\approx DT_s=\frac{I_{LM}-I_{Lm}}{U_{in}}(L_r+L_m) \tag{6-215}$$

模态 2：[t_1，t_2]，谐振阶段 Ⅰ。

在 t_1 时刻，Q_1 在结电容 C_r 作用下软关断，之后谐振电感 L_r 和谐振电容 C_r 串联谐振。该模态下，i_{Lr} 和 u_{Cr} 满足如下约束关系：

$$\begin{cases}u_{Cr}(t)=U_{in}-U_{in}\cos\omega_1(t-t_1)+I_{LM}Z_1\sin\omega_1(t-t_1)=U_{Cr1}\cos\left[\omega_1(t-t_1)+\beta_1\right]+U_{in}\\ i_{Lr}(t)=i_{Lm}(t)=\dfrac{U_{in}}{Z_1}\sin\omega_1(t-t_1)+I_{LM}\cos\omega_1(t-t_1)=I_{M1}\sin\left[\omega_1(t-t_1)+\beta_1\right]\end{cases} \tag{6-216}$$

式中，$Z_1=\sqrt{(L_r+L_m)/C_r}$，$\omega_1=1\big/\sqrt{(L_r+L_m)C_r}$，$\beta_1=\arctan\left(L_mZ_1/U_{in}\right)$，$U_{Cr1}=\sqrt{U_{in}{}^2+(I_{LM}Z_1)^2}$，$I_{M1}=\sqrt{I_{LM}{}^2+\left(U_{in}/Z_1\right)^2}$。

该模态下，C_r 与 L_r、L_m 处于一个复杂的谐振过程。考虑到 $L_m\gg L_r$，则特征阻抗 Z_1 很大，故 $I_{M1}\approx I_{LM}$，$i_{Lm}=i_{Lr}$ 可以近似看作不变，而 u_{Cr} 在恒定电流作用下线性上升，满足

$$u_{Cr}(t)=\frac{I_{LM}}{C_r}(t-t_1) \tag{6-217}$$

当 u_{Cr} 上升到等于 $U_{in}+U_C$ 时（$U_C\approx NU_o$ 为钳位电容 C_c 上电压），该模态结束，相应持续时间满足

$$T_{12} \approx \frac{U_{in} + U_C}{I_{LM}} C_r \tag{6-218}$$

模态 3：[t_2，t_3]，谐振阶段Ⅱ。

在 t_2 时刻，u_{Cr} 上升到等于 $U_{in}+U_C$，Q_2 的反并联二极管 VD_{Q2} 导通，电感 L_r、L_m 将与钳位电容 C_c 谐振。考虑到 $C_c \gg C_r$，故 i_{Lm} 可近似认为全部流向 C_c。该时间段内满足

$$\begin{cases} u_{Cc}(t) = U_C \cos\omega_2(t-t_2) + I_{LM} Z_2 \sin\omega_2(t-t_2) = U_{CcM} \sin\left[\omega_2(t-t_2)+\beta_2\right] \\ i_{Lm}(t) = i_{Lr}(t) = -\dfrac{U_C}{Z_2}\sin\omega_2(t-t_2) + I_{LM}\cos\omega_2(t-t_2) = I_{M2}\cos\left[\omega_2(t-t_2)+\beta_2\right] \end{cases} \tag{6-219}$$

式中，$Z_2 = \sqrt{(L_r+L_m)/C_c}, \omega_2 = 1/\sqrt{(L_r+L_m)C_c}, \beta_2 = \arctan\left(U_{in}/L_m Z_2\right), U_{CcM} = \sqrt{{U_C}^2 + (I_{LM}Z_2)^2}$，$I_{M2} = \sqrt{{I_{LM}}^2 + \left(U_c/Z_2\right)^2}$。

变压器一次电压为

$$u_p = -U_C \frac{L_m}{L_r + L_m} \tag{6-220}$$

考虑到 L_m 和 C_c 的数值较大，故在实际应用中，通常认为 u_{Cc} 和 i_{Lm} 在这一很短时间段内近似呈线性变化。u_{Cc} 在恒定电流 I_{LM} 作用下线性上升，i_{Lm} 在恒定电压 U_C 作用下线性下降，即

$$u_{Cc}(t) \approx \frac{I_{LM}}{C_c}(t-t_2) + u_C(t) \tag{6-221}$$

$$i_{Lm}(t) = i_{Lr}(t) \approx -\frac{U_C}{L_m + L_r}(t-t_2) + I_{LM} \tag{6-222}$$

随着 u_{Cc} 上升，变压器一次电压 u_p 上升，二次电压 u_s 上升。u_s 在 t_3 时刻上升到输出电压 U_o，二次侧整流二极管 VD 导通，一次电压 u_p 被钳位在 NU_o，模态 3 结束。该时间段内满足

$$\begin{cases} u_{Cc}(t_3) = -NU_o \dfrac{L_r + I_m}{L_m} \\ i_{Lr}(t_3) = I_{L3} \approx I_{LM} - \left(\dfrac{NU_o}{L_m}\right)^2 \dfrac{L_r C_c}{I_{LM}} \end{cases} \tag{6-223}$$

$$T_{23} \approx \left(\frac{L_r + L_m}{L_m} - 1\right) NU_o \frac{C_c}{I_{LM}} = \frac{L_r C_c}{L_m I_{LM}} NU_o \tag{6-224}$$

模态 4：[t_3，t_4]，谐振阶段Ⅲ。

在 t_3 时刻，VD 导通，u_p 被钳位在 NU_o，谐振电感 L_r 将与钳位电容 C_c 继续谐振，而励磁电感 L_m 在电压 $-NU_o$ 的作用下线性放电。该时间段内满足

$$\begin{cases} u_{\mathrm{Cc}}(t)=NU_{\mathrm{o}}+I_{\mathrm{L3}}Z_3\sin\omega_3(t-t_3) \\ i_{\mathrm{Lr}}(t)=I_{\mathrm{L3}}\cos\omega_3(t-t_3) \end{cases} \tag{6-225}$$

式中，$Z_3=\sqrt{L_{\mathrm{r}}/C_{\mathrm{c}}}$，$\omega_3=1\big/\sqrt{L_{\mathrm{r}}C_{\mathrm{c}}}$。

$$i_{\mathrm{Lm}}(t)=-\frac{NU_{\mathrm{o}}}{L_{\mathrm{m}}}(t-t_3)+I_{\mathrm{L3}} \tag{6-226}$$

变压器一次电流满足

$$i_{\mathrm{p}}(t)=i_{\mathrm{Lm}}(t)-i_{\mathrm{Lr}}(t)=I_{\mathrm{L3}}\left[1-\cos\omega_3(t-t_3)\right]-\frac{NU_{\mathrm{o}}}{L_{\mathrm{m}}}(t-t_3) \tag{6-227}$$

整流二极管 VD 电流为

$$i_{\mathrm{VD}}(t)=Ni_{\mathrm{p}}(t) \tag{6-228}$$

该时间段内，励磁电流 i_{Lm} 始终大于 0，电路的运行状态与常规反激变换器相同，持续时间取决于占空比控制要求。

$$T_{34}\approx T_{\mathrm{off}}=(1-D)T_{\mathrm{s}} \tag{6-229}$$

另外，由式（6-225）可知，当 $\omega_3 t>\pi/2$ 时，i_{Lr} 将变为负值。在此之前，辅助开关管 Q_2 应在零电压下完成导通过程。在 $\omega_3 t>\pi/2$ 后，i_{Lr} 将通过 Q_2 流通，继续与 C_{c} 谐振。

在 t_4 时刻，辅助开关管 Q_2 关断，这时有 i_{Lr}（t_4）$=-I_{\mathrm{L4}}=I_{\mathrm{L3}}\cos$（$\omega_3T_{34}$），$i_{\mathrm{p}}=i_{\mathrm{Lm}}-i_{\mathrm{Lr}}>0$，而从电路的稳态运行考虑，$u_{\mathrm{Cc}}$ 将恢复到其钳位值，即 u_{c}（t_4）$\approx NU_{\mathrm{o}}$。

模态 5：[t_4，t_5]，谐振阶段Ⅳ。

在 t_4 时刻，Q_2 在结电容 C_{r} 的作用下软关断，钳位电容 C_{c} 断开；VD 继续导通，u_{p} 继续被钳位在 NU_{o}，L_{r} 与 C_{r} 进行谐振。该时间段内满足

$$\begin{cases} u_{\mathrm{Cc}}(t)=U_{\mathrm{in}}+NU_{\mathrm{o}}-I_{\mathrm{L4}}Z_4\sin\omega_4(t-t_4) \\ i_{\mathrm{Lr}}(t)=-I_{\mathrm{L4}}\cos\omega_4(t-t_4) \end{cases} \tag{6-230}$$

式中，$Z_4=\sqrt{L_{\mathrm{r}}/C_{\mathrm{r}}}$，$\omega_4=1\big/\sqrt{L_{\mathrm{r}}C_{\mathrm{r}}}$。

励磁电感 i_{Lm} 继续在电压 $-NU_{\mathrm{o}}$ 的作用下线性下降。按照前述假定，在 t_4 时刻，L_{r} 中的储能大于 C_{r} 的储能，即 L_{r}、C_{r} 可以通过谐振完成能量转换。当 C_{r} 在 t_5 时刻彻底放电，u_{Cr} 以谐振方式下降到零时，模态 5 结束，则有

$$T_{45}=\frac{1}{\omega_4}\arcsin\left(\frac{U_{\mathrm{in}}+NU_{\mathrm{o}}}{I_{\mathrm{L4}}Z_4}\right) \tag{6-231}$$

$$i_{\mathrm{Lr}}(t_5)=-I_{\mathrm{L5}}=-\sqrt{I_{\mathrm{L4}}{}^2-\left(\frac{U_{\mathrm{in}}+NU_{\mathrm{o}}}{Z_4}\right)^2} \tag{6-232}$$

模态 6：[t_5，t_7]，电感线性放电阶段。

在 t_5 时刻，u_{Cr} 下降到零，Q_1 的反并联二极管 VD_{Q1} 导通。VD 继续导通，u_p 钳位在 NU_o，励磁电流 i_{Lm} 在电压 $-NU_o$ 作用下继续线性下降，i_{Lr} 在（$U_{in}-NU_o$）作用下线性下降。

在 t_6 时刻，在电压 U_{in} 和 NU_o 的作用下，i_{Lr} 下降到零后开始向正方向线性上升。该时间段内满足

$$i_{Lr}(t)=\frac{U_{in}+NU_o}{L_r}(t-t_5)-I_{L5} \tag{6-233}$$

$$i_{Lm}(t)=-\frac{NU_o}{L_m}(t-t_5)+i_{Lm}(t_5) \tag{6-234}$$

$$\frac{di_p}{dt}=-\left(\frac{NU_o}{L_m}+\frac{U_{in}+NU_o}{L_r}\right) \tag{6-235}$$

$$\frac{di_{VD}}{dt}=-N\left(\frac{NU_o}{L_m}+\frac{U_{in}+NU_o}{L_r}\right) \tag{6-236}$$

i_{Lr} 从 t_5 时刻的初始值 $-I_{L5}$ 上升到零之前，Q_1 可在零电压下完成导通过程。之后 i_{Lr} 将通过 Q_1 流通，继续线性上升，而 i_{Lm} 继续线性下降。当 $i_{Lr}=i_{Lm}$ 时，$i_p=0$，$i_{VD}=0$，VD 关断，一个完整的开关过程结束。

2. 有源钳位 ZVS PWM 反激变换器的软开关条件

对于辅助开关管 Q_2 而言，其关断是在结电容 C_r 作用下的软关断过程。在其开通之前，反并联二极管 VD_{Q2} 需先导通，只要在 [t_3，t_4] 时间段，谐振电流 i_{Lr} 从正向过零之前完成导通，就可实现零电压开通过程。

对于主开关管 Q_1 来说，其关断也是在结电容 C_r 作用下的软关断过程，但其的零电压开通则需满足一定的条件。为了保证 u_{Cr} 在 [t_4，t_5] 时间段能够谐振下降到零，应满足

$$I_{L4}Z_4 \geqslant U_{in}+NU_o \tag{6-237}$$

而由前面讨论可知，$I_{L4}\approx I_{L3}\approx I_{LM}$，因此应有

$$I_{LM} \geqslant (U_{in}+NU_o)\sqrt{\frac{C_r}{L_r}} \tag{6-238}$$

当输入电压 U_{in}、输出功率 P_o、占空比 D、变压器匝数比 N、开关管结电容 C_r 都固定后，为了保证主开关管 Q_1 的零电压导通，谐振电感 L_r 应满足

$$L_r \geqslant \frac{C_r(U_{in}+NU_o)^2}{I_{LM}^2} \tag{6-239}$$

除满足上述条件外，Q_1 必须在 [t_5，t_6] 时间段开通。在 t_6 时刻之后，若 Q_1 未导通，则 C_r 将被再次充电，从而使 Q_1 失去零电压开通条件。为此，从辅助开关管 Q_2 关断到主开关管 Q_1 开通之间的最佳时间延迟 T_{delay} 为

$$T_{delay}=\frac{\pi}{2}\sqrt{L_rC_r}\tag{6-240}$$

这是满足 u_{Cr} 下降到零的极端条件。

3. 有源钳位 ZVS PWM 反激变换器的电气量讨论

（1）主开关管 Q_1 与辅助开关管 Q_2 的电流应力

开关管的选择与电流应力有关。由图 6-91 可知，励磁电流 i_{Lm} 在稳态运行时的最大值，$L_p=L_r+L_m$ 为变压器一次电感。

$$I_{LM}=\frac{I_{LM}+I_{Lm}}{2}+\frac{I_{LM}-I_{Lm}}{2}=I_L+\frac{\Delta I_L}{2}\tag{6-241}$$

$$\Delta I_L=I_{LM}-I_{Lm}=\frac{U_{in}}{L_p}DT_s\tag{6-242}$$

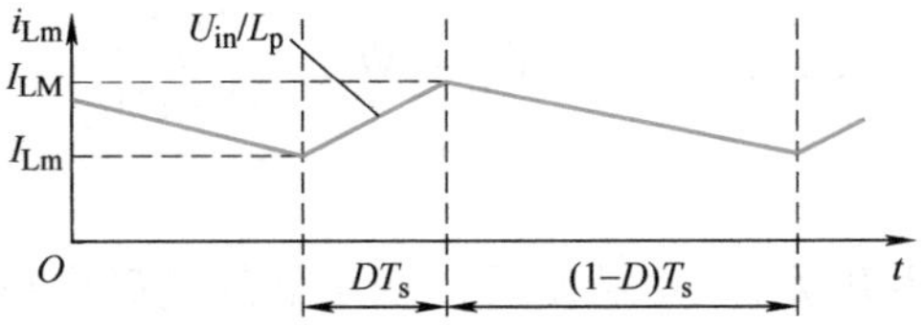

图 6-91　励磁电流 i_{Lm} 变化波形

当反激变换器工作在电流连续模式时满足

$$P_o=\eta\left[\left(\frac{1}{2}L_pI_{LM}{}^2-\frac{1}{2}L_pI_{Lm}{}^2\right)\frac{1}{T_s}\right]=\eta I_LU_{in}D\tag{6-243}$$

由此可得

$$I_L=\frac{P_o}{\eta U_{in}D}\tag{6-244}$$

式中，η 为变换器效率；P_o 为输出功率。

将式（6-242）、式（6-244）代入式（6-241）可得

$$I_{LM}=\frac{P_o}{\eta U_{in}D}+\frac{U_{in}D}{2L_pf_s}\tag{6-245}$$

由图 6-87 可知，在 t_1 时刻，流过主开关管 Q_1 的电流达到最大值。这时有

$$I_{Q1M}=I_{LM}=\frac{P_o}{\eta U_{in}D}+\frac{U_{in}D}{2L_pf_s}\tag{6-246}$$

在 t_2 时刻，流过辅助开关管 Q_2 的反并联二极管 VD_2 的电流最大。这时有

$$I_{VD2M}=I_{LM}\tag{6-247}$$

虽然随着占空比 D 的变化，主开关管与辅助开关管的电流有效值 I_{Q1} 与 I_{Q2} 会有所不同，但在实际工程设计中，Q_1 与 Q_2 可选用具有相同电流规格的开关管。

（2）主开关管 Q_1 与辅助开关管 Q_2 的电压应力

由图 6-87 及前述的工作过程介绍可知，主开关管 Q_1 与辅助开关管 Q_2 在各自关断期间，承受的最大电压分别出现在［t_3，t_4］及［t_4，t_6］时间段，且满足

$$U_{Q1M} \approx U_{Q2M} = U_{in} + NU_o + U_{LrM} \tag{6-248}$$

在图 6-87 中，在［t_3，t_4］时间段，u_{Lr} 以谐振方式上升或下降，i_{Lr} 以谐振方式下降。为了简化分析，将 i_{Lr} 在这个时间段的变化近似看作在恒定电压 U_{LrM} 作用下的线性变化过程；并考虑［t_1，t_2］及［t_4，t_6］时间段远小于［t_3，t_4］时间段，故认为 $T_{34}=t_4-t_3 \approx (1-D)T_s$，则 i_{Lr} 的变化过程将如图 6-92 所示。根据图 6-92 可得

$$U_{LrM} = \frac{2L_r I_{LM}}{(1-D)T_s} \tag{6-249}$$

$$U_{Q1M} = U_{Q2M} = U_{in} + NU_o + \frac{2L_r I_{LM}}{(1-D)T_s} \tag{6-250}$$

（3）占空比丢失 ΔD

由图 6-87 可看出，主开关管 Q_1 触发后，变压器的励磁电感 L_m 并未立刻变为充电状态，而是继续处于放电状态一定时间后，才转换为充电状态。这就产生了占空比丢失现象。为简化分析，下面将 i_{Lr} 在一个周期的变化过程分段线性化，并近似认为其负峰值等于 $-I_{LM}$，如图 6-93 所示。

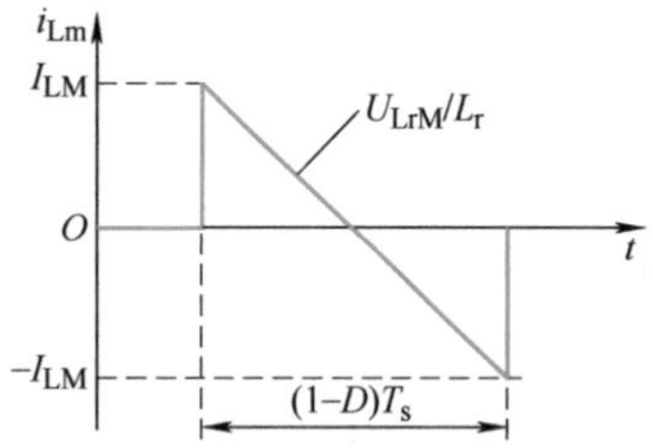

图 6-92　i_{Lr} 变化过程

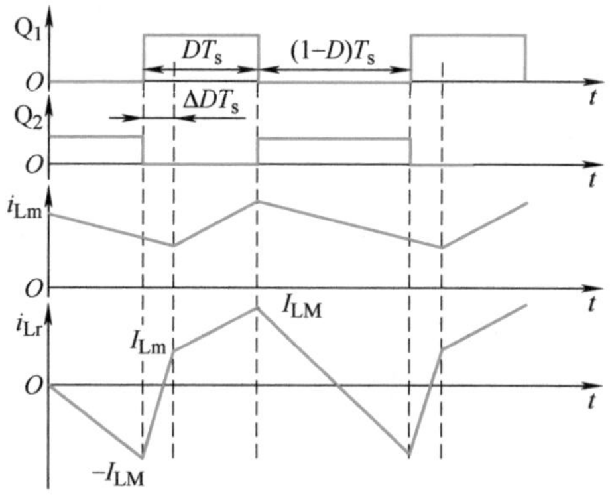

图 6-93　占空比丢失 ΔD

在图 6-93 中，i_{Lr} 从 $-I_{LM}$ 向正方向上升到等于 i_{Lm} 的时间间隔就是占空比丢失时间 ΔDT_s。在这段间隔，i_{Lr} 可近似看作在恒定电压 $U_{in}+NU_o$ 作用下线性上升过程。

$$\Delta DT_s = \frac{L_r}{U_{in} + NU_o}(I_{LM} + I_{Lm}) \tag{6-251}$$

将式（6-244）代入得

$$\Delta D = \frac{2L_r P_o f_s}{\eta U_{in}(U_{in} + NU_o)D} \tag{6-252}$$

从前面的分析可看出，与常规反激变换器相比，有源钳位 ZVS PWM 反激变换器具有明显的优点：

1）有效地降低了主开关管 Q_1 在关断时的电压应力，与 RCD 缓冲电路相比，其并未增加过多额外的损耗。

2）为主开关管 Q_1 和辅助开关管 Q_2 提供了零电压开关条件。

3）在一定程度上降低了整流二极管 VD 关断时的 di/dt。上述特点有助于提高反激变换器的工作效率、降低电路噪声。

有源钳位 ZVS PWM 反激变换器也存在一些不足：

1）零电压开关条件与电路参数、输入输出条件等有关，通常难以同时满足。

2）其并未完全解决整流二极管 VD 的反向恢复问题。

由前述分析可知，谐振电感 L_r 越大，越容易满足主开关管 Q_1 的零电压开关条件，但 L_r 的增大会增加 Q_1、Q_2 的电压应力，并带来更多的占空比丢失。当 L_r 较小时，整流二极管 VD 电流下降率 –di/dt 会很大，而这势必带来反向恢复问题。

习　题

6-1　什么是软开关技术？软开关技术有哪些优点？

6-2　请绘制零电压准谐振开关单元及零电流准谐振开关单元的拓扑，并指出全波模式与半波模式之间的区别。

6-3　ZVS QRC 的全波模式和半波模式哪个性能更优？为什么？

6-4　如何调节 Buck ZCS QRC 的输出电压？

6-5　请简述 ZVS PWM 变换器实现软开关的条件。

6-6　在设计 ZCS PWM 变换器的谐振参数时，需要注意哪些因素？

6-7　请简述 ZCS PWM 变换器的优缺点。

6-8　ZCT PWM 变换器如何实现全功率范围内的软开关？

6-9　试分析有源钳位 ZVS PWM 正激变换器的变压器磁复位原理。

6-10　试分析升压式钳位电路型有源钳位 ZVS PWM 正激变换器的工作原理。

6-11　试推导有源钳位 ZVS PWM 反激变换器的零电压开关条件。

6-12　试分析有源钳位反激变换器中占空比丢失的原因和影响因素。

第 7 章 电力电子软开关应用技术

第 6 章介绍了针对单管直流变换器的基本软开关技术，本章将进一步挖掘在电力电子功率变换领域获得广泛应用的桥式变换器中的软开关技术，分别介绍移相控制全桥直流变换器和 LLC 谐振直流变换器的基本拓扑和工作原理。

7.1 移相控制 ZVS 全桥变换器

全桥变换器广泛应用于中大功率场合，实现其软开关的控制方法和电路拓扑很多，目前研究得比较多的控制方式为移相控制方式。移相全桥直流变换器可以实现零电压开关（Zero Voltage Switching，ZVS）、零电流开关（Zero Current Switching，ZCS）和零电压零电流开关（Zero Voltage Zero Current Switching，ZVZCS）三种软开关方式。下面将详细介绍移相控制 ZVS 全桥变换器，其利用变压器的漏感或一次侧串联电感和开关管的寄生电容来实现开关管的零电压开关。

7.1.1 工作原理

移相控制 ZVS 全桥变换器的电路拓扑如图 7-1a 所示，其中 VD_{Q1} ~ VD_{Q4} 分别是开关管 Q_1 ~ Q_4 的反并联二极管，C_1 ~ C_4 分别是 Q_1 ~ Q_4 的寄生电容或外接电容。整流二极管 VD_{R1} ~ VD_{R2}、滤波电感 L_f、滤波电容 C_f 和负载 R_L 共同构成负载侧。L_r 是谐振电感，其包括了变压器的一次侧漏感。每相桥臂的两个开关管成 180° 互补导通，两个桥臂的导通角相差一个相位，即移相角 δ，如图 7-1b 所示，通过调节移相角的大小来调节输出电压。Q_1 和 Q_3 分别超前于 Q_4 和 Q_2 一个移相角，称 Q_1 和 Q_3 组成的桥臂为超前桥臂，Q_4 和 Q_2 组成的桥臂则为滞后桥臂。

1. 工作模态分析

图 7-1b 是移相控制 ZVS 全桥变换器的基本电气波形，在一个开关周期中，移相控制 ZVS 全桥变换器有 12 个模态。为简化分析，做如下假设；

1）电路中所有元器件均为理想器件。

2）滤波电感 L_f 足够大，在一个开关周期内其电流基本保持恒定，等效为一个恒流源 I_o。

3）$C_1 = C_3 = C_{lead}$，$C_2 = C_4 = C_{lag}$。

4）$L_f \gg L_r/K^2$，K 是变压器一、二次侧匝数比。

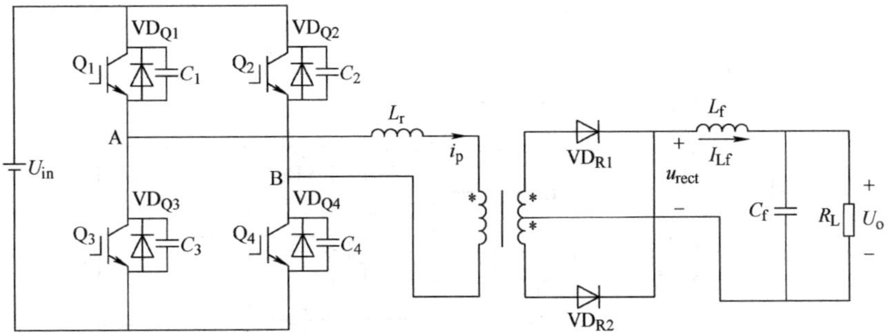

a) 电路拓扑

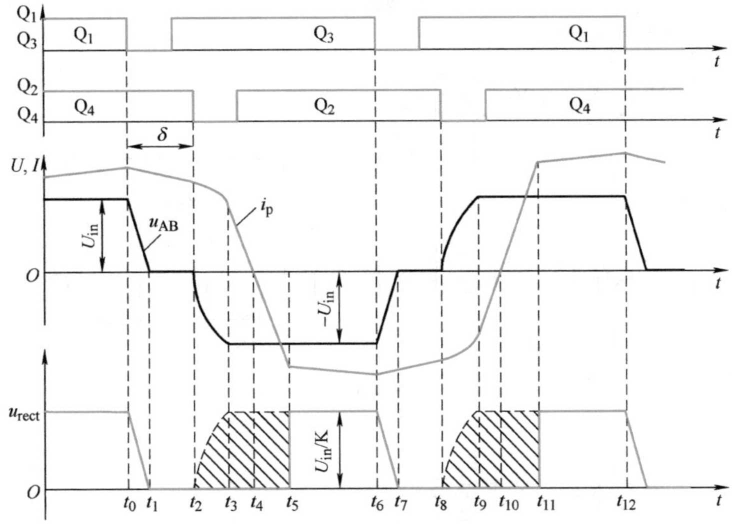

b) 基本电气波形

图 7-1　移相控制 ZVS 全桥变换器的电路拓扑和基本电气波形

基于上述假设，移相控制 ZVS 全桥变换器的模态等效电路如图 7-2 所示。定义电路初始状态：在 t_0 时刻之前，开关管 Q_1 和 Q_4 导通。一次电流 i_p 流经 Q_1、谐振电感 L_r、变压器一次绕组以及 Q_4。整流二极管 VD_{R1} 导通，VD_{R2} 截止，一次侧向负载供电。

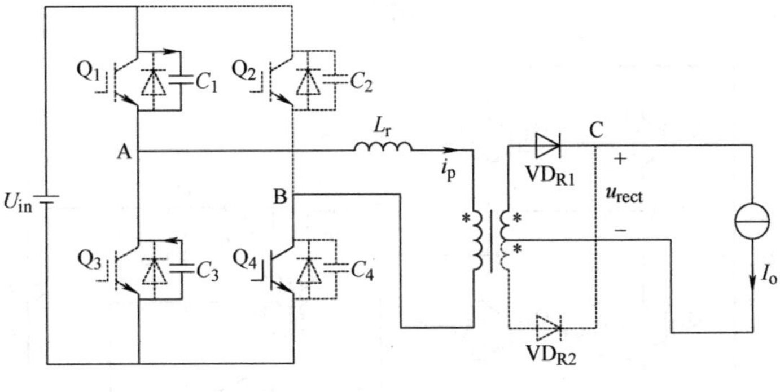

a) 模态1

图 7-2　移相控制 ZVS 全桥变换器的模态等效电路

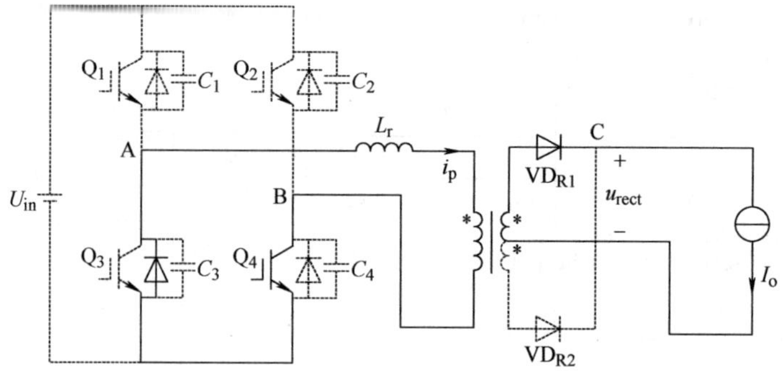

b) 模态2

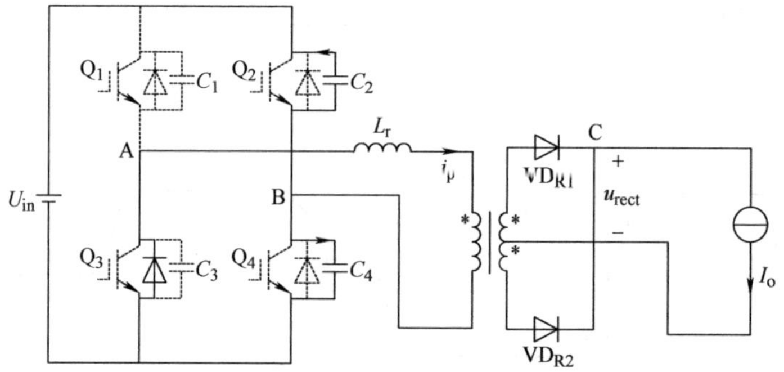

c) 模态3

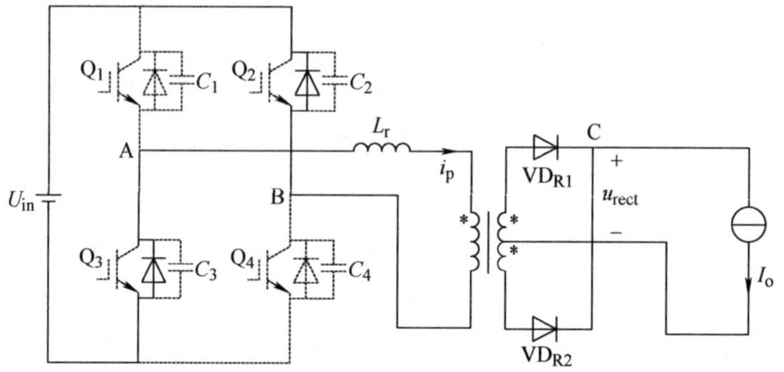

d) 模态4

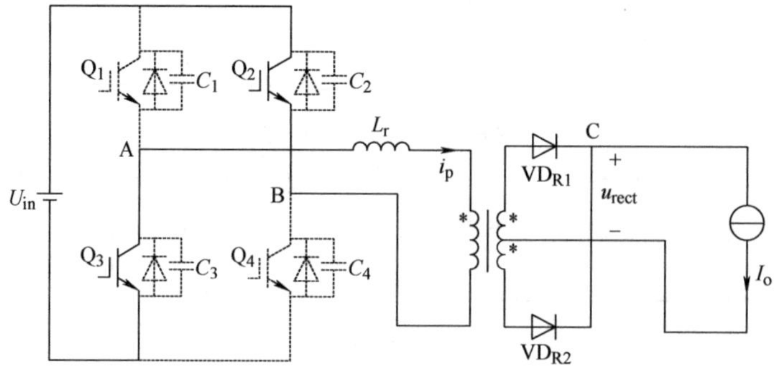

e) 模态5

图 7-2　移相控制 ZVS 全桥变换器的模态等效电路（续）

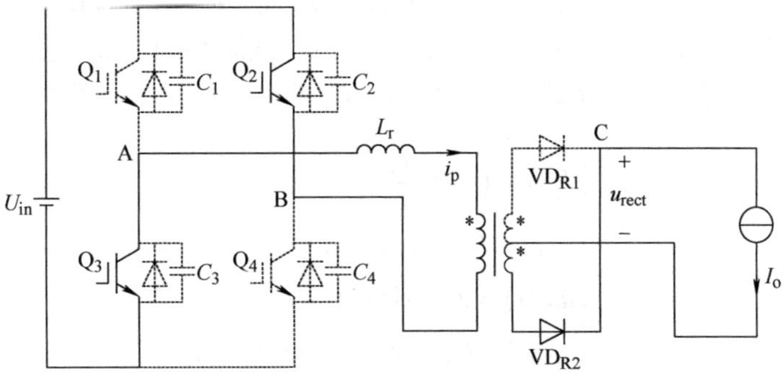

f) 模态6

图 7-2　移相控制 ZVS 全桥变换器的模态等效电路（续）

模态 1：[t_0，t_1]。

在 t_0 时刻，Q_1 关断，一次电流 i_p 从 Q_1 转移到 C_1 和 C_3 支路中，C_1 充电，C_3 放电，如图 7-2a 所示。该时间段内，谐振电感 L_r 和滤波电感 L_f 是串联的，且 L_f 很大，i_p 近似不变。C_1 的电容电压从零开始线性上升，C_3 的电容电压从 U_{in} 开始线性下降，因此 Q_1 是 ZVS 关断。该阶段内 i_p 和 C_1、C_3 的电压满足如下约束关系：

$$\begin{cases} I_1=I_p(t_0)=\dfrac{I_o}{K} \\ u_{C1}(t)=\dfrac{I_1}{2C_{lead}}(t-t_0) \\ u_{C3}(t)=U_{in}-\dfrac{I_1}{2C_{lead}}(t-t_0) \end{cases} \tag{7-1}$$

在 t_1 时刻，C_3 的电压下降到零，Q_3 的反并联二极管 VD_{Q3} 自然导通，模态 1 结束，该模态持续时间为

$$t_{01}=2C_{lead}U_{in}/I_1 \tag{7-2}$$

模态 2：[t_1，t_2]。

VD_{Q3} 导通后，将 Q_3 的电压钳位在零，此时开通 Q_3，则 Q_3 是典型零电压开通，如图 7-2c 所示。尽管 Q_3 被开通，但 Q_3 并没有电流流过，一次电流由 VD_{Q3} 流通。Q_3 和 Q_1 的栅极驱动信号之间的死区时间 $t_{d(lead)}>t_{01}$，即

$$t_{d(lead)}>2C_{lead}U_{in}/I_1 \tag{7-3}$$

在这段时间里，一次电流 i_p 等于折算到一次侧的滤波电感电流，即

$$i_p(t)=\frac{I_o}{K} \tag{7-4}$$

模态 3：[t_2，t_3]，谐振阶段。

在 t_2 时刻，Q_4 关断，一次电流转移到 C_2 和 C_4 支路中，C_2 放电，C_4 充电。Q_4 的电压从零开始缓慢上升，故 Q_4 实现零电压关断。此时 $u_{AB}=-u_{C4}$，u_{AB} 的极性自零变负，变压

器二次绕组感应电动势上负下正，整流二极管 VD_{R2} 导通。由于 VD_{R1} 和 VD_{R2} 同时导通，将变压器二次绕组短接，二次绕组电压被钳位在零，此时相当于 u_{AB} 直接加在谐振电感 L_r 上。该阶段内 L_r、C_2 和 C_4 开始谐振，i_p 和 C_2、C_4 的电压满足如下约束关系：

$$\begin{cases} I_2 = I_p(t_2) \approx \dfrac{I_o}{K} \\ i_p(t) = I_2 \cos\omega_r(t-t_2) \\ u_{C4}(t) = Z_p I_2 \sin\omega_r(t-t_2) \\ u_{C2}(t) = U_{in} - Z_p I_2 \sin\omega_r(t-t_2) \end{cases} \tag{7-5}$$

式中，$Z_p = \sqrt{L_r/2C_{lag}}$，$\omega_r = 1\big/\sqrt{2L_rC_{lag}}$ 。

在 t_3 时刻，C_4 的电压上升到 U_{in}，VD_{Q2} 自然导通，该模态结束。该阶段的持续时间为

$$t_{23} = \frac{1}{\omega_r}\arcsin\left(\frac{U_{in}}{Z_pI_2}\right) \tag{7-6}$$

模态 4：[t_3，t_4]。

在 t_3 时刻，VD_{Q2} 自然导通，将 Q_2 的电压钳位在零，此时开通 Q_2 是零电压开通。Q_2 和 Q_4 的栅极电压之间的死区时间 $t_{d(lag)} > t_{23}$，即满足如下约束关系：

$$t_{d(lag)} > \frac{1}{\omega_r}\arcsin\left(\frac{U_{in}}{Z_pI_2}\right) \tag{7-7}$$

尽管此时 Q_2 已开通，但电流并没有流过 Q_2，而是由 VD_{Q2} 流通，谐振电感 L_r 的储能回馈给输入电源 U_{in}。由于二次侧两个整流二极管同时导通，因此一次绕组电压仍然被钳位在零，谐振电感 L_r 两端承受电压 $-U_{in}$，一次电流 i_p 线性下降。

$$i_p(t) = I_p(t_3) - \frac{U_{in}}{L_r}(t-t_3) \tag{7-8}$$

在 t_4 时刻，一次电流下降到零，二极管 VD_{Q2} 和 VD_{Q3} 自然关断，Q_2 和 Q_3 中将流过电流。该模态的持续时间为

$$t_{34} = \frac{L_rI_p(t_3)}{U_{in}} \tag{7-9}$$

模态 5：[t_4，t_5]。

在 t_4 时刻，一次电流由正方向过零，并向负方向增加，i_p 流经 Q_2 和 Q_3。由于一次电流仍不足以提供负载电流，负载电流仍由两个整流二极管提供回路，因此一次电压仍然为零，加在谐振电感两端电压是 U_{in}，一次电流 i_p 反向线性增加。

$$i_p(t) = -\frac{U_{in}}{L_r}(t-t_4) \tag{7-10}$$

在 t_5 时刻，$i_p=-I_o/K$，该开关模态结束。此时，VD_{R1} 关断，VD_{R2} 流过全部负载电流。该模态的持续时间为

$$t_{45}=\frac{L_r I_o}{KU_{in}} \tag{7-11}$$

模态 6：[t_5，t_6]。

在这段时间里，电源给负载供电，一次电流为

$$i_p(t)=-\frac{U_{in}-KU_o}{L_r+K^2L_f}(t-t_5) \tag{7-12}$$

因为 $L_f \gg L_r/K^2$，式（7-12）可简化为

$$i_p(t)=-\frac{U_{in}/K-U_o}{KL_f}(t-t_5) \tag{7-13}$$

在 t_6 时刻，Q_3 关断，开始另一半周期的工作。

2. 状态平面图

基于前述分析，在 [t_2，t_3] 时间段内，L_r、C_2 和 C_4 谐振工作，则可根据上述模态分析绘制移相控制 ZVS 全桥变换器的状态平面图，定义 i_p 和 u_{AB} 的归一化因子分别为 I_2 和 I_2Z_p，即令 $i_{pn}=i_p/I_2$，$u_{ABn}=u_{AB}/(I_2Z_p)$。

可得到 [t_2，t_3] 时间段内 $i_{pn}=\cos\omega_r(t-t_2)$，$u_{ABn}=-\sin\omega_r(t-t_2)$，则有

$$i_{pn}^2+u_{ABn}^2=\cos^2[\omega_r(t-t_2)]+\sin^2[\omega_r(t-t_2)]=1 \tag{7-14}$$

因此 [t_2，t_3] 时间段内，i_p 和 u_{AB} 的变化轨迹在状态平面图上可以表示为以（0，0）为圆心，1 为半径，连接点 t_2 和点 t_3 的圆弧。同理可得 [t_8，t_9] 时间段内的变化轨迹。其他阶段内谐振电感参与电路工作但不发生谐振过程，则相应阶段内的状态轨迹为直线，如图 7-3 所示。

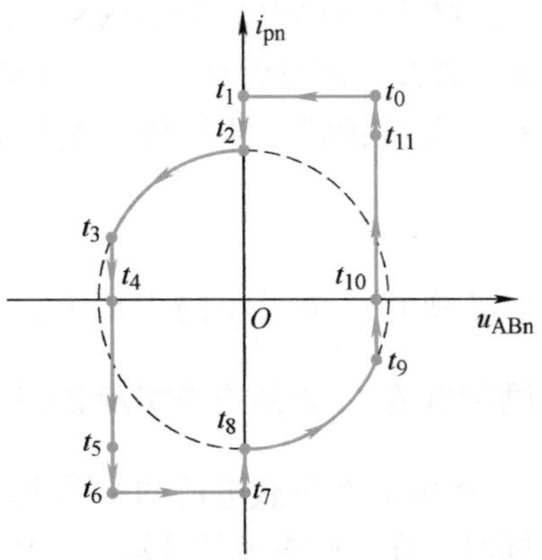

图 7-3　移相控制 ZVS 全桥变换器状态平面图

7.1.2 软开关条件

1. 实现ZVS的条件

由前述分析可知，要实现开关管的零电压开通，必须有足够的能量 E 用来抽走相应开关管结电容（或外部附加电容）上的电荷，并给同一桥臂关断的开关管结电容（或外部附加电容）充电。同时，考虑到变压器的原边绕组电容，还要有一部分能量用来抽走变压器一次绕组寄生电容 C_{TR} 上的电荷。

也就是说，要实现开关管的零电压开通，必须满足

$$E > C_i U_{in}^{\ 2} + \frac{1}{2} C_{TR} U_{in}^{\ 2} \quad (i = \text{lead,lag}) \tag{7-15}$$

对于移相控制ZVS全桥变换器，两个桥臂实现ZVS的条件不同。

（1）超前桥臂实现ZVS

在超前桥臂开关过程中，输出滤波电感 L_f 是与谐振电感 L_r 串联的，此时用来实现ZVS的能量是 L_f 和 L_r 中的能量。一般来说，L_f 很大，在超前桥臂开关过程中，其电流近似不变，类似于一个恒流源。这个能量很容易满足式（7-15）。

（2）滞后桥臂实现ZVS

在滞后桥臂开关过程中，变压器二次绕组是短路的，此时整个变换器就被分为两部分：一部分是一次电流逐渐改变流通方向，其流通路径由逆变桥提供；另一部分是负载电流由整流桥提供续流回路，负载侧与变压器一次侧没有关系。此时用来实现ZVS的能量只是谐振电感中的能量，如果不满足下列约束条件，则无法实现ZVS。

$$\frac{1}{2} L_r I_2^2 > C_{lag} U_{in}^{\ 2} + \frac{1}{2} C_{TR} U_{in}^{\ 2} \tag{7-16}$$

由于输出滤波电感 L_f 不参与滞后桥臂ZVS的实现，较超前桥臂而言，滞后桥臂实现ZVS就要困难得多，因为谐振电感比输出滤波电感要小得多。

2. 实现ZVS的方法

从上面的讨论中可以知道，超前桥臂容易实现ZVS，而滞后桥臂则要困难些。只要满足条件使滞后桥臂实现ZVS，那么超前桥臂就肯定可以实现ZVS。因此移相控制ZVS全桥变换器实现ZVS的关键在于滞后桥臂。滞后桥臂实现ZVS需满足式（7-16），要么增加谐振电感 L_r，要么增加 I_2。

（1）增加励磁电流

对于一定的谐振电感 L_r，必须有一个最小的 I_2 值 $I_{2\min}$ 来保证谐振电感 L_r 中的能量 $\frac{1}{2} L_r I_{2\min}^2$ 能实现ZVS。用增加励磁电流 I_M 的办法来实现ZVS，相当于提高 $I_{2\min}$。

由于增加了励磁电流 I_M，一次电流在负载电流的基础上增加了励磁电流分量，其最大电流值和通态损耗均会增大。同时，在励磁电流的选取上，应充分考虑器件和变压器损耗。

（2）增大谐振电感

由于励磁电流与负载无关，变换器的轻载效率很低。实现ZVS的另一种方式是增加

谐振电感。要在一定的负载范围内实现 ZVS，就可以知道一个最小的负载电流，根据这个电流，忽略励磁电流，可得到 I_2 的最小值 $I_{2\min}$，利用式（7-16）计算出所需的最小谐振电感。

（3）二次侧占空比的丢失

二次侧占空比的丢失是移相控制 ZVS 全桥变换器中一个重要的现象，即二次侧占空比 D_s 小于一次侧占空比 D_p，即 $D_s<D_p$，其差值就是二次侧占空比丢失 D_{loss}，即

$$D_{loss}=D_p-D_s \tag{7-17}$$

产生二次侧占空比丢失的原因在于存在一次电流从正向（或负向）变化到负向（或正向）负载电流的时间，即图 7-1 中的［t_2，t_5］和［t_8，t_{11}］时间段。在这段时间里，虽然一次侧有正电压方波（或负电压方波），但一次侧不足以提供负载电流，二次侧整流二极管同时导通，负载处于续流状态，其两端电压为零。这样二次侧就丢失了［t_2,t_5］和［t_8，t_{11}］这部分电压方波，在图 7-1 中，阴影部分就是二次侧丢失的电压方波。这部分时间与 1/2 开关周期 T_s 的比值就是二次侧占空比丢失 D_{loss}，即

$$D_{loss}=\frac{t_{25}}{T_s/2} \tag{7-18}$$

$$t_{25}=\frac{L_r(I_2-I_o/K)}{U_{in}}\approx\frac{2L_rI_o}{KU_{in}} \tag{7-19}$$

整理可得

$$D_{loss}\approx\frac{4L_rI_o}{KU_{in}T_s} \tag{7-20}$$

从式（7-20）可知，D_{loss} 与 L_r、负载电流 I_o 成正比，与输入电压 U_{in} 和开关周期 T_s 成反比。

二次侧占空比的丢失导致二次侧有效占空比变小，为了获得所要求的输出电压，就必须减小一、二次侧的匝数比。而匝数比的减小，带来两个问题：

1）一次电流增加，开关管电流峰值也增加，通态损耗加大。

2）二次侧整流桥的电压应力增加。为了减小 D_{loss}，提高 D_s，可以采用饱和电感的办法，就是将谐振电感 L_r 改为饱和电感，但还是存在 D_{loss}。

3. 整流二极管的换流情况

移相控制 ZVS 全桥变换器的输出整流电路有两种，一种是四个整流二极管构成的全桥整流方式，另一种是两个整流二极管构成的全波整流方式。当输出电压比较高、输出电流比较小时，一般采用全桥整流方式。当输出电压比较低、输出电流比较大时，为了减小整流桥的通态损耗，提高变换器的效率，一般选用全波整流方式。

无论采用何种整流方式，如果忽略励磁电流，变压器一、二次电压和电流关系为

$$u_s=u_p/K \tag{7-21}$$

$$i_p=i_s/K \tag{7-22}$$

（1）全桥整流方式

在［t_2，t_5］时间段，由于所有整流二极管同时导通，将变压器的二次电压钳位在零，这时变压器的一次电压也为零。一次电流与二次侧无关，仅决定于输入电源电压和谐振电感的大小。图 7-4a 是全桥整流方式下的电路结构，图 7-4b 是整流二极管的电流波形。

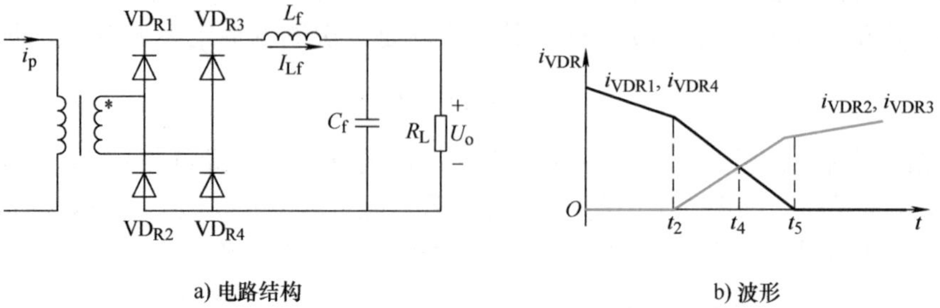

a) 电路结构　　b) 波形

图 7-4　全桥整流方式

在［t_2，t_5］时间段，负载电流流经 VD_{R1} 和 VD_{R4}，变压器一次电流 i_p 减小，其二次电流 i_s 也减小，且小于输出滤波电感电流，即 $i_s<I_{Lf}$，i_s 不足以提供负载电流。此时 VD_{R2} 和 VD_{R3} 导通，为负载提供不足部分的电流。各电流满足如下约束关系：

$$\begin{cases} i_{VDR1}+i_{VDR3}=I_{Lf} \\ i_{VDR2}+i_s=i_{VDR4} \end{cases} \tag{7-23}$$

VD_{R1} ～ VD_{R4} 通常采用同型号的器件，其电流应力满足

$$\begin{cases} i_{VDR1}=i_{VDR4} \\ i_{VDR2}=i_{VDR3} \end{cases} \tag{7-24}$$

根据变压器的一、二次电流关系，可得出整流二极管的电流表达式为

$$\begin{cases} i_{VDR1}=i_{VDR4}=\dfrac{1}{2}(I_{Lf}+Ki_p) \\ i_{VDR2}=i_{VDR3}=\dfrac{1}{2}(I_{Lf}-Ki_p) \end{cases} \tag{7-25}$$

由此可得知整流二极管的换流情况：

在［t_2，t_4］时间段，$i_p>0$，VD_{R1} 和 VD_{R4} 中流过的电流大于 VD_{R2} 和 VD_{R3} 流过的电流，即

$$\begin{cases} i_{VDR1}=i_{VDR4}>i_{VDR2} \\ i_{VDR1}=i_{VDR4}>i_{VDR3} \end{cases} \tag{7-26}$$

在 t_4 时刻，$i_p=0$，四个整流二极管中流过的电流相等，均为负载电流的一半，即

$$i_{VDR1}=i_{VDR4}=i_{VDR2}=i_{VDR3} \tag{7-27}$$

在［t_4，t_5］时间段，$i_p<0$，VD_{R1} 和 VD_{R4} 中流过的电流小于 VD_{R2} 和 VD_{R3} 流过的电流，即

$$\begin{cases} i_{VDR1} = i_{VDR4} < i_{VDR2} \\ i_{VDR1} = i_{VDR4} < i_{VDR3} \end{cases} \tag{7-28}$$

在 t_5 时刻，$i_p = -I_{Lf}/K$，VD_{R2} 和 VD_{R3} 流过全部负载电流，VD_{R1} 和 VD_{R4} 的电流为零，即

$$\begin{cases} i_{VDR2} = i_{VDR3} = I_{Lf} \\ i_{VDR1} = i_{VDR4} = 0 \end{cases} \tag{7-29}$$

此时，VD_{R1} 和 VD_{R4} 关断，VD_{R2} 和 VD_{R3} 流过全部负载电流，从而完成了整流二极管的换流过程。

（2）全波整流方式

图 7-5 给出了全波整流方式的电路图，各个电流的参考方向如图所示，这样有

$$\begin{cases} i_{s1} = i_{VDR1} \\ i_{s2} = -i_{VDR2} \end{cases} \tag{7-30}$$

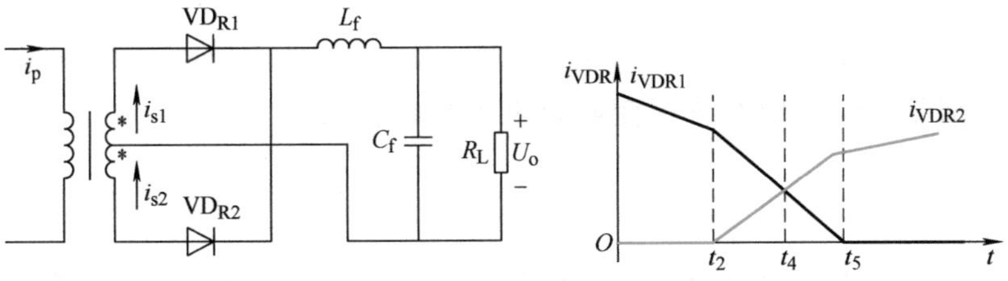

a) 电路结构　　b) 波形

图 7-5　全波整流方式

在 t_2 时刻，负载电流流经 VD_{R1}，在［t_2，t_5］时间段里，变压器一次电流 i_p 减小，其二次电流 i_{s1} 也减小，小于输出滤波电感电流，即 $i_{s1}<I_{Lf}$，i_{s1} 不足以提供负载电流。此时 VD_{R2} 导通，由二次绕组 L_{s2} 为负载提供不足部分的电流，即

$$i_{VDR1} + i_{VDR2} = I_{Lf} \tag{7-31}$$

变压器一、二次电流关系为

$$i_{s1} + i_{s2} = Ki_p \tag{7-32}$$

由此可以解出各个电流的表达式为

$$\begin{cases} i_{s1} = \dfrac{1}{2}(I_{Lf} + Ki_p) \\ i_{s2} = -\dfrac{1}{2}(I_{Lf} - Ki_p) \\ i_{VDR1} = \dfrac{1}{2}(I_{Lf} + Ki_p) \\ i_{VDR2} = \dfrac{1}{2}(I_{Lf} - Ki_p) \end{cases} \tag{7-33}$$

在［t_2，t_4］时间段，i_p>0，VD_{R1} 中流过的电流大于 VD_{R2} 流过的电流，即

$$i_{VDR1} > i_{VDR2} \tag{7-34}$$

在 t_4 时刻，i_p =0，两个整流二极管中流过的电流相等，均为负载电流的一半，即

$$i_{VDR1} = i_{VDR2} = \frac{1}{2} I_{Lf} \tag{7-35}$$

在［t_4，t_5］时间段，i_p<0，VD_{R1} 中流过的电流小于 VD_{R2} 流过的电流，即

$$i_{VDR1} < i_{VDR2} \tag{7-36}$$

在 t_5 时刻，$i_p = -I_{Lf}/K$，VD_{R2} 流过全部负载电流，VD_{R1} 的电流为零，即

$$\begin{cases} i_{VDR2} = I_{Lf} \\ i_{VDR1} = 0 \end{cases} \tag{7-37}$$

此时，VD_{R1} 关断，VD_{R2} 流过全部负载电流，从而完成了整流二极管的换流过程。

7.2 全桥 LLC 谐振变换器

本节将详细介绍全桥 LLC 谐振变换器的基本工作原理。

7.2.1 工作原理

全桥 LLC 谐振变换器的拓扑如图 7-6 所示。采用互补导通方式，即开关管 Q_1、Q_2 互补导通，Q_1（Q_2）、Q_4（Q_3）同时导通，各脉冲信号占空比为 50%，并设置死区时间以防止桥臂直接短路贯通。VD_{Q1} ～ VD_{Q4}、C_1 ～ C_4 分别对应开关管的反并联二极管和并联电容；谐振电感 L_r、L_m 与谐振电容 C_r 构成 LLC 谐振网络。通常情况下，谐振电容 C_r 串联在一次回路中，起到隔直作用；L_r 包含了变压器的一次侧漏感，而 L_m 与变压器 T_r 并联；VD_{o1} ～ VD_{o4} 为二次侧整流二极管，构成全桥整流电路；变压器的一、二次侧匝数比为 K，C_f 为输出滤波电容，R_L 为输出负载。

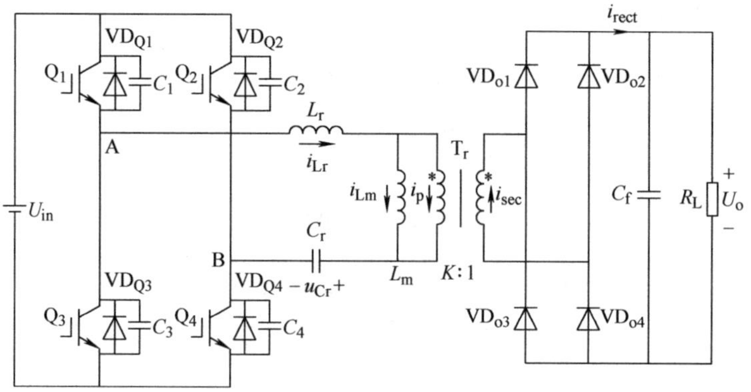

图 7-6 全桥 LLC 谐振变换器的拓扑

谐振电感 L_r 和谐振电容 C_r 的谐振频率称为串联谐振频率，记作 f_r；励磁电感 L_m、谐振电感 L_r 和谐振电容 C_r 的谐振频率称为串并联谐振频率，记作 f_m。两个谐振频率表达式如下：

$$f_r = \frac{1}{2\pi\sqrt{L_r C_r}} \tag{7-38}$$

$$f_m = \frac{1}{2\pi\sqrt{(L_r + L_m)C_r}} \tag{7-39}$$

根据开关频率 f_s 与谐振频率的大小关系，全桥 LLC 谐振变换器具有三种典型工作模式：

（1）工作模式一（$f_m<f_s<f_r$）

该模式下的基本电气波形如图 7-7a 所示。谐振电感电流谐振到与励磁电感电流相等后，变压器二次电流为零，励磁电感 L_m 与 L_r、C_r 共同谐振。

（2）工作模式二（$f_s>f_r$）

该模式下的基本电气波形如图 7-7b 所示。变压器二次电流一直存在，变压器一次电压被输出电压 U_o 通过变压器钳位在 KU_o 或 $-KU_o$，L_m 不参与谐振工作，此时 L_m 可认为是串联谐振变换器的无源负载。

（3）工作模式三（$f_s=f_r$）

该工作模式与工作模式二类似，L_m 两端电压始终被输出电压钳位，励磁电感不参与谐振，一次侧谐振电流呈现正弦化，二次侧整流二极管电流临界连续且自然连续到零，此时二次侧整流二极管实现零电流关断。

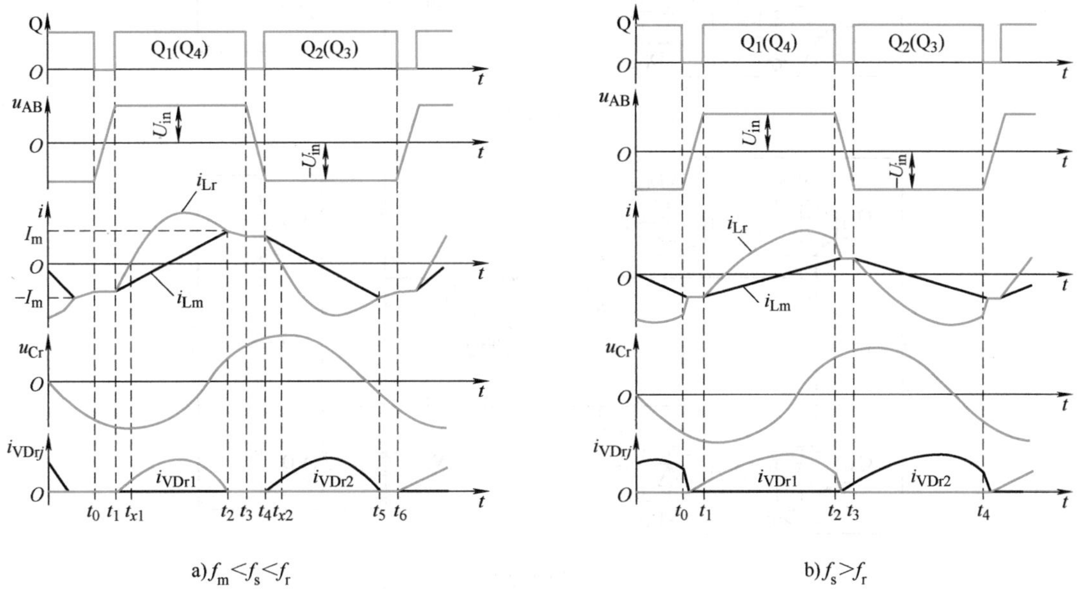

图 7-7　全桥 LLC 谐振变换器的基本电气波形

1. 工作模态分析

由于工作模式一在工程应用中既可实现一次侧开关管的零电流开通，又可实现二次侧二极管的零电流关断，且包含了工作模式二、模式三的所有模态，因此接下来将以工作模式一为例来分析全桥 LLC 谐振变换器的工作原理。由图 7-7a 可知，在一个开关周期中变换器共存在 6 个开关模态。为简化分析，做如下假设：

1）电路中所有元器件均为理想器件。

2）$C_1=C_2=C_3=C_4=C_s$。

3）输出滤波电容足够大，在一个开关周期内其电压基本保持 U_o 不变。

考虑前、后半个开关周期的对称性，接下来将以前半个开关周期为例展开分析。前半个开关周期的模态等效电路如图 7-8 所示。定义电路初始状态：在 t_0 时刻之前，Q_1、Q_4 截止，Q_2、Q_3 导通。此时 A、B 两点间电压为 $-U_{in}$，L_r、C_r 和 L_m 共同谐振，谐振电感电流 i_{Lr} 与励磁电感电流 i_{Lm} 相等，变压器一次和二次电流均为零，负载 R_L 由输出滤波电容 C_f 供电。

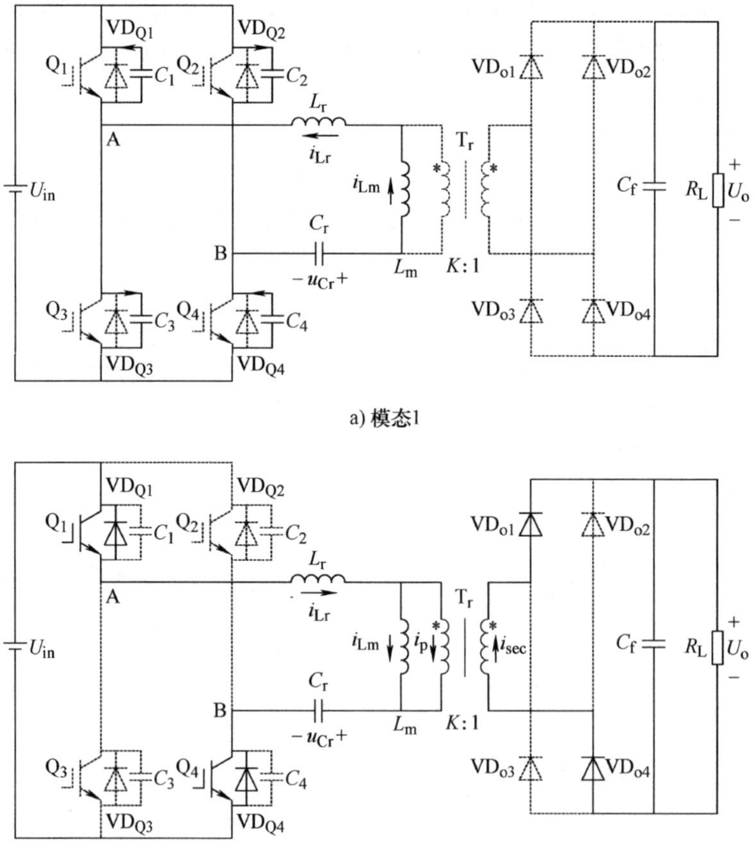

a) 模态1

b) 模态2

图 7-8　全桥 LLC 谐振变换器前半个开关周期的模态等效电路

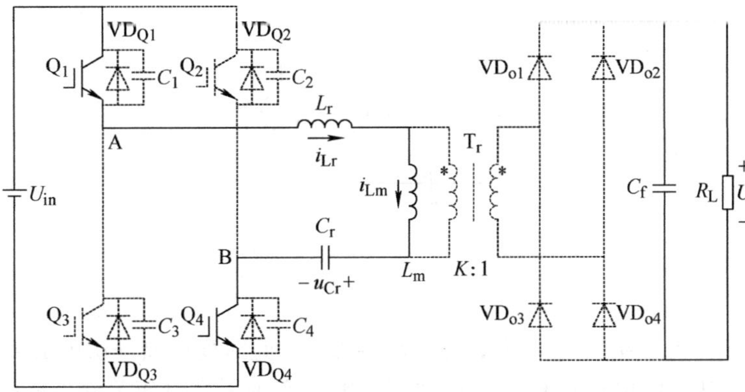

c) 模态3

图 7-8　全桥 LLC 谐振变换器前半个开关周期的模态等效电路（续）

模态 1：[t_0，t_1]，谐振阶段Ⅰ。

在 t_0 时刻，所有开关管均关断，全桥 LLC 谐振变换器进入死区时间。i_{Lr} 给 C_2、C_3 充电，同时给 C_1、C_4 放电，如图 7-8a 所示。由于 C_1 ～ C_4 的缓冲作用，Q_2、Q_3 电压缓慢变化，实现了零电压关断。由于死区时间很短，可近似认为 i_{Lr}、i_{Lm} 均保持不变，i_{Lr}=i_{Lm}=$-I_m$，负载 R_L 仍然由输出滤波电容 C_f 供电。该模态内，C_1 ～ C_4 的电容电压满足如下约束关系：

$$\begin{cases} u_{C2}(t)=u_{C3}(t)=\dfrac{I_m}{2C_s}(t-t_0) \\ u_{C1}(t)=u_{C4}(t)=U_{in}-\dfrac{I_m}{2C_s}(t-t_0) \end{cases} \tag{7-40}$$

模态 2：[t_1，t_2]，谐振阶段Ⅱ。

在 t_1 时刻，C_2、C_3 的电压上升至 U_{in}，C_1、C_4 的电压下降到零，反并联二极管 VD_{Q1}、VD_{Q4} 导通，此时可实现 Q_1、Q_4 的零电压开通，如图 7-8b 所示。由于 A、B 两点间电压为 U_{in}，L_m 两端电压高于折算到一次侧的输出电压，因此整流二极管 VD_{o1}、VD_{o4} 导通，将变压器二次电压钳位至 U_o。此时，变压器一次电压为 KU_o，i_{Lm} 线性增加；由 L_r、C_r 组成的谐振支路上的电压为 U_{in}–KU_o，L_r、C_r 共同谐振。t_{x1} 时刻，i_{Lr} 从负电流谐振过零后流过 Q_1、Q_4。该模态的简化等效电路如图 7-9 所示，设 t=t_1 时，u_{Cr}（t_1）=U_{Cr1}，则谐振电感电流 i_{Lr}、谐振电容电压 u_{Cr} 和励磁电感电流 i_{Lm} 满足如下约束关系：

$$\begin{cases} i_{Lr}(t)=-I_m\cos\omega_r(t-t_1)+\left[(U_{in}-KU_o)-U_{Cr1}\right]\dfrac{1}{Z_r}\sin\omega_r(t-t_1) \\ u_{Cr}(t)=-I_mZ_r\sin\omega_r(t-t_1)+(U_{in}-KU_o)-\left[(U_{in}-KU_o)-U_{Cr1}\right]\cos\omega_r(t-t_1) \\ i_{Lm}(t)=\dfrac{KU_o}{L_m}(t-t_1)-I_m \end{cases} \tag{7-41}$$

式中，ω_r 为谐振角频率，$\omega_r=1\big/\sqrt{L_rC_r}$；$Z_r$ 为特征阻抗，$Z_r=\sqrt{L_r/C_r}$。

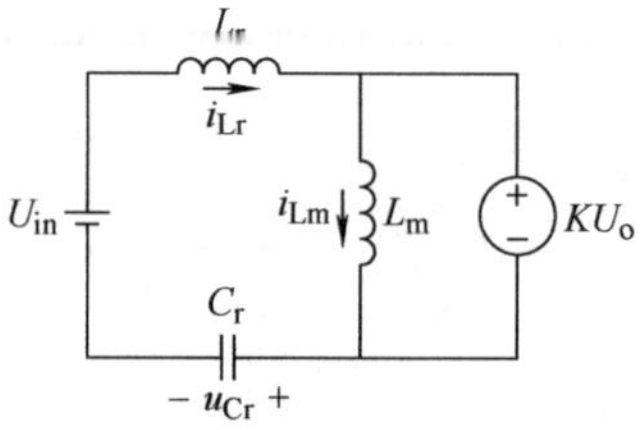

图 7-9　模态 2 的简化等效电路

模态 3：［t_2，t_3］，谐振阶段Ⅲ。

在 t_2 时刻，$i_{Lr}(t_2)=i_{Lm}(t_2)=I_m$，$u_{Cr}(t_2)=U_{Cr2}$，此时变压器一次电流 i_p 减小到零，整流二极管 VD_{o1}、VD_{o4} 的电流也相应减小到零，因此实现了零电流关断。该时段内，L_r、L_m 串联与 C_r 共同谐振，其简化等效电路如图 7-10 所示。该模态下，i_{Lr}、u_{Cr} 和 i_{Lm} 的表达式为

$$\begin{cases} i_{Lr}(t)=I_m\cos\omega_m(t-t_2)-(U_{Cr2}-U_{in})\dfrac{K}{Z_r}\sin\omega_m(t-t_2) \\ u_{Cr}(t)=\dfrac{I_mZ_r}{K}\sin\omega_r(t-t_2)+(U_{Cr2}-U_{in})\cos\omega_r(t-t_2)+U_{in} \\ i_{Lm}(t)=i_{Lr}(t) \end{cases} \tag{7-42}$$

式中，ω_m 为谐振角频率，$\omega_m=1/\sqrt{(L_r+L_m)C_r}$。

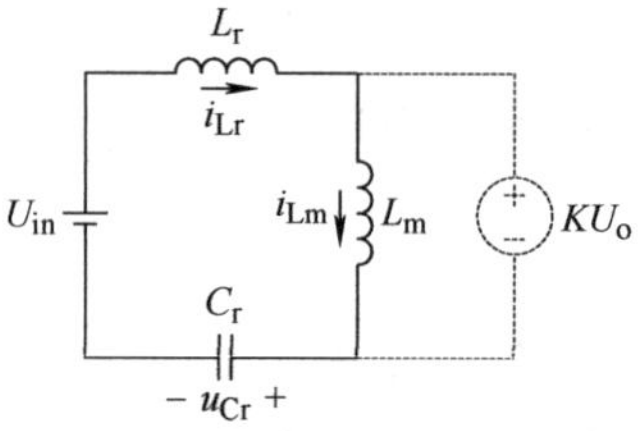

图 7-10　模态 3 的简化等效电路

t_3 时刻，Q_1、Q_4 关断，开始后半周期。其原理与前半周期描述相似，因此不再赘述。

2. 状态平面图

由前述分析可知，在［t_1，t_2］时间段内 L_r、C_r 共同谐振，［t_2，t_3］时间段内 L_r、L_m、C_r 共同谐振。根据上述模态分析可绘制全桥 LLC 谐振变换器的状态平面图，定义谐振电感电流 i_{Lr} 和谐振电容电压 u_{Cr} 的归一化因子分别为 U_{in}/Z_r 和 U_{in}，即令

$$\begin{cases} i_{Lrn}=I_{Lr}Z_r/U_{in} \\ u_{Crn}=u_{Cr}/U_{in} \end{cases} \tag{7-43}$$

在［t_0，t_1］时间段内，i_{Lrn} 和 u_{Crn} 满足如下约束关系：

$$\begin{cases} i_{Lrn}=-I_mZ_r/U_{in}=-I_{mn} \\ u_{Crn}=-\dfrac{I_mZ_r}{U_{in}C_r}(t-t_0) \end{cases} \tag{7-44}$$

因此在状态平面图上，i_{Lr} 与 u_{Cr} 的变化可用直线 $i_{Lrn}=-I_{mn}$ 上连接点 t_0 到点 t_1 的线段表示。

在［t_1，t_2］时间段内，令 $U_{Cr1n}=U_{Cr1}/U_{in}$，则

$$\begin{cases} i_{Lrn}=-I_{mn}\cos\omega_r(t-t_1)+\left(1-\dfrac{KU_o}{U_{in}}-U_{Cr1n}\right)\sin\omega_r(t-t_1) \\ u_{Crn}=-I_{mn}\sin\omega_r(t-t_1)+\left(1-\dfrac{KU_o}{U_{in}}\right)-\left(1-\dfrac{KU_o}{U_{in}}-U_{Cr1n}\right)\cos\omega_r(t-t_1) \end{cases} \tag{7-45}$$

令 $K_{r1}=-I_{mn}$，$K_{r2}=[(1-KU_o/U_{in})-U_{Cr1n}]$，则

$$\left[u_{Crn}-\left(1-\frac{KU_o}{U_{in}}\right)\right]^2+i_{Lrn}^2=K_{r1}{}^2+K_{r2}{}^2 \tag{7-46}$$

因此在状态平面图上，i_{Lr} 与 u_{Cr} 的变化可用中心为 O_1［$(1-KU_o/U_{in})$，0］、半径为 $(K_{r1}{}^2+K_{r2}{}^2)^{1/2}$、从连接点 t_1 到点 t_2 的圆弧来表示。

在［t_2，t_3］时间段内，i_{Lrn} 和 u_{Crn} 满足如下约束关系：

$$\begin{cases} i_{Lrn}=I_{mn}\cos\omega_m(t-t_2)-k(U_{Cr2n}-1)\sin\omega_m(t-t_2) \\ u_{Crn}=\dfrac{I_{mn}}{k}\bullet\sin\omega_m(t-t_2)+(U_{Cr2n}-1)\cos\omega_m(t-t_2)+1 \end{cases} \tag{7-47}$$

式中，k 为谐振角频率比，$k=\omega_m/\omega_r=[L_r/(L_r+L_m)]^{1/2}$，$k<1$。

令 $K_{r3}=I_{mn}/k$，$K_{r4}=U_{Cr2n}-1$，则

$$(u_{Crn}-1)^2+\left(\frac{i_{Lrn}}{k}\right)^2=K_{r3}{}^2+K_{r4}{}^2 \tag{7-48}$$

因此在状态平面图上，i_{Lr} 与 u_{Cr} 的变化可用中心为 E_2（1，0）、长半轴为 $(K_{r3}{}^2+K_{r4}{}^2)^{1/2}$、短半轴为 $k(K_{r3}{}^2+K_{r4}{}^2)^{1/2}$、从连接点 t_2 到点 t_3 的椭圆弧线来表示。

由于前后半个周期的状态轨迹关于坐标原点中心对称，因此根据对称性可绘制完整周期的状态平面图如图 7-11 所示。

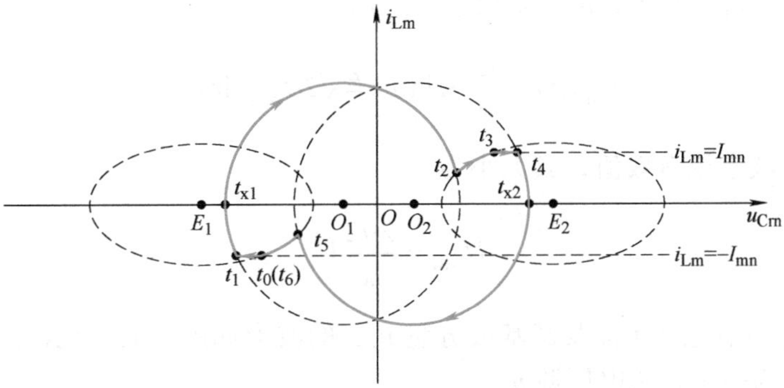

图 7-11　全桥 LLC 谐振变换器的状态平面图

7.2.2 基于基波分量近似法的简化电路

作为分析全桥 LLC 谐振变换器的常用方法，本节接下来介绍采用基波分量近似法对全桥 LLC 谐振变换器进行分析的过程。假设只有开关频率的基波分量才传输能量，忽略谐波分量的影响，这样可以将全桥 LLC 谐振变换器简化为一个线性电路。

根据全桥 LLC 谐振变换器的各部分的功能，可以将其划分为开关网络、谐振网络和整流滤波网络三部分，如图 7-12 所示。下面采用基波分量近似法对开关网络和整流滤波网络进行简化。

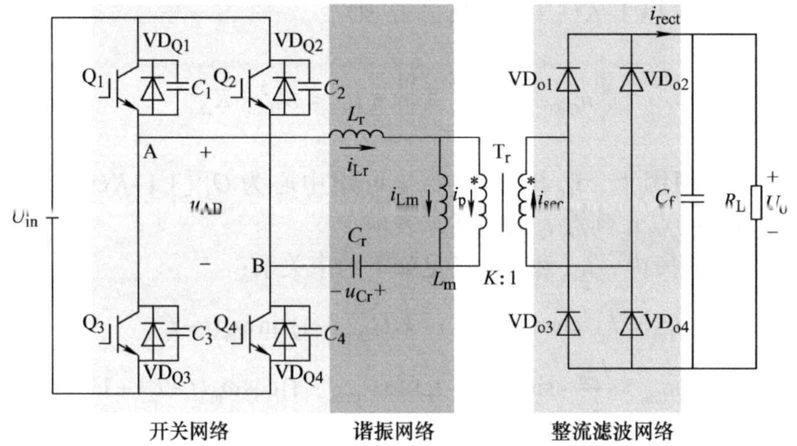

图 7-12 全桥 LLC 谐振变换器的网络划分

1. 开关网络的简化

忽略开关管的开关过程，两个桥臂中点之间的电压 u_{AB} 为幅值为 U_{in} 的交流方波电压。对 u_{AB} 进行傅里叶级数展开，可得

$$u_{AB}(t)=\frac{4U_{in}}{\pi}\sum_{n=1,3,5,\cdots}\frac{1}{n}\sin(n\omega_s t) \tag{7-49}$$

式中，ω_s 为开关角频率。

从式（7-49）可以看出，u_{AB} 的基波分量 u_{AB1} 为

$$u_{AB1}(t)=\frac{4U_{in}}{\pi}\sin\omega_s t \triangleq \sqrt{2}U_{AB1}\sin\omega_s t \tag{7-50}$$

式中，U_{AB1} 为基波电压有效值，其大小为

$$U_{AB1}=\frac{2\sqrt{2}}{\pi}U_{in} \tag{7-51}$$

综上，桥臂中点电压 u_{AB} 及其基波分量 u_{AB1} 的波形如图 7-13 所示。为简化分析，可将开关网络等效为一个正弦电压源 u_{AB1}。

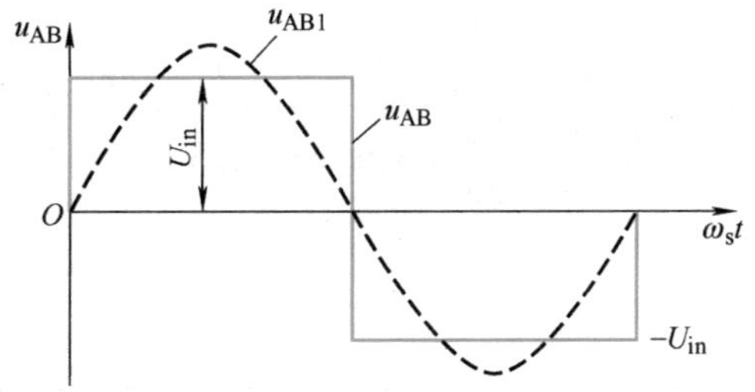

图 7-13　桥臂中点电压 u_{AB} 及其基波分量 u_{AB1} 的波形

2. 整流滤波网络的简化

当开关频率 f_s 接近谐振频率 f_r 时，变压器一次电流 i_p 可近似认为是正弦电流，即

$$i_p(t)=\sqrt{2}I_{p1}\sin(\omega_s t-\varphi_R) \tag{7-52}$$

式中，φ_R 为 i_p 滞后于 u_{AB} 的相位；I_{p1} 为 i_p 的有效值。

当 i_p 为正时，二次侧整流二极管 VD_{o1}、VD_{o4} 导通，变压器一次电压 $u_p=KU_o$，二次侧整流后的电流 $i_{rect}=Ki_p$；当 i_p 为负时，二次侧整流二极管 VD_{o2}、VD_{o3} 导通，$u_p=-KU_o$，$i_{rect}=-Ki_p$。图 7-14 给出了一次电流 i_p、二次侧整流后电流 i_{rect}、一次电压 u_p 及其基波分量 u_{p1} 的波形。i_{rect} 经过滤波电容滤波后，得到负载电流 I_o，则

$$I_o=\frac{1}{\pi}\int_{\varphi_R}^{\varphi_R+\pi} i_{rect}\mathrm{d}\omega_s t=\frac{1}{\pi}\int_{\varphi_R}^{\varphi_R+\pi} Ki_p\mathrm{d}\omega_s t=\frac{1}{\pi}\int_{\varphi_R}^{\varphi_R+\pi} K\sqrt{2}I_{p1}\sin(\omega_s t-\varphi_R)\mathrm{d}\omega_s t=\frac{2\sqrt{2}}{\pi}KI_{p1} \tag{7-53}$$

由此可得 I_{p1} 表达式为

$$I_{p1}=\frac{\pi}{2\sqrt{2}K}I_o \tag{7-54}$$

将式（7-54）代入式（7-52），可得 i_p 为

$$i_p(t)=\frac{\pi}{2K}I_o\sin(\omega_s t-\varphi_R) \tag{7-55}$$

根据图 7-14 中的变压器一次电压 u_p 波形，利用根据傅里叶级数展开，可得出 u_p 的基波分量 u_{p1} 为

$$u_{p1}(t)=\frac{4KU_o}{\pi}\sin(\omega_s t-\varphi_R)\triangleq\sqrt{2}U_{p1}\sin(\omega_s t-\varphi_R) \tag{7-56}$$

式中，U_{p1} 为 u_{p1} 的有效值，其大小为

$$U_{p1}=\frac{2\sqrt{2}K}{\pi}U_o \tag{7-57}$$

从图 7-14 可以看出，u_{p1} 与 i_p 同相位，且波形一致，因此整流滤波网络可等效为一个纯阻性负载 R_e。由此可得 R_e 满足

$$R_e = \frac{u_{p1}(t)}{i_p(t)} = \frac{\frac{4KU_o}{\pi}\sin(\omega_s t - \varphi_R)}{\frac{\pi}{2K}I_o\sin(\omega_s t - \varphi_R)} = \frac{8K^2}{\pi^2}R_L \tag{7-58}$$

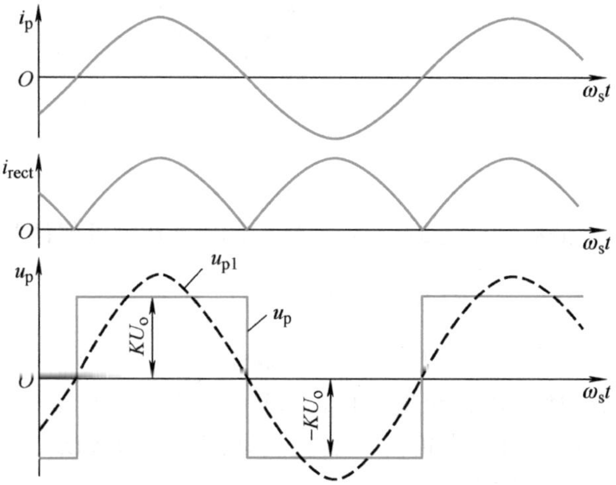

图 7-14　i_p、i_{rect}、u_p、u_{p1} 波形

根据以上分析可以得到全桥 LLC 谐振变换器的简化电路，如图 7-15 所示。

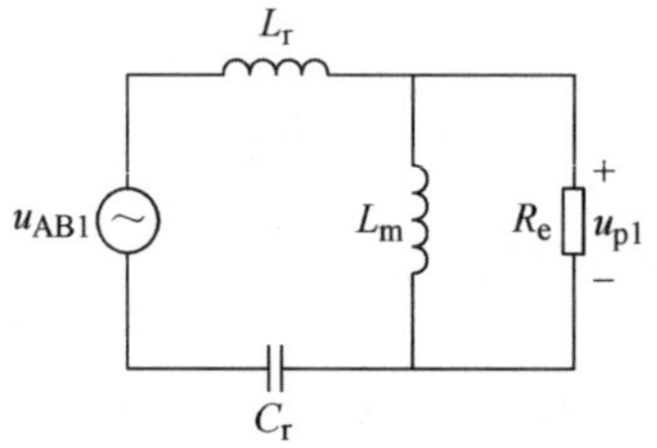

图 7-15　全桥 LLC 谐振变换器的简化电路

7.2.3　输出输入电压传输比

输出输入电压传输比是谐振变换器的一个重要特性，是设计谐振变换器参数的重要依据，它与开关频率和负载大小相关。全桥 LLC 谐振变换器输出输入电压传输比 M 定义为折算到变压器一次侧输出电压与输入电压的比值，其表达式为

$$M = \frac{KU_o}{U_{in}} \tag{7-59}$$

将式（7-59）改写为

$$M = K\frac{U_{o}}{U_{p1}} \cdot \frac{U_{p1}}{U_{AB1}} \cdot \frac{U_{AB1}}{U_{in}} \tag{7-60}$$

将式（7-51）和式（7-57）代入式（7-60），可得

$$M = \frac{U_{p1}}{U_{AB1}} \tag{7-61}$$

由图 7-15 可得

$$\begin{aligned} H(j\omega_{s}) = \frac{\dot{U}_{p1}}{\dot{U}_{AB1}} &= \frac{(j\omega_{s}L_{m})//R_{e}}{(j\omega_{s}L_{m})//R_{e} + j\omega_{s}L_{r} + \dfrac{1}{j\omega_{s}C_{r}}} \\ &= \frac{\omega_{s}^{2}L_{m}C_{r}R_{e}}{(\omega_{s}^{2}L_{m}C_{r} + \omega_{s}^{2}L_{r}C_{r} - 1)R_{e} + j\omega_{s}L_{m}(\omega_{s}^{2}L_{r}C_{r} - 1)} \end{aligned} \tag{7-62}$$

定义 Q 为谐振电路的品质因数，其表达式为

$$Q = \frac{Z_{r}}{R_{e}} = \frac{\sqrt{L_{r}/C_{r}}}{R_{e}} \tag{7-63}$$

定义 λ 为励磁电感与谐振电感之比，即 $\lambda=L_{m}/L_{r}$。根据式（7-31），考虑 $\omega_{r}= 1/\sqrt{L_{r}C_{r}}$，则 H（$j\omega_{s}$）可改写为

$$H(j\omega_{s}) = \frac{\dot{U}_{p1}}{\dot{U}_{AB1}} = \frac{\lambda\left(\dfrac{\omega_{s}}{\omega_{r}}\right)^{2}}{\left[(\lambda+1)\left(\dfrac{\omega_{s}}{\omega_{r}}\right)^{2} - 1\right] + j\dfrac{\omega_{s}}{\omega_{r}}\lambda Q\left[\left(\dfrac{\omega_{s}}{\omega_{r}}\right)^{2} - 1\right]} \tag{7-64}$$

定义开关频率 f_{s} 与谐振频率 f_{r} 的比值为标幺频率 f_{N}，则

$$f_{N} = \frac{f_{s}}{f_{r}} = \frac{\omega_{s}}{\omega_{r}} \tag{7-65}$$

由此可得

$$M = \left|H(j\omega_{s})\right| = \frac{1}{\sqrt{\left[\left(1-\dfrac{1}{f_{N}^{2}}\right)Qf_{N}\right]^{2} + \left[\left(1-\dfrac{1}{f_{N}^{2}}\right)\dfrac{1}{\lambda} + 1\right]^{2}}} \tag{7-66}$$

由此可知，全桥 LLC 谐振变换器的输出输入电压传输比 M 与 λ、Q 有关。图 7-16 给出了 λ=4 时不同品质因数 Q 下的全桥 LLC 谐振变换器的输出输入电压传输比曲线。

为了判断全桥 LLC 谐振变换器是工作在 ZVS 区还是 ZCS 区，下面推导该变换器的纯阻性曲线的表达式，它是谐振网络呈纯阻性时的输出输入电压传输比曲线。

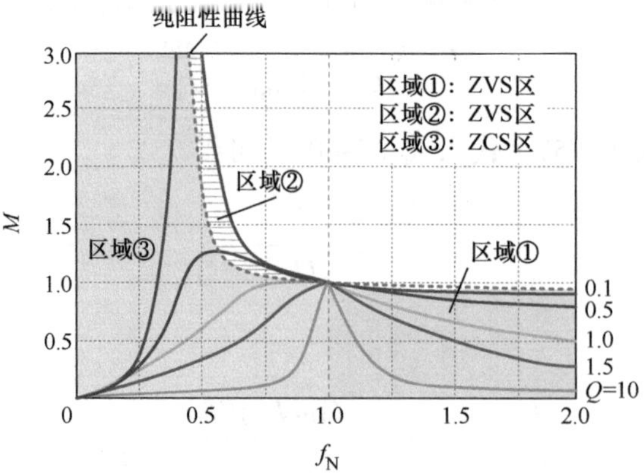

图 7-16 输出输入电压传输比曲线

由图 7-15 可得到谐振网络的等效输入阻抗 Z 满足

$$Z = j\omega_s L_r + \frac{1}{j\omega_s C_r} + (j\omega_s L_m)//R_e = j\omega_s L_r + \frac{1}{j\omega_s C_r} + \frac{j\omega_s L_m R_e}{R_e + j\omega_s L_m}$$
$$= \frac{(\omega_s L_m)^2 R_e}{R_e^2 + (\omega_s L_m)^2} + j\left[\frac{\omega_s^2 L_r C_r - 1}{\omega_s C_r} + \frac{\omega_s L_m R_e^2}{R_e^2 + (\omega_s L_m)^2}\right] \tag{7-67}$$

令 Z 的虚部为 0，代入 Q、λ 的表达式，且考虑 $\omega_r = 1/\sqrt{L_r C_r}$，可以得到谐振网络呈纯阻性时 Q_{res} 与 f_N 的约束关系为

$$Q_{res} = \frac{1}{\lambda f_N}\sqrt{\frac{(1+\lambda)f_N^2 - 1}{1 - f_N^2}} \tag{7-68}$$

由此可求出纯阻性曲线 M_{res} 的表达式为

$$M_{res} = \frac{1}{\sqrt{\left[\left(1-\frac{1}{f_N^2}\right)\frac{1}{\lambda}\right]^2 \frac{\lambda f_N^2}{1-f_N^2} + 2\left(1-\frac{1}{f_N^2}\right)\frac{1}{\lambda} + 1}} \tag{7-69}$$

在图 7-16 中，纯阻性曲线 M_{res} 将整个工作区域划分为 ZVS 区和 ZCS 区。当工作在纯阻性曲线左侧时，全桥 LLC 谐振变换器呈容性，工作在 ZCS 状态；反之，工作在其右侧时，全桥 LLC 谐振变换器呈感性，工作在 ZVS 状态。此外，当 f_N=1，即 f_s=f_r 时，变换器的输出输入电压传输比恒为 1，与负载无关。这是由于此时 L_r、C_r 支路的阻抗为零，输入电压相当于直接加在变压器一次侧，通过变压器传输到负载，与变换器各部分参数无关。因此，以纯阻性曲线和 f_N=1 直线为界，可将图 7-16 划分为三个区域：

区域①：在 f_N=1 直线右侧，电压传输比 $M<1$，处于降压模式，变换器呈感性，开关管可以实现 ZVS，但输出整流二极管是硬关断。

区域②：在 f_N=1 直线的左侧且在纯阻性曲线右侧，电压传输比 $M>1$，处于升压模式，变换器呈感性，开关管可以实现 ZVS，输出整流二极管自然关断，实现了 ZCS。

区域③：在 f_N=1 直线的左侧且在纯阻性曲线左侧，变换器呈容性，开关管可以实现 ZCS。

在参数设计时，尽量让变换器工作在 ZVS 状态，即图 7-16 中的区域①和区域②。但在区域①中，$f_s > f_r$，整流二极管为硬关断，存在反向恢复损耗。因此，建议选择区域②为工作区域，此时变换器处于升压模式。

此外，由图 7-16 还可以看出，在一定的开关频率下，品质因数 Q 值越大，电压传输比越小。根据 Q 值定义可知，在其他参数一定的前提下，Q 值与负载电阻成反比，即与负载电流成正比。因此在设计时，应在输入电压最低且满载时设计变换器的电压传输比，以保证在整个输入电压和负载范围内均可获得所需的输出电压。

习　题

7-1　对图 7-1 所示的移相控制 ZVS 全桥变换器。

1）请简述移相控制 ZVS 全桥变换器的输出电压调节机理。

2）简述移相控制超前桥臂和滞后桥臂实现软开关的条件。为什么超前桥臂比滞后桥臂更容易实现软开关呢？

3）如何拓宽移相控制 ZVS 全桥变换器的软开关范围？

7-2　对图 7-6 所示的全桥 LLC 谐振变换器。

1）简述全桥 LLC 谐振变换器的工作原理。如何实现其输出电压调节？

2）全桥 LLC 谐振变换器实现软开关的条件是什么？

3）请参考图 7-11，绘制全桥 LLC 谐振变换器工作模式二下的状态平面图，并简述此工作模式下是否能实现软开关。

4）对图 7-16 中的电压传输比曲线，请指出其 ZVS 区及 ZCS 区。并说明设计时应选择哪个区域，为什么？

7-3　试绘制一种半桥 LLC 谐振变换器拓扑，并分析其工作原理和实现软开关的条件。

7-4　请再列举一种应用电力电子软开关技术的直流变换器，并解释其实现软开关的原理。

参考文献

[1] 钱照明，张军明，盛况．电力电子器件及其应用的现状和发展［J］．中国电机工程学报，2014，34（29）：5149-5161.

[2] 赵争鸣，袁立强，鲁挺，等．我国大容量电力电子技术与应用发展综述［J］．电气工程学报，2015，10（4）：26-34.

[3] 陈尧，赵富强，朱炳先，等．国内外碳化硅功率器件发展综述［J］．车辆与动力技术，2020，157（1）：49-54.

[4] LIU C H，LUO Y X.Overview of advanced control strategies for electric machines［J］. Chinese Journal of Electrical Engineering，2017，3（2）：53-61.

[5] WANG F F，ZHANG Z Y.Overview of Silicon Carbide technology：Device，converter，system，and application［J］. CPSS Transactions on Power Electronics and Applications，2017，1（1）：13-32.

[6] 金晓行，李士颜，田丽欣，等．6.5kV 高压全 SiC 功率 MOSFET 模块研制［J］．中国电机工程学报，2020，40（6）：1753-1758.

[7] 杨媛，文阳，李国玉．大功率 IGBT 模块及驱动电路综述［J］．高电压技术，2018，44（10）：3207-3220.

[8] WANG K P，QI Z Y，LI F，et al.Review of state-of-the-art integration technologies in power electronic systems［J］. CPSS Transactions on Power Electronics and Applications，2017，2（4）：292-305.

[9] HOU F Z，WANG W B，CAO L Q，et al.Review of packaging schemes for power module［J］. IEEE Journal of Emerging and Selected Topics in Power Electronics，2020，8（1）：223-238.

[10] 盛况，任娜，徐弘毅．碳化硅功率器件技术综述与展望［J］．中国电机工程学报，2020，40（6）：1741-1753.

[11] HAKSUN L，VANESSA S，RAO T.A review of SiC power module packaging technologies：Challenges，advances，and emerging issues［J］. IEEE Journal of Emerging and Selected Topics in Power Electronics，2020，8（1）：259-255.

[12] 李虹，邱志东，杜海涛，等．提升桥式电路中 SiC MOSFET 关断性能和栅极电压稳定性的有源驱动电路研究［J］．中国电机工程学报，2022，42（21）：7922-7934.

[13] 阮新波．电力电子技术［M］．北京：机械工业出版社，2021.

[14] 福尔克，郝康普．IGBT 模块：技术、驱动和应用：原书第 2 版［M］．韩金刚，译．北京：机械工业出版社，2016.

[15] 杨媛，文阳．大功率 IGBT 驱动与保护技术［M］．北京：科学出版社，2018.

[16] 高远，陈桥梁．碳化硅功率器件：特性、测试和应用技术［M］．北京：机械工业出版社，2021.

[17] 龚熙国，龚熙战．高压 IGBT 模块应用技术［M］．北京：机械工业出版社，2015.

[18] 黄俊岳．1200V SiC MOSFET 器件新结构设计与动态特性研究［D］．成都：电子科技大学，2022.

[19] 阮新波．直流开关电源的软开关技术［M］．北京：科学出版社，2000.

[20] 王聪．软开关功率变换器及其应用［M］．北京：科学出版社，2000.

[21] 阳璞琼，单长虹，张莹，等．基于 PSpice 的 IGBT 擎住效应的仿真教学分析［J］．中国现代教育装备，2013（17）：43-45.